Prof. Dr. Nagl
Ronheider Weg 4
D-52066 Aachen
Tel. 02 41 / 9 69 03 96

D1690948

Jörg Schäuffele
Thomas Zurawka

Automotive Software Engineering

Aus dem Programm
Kraftfahrzeugtechnik

Vieweg Handbuch Kraftfahrzeugtechnik
herausgegeben von H.-H. Braess und U. Seiffert

Handbuch Verbrennungsmotor
herausgegeben von F. Schäfer und R. van Basshuysen

Verbrennungsmotoren
von E. Köhler

Automotive Software Engineering
von J. Schäuffele und T. Zurawka

Passive Sicherheit von Kraftfahrzeugen
von F. Kramer

Kurbeltriebe
von S. Zima

Die BOSCH-Fachbuchreihe
- **Ottomotor-Management**
- **Dieselmotor-Management**
- **Autoelektrik/Autoelektronik**
- **Fahrsicherheitssysteme**
- **Fachwörterbuch Kraftfahrzeugtechnik**
- **Kraftfahrtechnisches Taschenbuch – interaktiv Einzelplatzversion deutsch**
- **Kraftfahrtechnisches Taschenbuch – interaktiv Einzelplatzversion mehrsprachig**
- **Kraftfahrtechnisches Taschenbuch**

herausgegeben von ROBERT BOSCH GmbH

vieweg

Jörg Schäuffele
Thomas Zurawka

Automotive Software Engineering

Grundlagen, Prozesse,
Methoden und Werkzeuge

Mit 278 Abbildungen

ATZ-MTZ-Fachbuch

Bibliografische Information Der Deutschen Bibliothek
Die Deutsche Bibliothek verzeichnet diese Publikation in der Deutschen Nationalbibliografie;
detaillierte bibliografische Daten sind im Internet über <http://dnb.ddb.de> abrufbar.

1. Auflage Juli 2003

Alle Rechte vorbehalten
© Friedr. Vieweg & Sohn Verlag/GWV Fachverlage GmbH, Wiesbaden 2003

Der Vieweg Verlag ist ein Unternehmen der Fachverlagsgruppe BertelsmannSpringer.
www.vieweg.de

Das Werk einschließlich aller seiner Teile ist urheberrechtlich geschützt. Jede
Verwertung außerhalb der engen Grenzen des Urheberrechtsgesetzes ist ohne
Zustimmung des Verlags unzulässig und strafbar. Das gilt insbesondere für Vervielfältigungen, Übersetzungen, Mikroverfilmungen und die Einspeicherung und
Verarbeitung in elektronischen Systemen.

Konzeption und Layout des Umschlags: Ulrike Weigel, www.CorporateDesignGroup.de
Druck- und buchbinderische Verarbeitung: Lengericher Handelsdruckerei, Lengerich
Gedruckt auf säurefreiem und chlorfrei gebleichtem Papier
Printed in Germany

ISBN 3-528-01040-1

Zur Bedeutung von Software im Automobil

Neue Entwicklungsmethoden zur Beherrschung der Komplexität erforderlich

Keine andere Technik bietet derart große Freiheitsgrade beim Entwurfsprozess wie die Software-Technik. Der nahezu exponentiell wachsende Software-Umfang wird getrieben durch die Zunahme der Fahrzeugfunktionen, ihre Vernetzung, hohe Zuverlässigkeits- und Sicherheitsanforderungen sowie steigende Variantenvielfalt. Die Beherrschung der daraus resultierenden Komplexität ist für Fahrzeughersteller wie Zulieferer eine Herausforderung: Es gilt, die Komplexität auf das Minimum zu reduzieren und durch Vorkehrungen in der Entwicklung die sichere Funktion der Software und Systeme zu gewährleisten. Das vorliegende Buch liefert vielfältige Anregungen zur Gestaltung von Entwicklungsprozessen und zum Einsatz von Methoden und Werkzeugen.

Dr. Siegfried Dais, Geschäftsführer der Robert Bosch GmbH, Stuttgart

Software im Fahrzeug wird zum strategischen Produkt

Software im Fahrzeug wird zunehmend zum strategischen Produkt eines Automobilherstellers. Der Elektronik- und Software-Anteil in Fahrzeugen – etwa 90 % der Innovationen im Fahrzeug sind von der Elektronik getrieben – ist zu einem wesentlichen Innovationsmotor im Automobil-Bereich geworden. Einerseits werden immer mehr klassische Funktionen des Fahrzeugs durch Software implementiert, andererseits entstehen durch die Vernetzung bisher getrennter Funktionen völlig neue Möglichkeiten. Eine konsequente Anwendung von Systems Engineering ist ein wesentlicher Erfolgsfaktor, um das Gesamtsystem „Fahrzeug" zu beherrschen. Das vorliegende Buch adressiert diesen Themenkomplex und stellt die Fahrzeugsubsysteme Antrieb, Fahrwerk und Karosserie in den Vordergrund.

Hans-Georg Frischkorn, Leiter Elektrik/Elektronik, BMW Group, München

Vom Kostentreiber zum Wettbewerbsvorteil

Technischer Vorsprung in der Automobilindustrie kann nur durch eine Vorreiterrolle in der Software-Technik erreicht werden. Die erfolgreiche Zusammenarbeit von Ingenieuren unterschiedlicher Fachrichtungen in der Systementwicklung erfordert jedoch ein einheitliches Hintergrundwissen, eine gemeinsame Begriffswelt und ein geeignetes Vorgehensmodell. Die in diesem Buch dargestellten Grundlagen und Methoden demonstrieren dies anhand von Beispielen aus der Praxis sehr eindrucksvoll.

Dr.-Ing. Wolfgang Runge, Leiter Elektronik Zentrale Forschung und Entwicklung,
ZF Friedrichshafen AG

Ausbildung als Chance und Herausforderung

Gerade für den Raum Stuttgart spielt der Fahrzeugbau eine herausragende Rolle. Die Entwicklungszentren bedeutender Fahrzeughersteller und Zulieferer bieten hier viele Arbeitsplätze. Die Ausbildung in der Software-Technik ist ein fester Bestandteil eines Ingenieurstudienganges an der Universität Stuttgart. Dieses Buch bietet die Chance, praktische Erfahrungen in der Automobilindustrie bereits in der Ausbildung zu berücksichtigen. Viele der vorgestellten Vorgehensweisen können sogar Vorbildcharakter für andere Branchen haben.

Prof. Dr.-Ing. Dr. h.c. Peter Göhner, Institut für Automatisierungs- und Software-Technik,
Universität Stuttgart

Vorwort

Auch heute, nach seiner über 100-jährigen Geschichte, ist das Kraftfahrzeug durch eine rasante Weiterentwicklung gekennzeichnet. Seit Anfang der 70er Jahre ist die Entwicklung geprägt von einem – bis heute anhaltenden – stetigen Anstieg des Einsatzes von elektronischen Systemen und von Software im Fahrzeug. Dies führt zu gravierenden Veränderungen in der Entwicklung, in der Produktion und im Service von Fahrzeugen. So ermöglicht die zunehmende Realisierung von Fahrzeugfunktionen durch Software neue Freiheitsgrade und die Auflösung bestehender Zielkonflikte. Zur Beherrschung der dadurch entstehenden Komplexität sind Prozesse, Methoden und Werkzeuge notwendig, die die fahrzeugspezifischen Anforderungen berücksichtigen.

Zur Entwicklung von Software für elektronische Systeme von Kraftfahrzeugen wurden in den letzten Jahren eine Reihe von Vorgehensweisen und Standards entwickelt, die wohl am besten unter dem Begriff „Automotive Software Engineering" zusammengefasst werden können.

Damit ist eine komplexe Begriffswelt entstanden, mit der wir ständig konfrontiert werden. Es wird immer schwieriger, genau zu verstehen, was sich hinter den Vokabeln verbirgt. Erschwerend kommt hinzu, dass manche Begriffe mehrfach in unterschiedlichem Zusammenhang verwendet werden. So etwa der Begriff Prozess, der im Zusammenhang mit der Regelungstechnik, aber auch mit Echtzeitsystemen oder generell mit Vorgehensweisen in der Entwicklung verwendet wird. Nach einem Überblick zu Beginn werden deshalb in diesem Buch die wichtigsten Begriffe definiert und durchgängig so verwendet.

In den folgenden Kapiteln stehen Prozesse, Methoden und Werkzeuge für die Entwicklung von Software für die elektronischen Systeme des Fahrzeugs im Mittelpunkt. Eine entscheidende Rolle spielen dabei die Wechselwirkungen zwischen der Software-Entwicklung als Fachdisziplin und der übergreifenden Systementwicklung, die alle Fahrzeugkomponenten berücksichtigen muss. Die dargestellten Vorgehensweisen, die so genannten Prozesse, haben Modellcharakter. Das bedeutet, die Prozesse sind ein abstraktes und idealisiertes Bild der täglichen Praxis. Sie können für verschiedene Entwicklungsprojekte als Orientierung dienen, müssen aber vor der Einführung in einem konkreten Projekt bewertet und eventuell angepasst werden. Auf eine klare und verständliche Darstellung der Prozesse, sowie der Methoden und Werkzeuge zu deren Unterstützung haben wir deshalb großen Wert gelegt.

Wegen der Breite des Aufgabengebietes können nicht alle Themen in der Tiefe behandelt werden. Wir beschränken uns aus diesem Grund auf Gebiete mit automobilspezifischem Charakter.

Wir erheben an dieser Stelle nicht den Anspruch, die einzig richtige oder eine vollständige Vorgehensweise zu beschreiben. Als Mitarbeiter der ETAS GmbH sind wir natürlich der Überzeugung, dass die Werkzeuge und Software-Komponenten der ETAS zur Unterstützung der in diesem Buch vorgestellten Prozesse und Methoden bestens geeignet sind.

Beispiele aus der Praxis

Ein Prozess kann nur ein unterstützendes Instrument für ein Entwicklungsteam sein und ist nur dann erfolgreich, wenn die Vorteile der vollständigen und nachvollziehbaren Bearbeitung umfangreicher Aufgabenstellungen in der Praxis von allen Beteiligten erkannt werden. Dieses Buch soll daher kein theoretisches Lehrbuch sein, das sich jenseits der Praxis bewegt. Alle

Ideen und Anregungen basieren auf praktischen Anwendungsfällen, die wir anhand von Beispielen anschaulich darstellen. Eine Vielzahl von Erfahrungen, die wir in enger Zusammenarbeit mit Fahrzeugherstellern und Zulieferern in den letzten Jahren sammeln konnten, wurden dabei berücksichtigt. Serienentwicklungen mit den dazugehörenden Produktions- und Serviceaspekten werden genauso angesprochen wie Forschungs- und Vorentwicklungsprojekte.

Leserkreis

Wir wollen mit dem vorliegenden Buch alle Mitarbeiter bei Fahrzeugherstellern und Zulieferern ansprechen, die in der Entwicklung, in der Produktion und im Service mit Software im Fahrzeug konfrontiert sind. Wir hoffen, dass wir nützliche Anregungen weitergeben können.

Dieses Buch soll andererseits auch eine Basis zur Ausbildung von Studierenden und zur Einarbeitung von neuen Mitarbeitern zur Verfügung stellen. Grundkenntnisse in der Steuerungs- und Regelungstechnik, in der Systemtheorie und in der Software-Technik sind von Vorteil, aber nicht Voraussetzung.

Sicherlich wird an einigen Stellen der Wunsch nach einer detaillierteren Darstellung aufkommen. Wir freuen uns deshalb zu allen Themen über Rückmeldungen in Form von Hinweisen und Verbesserungsvorschlägen und werden diese in späteren Auflagen gerne berücksichtigen.

Danksagungen

An dieser Stelle möchten wir uns besonders bei allen unseren Kunden für die jahrelange, vertrauensvolle und erfolgreiche Zusammenarbeit bedanken. Ohne diesen Erfahrungsaustausch wäre dieses Buch nicht möglich gewesen.

Des Weiteren bedanken wir uns bei der BMW Group für die freundliche Zustimmung, dass wir in diesem Buch Erfahrungen darstellen dürfen, die wir in BMW Projekten – im Falle des erstgenannten Autors auch als BMW Mitarbeiter – gesammelt haben. Dies schließt die Berücksichtigung von Prozessdefinitionen, sowie Empfehlungen für Serienprojekte bei BMW ein. Wir bedanken uns besonders bei Herrn Hans-Georg Frischkorn für sein Geleitwort zu diesem Buch und bei Herrn Heinz Merkle, Herrn Dr. Helmut Hochschwarzer, Herrn Dr. Maximilian Fuchs, Herrn Prof. Dr. Dieter Nazareth, sowie allen ihren Mitarbeitern.

Viele Vorgehensweisen und Methoden entstanden während der jahrelangen, engen und vertrauensvollen Zusammenarbeit mit der Robert Bosch GmbH. Die dabei entwickelten und inzwischen breit eingesetzten Vorgehensweisen finden sich in diesem Buch an vielen Stellen wieder. Wir sagen dafür den Mitarbeiterinnen und Mitarbeitern der Bereiche Chassis Systems, Diesel Systems, Gasoline Systems, sowie der Forschung und Vorausentwicklung der Robert Bosch GmbH vielen Dank.

Wir bedanken uns außerdem herzlich bei Herrn Dr. Siegfried Dais, Herrn Dr. Wolfgang Runge und Herrn Prof. Dr. Peter Göhner für ihre einleitenden Geleitworte.

Abschließend bedanken wir uns bei allen unseren Kolleginnen und Kollegen, die in den letzten Jahren auf vielfältige Weise zu diesem Buch beigetragen haben.

Für die sorgfältige und kritische Durchsicht des Manuskripts bedanken wir uns insbesondere bei Roland Jeutter, Dr. Michael Nicolaou, Dr. Oliver Schlüter, Dr. Kai Werther und Hans-Jörg Wolff.

Stuttgart, Juli 2003 *Jörg Schäuffele, Thomas Zurawka*

Inhaltsverzeichnis

1 **Einführung und Überblick** 1
   1.1   Das System Fahrzeug-Fahrer-Umwelt 2
        1.1.1   Aufbau und Wirkungsweise elektronischer Systeme des Fahrzeugs 2
        1.1.2   Elektronische Systeme des Fahrzeugs und der Umwelt 5
   1.2   Überblick über die elektronischen Systeme des Fahrzeugs 6
        1.2.1   Elektronische Systeme des Antriebsstrangs 8
        1.2.2   Elektronische Systeme des Fahrwerks 9
        1.2.3   Elektronische Systeme der Karosserie 11
        1.2.4   Multi-Media-Systeme 13
        1.2.5   Verteilte und vernetzte elektronische Systeme 14
        1.2.6   Zusammenfassung und Ausblick 15
   1.3   Überblick über die logische Systemarchitektur 16
        1.3.1   Funktions- und Steuergerätenetzwerk des Fahrzeugs 16
        1.3.2   Logische Systemarchitektur für Steuerungs-/Regelungs- und
               Überwachungssysteme 17
   1.4   Prozesse in der Fahrzeugentwicklung 18
        1.4.1   Überblick über die Fahrzeugentwicklung 18
        1.4.2   Überblick über die Entwicklung von elektronischen Systemen 19
        1.4.3   Kernprozess zur Entwicklung von elektronischen Systemen
               und Software 22
        1.4.4   Unterstützungsprozesse zur Entwicklung von elektronischen Systemen
               und Software 24
        1.4.5   Produktion und Service von elektronischen Systemen und Software ... 27
   1.5   Methoden und Werkzeuge für die Entwicklung von Software für elektronische
       Systeme 27
        1.5.1   Modellbasierte Entwicklung 28
        1.5.2   Integrierte Qualitätssicherung 28
        1.5.3   Reduzierung des Entwicklungsrisikos 31
        1.5.4   Standardisierung und Automatisierung 32
        1.5.5   Entwicklungsschritte im Fahrzeug 34

2 **Grundlagen** 37
   2.1   Steuerungs- und regelungstechnische Systeme 37
        2.1.1   Modellbildung 37
        2.1.2   Blockschaltbilder 38
   2.2   Diskrete Systeme 42
        2.2.1   Zeitdiskrete Systeme und Signale 43
        2.2.2   Wertdiskrete Systeme und Signale 44
        2.2.3   Zeit- und wertdiskrete Systeme und Signale 45
        2.2.4   Zustandsautomaten 45
   2.3   Eingebettete Systeme 47
        2.3.1   Aufbau von Mikrocontrollern 48

	2.3.2	Speichertechnologien	50
	2.3.3	Programmierung von Mikrocontrollern	53
2.4	Echtzeitsysteme		60
	2.4.1	Festlegung von Tasks	60
	2.4.2	Festlegung von Echtzeitanforderungen	62
	2.4.3	Zustände von Tasks	64
	2.4.4	Strategien für die Zuteilung des Prozessors	66
	2.4.5	Aufbau von Echtzeitbetriebssystemen	71
	2.4.6	Interaktion zwischen Tasks	72
2.5	Verteilte und vernetzte Systeme		78
	2.5.1	Logische und technische Systemarchitektur	81
	2.5.2	Festlegung der logischen Kommunikationsbeziehungen	82
	2.5.3	Festlegung der technischen Netzwerktopologie	84
	2.5.4	Festlegung von Nachrichten	85
	2.5.5	Aufbau der Kommunikation und des Netzwerkmanagements	86
	2.5.6	Strategien für die Zuteilung des Busses	90
2.6	Zuverlässigkeit, Sicherheit, Überwachung und Diagnose von Systemen		92
	2.6.1	Grundbegriffe	93
	2.6.2	Zuverlässigkeit und Verfügbarkeit von Systemen	94
	2.6.3	Sicherheit von Systemen	98
	2.6.4	Überwachung und Diagnose von Systemen	101
	2.6.5	Aufbau des Überwachungssystems elektronischer Steuergeräte	105
	2.6.6	Aufbau des Diagnosesystems elektronischer Steuergeräte	108
2.7	Zusammenfassung		113

3 Unterstützungsprozesse zur Entwicklung von elektronischen Systemen und Software 117

3.1	Grundbegriffe		117
3.2	Vorgehensmodelle und Standards		120
3.3	Konfigurationsmanagement		122
	3.3.1	Produkt und Lebenszyklus	122
	3.3.2	Varianten und Skalierbarkeit	123
	3.3.3	Versionen und Konfigurationen	124
3.4	Projektmanagement		127
	3.4.1	Projektplanung	127
	3.4.2	Projektverfolgung und Risikomanagement	132
3.5	Lieferantenmanagement		133
	3.5.1	System- und Komponentenverantwortung	133
	3.5.2	Schnittstellen für die Spezifikation und Integration	134
	3.5.3	Festlegung des firmenübergreifenden Entwicklungsprozesses	134
3.6	Anforderungsmanagement		136
	3.6.1	Erfassen der Benutzeranforderungen	136
	3.6.2	Verfolgen von Anforderungen	140
3.7	Qualitätssicherung		141
	3.7.1	Integrations- und Testschritte	141
	3.7.2	Maßnahmen zur Qualitätssicherung von Software	142

4 Kernprozess zur Entwicklung von elektronischen Systemen und Software ... 145

- 4.1 Anforderungen und Randbedingungen ... 146
  - 4.1.1 System- und Komponentenverantwortung ... 146
  - 4.1.2 Abstimmung zwischen System- und Software-Entwicklung ... 147
  - 4.1.3 Modellbasierte Software-Entwicklung ... 149
- 4.2 Grundbegriffe ... 149
  - 4.2.1 Prozesse ... 149
  - 4.2.2 Methoden und Werkzeuge ... 150
- 4.3 Analyse der Benutzeranforderungen und Spezifikation der logischen Systemarchitektur ... 151
- 4.4 Analyse der logischen Systemarchitektur und Spezifikation der technischen Systemarchitektur ... 154
  - 4.4.1 Analyse und Spezifikation steuerungs- und regelungstechnischer Systeme ... 158
  - 4.4.2 Analyse und Spezifikation von Echtzeitsystemen ... 159
  - 4.4.3 Analyse und Spezifikation verteilter und vernetzter Systeme ... 160
  - 4.4.4 Analyse und Spezifikation zuverlässiger und sicherer Systeme ... 161
- 4.5 Analyse der Software-Anforderungen und Spezifikation der Software-Architektur ... 162
  - 4.5.1 Spezifikation der Software-Komponenten und ihrer Schnittstellen ... 162
  - 4.5.2 Spezifikation der Software-Schichten ... 165
  - 4.5.3 Spezifikation der Betriebszustände ... 166
- 4.6 Spezifikation der Software-Komponenten ... 167
  - 4.6.1 Spezifikation des Datenmodells ... 168
  - 4.6.2 Spezifikation des Verhaltensmodells ... 169
  - 4.6.3 Spezifikation des Echtzeitmodells ... 171
- 4.7 Design und Implementierung der Software-Komponenten ... 173
  - 4.7.1 Berücksichtigung der geforderten nichtfunktionalen Produkteigenschaften ... 174
  - 4.7.2 Design und Implementierung des Datenmodells ... 176
  - 4.7.3 Design und Implementierung des Verhaltensmodells ... 177
  - 4.7.4 Design und Implementierung des Echtzeitmodells ... 178
- 4.8 Test der Software-Komponenten ... 178
- 4.9 Integration der Software-Komponenten ... 179
  - 4.9.1 Erzeugung des Programm- und Datenstands ... 180
  - 4.9.2 Erzeugung der Beschreibungsdateien ... 181
  - 4.9.3 Erzeugung der Dokumentation ... 182
- 4.10 Integrationstest der Software ... 183
- 4.11 Integration der Systemkomponenten ... 184
  - 4.11.1 Integration von Software und Hardware ... 184
  - 4.11.2 Integration von Steuergeräten, Sollwertgebern, Sensoren und Aktuatoren ... 185
- 4.12 Integrationstest des Systems ... 187
- 4.13 Kalibrierung ... 190
- 4.14 System- und Akzeptanztest ... 190

5 Methoden und Werkzeuge in der Entwicklung ... 193

- 5.1 Off-Board-Schnittstelle zwischen Steuergerät und Werkzeug ... 194
- 5.2 Analyse der logischen Systemarchitektur und Spezifikation der technischen Systemarchitektur ... 196
  - 5.2.1 Analyse und Spezifikation steuerungs- und regelungstechnischer Systeme ... 196
  - 5.2.2 Analyse und Spezifikation von Echtzeitsystemen ... 200
  - 5.2.3 Analyse und Spezifikation verteilter und vernetzter Systeme ... 206
  - 5.2.4 Analyse und Spezifikation zuverlässiger und sicherer Systeme ... 211
- 5.3 Spezifikation von Software-Funktionen und Validation der Spezifikation ... 218
  - 5.3.1 Spezifikation der Software-Architektur und der Software-Komponenten ... 220
  - 5.3.2 Spezifikation des Datenmodells ... 224
  - 5.3.3 Spezifikation des Verhaltensmodells mit Blockdiagrammen ... 224
  - 5.3.4 Spezifikation des Verhaltensmodells mit Entscheidungstabellen ... 227
  - 5.3.5 Spezifikation des Verhaltensmodells mit Zustandsautomaten ... 230
  - 5.3.6 Spezifikation des Verhaltensmodells mit Programmiersprachen ... 235
  - 5.3.7 Spezifikation des Echtzeitmodells ... 236
  - 5.3.8 Validation der Spezifikation durch Simulation und Rapid-Prototyping ... 237
- 5.4 Design und Implementierung von Software-Funktionen ... 247
  - 5.4.1 Berücksichtigung der geforderten nichtfunktionalen Produkteigenschaften ... 247
  - 5.4.2 Design und Implementierung von Algorithmen in Festpunkt- und Gleitpunktarithmetik ... 255
  - 5.4.3 Design und Implementierung der Software-Architektur ... 270
  - 5.4.4 Design und Implementierung des Datenmodells ... 274
  - 5.4.5 Design und Implementierung des Verhaltensmodells ... 277
- 5.5 Integration und Test von Software-Funktionen ... 280
  - 5.5.1 Software-in-the-Loop-Simulationen ... 281
  - 5.5.2 Laborfahrzeuge und Prüfstände ... 283
  - 5.5.3 Experimental-, Prototypen- und Serienfahrzeuge ... 289
  - 5.5.4 Design und Automatisierung von Experimenten ... 290
- 5.6 Kalibrierung von Software-Funktionen ... 291
  - 5.6.1 Arbeitsweisen bei der Offline- und Online-Kalibrierung ... 292
  - 5.6.2 Software-Update durch Flash-Programmierung ... 294
  - 5.6.3 Synchrones Messen von Signalen des Mikrocontrollers und der Instrumentierung ... 295
  - 5.6.4 Auslesen und Auswerten von On-Board-Diagnosedaten ... 295
  - 5.6.5 Offline-Verstellen von Parametern ... 296
  - 5.6.6 Online-Verstellen von Parametern ... 297
  - 5.6.7 Klassifizierung der Off-Board-Schnittstellen für das Online-Verstellen ... 298
  - 5.6.8 Management des CAL-RAM ... 303
  - 5.6.9 Management der Parameter und Datenstände ... 306
  - 5.6.10 Design und Automatisierung von Experimenten ... 307

6 Methoden und Werkzeuge in Produktion und Service ... 309
6.1 Off-Board-Diagnose ... 310
6.2 Parametrierung von Software-Funktionen ... 311
6.3 Software-Update durch Flash-Programmierung ... 312
6.3.1 Löschen und Programmieren von Flash-Speichern ... 313
6.3.2 Flash-Programmierung über die Off-Board-Diagnoseschnittstelle ... 313
6.3.3 Sicherheitsanforderungen ... 314
6.3.4 Verfügbarkeitsanforderungen ... 316
6.3.5 Auslagerung und Flash-Programmierung des Boot-Blocks ... 317
6.4 Inbetriebnahme und Prüfung elektronischer Systeme ... 319

7 Zusammenfassung und Ausblick ... 321

Literaturverzeichnis ... 323

Sachwortverzeichnis ... 329

1 Einführung und Überblick

Die Erfüllung steigender Kundenansprüche und strenger gesetzlicher Vorgaben hinsichtlich
- der Verringerung von Kraftstoffverbrauch und Schadstoffemissionen, sowie
- der Erhöhung von Fahrsicherheit und Fahrkomfort

ist untrennbar mit dem Einzug der Elektronik in modernen Kraftfahrzeugen verbunden.

Das Automobil ist dadurch zum technisch komplexesten Konsumgut geworden. Die Anforderungen an die Automobilelektronik unterscheiden sich jedoch wesentlich von anderen Bereichen der Konsumgüterelektronik. Insbesondere hervorzuheben sind:
- der Einsatz unter oft rauen und wechselnden Umgebungsbedingungen in Bezug auf Temperaturbereich, Feuchtigkeit, Erschütterungen oder hohe Anforderungen an die **e**lektro**m**agnetische **V**erträglichkeit (EMV)
- hohe Anforderungen an die Zuverlässigkeit und Verfügbarkeit
- hohe Anforderungen an die Sicherheit und
- vergleichsweise sehr lange Produktlebenszyklen.

Diese Anforderungen müssen bei begrenzten Kosten, verkürzter Entwicklungszeit und zunehmender Variantenvielfalt in Produkte umgesetzt werden, die in sehr großen Stückzahlen hergestellt und gewartet werden können. Unter diesen Randbedingungen stellt die Umsetzung der zahlreichen Anforderungen an elektronische Systeme von Fahrzeugen eine Entwicklungsaufgabe von hohem Schwierigkeitsgrad dar.

In der Entwicklung von Fahrzeugelektronik ist neben der Beherrschung der zunehmenden Komplexität vor allem ein konsequentes Qualitäts-, Risiko- und Kostenmanagement eine wichtige Voraussetzung für den erfolgreichen Abschluss von Projekten. Ein grundlegendes Verständnis der Anforderungen und Trends in der Fahrzeugentwicklung ist die wichtigste Voraussetzung, um geeignete Methoden für Entwicklung, Produktion und Service von elektronischen Systemen zu entwickeln und durch praxistaugliche Standards und Werkzeuge unterstützen zu können. In diesem Übersichtskapitel erfolgt ausgehend von einer Analyse der aktuellen Situation eine Darstellung der zukünftigen Perspektiven und Herausforderungen. Neben der Organisation der interdisziplinären und firmenübergreifenden Zusammenarbeit müssen auch viele Zielkonflikte gelöst werden.

Nach einem Überblick über die elektronischen Systeme des Fahrzeugs und deren Funktionen folgt eine Einführung in Vorgehensweisen zur Entwicklung von elektronischen Systemen und Software für Fahrzeuge. Dabei müssen zahlreiche Wechselwirkungen zwischen der Systementwicklung in der Automobilindustrie (engl. Automotive Systems Engineering) und der Software-Entwicklung (engl. Automotive Software Engineering) beachtet werden. Abschließend werden modellbasierte Entwicklungsmethoden vorgestellt, welche die verschiedenen Aspekte berücksichtigen.

In den weiteren Kapiteln des Buches folgen eine ausführliche Behandlung von Grundlagen, Prozessen, Methoden und Werkzeugen für Entwicklung, Produktion und Service von Software für die elektronischen Systeme von Fahrzeugen. Der Schwerpunkt liegt dabei auf den Fahrzeugsubsystemen Antriebsstrang, Fahrwerk und Karosserie. Der Bereich der Multi-Media-Systeme wird dagegen nicht behandelt.

1.1 Das System Fahrzeug-Fahrer-Umwelt

Das Ziel jeder Entwicklung ist die Fertigstellung einer neuen oder die Verbesserung einer vorhandenen Funktion des Fahrzeugs. Unter Funktionen werden dabei alle Funktionsmerkmale des Fahrzeugs verstanden. Diese Funktionen werden vom Benutzer, etwa dem Fahrer des Fahrzeugs, direkt oder indirekt wahrgenommen und stellen einen Wert oder Nutzen für ihn dar.

Die technische Realisierung einer Funktion, ob es sich also letztendlich um ein mechanisches, hydraulisches, elektrisches oder elektronisches System im Fahrzeug handelt, hat dabei zunächst eine untergeordnete Bedeutung.

Elektronische Komponenten in Kombination mit mechanischen, elektrischen oder hydraulischen Bauteilen bieten jedoch bei der technischen Realisierung viele Vorteile, etwa in Bezug auf die erreichbare Zuverlässigkeit, das Gewicht, den benötigten Bauraum und die Kosten. Wie keine andere Technologie ist deshalb heute die Elektronik die Schlüsseltechnologie zur Realisierung vieler Innovationen im Fahrzeugbau. Fast alle Funktionen des Fahrzeugs werden inzwischen elektronisch gesteuert, geregelt oder überwacht.

1.1.1 Aufbau und Wirkungsweise elektronischer Systeme des Fahrzeugs

Auf Aufbau und Wirkungsweise elektronischer Systeme des Fahrzeugs soll daher am Beispiel des elektrohydraulischen Bremssystems näher eingegangen werden.

Beispiel: Aufbau des elektrohydraulischen Bremssystems [1]

In Bild 1-1 ist der Aufbau des elektrohydraulischen Bremssystems (engl. **S**ensotronic **B**rake **C**ontrol, kurz SBC) von Bosch [1] dargestellt. Die elektrohydraulische Bremse vereint die Funktionen des Bremskraftverstärkers, des **A**nti**b**lockier**s**ystems (ABS) und der Fahrdynamikregelung, auch **e**lektronisches **S**tabilitäts**p**rogramm (ESP) genannt.

Die mechanische Betätigung des Bremspedals durch den Fahrer wird in der Bremspedaleinheit erfasst und elektrisch an das so genannte elektronische Steuergerät übertragen. In diesem Steuergerät werden unter Verwendung dieses Sollwertes und verschiedener Sensorsignale, wie z. B. dem Lenkwinkelsignal oder den Raddrehzahlsignalen, Ausgangsgrößen berechnet, die wiederum elektrisch zum Hydroaggregat übertragen werden und dort durch Druckmodulation in Stellgrößen für die Radbremsen umgesetzt werden. Über die Radbremsen wird das Fahrverhalten des Fahrzeugs, die so genannte Strecke, beeinflusst. Die Radbremsen werden daher als Aktuatoren bezeichnet.

Das Steuergerät kommuniziert über einen Bus, etwa über CAN [2], mit anderen Steuergeräten des Fahrzeugs. Dadurch können Funktionen realisiert werden, die über die bisher genannten Funktionen hinausgehen. Ein Beispiel dafür ist die Funktion der **A**ntriebs**s**chlupf**r**egelung (ASR), die eine übergreifende Funktion zwischen Motorsteuerung und Bremssystem darstellt.

1.1 Das System Fahrzeug-Fahrer-Umwelt

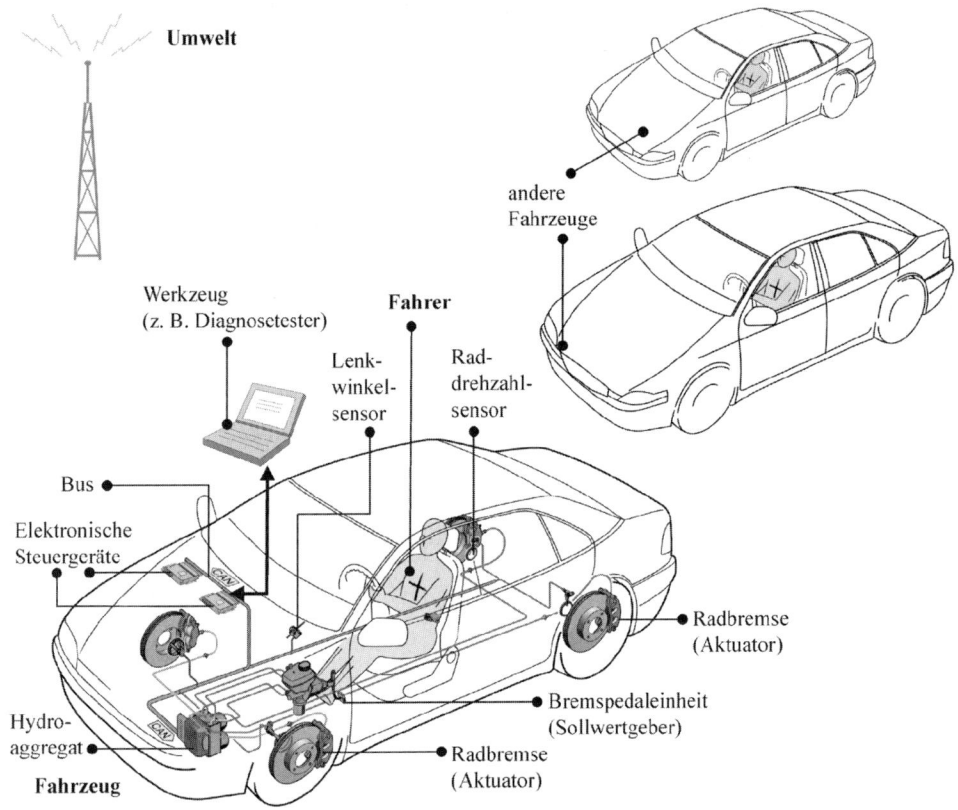

Bild 1-1: Aufbau der elektrohydraulischen Bremse SBC [1]

Der am Beispiel der elektrohydraulischen Bremse dargestellte Systemaufbau ist typisch für alle elektronischen Steuerungs-/Regelungs- und Überwachungssysteme des Fahrzeugs. Im Allgemeinen kann zwischen den folgenden Komponenten des Fahrzeugs unterschieden werden: Sollwertgeber, Sensoren, Aktuatoren, elektronische Steuergeräte und Strecke. Die elektronischen Steuergeräte sind miteinander vernetzt und können so Daten austauschen.

Fahrer und Umwelt können das Verhalten des Fahrzeugs beeinflussen und sind Komponenten des übergeordneten Systems Fahrzeug-Fahrer-Umwelt.

Für sich allein genommen ist ein elektronisches Steuergerät also lediglich ein Mittel zum Zweck. Alleine stellt es für den Fahrzeugbenutzer keinen Wert dar.

Erst ein vollständiges elektronisches System aus Steuergeräten, Sollwertgebern, Sensoren und Aktuatoren beeinflusst oder überwacht die Strecke und erfüllt so die Benutzererwartungen. In vielen Fällen ist die Realisierung mittels Elektronik für den Fahrzeugbenutzer nicht einmal sichtbar, wenn es sich – wie häufig – um so genannte eingebettete Systeme handelt.

Steuerungs-/Regelungs- und Überwachungssysteme des Fahrzeugs können übersichtlich in Form eines Blockdiagramms gezeichnet werden, wie in Bild 1-2 dargestellt. Die Komponenten werden dabei als Blöcke und die zwischen ihnen bestehenden Signalflüsse als Pfeile dargestellt. Eine Einführung in die Grundlagen und Begriffe der Steuerungs-/Regelungs- und Überwachungstechnik erfolgt in den Abschnitten 2.1 und 2.6.

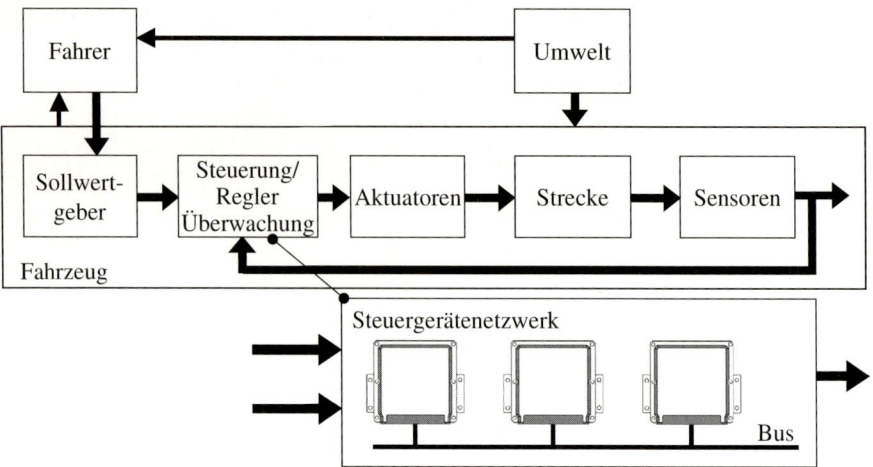

Bild 1-2: Blockdiagramm zur Darstellung von Steuerungs-/Regelungs- und Überwachungssystemen

Wie in Bild 1-2 ersichtlich, können zwischen den Komponenten Fahrzeug, Fahrer und Umwelt zahlreiche Signalflüsse bestehen. Der Fahrer steht in dieser Darstellung stellvertretend auch für alle anderen Benutzer einer Fahrzeugfunktion, etwa für weitere Passagiere.

Zur Umwelt zählen auch andere Fahrzeuge oder elektronische Systeme in der Umgebung des Fahrzeugs – etwa Werkzeuge, wie z. B. Diagnosetester, die in der Servicewerkstatt mit den elektronischen Systemen des Fahrzeugs verbunden werden (Bild 1-1).

Neue Technologien zum Informationsaustausch zwischen Fahrer und Fahrzeug, zwischen Fahrer und Umwelt, sowie zwischen Fahrzeug und Umwelt ermöglichen viele innovative Funktionen – etwa durch eine Vernetzung über die Fahrzeuggrenze hinweg mit drahtlosen Übertragungssystemen. Daran kann der Übergang zu einer ganz neuen Klasse von Systemen erkannt werden – zu Systemen, die eine Vernetzung von Fahrer und Fahrzeug mit der Umwelt nutzen und damit die Grundlage bilden für viele den Fahrer unterstützende Funktionen, die Fahrerassistenzsysteme. Insbesondere im Bereich der Multi-Media-Systeme wurden in den letzten Jahren viele Funktionen eingeführt, die erst durch diese Vernetzung von Fahrzeug und Umwelt möglich wurden. Ein Beispiel ist die dynamische Navigation, die Informationen der Umwelt – wie Staumeldungen – bei der Routenberechnung berücksichtigt.

Auch der Bereich der Schnittstellen zwischen Fahrer bzw. Passagieren und Fahrzeug, die so genannten Benutzerschnittstellen, ist in letzter Zeit von vielen Innovationen geprägt. So basieren Bedien- und Anzeigesysteme inzwischen auf Sprachein- und Sprachausgabesystemen und neuartigen Bedienkonzepten.

Der Begriff der Vernetzung soll deshalb in diesem Buch nicht auf die elektronischen Steuergeräte des Fahrzeugs beschränkt, sondern weiter gefasst werden. Hilfreich ist dazu die Unterscheidung zwischen der Vernetzung der Systeme innerhalb des Fahrzeugs und der Vernetzung über die Fahrzeuggrenze hinweg.

1.1.2 Elektronische Systeme des Fahrzeugs und der Umwelt

In den folgenden Kapiteln wird die Kommunikation zwischen elektronischen Systemen des Fahrzeugs als On-Board-Kommunikation bezeichnet. Die Kommunikation zwischen Systemen des Fahrzeugs und Systemen der Umwelt als Off-Board-Kommunikation. Bei den Schnittstellen der elektronischen Systeme des Fahrzeugs wird entsprechend zwischen On-Board- und Off-Board-Schnittstellen unterschieden. Einen Überblick zeigt Bild 1-3.

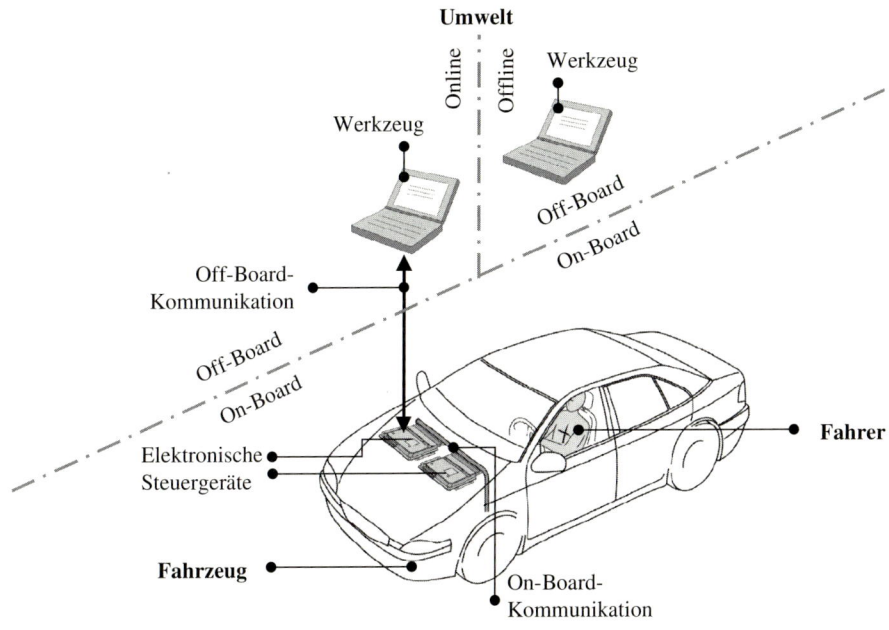

Bild 1-3: Elektronische Systeme des Fahrzeugs und der Umwelt

Bei den Funktionen der elektronischen Systeme wird zwischen Funktionen, die von Systemen des Fahrzeugs ausgeführt werden, den so genannten On-Board-Funktionen, und Funktionen, die von Systemen der Umwelt ausgeführt werden, den so genannten Off-Board-Funktionen, unterschieden. Auch die Aufteilung von Funktionen in Teilfunktionen und die verteilte Realisierung dieser Teilfunktionen durch Systeme im Fahrzeug und in der Umwelt ist möglich.

Eine weiteres Unterscheidungsmerkmal ist der Zeitpunkt der Ausführung einer Funktion durch ein System der Umwelt in Bezug zur Ausführung einer Funktion eines Fahrzeugsystems. Hier wird zwischen der synchronisierten Ausführung von Funktionen, auch Online-Ausführung genannt, und der nicht synchronisierten Ausführung einer Funktion, auch als Offline-Ausführung bezeichnet, unterschieden.

Diese beiden Unterscheidungskriterien on-board/off-board und online/offline betreffen schon seit Jahren die Systeme zur Diagnose von Fahrzeugfunktionen, so etwa die Unterscheidung zwischen On-Board- und Off-Board-Diagnose, und in ähnlicher Weise auch viele in der Entwicklung elektronischer Systeme eingesetzte Entwurfsmethoden und Werkzeuge.

1.2 Überblick über die elektronischen Systeme des Fahrzeugs

Zunächst sollen die verschiedenen elektronischen Systeme eines Fahrzeugs in einem Überblick dargestellt werden.

Zu Beginn des Einsatzes von Elektronik im Fahrzeug arbeiteten die verschiedenen elektronischen Steuergeräte weitgehend autonom und ohne gegenseitige Wechselwirkungen. Die Funktionen konnten deshalb eindeutig einem Steuergerät und meist eindeutig den Fahrzeugsubsystemen Antriebsstrang, Fahrwerk, Karosserie und Multi-Media zugeordnet werden (Bild 1-4).

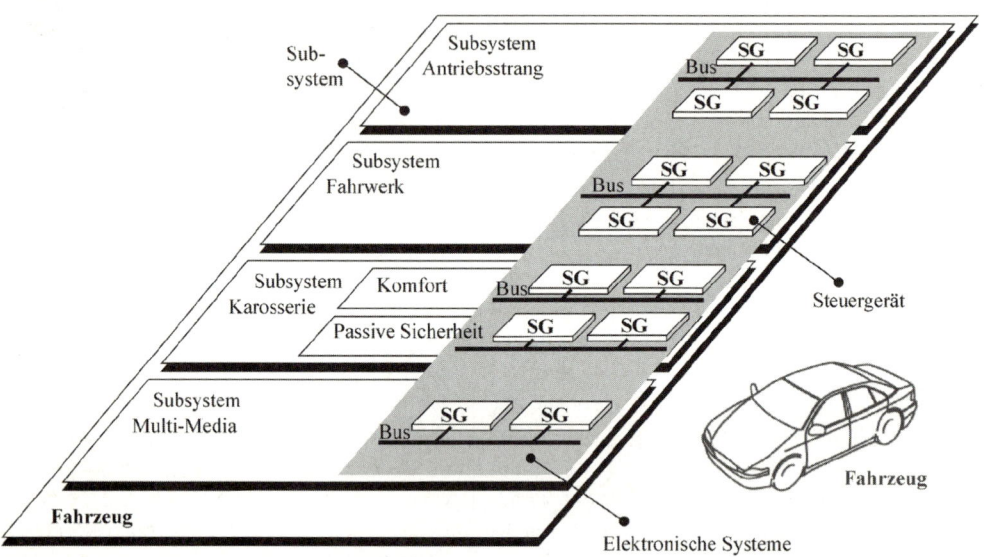

Bild 1-4: Einordnung der elektronischen Steuergeräte zu den Subsystemen des Fahrzeugs

Die Motor- und Getriebesteuerung werden z. B. als klassische Systeme dem Antriebsstrang zugeordnet, das Anti-Blockier-System (ABS) dem Fahrwerksbereich, die Heizungs- und Klimatisierungssteuerung, Zentralverriegelung, Sitz- und Spiegelverstellung dem Komfortbereich der Karosseriesysteme. Die Airbag- und Rückhaltesysteme tragen zur Erhöhung der Sicherheit der Fahrzeuginsassen im Falle eines Unfalls bei und zählen zu den passiven Sicherheitssystemen. Radio oder Telefon gehören zu den Multi-Media-Systemen.

Die bis heute anhaltenden Technologie- und Leistungssprünge in der Hardware erlauben die Realisierung zahlreicher neuer und immer leistungsfähiger Funktionen des Fahrzeugs durch Software. Diese Funktionen werden als Software-Funktionen bezeichnet.

Mit der Vernetzung der elektronischen Systeme im zweiten Schritt etwa ab Beginn der 90er Jahre durch die Einführung leistungsfähiger Bussysteme im Fahrzeug, wie CAN [2], wurden die Realisierung neuer, übergeordneter Software-Funktionen, sowie Kosteneinsparungen möglich – Kosteneinsparungen beispielsweise durch die Verwendung von Sensorsignalen in mehreren Systemen ohne aufwändigen Verkabelungsaufwand.

Wirken diese übergeordneten Software-Funktionen weiter innerhalb der Subsysteme, so wird dieser ganzheitliche Ansatz auch als integriertes Antriebsstrang-, integriertes Fahrwerks-, integriertes Karosserie- oder integriertes Sicherheitsmanagement bezeichnet. In solchen verteilten und vernetzten Systemen können Software-Funktionen oft nicht mehr einem einzigen Steuergerät zugeordnet werden. Software-Funktionen werden dann in Teilfunktionen aufgeteilt und in verschiedenen Steuergeräten realisiert.

Wirken die übergeordneten Software-Funktionen über die Grenzen eines Subsystems hinaus im Netzwerk, so können sie auch nicht mehr einem bestimmten Subsystem zugeordnet werden. Wie bereits im einführenden Beispiel angesprochen, ist die Antriebsschlupfregelung eine antriebsstrang- und fahrwerkübergreifende Funktion. Aber auch viele Fahrerassistenzsysteme, wie die verkehrsflussangepasste Geschwindigkeitsregelung (engl. Adaptive Cruise Control), fallen in diese Kategorie. Ebenso gibt es im Komfort- und passiven Sicherheitsbereich subsystemübergreifende Funktionen. Ein Beispiel ist das Fahrzeugzugangssystem einschließlich der Schließanlage und der Diebstahlsicherung. Aus Funktionssicht werden die Übergänge zwischen den Subsystemen also fließend.

Ist die übergreifende Verwendung von Sensorsignalen meist noch unproblematisch, so stellt der „konkurrierende" Zugriff mehrerer Software-Funktionen auf dieselben Aktuatoren jedoch vielfältige Herausforderungen dar – insbesondere an eine geeignete Spezifikationsmethodik. Dabei muss die Definition eindeutiger Daten- und Auftragsschnittstellen zwischen den verschiedenen Funktionen und Systemen gleichermaßen berücksichtigt werden. Die verschiedenen Aufträge etwa an Aktuatoren müssen koordiniert werden. Einen Beitrag zu diesem Themengebiet liefert beispielsweise CARTRONIC [3].

Nach einem Überblick über die elektronischen Systeme des Antriebsstrangs, des Fahrwerks und der Karosserie werden in diesem Abschnitt auch die Multi-Media-Systeme dargestellt. Diese werden im Rahmen dieses Buches zwar nicht weiter berücksichtigt, eine Übersicht ist dennoch zur Abgrenzung gegenüber den anderen Anwendungsbereichen hilfreich. Schließlich werden einige Beispiele für Funktionen behandelt, die erst durch die Vernetzung der elektronischen Systeme möglich wurden. Dabei erfolgt eine Klassifizierung der Systeme nach typischen Merkmalen wie Benutzerschnittstellen und Sollwertgeber, Sensoren und Aktuatoren, Software-Funktionen, Bauraum, sowie Varianten und Skalierbarkeit. Auch aktuell erkennbare Trends werden berücksichtigt.

Bei der technischen Realisierung müssen in vielen Fällen eine Reihe von gesetzlichen Vorgaben berücksichtigt werden. So stehen etwa im Bereich des Antriebsstrangs, insbesondere bei den Software-Funktionen der Motorsteuergeräte, häufig Vorgaben bezüglich Kraftstoffverbrauch und Schadstoffemissionen im Vordergrund. Bei den Fahrwerks- und Karosseriefunktionen spielen dagegen Sicherheits- und Komfortanforderungen oft eine große Rolle.

Dieser Abschnitt beschränkt sich auf einen Überblick über die elektronischen Fahrzeugsysteme und ihre Funktionen. Einzelne Aspekte werden anhand von Beispielen in den weiteren Kapiteln des Buches wieder aufgegriffen. Für eine ausführliche Darstellung wird auf die umfangreiche Fachliteratur, z. B. [4], verwiesen.

1.2.1 Elektronische Systeme des Antriebsstrangs

Der Antriebsstrang eines Fahrzeuges umfasst folgende Aggregate und Komponenten:

- Antrieb – also Verbrennungsmotor, Elektromotor, Hybridantrieb oder Brennstoffzelle –
- Kupplung und Schaltgetriebe oder Automatikgetriebe
- Verteilergetriebe, Vorderachs- und Hinterachsgetriebe
- Antriebs- und Gelenkwellen, sowie
- die zum Motor gehörenden Nebenaggregate, wie Starter und Generator.

Unter die elektronischen Systeme des Antriebsstrangs fallen beispielsweise

- Motorsteuergeräte und
- Getriebesteuergeräte.

Die vielfältigen Steuerungs-/Regelungs- und Überwachungsfunktionen für Motor, Getriebe und Nebenaggregate verwenden als Eingangsgrößen den Fahrerwunsch und eine Reihe von Sensorsignalen und steuern damit die Aktuatoren im Antriebsstrang.

1.2.1.1 Benutzerschnittstellen und Sollwertgeber

Kennzeichnend für die Funktionen im Antriebsstrang sind wenige Benutzerschnittstellen. Der Fahrer kann außer dem Starten und Abstellen des Motors seinen Fahrerwunsch nur über die Fahrpedalstellung vorgeben. Im Falle eines Handschaltgetriebes sind Kupplungspedal und Gangwahlhebel weitere Bedienschnittstellen, bei Automatikgetrieben nur der Gangwahlhebel. In Sonderfällen können weitere Bedienelemente hinzukommen.

1.2.1.2 Sensoren und Aktuatoren

Die Anzahl der Sensoren – etwa zur Erfassung von Lage und Position, Drehzahlen, Drücken, Temperaturen, Lambdawerten oder Klopfintensität – und auch die Anzahl der Aktuatoren – zur Ansteuerung von Zündung, Einspritzung, Drosselklappe, Kupplungen oder Ventilen – ist vergleichsweise hoch. Dies führt zu einer hohen Anzahl von Schnittstellen der Steuergeräte. In Bild 1-5 sind die Schnittstellen eines Motorsteuergeräts dargestellt. Für die On-Board-Kommunikation wird meist CAN [2] eingesetzt; für die Off-Board-Kommunikation mit dem Diagnosetester wird die K-Leitung [5] zunehmend durch CAN [2] ersetzt.

1.2.1.3 Software-Funktionen

Die Anzahl der Software-Funktionen eines Motorsteuergeräts ist hoch; sie liegt mittlerweile im dreistelligen Bereich. Es müssen leistungsfähige Software-Funktionen realisiert werden, die intern zusammenwirken, aber auch zahlreiche Schnittstellen zu Funktionen im Fahrwerks- oder Karosseriebereich, beispielsweise zur Antriebsschlupfregelung oder zur Klimaautomatik, besitzen.

Charakteristisch für viele Software-Funktionen ist eine hohe Anzahl an Parametern, wie Kennwerte, Kennlinien und Kennfelder, die zur Abstimmung der Software-Funktionen für die jeweilige Motor-, Getriebe- oder Fahrzeugvariante, aber auch für die verschiedenen Betriebspunkte notwendig sind.

Sollwertgeber:
- Fahrpedalstellung
- Getriebestufe

Sensoren:
- Drosselklappenstellung
- Luftmasse
- Batteriespannung
- Ansauglufttemperatur
- Motortemperatur
- Klopfintensität
- Lambda-Sonden
- Kurbelwellendrehzahl und Oberer Totpunkt
- Nockenwellenstellung
- Fahrzeuggeschwindigkeit
⋮

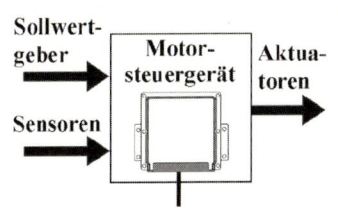

- On-Board-Kommunikationsschnittstelle (z.B. CAN)
- Off-Board-Diagnoseschnittstelle (z.B. K-Leitung oder CAN)

Aktuatoren:
- Zündkerzen
- E-Gas-Steller
- Einspritzventile
- Kraftstoffpumpenrelais
- Heizung Lambda-Sonden
- Tankentlüftung
- Saugrohrumschaltung
- Sekundärluftventil
- Abgasrückführventil
⋮

Bild 1-5: Schnittstellen eines Motorsteuergeräts für Ottomotoren [6]

1.2.1.4 Bauraum

Wegen der zahlreichen Schnittstellen zu den Sensoren und Aktuatoren, die sich meist am Motor oder Getriebe befinden, wird für die Steuergeräte vorteilhaft ein Bauort in der Nähe des jeweiligen Aggregates gewählt. Die räumliche Verteilung im Fahrzeug ist daher eher gering, die Umgebungsbedingungen der Steuergeräte sind meist rau. Sie sind in vielen Fällen einem erweiterten Temperaturbereich, Feuchtigkeit und hoher Erschütterungsbeanspruchung ausgesetzt.

1.2.1.5 Varianten und Skalierbarkeit

Skalierbarkeitsanforderungen müssen kaum erfüllt werden. Der Fahrzeugkunde kann in der Regel aber zwischen einer Reihe von Motor- und Getriebevarianten auswählen und kombinieren.

Typischerweise findet man aus diesen Gründen eine geringe Anzahl von Steuergeräten im Antriebsstrang vor – also wenige, aber leistungsfähige Steuergeräte, die zahlreiche Software-Funktionen ausführen. Dazu gehört immer ein Motorsteuergerät und im Falle eines Automatikgetriebes auch ein Getriebesteuergerät [4, 6, 7, 8].

1.2.2 Elektronische Systeme des Fahrwerks

Das Fahrwerk umfasst folgende Fahrzeugkomponenten:

- Achsen und Räder
- Bremsen
- Federung und Dämpfung, sowie
- Lenkung.

Unter die elektronischen Systeme des Fahrwerks fallen damit z. B.

- **A**nti**b**lockier**s**ystem (ABS)
- **E**lektronische **B**remskraft**v**erteilung (EBV)
- Fahrdynamikregelung oder **E**lektronisches **S**tabilitäts**p**rogramm (ESP)
- Feststellbremse
- Reifendrucküberwachung
- Luftfederung
- Wankstabilisierung
- Servolenkung
- Überlagerungslenkung
- Elektrohydraulische oder elektromechanische Bremse
- Brake-By-Wire- und Steer-By-Wire-Systeme.

Mögliche Fehlfunktionen der Bremssysteme sind Versagen der Bremsen oder auch unbeabsichtigtes Bremsen. Mögliche Fehlfunktionen der Lenksysteme sind Versagen der Lenkung oder auch ungewolltes Lenken. Daraus folgen unter Umständen der völlige Verlust der Beherrschbarkeit des Fahrzeugs und die Gefahr von Unfällen mit Toten und Verletzten. Die Sicherheitsanforderungen an diese Systeme sind deshalb sehr hoch. Entwurfsprinzipien für sicherheitsrelevante Systeme, wie beispielsweise die Minimierung der notwendigen Schnittstellen zu anderen Systemen, Modularisierung, Überwachungs- und Sicherheitskonzepte haben oft sehr großen Einfluss auf den Systementwurf.

1.2.2.1 Benutzerschnittstellen und Sollwertgeber

Auch die Funktionen im Fahrwerksbereich weisen nur wenige Benutzerschnittstellen auf. Der Fahrer kann außer dem Bremspedal und dem Lenkrad nur die Feststellbremse betätigen. Rückmeldungen erfolgen über Anzeigen beispielsweise im Kombiinstrument. Manche Fahrwerkssysteme, wie etwa die Luftfederung, können über zusätzliche Bedienelemente ein- und ausgeschaltet werden.

1.2.2.2 Sensoren und Aktuatoren

Eingangsgrößen des ABS-Steuergeräts sind u. a. die Raddrehzahlen. Die Aktuatoren sind die Radbremsen. Das ESP-Steuergerät verwendet zusätzliche Sensorsignale, etwa Lenk- und Gierwinkelsignale, als Eingangsgrößen [1].

Die Anzahl der Sensoren und Aktuatoren ist im Vergleich mit dem Antriebsstrangsystemen, etwa verglichen mit dem Motorsteuergerät geringer. Bild 1-6 zeigt die Schnittstellen eines ABS-Steuergeräts [1].

1.2 Überblick über die elektronischen Systeme des Fahrzeugs

Sensoren:
- Batteriespannung
- Pumpenmotorspannung
- Ventil-Relais-Spannung
- Raddrehzahlsensoren
  - Rad vorne rechts
  - Rad vorne links
  - Rad hinten rechts
  - Rad hinten links
- Bremslichtschalter

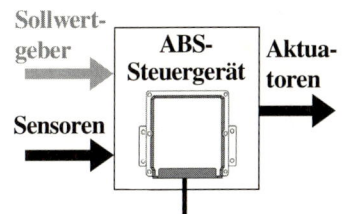

- On-Board-Kommunikationsschnittstelle (z.B. CAN)
- Off-Board-Diagnoseschnittstelle (z.B. K-Leitung oder CAN)

Aktuatoren:
- Magnetventile
  - Rad vorne rechts
  - Rad vorne links
  - Rad hinten rechts
  - Rad hinten links
- Pumpen-Relais
- Ventil-Relais

Bild 1-6: Schnittstellen eines ABS-Steuergeräts [1]

1.2.2.3 Software-Funktionen

Auch im Fahrwerksbereich müssen in den Steuergeräten umfangreiche Software-Funktionen realisiert werden, die intern zusammenwirken, aber auch zahlreiche Schnittstellen zu anderen Software-Funktionen im Fahrwerks-, Antriebsstrang- oder Karosseriebereich besitzen. Es wird erwartet, dass in Zukunft bisher hydraulisch oder mechanisch realisierte Funktionen teilweise durch Software-Funktionen realisiert werden.

1.2.2.4 Bauraum

Als Folge der hohen Sicherheitsanforderungen und wegen der Schnittstellen zu den Sensoren und Aktuatoren, die im Fahrwerk räumlich weit verteilt sind, ist die Anzahl der Steuergeräte höher als im Antriebsstrang.

Dazu gehört ein ABS-, ein ABS/ASR-Steuergerät oder ein ESP-Steuergerät, sowie – häufig optional – Steuergeräte für Lenkungs-, Federungs- und Dämpfungsfunktionen oder für die Reifendrucküberwachung. Die Umgebungsbedingungen der Steuergeräte sind vergleichbar rau wie im Antriebsstrang [1].

1.2.2.5 Varianten und Skalierbarkeit

Die Grundausstattung unterscheidet sich in vielen Fällen für verschiedene Absatzländer. Viele Funktionen können als Sonderausstattung gewählt werden. Skalierbarkeitsanforderungen müssen aus diesem Grund häufig erfüllt werden. Der Fahrzeugkunde kann in der Regel verschiedene Sonderausstattungsoptionen auswählen und kombinieren.

1.2.3 Elektronische Systeme der Karosserie

Bei den Karosseriesystemen werden häufig die Segmente „Passive Sicherheit" und „Komfort" unterschieden.

Die Komfortsysteme umfassen beispielsweise

- das Fahrzeugzugangssystem – wie Zentralverriegelung, Funkschlüssel und Diebstahlwarnanlage –

sowie die Systeme zur Steuerung von
- Fensterhebern und Heckklappe
- Schiebe-Hebe-Dach
- Cabrioverdeck
- Wischern und Regensensor
- Spiegelverstellung, -abblendung und -heizung
- Sitzverstellung und -heizung
- Lenkradverstellung
- Heizung und Klimatisierung des Innenraums
- Beleuchtung des Innenraums
- Steuerung der Fahrzeugscheinwerfer und Scheinwerferreinigung, sowie
- Einparkhilfen.

Als passive Sicherheitssysteme werden alle Systeme im Fahrzeug bezeichnet, die im Falle eines Unfalls zur Erhöhung der Sicherheit der Fahrzeuginsassen beitragen. Darunter fallen
- Rückhaltesysteme mit Funktionen wie z. B. Gurtstraffer
- Airbagsteuerung einschließlich der Sitzbelegungserkennung
- aktive Sicherheitsüberrollbügel.

Dagegen umfassen die aktiven Sicherheitssysteme alle Systeme im Fahrzeug, die vor allem die Sicherheit der Fahrzeuginsassen während des Fahrens erhöhen, also zur Beherrschung kritischer Fahrsituationen und damit zur Unfallvermeidung beitragen. Dazu werden beispielsweise das Antiblockiersystem oder die Fahrdynamikregelung gezählt.

1.2.3.1 Benutzerschnittstellen und Sollwertgeber

Kennzeichnend für die Komfortsysteme sind umfangreiche Benutzerschnittstellen. Der Fahrer und die Passagiere können über zahlreiche Bedienelemente – wie Schalter, Knöpfe, Schiebe- und Drehregler – die Komfortfunktionen nach ihren Wünschen einstellen. Die Benutzerwahrnehmung der Komfortfunktionen ist deshalb hoch.

Dagegen haben die passiven Sicherheitssysteme fast keine Benutzerschnittstellen. Die Benutzerwahrnehmung dieser Funktionen basiert ausschließlich auf dem Sicherheitsbewusstsein des Fahrers und der Fahrzeuginsassen.

1.2.3.2 Sensoren und Aktuatoren

Die verschiedenen Karosseriefunktionen verwenden als Eingangsgrößen die jeweiligen Sollwerte und verschiedene Sensorsignale. Die Aktuatoren werden vielfach durch elektrische Antriebe realisiert.

1.2.3.3 Software-Funktionen

Im Karosseriebereich findet man die höchste Anzahl eigenständiger Software-Funktionen. Typischerweise werden heute Mikrocontroller mit begrenzter Leistungsfähigkeit und mit einer relativ geringen Anzahl von Ein- und Ausgangsschnittstellen in den Steuergeräten eingesetzt.

1.2 Überblick über die elektronischen Systeme des Fahrzeugs   13

Auf diese Weise können eigenständige Software-Funktionen durch getrennte Steuergeräte realisiert werden. Die Anzahl der Steuergeräte ist bei einer derartigen Realisierung vergleichsweise hoch.

Die Vernetzung der verschiedenen Steuergeräte ermöglicht auch hier die Realisierung von steuergeräte- und subsystemübergreifenden Software-Funktionen, wie beispielsweise ein zentrales Zugangs- und Schließsystem.

Die Anzahl der Abstimmparameter ist geringer als bei den Software-Funktionen im Bereich des Antriebsstrangs oder des Fahrwerks.

1.2.3.4 Bauraum

Die verschiedenen Steuergeräte sind räumlich weit im Fahrzeug verteilt und übernehmen oft sozusagen eine Funktion direkt vor Ort. Die Übergänge zu intelligenten Sensoren und Aktuatoren sind dadurch häufig fließend.

Aktuatoren und Sensoren in den Türen, in den Außenspiegeln, im Dach, im Heck- und Frontbereich, sowie im Innenraum des Fahrzeugs müssen mit den Steuergeräten verbunden werden. In vielen Fällen ist der Bauraum für die Steuergeräte und die Verkabelung äußerst begrenzt, etwa in den Türen oder Sitzen. Manchmal konkurrieren sogar mehrere Sensoren, Aktuatoren und Steuergeräte um den gleichen Bauraum. Beispielsweise müssen Airbag- und Komfortsensoren und -aktuatoren in den Türen, Sitzen oder im Dach untergebracht werden. Diese „geometrischen" Randbedingungen haben daher großen Einfluss auf den Systementwurf.

1.2.3.5 Varianten und Skalierbarkeit

Die verschiedenen Karosserievarianten einer Fahrzeugbaureihe beeinflussen auch die Architektur der Elektronik.

Beispiel: Einfluss von Karosserievarianten auf die Architektur der Elektronik

> Manche Ausstattungsoptionen schließen sich gegenseitig aus. Für ein Cabrio braucht kein Schiebedach vorgesehen werden, für eine Limousine kein Cabrioverdeck. Ähnliche Zusammenhänge kann man auch für Kombi und Coupé finden. Auch aus diesem Grund findet man viele Steuergeräte mit begrenztem Funktionsumfang.

Neben diesen Variantenanforderungen müssen meist auch Skalierbarkeitsanforderungen erfüllt werden, da der Fahrzeugkunde zwischen einer Vielzahl von Sonderausstattungen an Karosseriefunktionen auswählen und kombinieren kann.

1.2.4 Multi-Media-Systeme

Zu den Multi-Media-Systemen zählen

- Tuner und Antennen
- CD-Wechsler
- Verstärker und Audiosystem
- Videosystem
- Navigationssystem
- Telefon
- Sprachbedienung
- Internetzugang.

Der Mehrwert vieler Funktionen dieser Systeme im Fahrzeug entsteht erst durch eine Vernetzung mit den übrigen elektronischen Systemen, etwa durch die Sprachbedienung oder Visualisierungskonzepte für Komfortfunktionen.

1.2.5 Verteilte und vernetzte elektronische Systeme

Die Vernetzung der Steuergeräte ermöglicht die Realisierung übergreifender Software-Funktionen. Dies soll an zwei weiteren Beispielen dargestellt werden.

Beispiel: Adaptive-Cruise-Control-System

Das Adaptive-Cruise-Control-System (ACC-System) ist eine Weiterentwicklung des klassischen Tempomaten. Es besteht aus einem Sensor – beispielsweise einem Radarsensor – , der Abstand, Relativgeschwindigkeit und Winkellage vorausfahrender Fahrzeuge erfasst. Das ACC-Steuergerät berechnet daraus die relative Position zu den verschiedenen vorausfahrenden Fahrzeugen und steuert die Längsdynamik durch gezieltes Beschleunigen und Verzögern des Fahrzeugs zur Einhaltung eines konstanten Sicherheitsabstands zum „kritischen" vorausfahrenden Fahrzeug. Das ACC-System beeinflusst dazu das Motormoment über das Motorsteuergerät, das Getriebe über das Getriebesteuergerät und das Bremsmoment über das ESP-Steuergerät. ACC ist deshalb eine antriebs- und fahrwerksübergreifende Funktion (Bild 1-7).

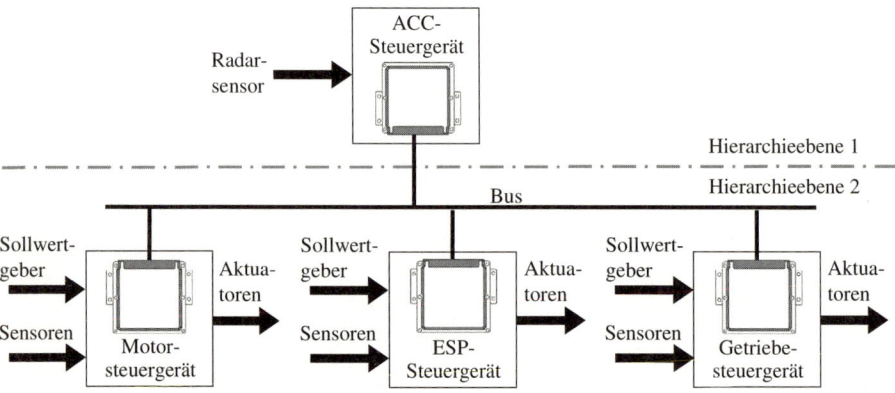

Bild 1-7: ACC-Steuergerät und ACC-System

Beispiel: Anzeigesystem für Hinweise, Warnungen und Fehlermeldungen

An der Darstellung von Hinweisen, Warnungen und Fehlermeldungen durch das Kombiinstrument sind verschiedene Steuergeräte beteiligt. Das Kombiinstrument ist zum Beispiel nicht nur für die Anzeige von Hinweisen, Warnungen und Fehlermeldungen aller Steuergeräte des Fahrzeugs zuständig, sondern auch für deren Priorisierung. Es wertet dazu die empfangenen Nachrichten aller Steuergeräte aus, bevor die Hinweise, Warnungen und Fehlermeldungen in einem zentralen Anzeigefeld nach einer festgelegten Strategie dargestellt werden (Bild 1-8).

1.2 Überblick über die elektronischen Systeme des Fahrzeugs

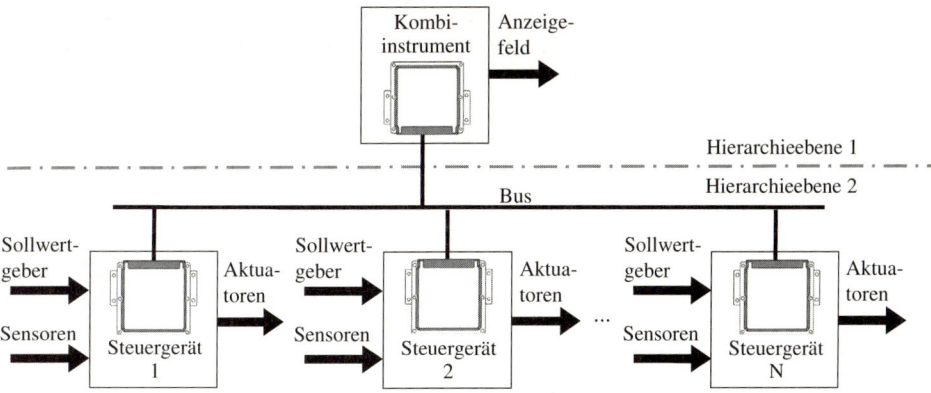

Bild 1-8: Anzeigesystem für Hinweise, Warnungen und Fehlermeldungen

1.2.6 Zusammenfassung und Ausblick

Die technische Realisierung der elektronischen Systeme wurde und wird wesentlich durch die steigende Leistungsfähigkeit der eingesetzten Mikrocontroller, sowie durch deren zunehmende Vernetzung beeinflusst.

Sowohl die Anzahl der Steuergeräte pro Fahrzeug, als auch die Anzahl der Funktionen pro Steuergerät nahm in den letzten Jahrzehnten ständig zu (Bild 1-9).

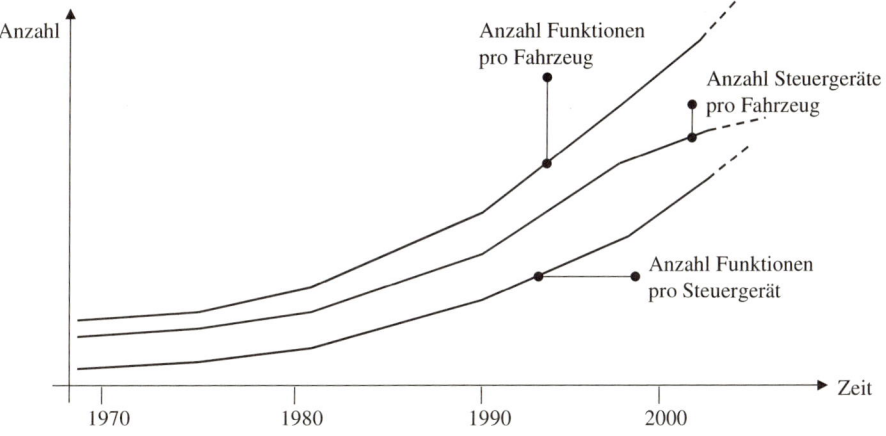

Bild 1-9: Funktionen und Steuergeräte pro Fahrzeug [9]

Auch in Zukunft wird eine weitere Zunahme der Funktionen pro Fahrzeug erwartet. Viele neue Funktionen werden, wie angesprochen, erst durch die Vernetzung von Fahrzeug und Umwelt möglich. Klassische Funktionen des Fahrzeugs, die bisher durch mechanische oder hydraulische Systeme realisiert wurden, werden – zumindest teilweise – in Zukunft durch Software-Funktionen realisiert.

Auch der Trend zu einer weiteren Zunahme der Grundausstattung in allen Fahrzeugklassen wird sich nach allen Erwartungen wie bisher – ausgehend von Oberklassefahrzeugen – fortsetzen. Die damit einhergehende Zunahme des Kostendrucks, sowie Bauraumeinschränkungen in kleineren Fahrzeugen erfordern jedoch eine Reduzierung der Anzahl der Steuergeräte. Es wird daher erwartet, dass die Anzahl der Steuergeräte eher etwas zurückgeht, zumindest aber nicht weiter zunimmt. Verschiedene Software-Funktionen, die heute durch getrennte Steuergeräte realisiert werden, können beispielsweise bauraumorientiert in einem Steuergerät zusammengefasst werden. Die Anzahl der Software-Funktionen pro Steuergerät wird auch dadurch weiterhin zunehmen.

1.3 Überblick über die logische Systemarchitektur

Zu Beginn der Einführung der Elektronik war die in Bild 1-4 dargestellte Steuergerätesicht verbreitet. Dies ist bei weitgehend autonom arbeitenden Einzelsystemen mit eindeutiger Funktionszuordnung unproblematisch, da unter diesen Voraussetzungen die Steuergerätesicht mit der Funktionssicht identisch ist.

1.3.1 Funktions- und Steuergerätenetzwerk des Fahrzeugs

Wie durch die oben dargestellten Beispiele deutlich wird, erfordert jedoch die Entwicklung von verteilten und vernetzten Software-Funktionen eine konsequente Unterscheidung zwischen einer abstrakten Sicht auf das Funktionsnetzwerk und einer konkreten Realisierungssicht auf die Steuergeräte des Fahrzeugs (Bild 1-10) [10].

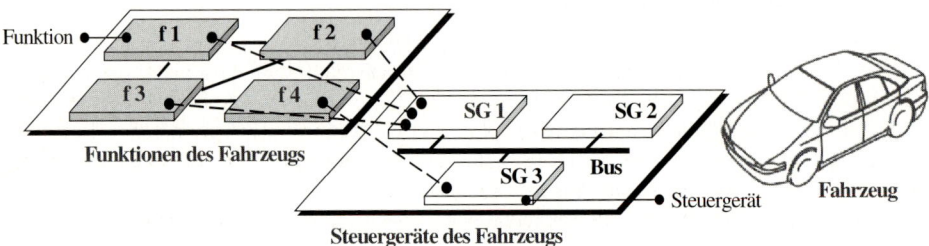

Bild 1-10: Funktions- und Steuergerätenetzwerk des Fahrzeugs [10]

Für das gesamte Fahrzeug kann dann für die Funktionen eine Einordnung zu den Subsystemen, wie in Bild 1-11 skizziert, erfolgen.

1.3 Überblick über die logische Systemarchitektur

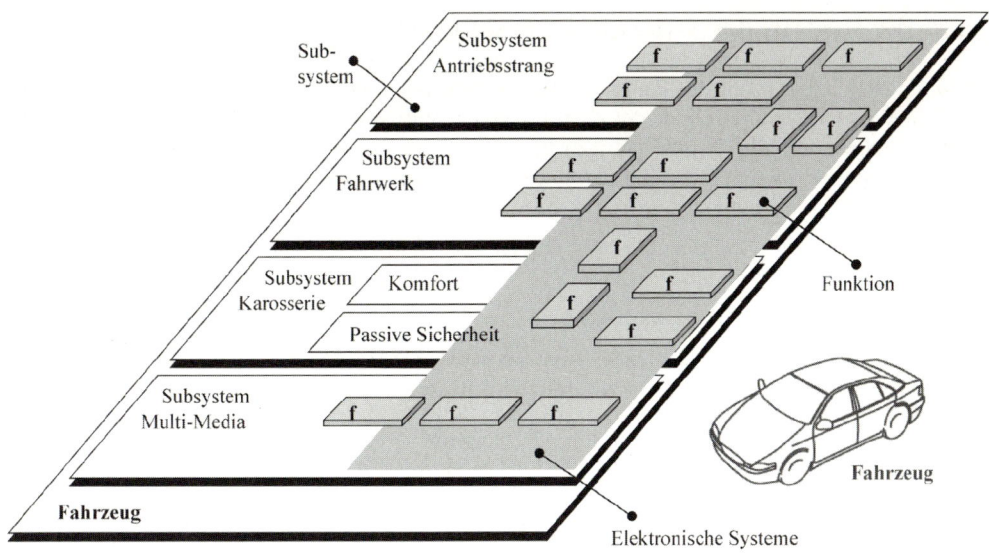

Bild 1-11: Einordnung der Fahrzeugfunktionen zu den Subsystemen des Fahrzeugs

1.3.2 Logische Systemarchitektur für Steuerungs-/Regelungs- und Überwachungssysteme

Diese Unterscheidung zwischen einer abstrakten und konkreten Sichtweise kann auf alle Komponenten des Fahrzeugs, den Fahrer und die Umwelt ausgedehnt werden. Die abstrakte Sicht wird im Folgenden als logische Systemarchitektur bezeichnet; die konkrete Sicht auf die Realisierung als technische Systemarchitektur. Zur Unterscheidung wird in diesem Buch die logische Systemarchitektur grau und die technische Systemarchitektur weiß dargestellt. So wird z. B. die logische Systemarchitektur für Steuerungs-/Regelungs- und Überwachungssysteme wie in Bild 1-12 dargestellt; die technische Systemarchitektur wie in Bild 1-2.

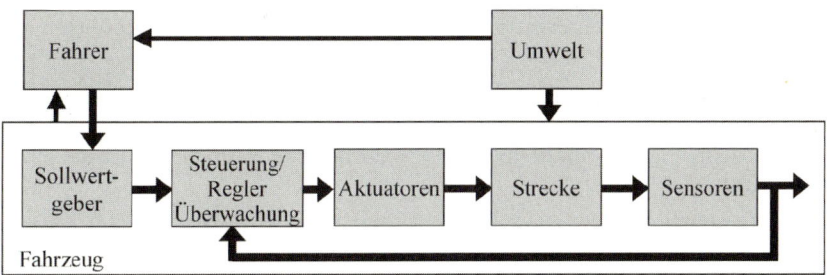

Bild 1-12: Logische Systemarchitektur für Steuerungs-, Regelungs- und Überwachungssysteme

1.4 Prozesse in der Fahrzeugentwicklung

Die zunehmende Anzahl der Funktionen eines Fahrzeugs, ihre Vernetzung, hohe und weiter zunehmende Anforderungen an die Zuverlässigkeit, Verfügbarkeit und Sicherheit, sowie Varianten- und Skalierbarkeitsanforderungen führen zu einer Komplexität, die ohne eine definierte Vorgehensweise in der Entwicklung, einen Entwicklungsprozess, kaum beherrscht werden kann.

Eine Vorgehensweise zur Beherrschung von Komplexität, die seit langem in der Automobilindustrie angewendet wird, lautet:

Divide et Impera! – Teile und beherrsche!

1.4.1 Überblick über die Fahrzeugentwicklung

In der Fahrzeugentwicklung führt dieser Ansatz zunächst zu einer Partitionierung des Fahrzeugs in die Subsysteme Antriebsstrang, Fahrwerk, Karosserie, sowie Multi-Media (Bild 1-11). Daran anschließend erfolgt stufenweise die weitere Partitionierung der Subsysteme in untergeordnete Subsysteme und Komponenten. Nach der arbeitsteiligen, parallelen Entwicklung der Komponenten erfolgt deren Prüfung, sowie die stufenweise Integration und Prüfung von Komponenten zu Subsystemen über die verschiedenen Systemebenen. Schließlich werden die Subsysteme Antriebsstrang, Fahrwerk, Karosserie und Multi-Media zum Fahrzeug integriert.

Voraussetzung dafür ist nicht nur eine klare Arbeitsteilung in der Subsystem- und Komponentenentwicklung, sondern auch die Zusammenarbeit bei der Partitionierung und Integration des Systems hinsichtlich Bauraum, Fahrzeugfunktionen und Produktionstechnik.

Zusätzlich ist in der Automobilindustrie die firmenübergreifende Subsystem- und Komponentenentwicklung zwischen Fahrzeugherstellern und Lieferanten sehr ausgeprägt. Die klare Arbeitsteilung zwischen Fahrzeugherstellern und Zulieferern stellt deshalb auch eine grundlegende Anforderung dar.

Eine weitere Dimension kommt durch die gleichzeitige Entwicklung von verschiedenen Fahrzeugen oder Fahrzeugvarianten hinzu. Dies führt zu Multi-Projekt-Situationen auf allen Systemebenen bei Fahrzeugherstellern und Lieferanten.

Die Zusammenarbeit unterschiedlicher Fachdisziplinen erfordert zum einen ein gemeinsames, ganzheitliches Problemverständnis, ein gemeinsames Verständnis der Prozesse zur Problemlösung, sowie ein gemeinsames Verständnis der Einflüsse und Auswirkungen von Lösungen auf das System.

Zum zweiten müssen die Zuständigkeiten und Verantwortlichkeiten in einem Projekt festgelegt werden. Bewährte ganzheitliche Ansätze sind beispielsweise Mechatronik [11] auf der technischen Seite oder Systems-Engineering-Methoden [12] auf der organisatorischen Ebene eines Entwicklungsprojektes.

Bei der firmenübergreifenden Zusammenarbeit zwischen Fahrzeughersteller und Lieferant müssen neben diesen Punkten alle Aspekte des Geschäftsmodells, insbesondere auch juristische Fragen, wie Produkthaftung oder Patentrechte, geklärt werden. Dieses Buch beschränkt sich auf die technischen Aspekte.

1.4.2 Überblick über die Entwicklung von elektronischen Systemen

Ähnlich wie die Fahrzeugentwicklung kann auch die Entwicklung elektronischer Systeme des Fahrzeugs dargestellt werden. Nach der Partitionierung in die Subsysteme Steuergeräte (Hardware und Software), Sollwertgeber, Sensoren und Aktuatoren (Bild 1-2) und deren arbeitsteiliger Entwicklung erfolgt deren Prüfung, sowie die stufenweise Integration zum elektronischen System (Bild 1-13). Bei der Partitionierung und Integration ist auch hier die Zusammenarbeit über Subsystemgrenzen hinweg erforderlich.

Der Entwicklungsprozess für elektronische Systeme sollte sich einerseits an bewährten Prinzipien, wie **C**apability-**M**aturity-**M**odel-**I**ntegration (CMMI) [14], **S**oftware-**P**rocess-**I**mprovement-and-**C**apability-**D**etermination (SPICE) [15] oder dem V-Modell [16], orientieren.

Andererseits sollte der Prozess Automobilstandards wie OSEK [17] und ASAM [18] unterstützen. OSEK steht als Abkürzung für **O**ffene **S**ysteme und deren Schnittstellen für die **E**lektronik im **K**raftfahrzeug. ASAM steht als Abkürzung für **A**rbeitskreis für die **S**tandardisierung von **A**utomatisierungs- und **M**esssystemen.

Zudem müssen bewährte Vorgehensweisen und Methoden, wie Simulation oder Rapid-Prototyping, berücksichtigt werden.

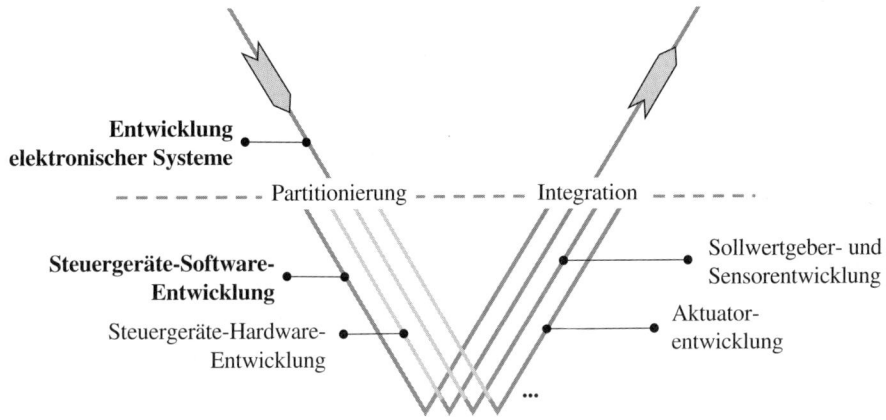

Bild 1-13: Übersicht über die Entwicklung elektronischer Systeme

Zwischen der Fahrzeugentwicklung und der Entwicklung elektronischer Systeme bestehen deshalb zahlreiche Wechselwirkungen, die sich auch auf die Software-Entwicklung auswirken.

1.4.2.1 Trend von der Hardware zur Software

Bei der Entwicklung elektronischer Systeme ist ein allgemeiner Trend von Hardware- zu Software-Lösungen festzustellen.

Software-Lösungen sind bestens zur Realisierung der funktionalen Aspekte elektronischer Systeme geeignet. So ermöglicht beispielsweise die Realisierung von Steuerungs-/Regelungs- und Überwachungsfunktionen durch Software höchste Freiheitsgrade, etwa beim Entwurf von

Linearisierungen, von adaptiven oder lernenden Algorithmen, von Sicherheits- und Diagnosekonzepten. Keine andere Technologie bietet so große Entwurfsfreiräume – insbesondere auch deshalb, da Bauraum- oder Fertigungsaspekte nur geringen indirekten Einfluss auf die Realisierung von Software-Funktionen haben.

Die Realisierung von Fahrzeugfunktionen durch Software bietet Fahrzeugherstellern und Zulieferern daher großes Differenzierungspotential gegenüber dem Wettbewerb – eine Tendenz, die auch in anderen Industriebereichen erkennbar ist.

Die durchgängige Entwicklung von Software-Funktionen und die funktionale Integration mit den weiteren Komponenten eines elektronischen Fahrzeugsystems bildet deshalb den Schwerpunkt dieses Buches. Besonderer Wert wird dabei auf die Darstellung der unterschiedlichen Anforderungen und Randbedingungen an die Software-Entwicklung für Fahrzeugsteuergeräte im Vergleich mit anderen industriellen Anwendungsgebieten gelegt. Dazu gehört beispielsweise die Unterscheidung zwischen der Spezifikation von Software-Funktionen einschließlich deren möglichst frühzeitiger, breiter Absicherung im realen Fahrzeug, sowie dem Design und der Implementierung von Software-Funktionen unter Berücksichtigung aller technischen Details des jeweiligen Steuergeräts einschließlich der anschließenden Prüfung gegenüber der Spezifikation. Auch die Anforderungen in Produktion und Service, wie Diagnose und Software-Update für Steuergeräte, werden berücksichtigt.

1.4.2.2 Kosten

Der enorme Kostendruck führt in der Automobilindustrie in Verbindung mit hohen Stückzahlen dazu, dass die proportionalen Herstellkosten häufig den Fahrzeugpreis dominieren. Die proportionalen Herstellkosten in der Elektronik wiederum werden meistens durch den Preis der Elektronik-Hardware bestimmt, was sich in sehr begrenzten Hardware-Ressourcen bezüglich Speicherplatz und Rechenleistung auswirken kann. Dies führt in vielen Fällen zu hohen Optimierungsanforderungen bei der Software-Entwicklung, wie beispielsweise zur Implementierung von Software-Funktionen in Integerarithmetik.

1.4.2.3 Lange Produktlebenszyklen

Bei Fahrzeugen wird heute mit einer Entwicklungszeit von rund drei Jahren, einem Produktionszeitraum von etwa sieben Jahren und einer anschließenden Betriebs- und Servicephase von bis zu 15 Jahren gerechnet. Insgesamt ergibt sich also ein Produktlebenszyklus von rund 25 Jahren (Bild 1-14).

Diese Intervalle sind in der Elektronik wegen der anhaltenden Technologiefortschritte in der Hardware wesentlich kürzer. Dies stellt beispielsweise die langfristige Versorgung des Marktes mit Elektronikersatzteilen vor große Herausforderungen und muss bereits während der Fahrzeugentwicklung berücksichtigt werden.

Dadurch wird auch die Software-Architektur beeinflusst. Auswirkungen sind beispielsweise die Standardisierung der Software-Architektur und die hardware-unabhängige Spezifikation von Software-Funktionen, um eine später möglicherweise erforderliche Portierung der Software auf eine neue Hardware-Generation zu vereinfachen.

Verglichen mit der Hardware sind die Änderungszyklen bei der Software kürzer. So ermöglicht der Einsatz der Flash-Technologie in Verbindung mit der Vernetzung aller Steuergeräte des Fahrzeugs kostengünstige Software-Updates im Feld etwa über die zentrale Off-Board-

1.4 Prozesse in der Fahrzeugentwicklung 21

Diagnoseschnittstelle des Fahrzeugs – ohne den kostspieligen Ausbau oder Austausch von Steuergeräten. In der Software-Entwicklung müssen außerdem die sehr langen Wartungsintervalle beachtet werden.

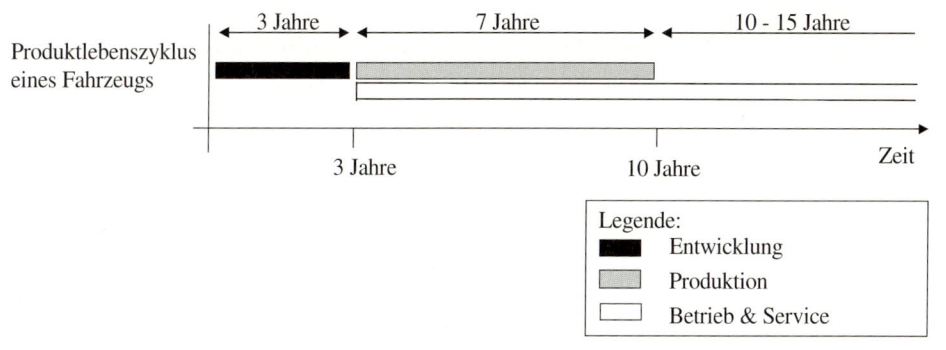

Bild 1-14: Produktlebenszyklus eines Fahrzeugs

1.4.2.4 Hohe und steigende Anforderungen an die Sicherheit

Die Anforderungen an die Sicherheit von Fahrzeugfunktionen sind verglichen mit anderen Branchen, wie beispielsweise dem Maschinenbau oder der Telekommunikation, besonders hoch. Da die Wahrscheinlichkeit, dass sich im Falle eines Unfalls eine Person in der Nähe des Fahrzeugs befindet, beim Fahrer immer mit 100 % angenommen werden muss, erfolgt meist eine Einstufung der Funktionen in eine hohe Sicherheitsklasse. Das trifft für den Maschinenbau im Allgemeinen nicht zu. Die Wahrscheinlichkeit, dass Menschen sich in der Nähe von Maschinen befinden, kann zum Beispiel durch geeignete Absperrmaßnahmen und ähnliche Sicherheitseinrichtungen deutlich reduziert werden.

Die grundlegenden Sicherheitsbetrachtungen sind in Normen, wie der DIN 19250 [19] oder der IEC 61508 [20], und in ECE-Regelungen, wie [21, 22], festgelegt. Ein „einfach" zu führender Funktionssicherheitsnachweis ist Voraussetzung für die Zulassung von Fahrzeugen zum Straßenverkehr.

Dabei nimmt die Sicherheitsrelevanz der Funktionen, die von elektronischen Systemen und Software im Fahrzeug übernommen oder beeinflusst werden, zu: von der Situationsanalyse, wie der Geschwindigkeitsanzeige, über eine Situationsbewertung, wie beispielsweise eine Glatteiswarnung, über eine Aktionsempfehlung, z. B. vom Navigationssystem, bis hin zur Aktionsdurchführung, wie Beschleunigungs- oder Bremseingriff, oder sogar einem aktiven Lenkeingriff, beispielsweise bei einem aktiven Lenksystem (engl. Active Front Steering, AFS) [23].

Deshalb hat die Analyse der Funktionssicherheit und die Spezifikation geeigneter Sicherheitskonzepte großen Einfluss auf die Funktionsentwicklung und damit auch auf die Software-Entwicklung. Hohe Sicherheitsanforderungen machen Fehlererkennungs- und Fehlerbehandlungsmaßnahmen erforderlich. Eine der mächtigsten Maßnahmen zur Erkennung und Behandlung von Fehlern ist die redundante Auslegung von Systemen. Das bedeutet, dass der Trend zu verteilten und vernetzten Systemen im Fahrzeug durch hohe Anforderungen an die Funktionssicherheit verstärkt wird.

Zudem ergeben sich daraus besondere Anforderungen an die Entwicklungsprozesse und die Entwicklungswerkzeuge. Beispiele sind die Zertifizierung von Entwicklungsprozessen, von Software-Entwicklungswerkzeugen oder von standardisierten Software-Komponenten, wie OSEK-Betriebssystemen.

1.4.3 Kernprozess zur Entwicklung von elektronischen Systemen und Software

Wegen der dargestellten zahlreichen Wechselwirkungen zwischen Fahrzeug-, Elektronik- und Software-Entwicklung ist ein durchgängiger Entwicklungsprozess notwendig, der von der Analyse der Benutzeranforderungen bis zum Akzeptanztest des elektronischen Systems alle Schritte abdeckt.

Dieses Buch konzentriert sich dabei auf die durchgängige Entwicklung von elektronischen Systemen und Software und orientiert sich an einer Vorgehensweise nach dem V-Modell [16]. Das V-Modell unterscheidet zwischen einer Sicht auf das System und einer Sicht auf die Komponenten und integriert Maßnahmen zur Qualitätsprüfung. Es ist daher in der Automobilindustrie weit verbreitet.

Dieses Prozessmodell für die Entwicklung lässt sich in Form eines „V" darstellen. So können auch die Projektphasen und die Schnittstellen zwischen System- und Software-Entwicklung in einem angepassten V-Modell dargestellt werden – ebenso die spezifischen Schritte in der Fahrzeugentwicklung. Einen Überblick über diesen so genannten Kernprozess, der in Kapitel 4 ausführlich behandelt wird, zeigt Bild 1-15. Methoden und Werkzeuge zur Unterstützung dieses Kernprozesses werden in Kapitel 5 vorgestellt.

Der Kernprozess unterscheidet zwischen verschiedenen Entwicklungsschritten:

- **Analyse der Benutzeranforderungen und Spezifikation der logischen Systemarchitektur**

    Ausgehend von den zu berücksichtigenden Benutzeranforderungen ist das Ziel dieses Prozessschrittes die Festlegung der logischen Systemarchitektur, d. h. des Funktionsnetzwerks, der Schnittstellen der Funktionen und der Kommunikation zwischen den Funktionen für das gesamte Fahrzeug oder für ein Subsystem. Dabei werden noch keine technischen Realisierungsentscheidungen getroffen.

- **Analyse der logischen Systemarchitektur und Spezifikation der technischen Systemarchitektur**

    Diese logische Systemarchitektur bildet die Basis für die Spezifikation der konkreten technischen Systemarchitektur. Die Analyse technischer Realisierungsalternativen ausgehend von einer einheitlichen logischen Systemarchitektur wird durch zahlreiche Methoden der beteiligten Fachdisziplinen unterstützt. In der technischen Systemarchitektur ist auch festgelegt, welche Funktionen oder Teilfunktionen durch Software realisiert werden. Diese werden auch als Software-Anforderungen bezeichnet.

- **Analyse der Software-Anforderungen und Spezifikation der Software-Architektur**

    Im nächsten Schritt erfolgt die Analyse dieser Software-Anforderungen und die Spezifikation der Software-Architektur. D. h. es erfolgt die Festlegung der Grenzen und der Schnittstellen des Software-Systems, sowie die Festlegung von Software-Komponenten, von Software-Schichten und Betriebszuständen.

1.4 Prozesse in der Fahrzeugentwicklung

- **Spezifikation der Software-Komponenten**

    Anschließend kann die Spezifikation der Software-Komponenten erfolgen. Dabei wird zunächst von einer „idealen Welt" ausgegangen. Das bedeutet, bei diesem Schritt werden Details der Implementierung, wie beispielsweise die Implementierung in Integerarithmetik, vernachlässigt.

- **Design, Implementierung und Test der Software-Komponenten**

    Die Aspekte der „realen Welt" werden beim Design betrachtet. Hier müssen alle für die Implementierung relevanten Details festgelegt werden. Unter Berücksichtigung dieser Entwurfsentscheidungen erfolgt dann die Implementierung der Software-Komponenten und anschließend deren Test.

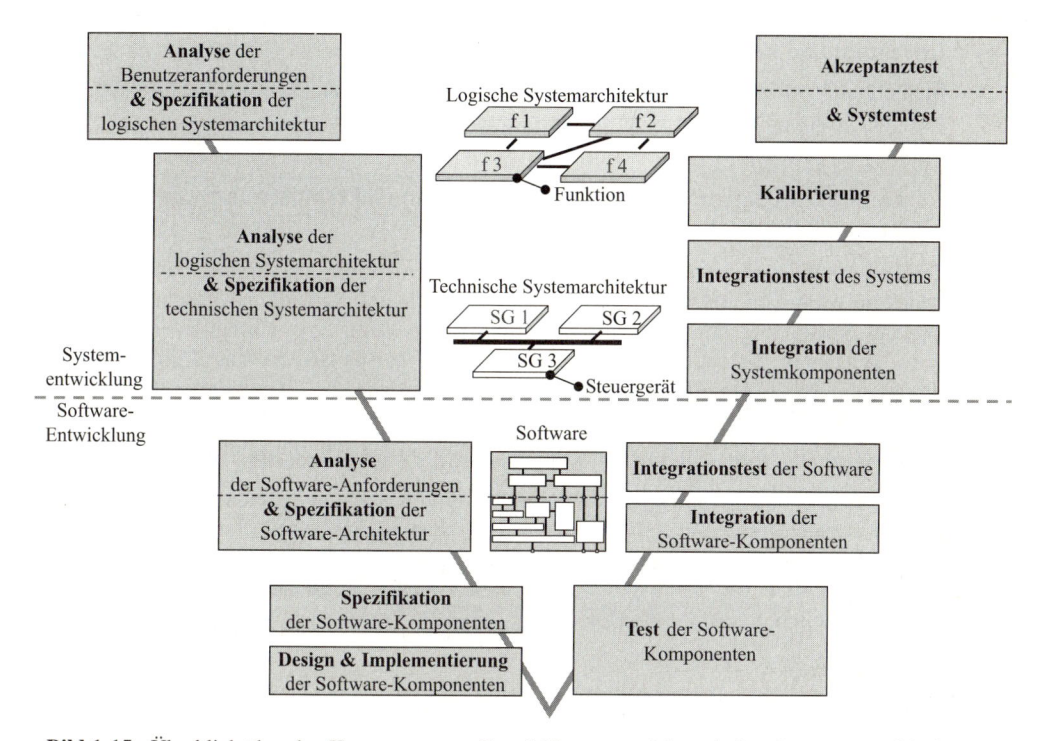

Bild 1-15: Überblick über den Kernprozess zur Entwicklung von elektronischen Systemen und Software

- **Integration der Software-Komponenten und Integrationstest der Software**

    Nach der häufig arbeitsteiligen Entwicklung der Software-Komponenten und deren Test erfolgt die Integration der Software-Komponenten zum Software-System mit anschließendem Integrationstest der Software.

- **Integration der Systemkomponenten und Integrationstest des Systems**

    Im nächsten Schritt muss die Software mit der Steuergeräte-Hardware zusammengeführt werden, damit ein elektronisches Steuergerät funktionsfähig ist. Die elektronischen Steuergeräte müssen dann mit den weiteren Komponenten des elektronischen Systems, also mit den Sollwertgebern, Sensoren und Aktuatoren integriert werden, so dass das Zusammenspiel mit der Strecke im Integrationstest des Systems beurteilt werden kann.

- **Kalibrierung**

    Die Kalibrierung der Software-Funktionen der Steuergeräte umfasst die Einstellung der Parameter der Software-Funktionen, die häufig für jeden Typ und jede Variante eines Fahrzeugs individuell erfolgen muss. Die Parameter liegen etwa in Form von Kennwerten, Kennlinien und Kennfeldern in der Software vor.

- **Systemtest und Akzeptanztest**

    Schließlich kann ein Systemtest gegenüber der logischen Systemarchitektur erfolgen, sowie ein Akzeptanztest gegenüber den Benutzeranforderungen.

1.4.4 Unterstützungsprozesse zur Entwicklung von elektronischen Systemen und Software

Der Kernprozess muss mit einer Reihe weiterer Prozesse verzahnt werden, die von der systematischen Erfassung von Anforderungen, Fehlermeldungen und Änderungswünschen über die Planung und Verfolgung der Umsetzung, bis zur Archivierung von Varianten reichen. Zu diesen so genannten Unterstützungsprozessen gehören beispielsweise das Anforderungs-, Konfigurations-, Projekt- und Lieferantenmanagement, sowie die Qualitätssicherung (Bild 1-16).

Diese Unterstützungsprozesse werden in Kapitel 3 ausführlicher dargestellt.

Dabei müssen auch die Durchgängigkeit der Entwicklungsschritte, unternehmensübergreifende und -interne Kunden-Lieferanten-Beziehungen, Zwischenergebnisse, die Parallelisierung von Entwicklungsschritten, sowie Synchronisationspunkte zwischen Entwicklungsschritten unterstützt werden. Ähnlich wie kommerzielle Geschäftsprozesse lassen sich auch Entwicklungsprozesse übersichtlich grafisch darstellen.

1.4 Prozesse in der Fahrzeugentwicklung

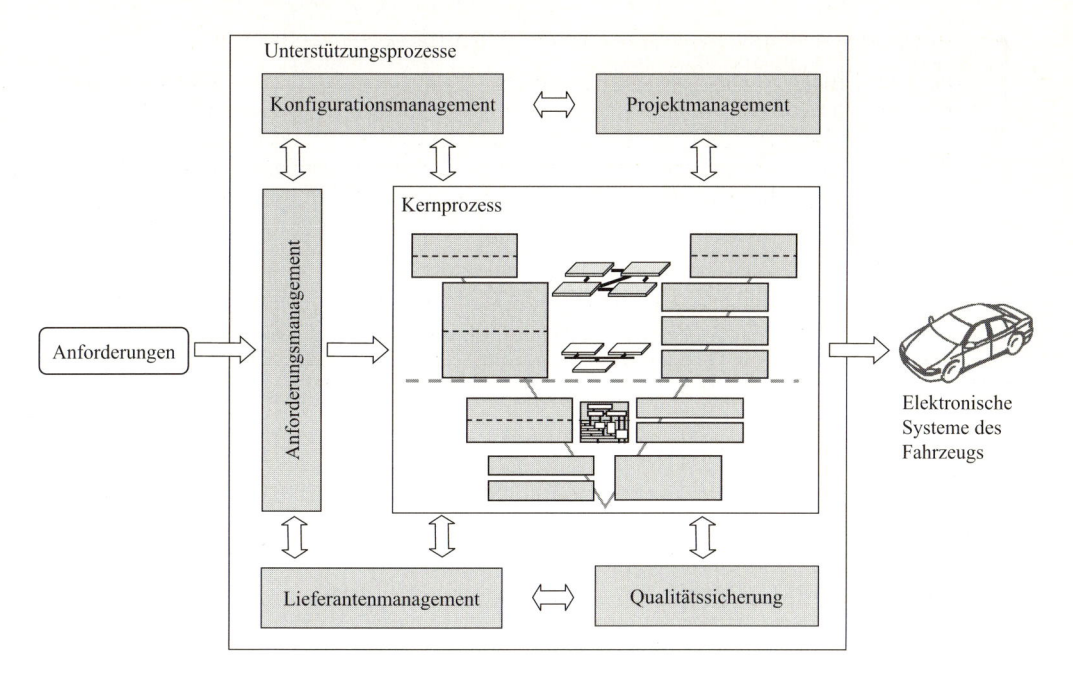

Bild 1-16: Überblick über die Unterstützungsprozesse Entwicklung von elektronischen Systemen und Software

1.4.4.1 Kunden-Lieferanten-Beziehungen

Ein Beispiel für die grafische Prozessdarstellung von Kunden-Lieferanten-Beziehungen zeigt Bild 1-17 [13]. Eine effiziente Zusammenarbeit setzt auch eine enge Integration auf der Methoden- und Werkzeugebene voraus.

1.4.4.2 Simultaneous Engineering und verschiedene Entwicklungsumgebungen

Eine Verkürzung der Entwicklungszeit erfordert in vielen Fällen die parallele Bearbeitung von Entwicklungsaufgaben (engl. Simultaneous Engineering). Für die Entwicklung von Software-Funktionen bedeutet dies beispielsweise, dass nach Analyse, Spezifikation, Design, Implementierung und Integration einer Software-Funktion Test und Kalibrierung der Software-Funktion erfolgen, während gleichzeitig weitere Software-Funktionen entwickelt werden. Zusätzlich müssen verschiedene Entwicklungsumgebungen aufeinander abgestimmt werden; d. h. Simulationsschritte, Entwicklungsschritte im Labor, am Prüfstand, sowie im Fahrzeug müssen möglichst durchgängig gestaltet und miteinander synchronisiert werden. Ein Beispiel zeigt Bild 1-18.

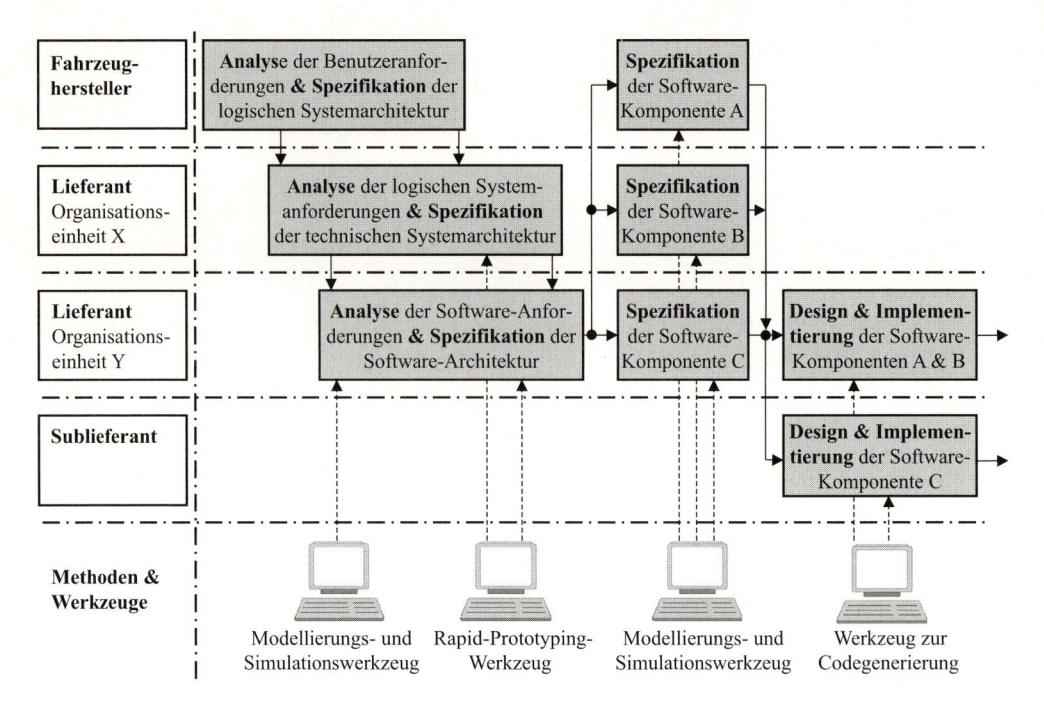

Bild 1-17: Grafische Darstellung von firmenübergreifenden Entwicklungsprozessen [13]

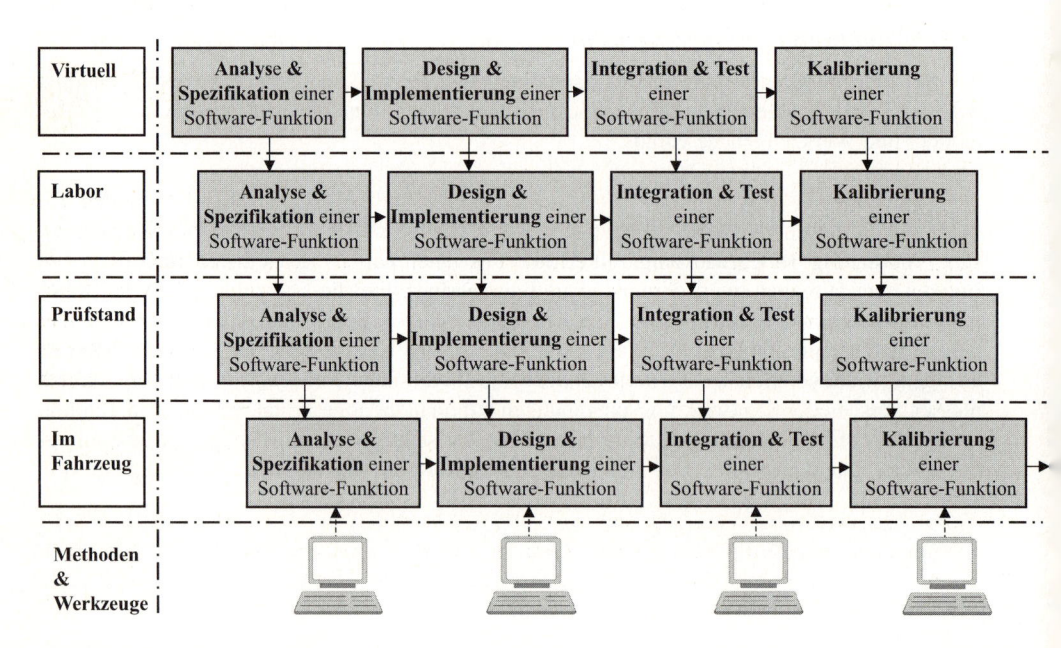

Bild 1-18: Simultaneous Engineering und verschiedene Entwicklungsumgebungen

1.4.5 Produktion und Service von elektronischen Systemen und Software

Da Software-Varianten in der Produktion und im Service einfacher zu handhaben sind als Hardware-Varianten, besteht häufig die Anforderung, variantenspezifische Anteile eines elektronischen Systems möglichst durch Software zu realisieren.

Fahrzeugvarianten führen dann zu Software-Varianten der Steuergeräte. In der Produktion und im Service muss deshalb eine Möglichkeit bereitgestellt werden, verschiedene Software-Varianten oder Software-Updates in die Steuergeräte zu laden oder Software-Funktionen am Ende der Produktion zu parametrieren.

Im Service muss zusätzlich die Fehlersuche bei elektronischen Systemen durch geeignete Diagnoseverfahren und entsprechende Schnittstellen und Werkzeuge unterstützt werden. Die langen Produktlebenszyklen, große Stückzahlen und die weltweite Verbreitung der Fahrzeuge sind Randbedingungen, die bei der Entwicklung geeigneter Servicekonzepte beachtet werden müssen.

Methoden und Werkzeuge für Produktion und Service werden in Kapitel 6 behandelt.

1.5 Methoden und Werkzeuge für die Entwicklung von Software für elektronische Systeme

In allen Entwicklungsschritten können geeignete Methoden, die durch Werkzeuge unterstützt werden, zu einer Verbesserung der Qualität und zur Reduzierung von Risiko und Kosten beitragen. Dem durchgängigen Zusammenspiel der verschiedenen Werkzeuge kommt deshalb eine besondere Bedeutung zu. In den folgenden Abschnitten werden mögliche Handlungsoptionen und ihre wesentlichen Auswirkungen bezüglich der drei kritischen Erfolgsfaktoren Qualität, Risiko und Kosten dargestellt.

Das V-Modell geht implizit davon aus, dass die Benutzeranforderungen zu Beginn nahezu vollständig erfasst und analysiert werden und damit eine hinreichend genaue Spezifikation der technischen Systemarchitektur davon abgeleitet werden kann. Die Integration geht von aufeinanderfolgenden abgegrenzten Schritten aus.

Die Praxis zeigt jedoch, dass diese Voraussetzungen in vielen Fällen nicht erfüllt werden. Die Benutzeranforderungen sind zu Beginn häufig nicht vollständig bekannt und werden während der Entwicklung fortgeschrieben. Spezifikationen spiegeln deshalb zunächst nur eine grobe Vorstellung des Systems wieder; erst nach und nach werden Details festgelegt. In der Integration führen Verzögerungen bei Komponenten zu Verzögerungen der Integration und aller folgenden Schritte. Bei der unternehmensübergreifenden Entwicklung werden viele Integrations- und Testschritte durch nicht vorhandene, nicht identische oder nicht aktuelle benachbarte Komponenten eingeschränkt.

Die Realität ist daher eher durch inkrementelle und iterative Vorgehensweisen gekennzeichnet, bei der Schritte des V-Modells oder das gesamte V-Modell mehrmals durchlaufen werden.

Durch Methoden und Werkzeuge zur frühzeitigen Absicherung von Anforderungen, Spezifikationen und realisierten Komponenten im Labor, am Prüfstand, aber auch direkt im Fahrzeug kann eine solche Vorgehensweise für die Entwicklung von Software-Funktionen durchgängig unterstützt werden.

1.5.1 Modellbasierte Entwicklung

Die interdisziplinäre Zusammenarbeit in der Software-Entwicklung, beispielsweise zwischen Antriebs-, Fahrwerks- und Elektronikentwicklung, erfordert ein gemeinsames Problem- und Lösungsverständnis. So müssen beispielsweise beim Entwurf von steuerungs- und regelungstechnischen Fahrzeugfunktionen auch die Zuverlässigkeits- und Sicherheitsanforderungen, sowie die Aspekte der Implementierung durch Software in eingebetteten Systemen ganzheitlich betrachtet werden.

Die Basis für dieses gemeinsame Funktionsverständnis kann ein grafisches Funktionsmodell bilden, das alle Komponenten des Systems berücksichtigt. In der Software-Entwicklung lösen daher zunehmend geeignete modellbasierte Software-Entwicklungsmethoden mit Notationen wie Blockdiagrammen und Zustandsautomaten die Software-Spezifikationen in Prosaform ab.

Neben einem gemeinsamen Problem- und Lösungsverständnis bietet die **Modellierung** von Software-Funktionen weitere Vorteile.

Ist das Spezifikationsmodell formal, d. h. eindeutig und ohne Interpretationsspielraum, so kann die Spezifikation auf dem Rechner in einer **Simulation** ausgeführt werden und wird im Fahrzeug frühzeitig durch **Rapid-Prototyping** erlebbar. Wegen dieser Vorzüge hat das „digitale Pflichtenheft" inzwischen eine hohe Verbreitung gefunden.

Mit Methoden zur automatisierten **Codegenerierung** können die spezifizierten Funktionsmodelle auf Software-Komponenten für Steuergeräte abgebildet werden. Dazu müssen die Funktionsmodelle um Designinformationen erweitert werden, die auch erforderliche nichtfunktionale Produkteigenschaften, wie Optimierungsmaßnahmen, einschließen.

Mit so genannten **Laborfahrzeugen** kann die Umgebung von Steuergeräten simuliert werden. Damit ist ein frühzeitiger Test der Steuergeräte im Labor möglich. Gegenüber Prüfstands- und Fahrversuchen kann damit eine höhere Flexibilität und eine einfachere Reproduzierbarkeit der Testfälle erreicht werden.

Die **Kalibrierung** der Software-Funktionen kann final oft erst zu einem späten Zeitpunkt im Entwicklungsprozess, häufig nur direkt im Fahrzeug bei laufenden Systemen abgeschlossen werden und muss durch geeignete Verfahren und Werkzeuge unterstützt werden.

Insgesamt können bei dieser modellbasierten Vorgehensweise die in Bild 1-19 dargestellten Entwicklungsschritte für Software-Funktionen unterschieden werden [26]:

Diese Vorgehensweise kann auch in der Entwicklung von Funktions- und Steuergerätenetzwerken angewendet werden. Jedoch kommen dann weitere Freiheitsgrade hinzu, wie:

- Kombinationen aus modellierten, virtuellen und realisierten Funktionen, sowie
- Kombinationen aus modellierten, virtuellen und realisierten technischen Komponenten.

1.5.2 Integrierte Qualitätssicherung

Der systematische Entwurf von Software verfolgt das Ziel, qualitativ hochwertige Software zu entwickeln. Qualitätsmerkmale von Software sind beispielsweise Funktionalität, Zuverlässigkeit, Benutzbarkeit, Effizienz, Änderbarkeit und Übertragbarkeit.

Unter die Qualitätssicherung fallen alle Maßnahmen, die sicherstellen, dass das Produkt seine Anforderungen erfüllt. Qualität kann in ein Produkt „eingebaut" werden, falls Richtlinien zur Qualitätssicherung und Maßnahmen zur Qualitätsprüfung etabliert sind.

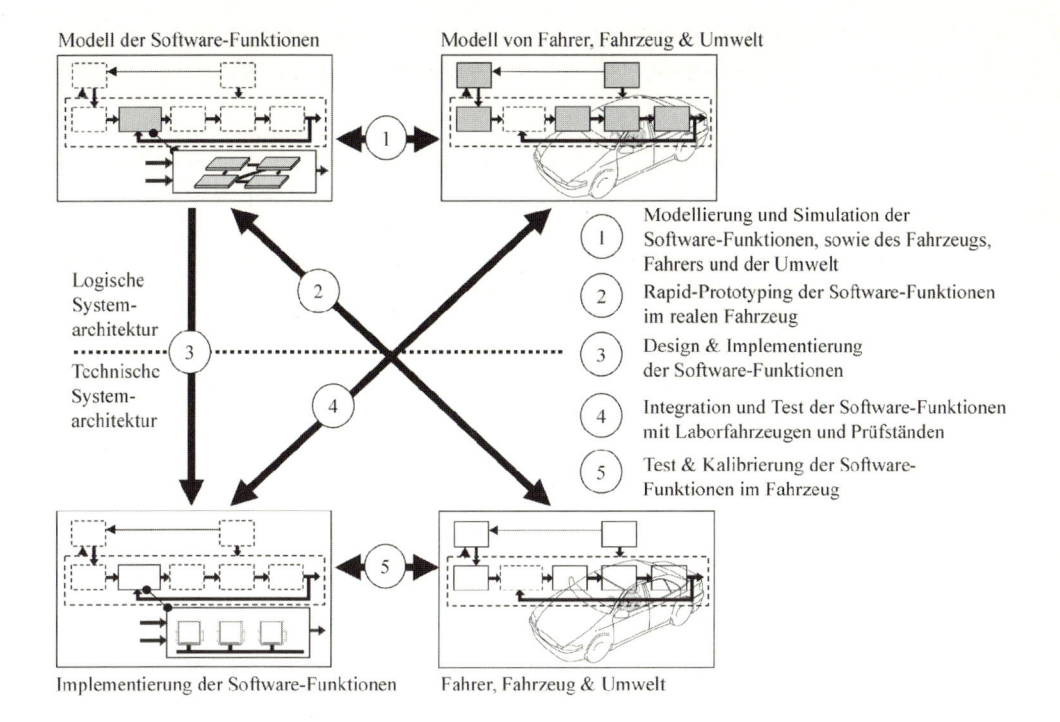

1.5 Methoden und Werkzeuge für die Entwicklung von Software für elektronische Systeme

Bild 1-19: Überblick über den modellbasierten Entwicklungsprozess

1.5.2.1 Richtlinien zur Qualitätssicherung

Unter die Qualitätssicherung fallen alle „vorbeugenden" Maßnahmen wie

- Einsatz von entsprechend ausgebildeten, erfahrenen und geschulten Mitarbeitern
- Einsatz eines geeigneten, definierten Entwicklungsprozesses
- Verwendung von Richtlinien, Maßnahmen und Standards zur Unterstützung des Prozesses
- Verwendung einer geeigneten Werkzeugumgebung zur Unterstützung des Prozesses
- Automatisierung manueller und fehlerträchtiger Arbeitsschritte.

1.5.2.2 Maßnahmen zur Qualitätsprüfung, Validation und Verifikation

Die Qualitätsprüfung umfasst alle Maßnahmen zum Auffinden von Fehlern. Qualitätsprüfungen sollten nach möglichst vielen Schritten im Entwicklungsprozess durchgeführt werden. Sie sind also eine Aneinanderreihung von Aktivitäten innerhalb des gesamten Entwicklungsprozesses.

Bei Software wird allgemein unterschieden zwischen

- **Spezifikationsfehlern**, sowie
- **Design- und Implementierungsfehlern.**

Untersuchungen haben gezeigt, dass in den meisten Entwicklungsprojekten die Spezifikationsfehler überwiegen. Das V-Modell unterscheidet deshalb bei der Qualitätsprüfung zwischen Validation und Verifikation.

Validation versus Verifikation

- Unter **Validation** wird der Prozess zur Beurteilung eines Systems oder einer Komponente verstanden mit dem Ziel festzustellen, ob der Einsatzzweck oder die Benutzererwartungen erfüllt werden. **Funktionsvalidation** ist demnach die Prüfung, ob die **Spezifikation** die Benutzeranforderungen erfüllt, ob überhaupt die Benutzerakzeptanz durch eine Funktion erreicht wird.

- Unter **Verifikation** wird der Prozess zur Beurteilung eines Systems oder einer Komponente verstanden mit dem Ziel festzustellen, ob die Resultate einer gegebenen Entwicklungsphase den Vorgaben für diese Phase entsprechen. **Software-Verifikation** ist demnach die Prüfung, ob eine **Implementierung** der für den betreffenden Entwicklungsschritt vorgegebenen Spezifikation genügt.

Unter Einsatz der klassischen Entwicklungs-, Integrations- und Qualitätssicherungsmethoden für Software können Verifikation und Validation häufig nicht klar getrennt werden. Ein wesentlicher Vorteil des Einsatzes von Rapid-Prototyping-Werkzeugen besteht deshalb in der damit möglichen frühzeitigen und vom Steuergerät unabhängigen Funktionsvalidation mit einem Experimentiersystem im Fahrzeug. Bild 1-20 zeigt die möglichen Validations- und Verifikationsschritte bei Einsatz von Simulations-, Rapid-Prototyping- und Codegenerierungswerkzeugen.

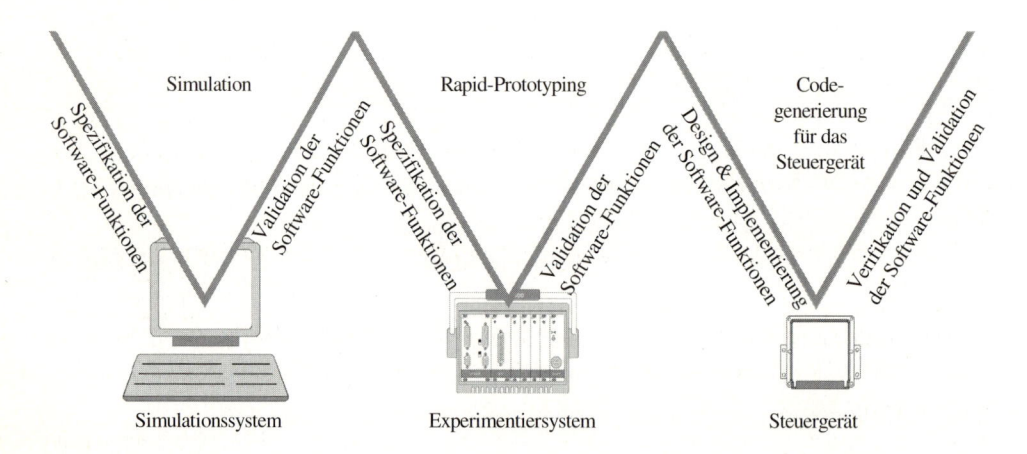

Bild 1-20: Funktionsvalidation und Software-Verifikation mit Simulation, Rapid-Prototyping und Codegenerierung für das Steuergerät

1.5.3 Reduzierung des Entwicklungsrisikos

Ein Risiko ist ein Ereignis, dessen Eintreten den geplanten Projektverlauf entscheidend behindern kann. Es gibt verschiedene Handlungsoptionen zur Risikominimierung in der Funktionsentwicklung. Zwei mögliche Maßnahmen sollen näher betrachtet werden.

1.5.3.1 Frühzeitige Validation von Software-Funktionen

Die frühzeitige Validation von Software-Funktionen mittels Simulation oder Rapid-Prototyping trägt auch entscheidend zur Begrenzung des Entwicklungsrisikos bei, da die Implementierung der Steuergeräte-Software erst nach erfolgreicher Validation der Funktion im Fahrzeug erfolgt. Unnötige Iterationen in der Software-Entwicklung können dadurch vermieden werden. Das validierte Funktionsmodell kann einerseits als Spezifikation für Design und Implementierung durch die automatisierte, werkzeugunterstützte Codegenerierung für das Steuergerät verwendet werden; andererseits als Referenz für die anschließende Software-Verifikation.

Zur frühzeitigen Absicherung kommen folgende Validationsmethoden in Betracht:

- Formale Spezifikation und Modellierung
- Simulation und Rapid-Prototyping.

Integrations- und Testsysteme für den Einsatz im Labor unterstützen die frühzeitige Steuergerätevalidation ohne reales Fahrzeug. Eine solche Methode ist beispielsweise die bereits erwähnte Simulation der Umgebung eines Steuergerätes mit Laborfahrzeugen.

Dabei müssen die besonderen Anforderungen der häufig unternehmensübergreifenden Entwicklungs-, Integrations- und Testaufgaben berücksichtigt werden. So stehen beispielsweise Prototypenfahrzeuge nur in begrenzter Anzahl zur Verfügung. Der Zulieferer einer Komponente verfügt meist nicht über eine komplette oder aktuelle Umgebung für die von ihm zu liefernde Komponente. Diese Einschränkungen in der Testumgebung schränken die möglichen Testschritte unter Umständen ein.

Die Komponentenintegration ist ein Synchronisationspunkt für alle beteiligten Komponentenentwicklungen. Integrationstest, Systemtest und Akzeptanztest können erst durchgeführt werden, nachdem alle Komponenten vorhanden und integriert sind. Verzögerungen bei einzelnen Komponenten verzögern die Integration und damit alle folgenden Testschritte.

Für Steuergeräte bedeutet dies, dass ein Test der Software-Funktionen erst dann durchgeführt werden kann, wenn alle Komponenten des Fahrzeugsystems – also Steuergeräte, Sollwertgeber, Sensoren, Aktuatoren und Strecke – vorhanden sind. Der Einsatz von Laborfahrzeugen ermöglicht die frühzeitige Prüfung von Steuergeräte ohne reale Umgebungskomponenten in einer virtuellen Testumgebung, ohne dass Testfahrer oder Fahrzeugprototypen Gefahren ausgesetzt werden.

In Zukunft werden virtuelle Validationsmethoden dieser Art weiter an Bedeutung gewinnen. Die finale Validation einer Funktion, also die Prüfung, ob die Benutzeranforderungen erfüllt werden, kann jedoch auch zukünftig nur aus der Benutzerperspektive, also durch Akzeptanztests im realen Fahrzeug, erfolgen.

1.5.3.2 Wiederverwendung von Software-Funktionen

Ein weiterer Weg zur Risikobegrenzung führt über die Wiederverwendung. Voraussetzung dafür ist eine Modularisierung des Gesamtsystems. Steht beispielsweise bei der Software-

Entwicklung die Wiederverwendung betriebsbewährter Software auf der Quellcode-Ebene im Vordergrund, behindert dies heute oft die Einführung neuer System- und Software-Architekturen, sowie den Umstieg auf neue Hardware-Generationen.

Eine Wiederverwendung auf Modellebene bietet hier entscheidende Vorteile. Dabei kann nicht nur die Wiederverwendung von geprüften Spezifikationsmodellen für Funktion und Umgebung, sowie von Designs und Implementierungen zur Risikobegrenzung beitragen, sondern auch die Wiederverwendung von Anwendungs- und Testfällen, sowie von Kalibrierdaten von der Simulation über das Labor und den Prüfstand bis hin zum Fahrversuch.

1.5.4 Standardisierung und Automatisierung

Zu Kosteneinsparungen und Qualitätsverbesserungen in der Funktionsentwicklung können vor allem Standardisierungs- und Automatisierungsanstrengungen beitragen.

1.5.4.1 Standardisierung

Die Standardisierung von Verfahren und Beschreibungsformaten für Mess-, Kalibrier-, Flash-Programmier- und Diagnosewerkzeuge erfolgen vor allem in ASAM [18] und ISO [24, 25]. Diese Standards sind in der Fahrzeugindustrie weit verbreitet. Bild 1-21 zeigt einen Überblick über die vereinbarte Software-Architektur für Werkzeuge und die Schnittstellenstandards ASAM-MCD 1b, 2 und 3.

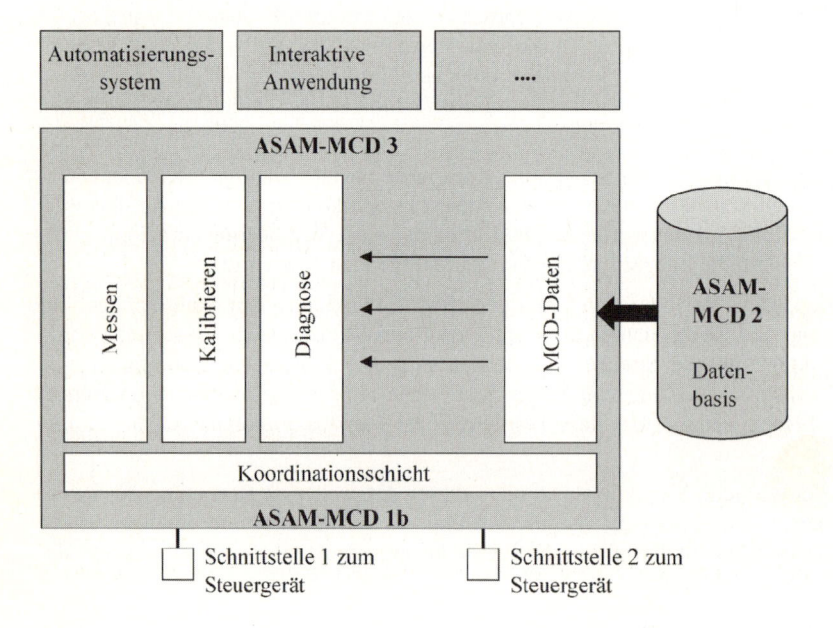

Bild 1-21: Software-Architektur für Werkzeuge und ASAM-Standards

1.5 Methoden und Werkzeuge für die Entwicklung von Software für elektronische Systeme

Auch Ansätze zur Standardisierung der Software-Architektur für die in den Steuergeräten eingesetzten Mikrocontroller wurden inzwischen erfolgreich eingeführt. So wird zum Beispiel zwischen den „eigentlichen" Software-Funktionen, den Steuerungs-/Regelungs- und Überwachungsfunktionen der so genannten **Anwendungs-Software** und einer **Plattform-Software** unterschieden, die teilweise hardware-abhängig ist.

Zur Plattform-Software gehören auch die Software-Komponenten, die für die On-Board- und Off-Board-Kommunikation notwendig sind. Die Funktionen der Anwendungs-Software können dann weitgehend hardware-unabhängig spezifiziert werden und somit einfacher auf unterschiedliche Mikrocontroller portiert werden.

Die Software-Komponenten, welche die hardware-nahen Aspekte der Ein- und Ausgabeeinheiten (I/O-Einheiten) eines Mikrocontrollers abdecken, werden in einer Schicht der Plattform-Software zusammengefasst, dem so genannten Hardware-Abstraction-Layer (HAL). Wie in Bild 1-22 dargestellt, werden im Folgenden die Ein- und Ausgabeeinheiten, die für die Kommunikation über Busse mit anderen Systemen notwendig sind, von diesem Hardware-Abstraction-Layer ausgenommen; die dafür notwendigen Bustreiber werden separat betrachtet. Zur Plattform-Software gehören auch die Software-Komponenten der darüber liegenden Schichten, die für die Kommunikation mit anderen Steuergeräten im Netzwerk oder für die Kommunikation mit Werkzeugen, wie Diagnosetestern, notwendig sind.

Beispiele für standardisierte Software-Komponenten sind Echtzeitbetriebssysteme, sowie die Kommunikation und das Netzwerkmanagement nach OSEK [17] oder Diagnoseprotokolle nach ISO [24, 25].

Bisher konzentriert sich die Standardisierung hauptsächlich auf die aus Sicht von Fahrzeugherstellern und Zulieferern nicht wettbewerbsrelevanten Software-Komponenten der Plattform-Software (Bild 1-22) [27, 28]. Diese Software-Komponenten stellen standardisierte Schnittstellen für die Anwendungs-Software zur Verfügung (engl. Application Programming Interfaces, API's). Dadurch kann die Plattform-Software für verschiedene Anwendungen standardisiert werden. Die Funktionen der Anwendungs-Software können weitgehend hardware-unabhängig entwickelt werden. Die Software-Architektur und standardisierte Software-Komponenten für Mikrocontroller werden in Kapitel 2 ausführlich behandelt.

Die vollständige Standardisierung aller Komponenten der Plattform-Software bietet weiteres Potential in Bezug auf Kosten und Qualität. Bei den häufig wettbewerbsrelevanten Funktionen der Anwendungs-Software liegt jedoch eine offene Standardisierung meist nicht im Interesse von Fahrzeugherstellern oder Lieferanten. Sind jedoch die haftungs- und urheberrechtlichen Aspekte geklärt, bieten sich beiden Seiten Vorteile durch eine unternehmensinterne Standardisierung, etwa durch die Bildung von Funktionsbibliotheken. Für den Fahrzeughersteller bedeutet dies, dass er Software-Funktionen lieferantenübergreifend einsetzen kann. Für den Zulieferer bietet sich die Möglichkeit, Software-Funktionen kundenübergreifend zu standardisieren.

1.5.4.2 Automatisierung

Die Automatisierung von fehlerträchtigen Routineschritten führt neben Kosten- und Zeitvorteilen durch die damit erreichbare Reproduzierbarkeit, vor allem auch zu Verbesserungen der Qualität.

Folgende Schritte werden zunehmend automatisiert:

- Herstellung von Funktionsprototypen mit Rapid-Prototyping-Werkzeugen
- Generierung von C-Code für das Steuergerät (Bild 1-20).

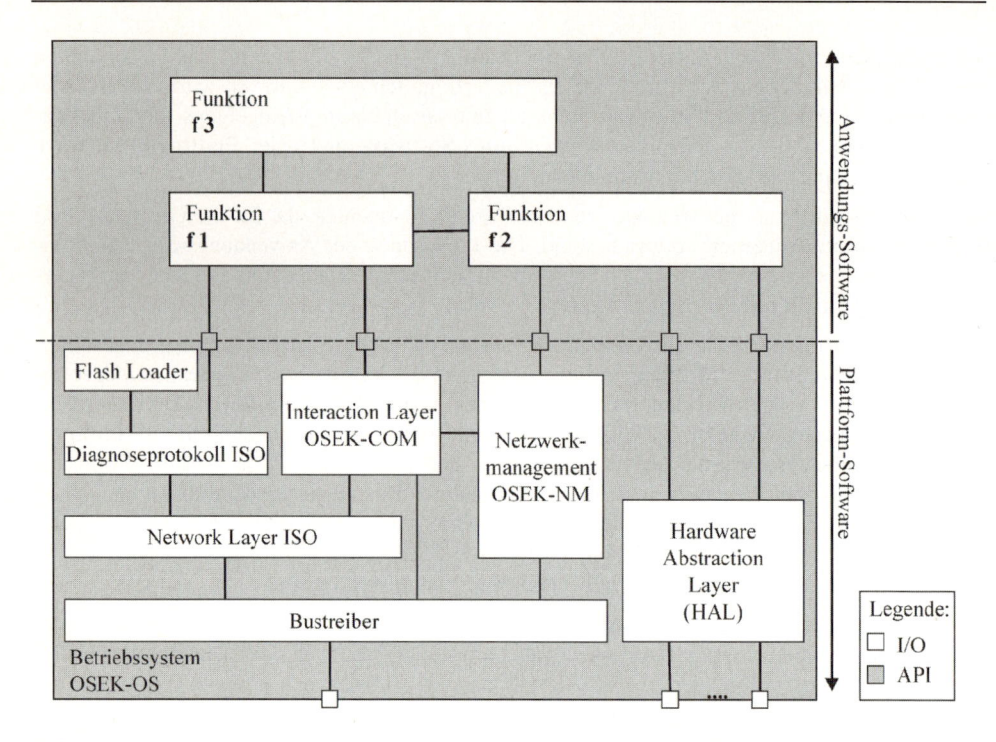

Bild 1-22: Software-Architektur für Mikrocontroller und OSEK-/ISO-Standards

Bisher im Fahrzeug durchgeführte Prüfschritte können mit Laborfahrzeugen ins Labor verlagert und dann automatisiert werden.

Die automatisierte Durchführung von Kalibrierungs-, Mess- und Testaufgaben ist durch Automatisierungsschnittstellen der Mess- und Kalibrierwerkzeuge möglich [29]. Damit können langwierige Kalibrieraufgaben etwa am Prüfstand automatisiert werden. Hierzu ist z. B. mit ASAM-MCD 3 ein geeigneter Standard entwickelt worden.

Die Automatisierung von Schritten im „rechten Ast" des V-Modells setzt allerdings voraus, dass sie bereits während der Entwurfsphase, also im „linken Ast" des V-Modells, berücksichtigt wird. Stichworte sind „Design for Testability" oder „Design of Experiments". Diese Themengebiete bieten großes Potenzial, befinden sich aber derzeit noch stark in der Entwicklung [30, 31].

Durch Schnittstellen aller eingesetzten Entwicklungswerkzeuge zu Systemen für die Verwaltung von Versionen, Konfigurationen und Varianten können fehlerträchtige Arbeitsschritte beim Versions-, Konfigurations- und Variantenmanagement automatisiert werden.

1.5.5 Entwicklungsschritte im Fahrzeug

Insbesondere die Entwicklungsschritte im Fahrzeug – meist ohne Anschluss der Entwicklungswerkzeuge an die sonst vorhandene Infrastruktur wie das Unternehmensnetzwerk – stellen eine Besonderheit der Fahrzeugindustrie im Vergleich mit anderen Branchen dar. Simultaneous Engineering und fahrzeugtaugliche Entwicklungswerkzeuge stellen hohe Anforderungen an die Entwicklungsmethodik, insbesondere auch an den Austausch der Entwicklungsergebnisse und die konsistente Datenhaltung.

Die für den Test und die Kalibrierung erforderliche Fahrzeug-Messtechnik muss für den Einsatz unter rauen Umgebungsbedingungen wie erweiterter Temperaturbereich, Feuchtigkeit, EMV-Anforderungen, variable Versorgungsspannung, Erschütterungsbeanspruchung und Bauraumeinschränkungen ausgelegt werden. Auch die Benutzerschnittstelle muss fahrzeugtauglich sein.

Um eine Fahrzeugfunktion, die durch ein System aus elektronischen Steuergeräten, Sollwertgebern, Sensoren und Aktuatoren dargestellt wird, im Fahrzeug validieren zu können, muss für die dazu eingesetzte fahrzeugtaugliche Messtechnik eine höhere Leistungsklasse gewählt werden als für die Sensorik der Steuergeräte des Serienfahrzeugs. Dies gilt insbesondere auch für die Erfassung von internen Signalen eines Steuergeräts und damit für die Übertragungsleistung der Schnittstelle zwischen Steuergerät und Messwerkzeug.

2 Grundlagen

Die Zusammenarbeit verschiedener Fachdisziplinen – wie Maschinenbau, Elektrotechnik, Elektronik und Software-Technik – ist eine wesentliche Voraussetzung für die Entwicklung von Fahrzeugfunktionen, die sich insbesondere auch auf die Entwicklung von Software für elektronische Fahrzeugsysteme auswirkt. Hieran sind verschiedene Fachgebiete beteiligt, die oft simultan an unterschiedlichen Aufgabenstellungen arbeiten. Dies erfordert ein gemeinsames Problem- und Lösungsverständnis.

In diesem Kapitel erfolgt daher eine Einführung in die Fachgebiete, die wesentlichen Einfluss auf die Software als Subsystem haben. Dies betrifft vor allem die Entwicklung von steuerungs- und regelungstechnischen Systemen, von diskreten, eingebetteten Echtzeitsystemen, sowie von verteilten und vernetzten, zuverlässigen und sicherheitsrelevanten Systemen.

Ziel ist ein grundlegendes Verständnis der Funktionsweise und des Zusammenwirkens der verschiedenen Software-Komponenten eines Mikrocontrollers, wie in Bild 1-22 dargestellt. Der Anspruch ist nicht die umfassende Behandlung der verschiedenen Gebiete, sondern die Darstellung von Grundlagen und Begriffen, soweit sie für die folgenden Kapitel notwendig sind.

Die gewählte Begriffswelt orientiert sich an den verbreiteten Standards und – soweit möglich und sinnvoll – an deutschen Begriffen. Die englischen Begriffe werden, wo es notwendig erscheint, in Klammern angegeben. Englisch-deutsche Wortzusammensetzungen werden mit Bindestrich geschrieben.

Die Reihenfolge der Behandlung der einzelnen Fachgebiete stellt keine Wertung dar. Da die verschiedenen Fachgebiete jedoch in vielfältiger Weise voneinander abhängen, wurde die Reihenfolge so gewählt, dass diese Einführung möglichst ohne Verweise auf nachfolgende Abschnitte auskommt.

2.1 Steuerungs- und regelungstechnische Systeme

Viele Fahrzeugfunktionen in den Bereichen Antriebsstrang, Fahrwerk und Karosserie haben steuerungs- oder regelungstechnischen Charakter. Die Methoden und Begriffe der Steuerungs- und Regelungstechnik stellen deshalb ein notwendiges Grundgerüst für den Entwurf vieler Fahrzeugfunktionen dar.

2.1.1 Modellbildung

Die steuerungs- und regelungstechnischen Entwurfsmethoden abstrahieren dabei zunächst von der technischen Realisierung. Diese Abstraktion wird als Modellbildung bezeichnet. Dabei wird zwischen einer Modellbildung für das Steuer- oder Regelgerät, dem so genannten **Steuerungs- oder Regelungsmodell**, und einer Modellbildung für das zu steuernde oder zu regelnde System, dem so genannten **Steuerstrecken- oder Regelstreckenmodell**, unterschieden.

Die Lösung von Steuerungs- und Regelungsaufgaben ist weitgehend von den besonderen konstruktiven Gesichtspunkten eines zu regelnden oder zu steuernden technischen Systems unabhängig. Entscheidend für den Entwurf von Steuer- und Regelgeräten ist in erster Linie das statische und dynamische Verhalten des zu steuernden oder zu regelnden technischen Systems. In Anlehnung an den Sprachgebrauch in der Automobilindustrie wird in diesem Buch vereinfachend von Steuergeräten gesprochen. Darunter werden Geräte verstanden, die – unter anderem – sowohl Steuerungs- als auch Regelungsaufgaben ausführen.

Die Art der physikalischen Größe, ob es sich also zum Beispiel um eine Temperatur, eine Spannung, einen Druck, ein Drehmoment, eine Leistung oder eine Drehzahl handelt, die zu steuern oder zu regeln ist, und die gerätetechnische Realisierung sind zweitrangig.

Diese Möglichkeit zur Abstraktion erlaubte es der Steuerungs- und Regelungstechnik, sich zu einem eigenständigen Fachgebiet zu entwickeln. Dadurch, dass diese Ingenieurwissenschaft versucht, gemeinsame Eigenschaften technisch völlig verschiedener Systeme zu erkennen, um darauf basierend allgemein anwendbare Entwurfsmethoden für Steuerungs- und Regelungssysteme zu entwickeln, wurde diese Disziplin zu einem verbindenden Element verschiedener Fachrichtungen.

2.1.2 Blockschaltbilder

Die Modellbildung erfolgt oft grafisch, vorzugsweise mit so genannten Blockschaltbildern zur Darstellung des Übertragungsverhaltens der Komponenten und der Signalflüsse zwischen den Komponenten eines Systems. In Bild 2-1ist das Blockschaltbild für die logische Systemarchitektur von steuerungs- und regelungstechnischen Fahrzeugfunktionen dargestellt.

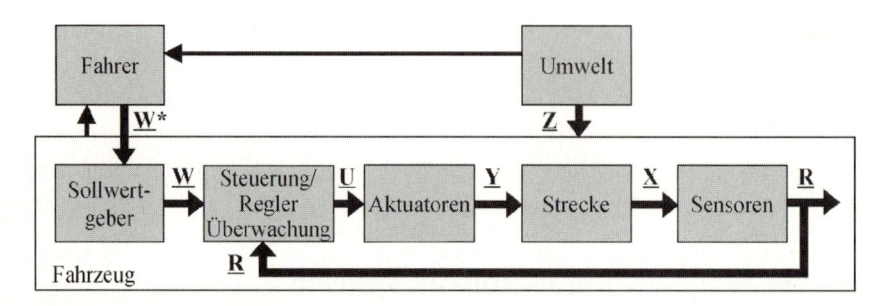

Bild 2-1: Modellbildung mit Blockschaltbildern für steuerungs- und regelungstechnische Fahrzeugfunktionen

Anhand von Bild 2-1 können auch die wichtigsten Begriffe der Steuerungs- und Regelungstechnik erläutert werden:

Die **Regelung** ist ein Vorgang, bei dem eine zu regelnde Größe X fortlaufend erfasst, mit der Führungsgröße W verglichen und abhängig vom Ergebnis dieses Vergleichs im Sinne einer Angleichung an die Führungsgröße beeinflusst wird. Der sich dabei ergebende Wirkungsablauf findet in einem geschlossenen Kreis, dem Regelkreis, statt. Die Regelung hat die Aufgabe, trotz störender Einflüsse durch die Störgröße Z den Wert der Regelgröße X an den durch die Führungsgröße W vorgegebenen Wert anzugleichen [32].

Die **Steuerung** ist dagegen ein Vorgang in einem System, bei dem eine oder mehrere Größen als Eingangsgrößen andere Größen als Ausgangsgrößen auf Grund der dem System eigentüm-

2.1 Steuerungs- und regelungstechnische Systeme

lichen Gesetzmäßigkeit beeinflussen. Kennzeichen für das Steuern ist der offene Wirkungsablauf über das einzelne Übertragungsglied oder die Steuerkette [32].

Steuerungs- und Regelungsmodelle in Form von Blockschaltbildern beschreiben die Komponenten eines Systems im Sinne von Übertragungsgliedern durch Blöcke und die Signalflüsse zwischen den Blöcken durch Pfeile. Im Kraftfahrzeug handelt es sich meist um Mehrgrößensysteme. Im allgemeinen Fall liegen deshalb alle Signale in Vektorform vor (Bild 2-1). Bei den Signalen wird unterschieden zwischen den

- **Mess- oder Rückführgrößen** $\underline{R}$
- **Ausgangsgrößen der Steuerung oder des Reglers** $\underline{U}$
- **Führungs- oder Sollgrößen** $\underline{W}$
- **Sollwerten des Fahrers** $\underline{W}^*$
- **Regel- oder Steuergrößen** $\underline{X}$
- **Stellgrößen** $\underline{Y}$
- **Störgrößen** $\underline{Z}$

Bei den Blöcken wird unterschieden zwischen dem Steuerungs- oder Reglermodell, den Modellen der Aktuatoren, dem Streckenmodell, den Modellen der Sollwertgeber und Sensoren, dem Fahrermodell und dem Umweltmodell. Der Fahrer kann die Funktionen der Steuerung oder des Reglers durch die Vorgabe von Sollwerten beeinflussen. Die Komponenten zur Erfassung dieser Sollwerte des Fahrers – beispielsweise Schalter oder Pedale – werden auch als Sollwertgeber bezeichnet. Sensoren erfassen dagegen Signale der Strecke.

Die Führungsgrößen $\underline{W}$ können also im allgemeinen Fall von den Benutzern des Systems über einen Sollwertgeber oder von einem übergeordneten System vorgegeben werden. Im allgemeinen Fall liegen hierarchische Systeme vor.

Da die steuerungs- und regelungstechnischen Modelle von der technischen Realisierung abstrahieren, ist diese Art der Modellbildung auch geeignet, um die steuerungs- und regelungstechnischen Funktionen der Software elektronischer Steuergeräte zu modellieren und ihr Zusammenwirken mit den Sollwertgebern, den Sensoren, den Aktuatoren, sowie mit den Komponenten des Fahrzeugs und anderen elektronischen Systemen zu beschreiben. Aus diesen Gründen ist die steuerungs- und regelungstechnische Modellierungsmethode mit Blockschaltbildern auch in der Entwicklung von Fahrzeugfunktionen, die durch Software realisiert werden, weit verbreitet. Sie stellt trotz der Vernachlässigung wichtiger Software-Aspekte ein Bindeglied für einen durchgängigen Entwicklungsprozess dar.

Beispiel: Blockschaltbild für PI-Regler

Blockschaltbilder werden auch zur Beschreibung von Blöcken im Regelkreis verwendet, beispielsweise für den Reglerblock. Bild 2-2 zeigt ein Blockschaltbild eines Reglers mit zwei Anteilen, einem Anteil mit **p**roportionalem Übertragungsverhalten, auch P-Anteil oder P-Glied genannt, und einem Anteil mit **i**ntegralem Übertragungsverhalten, dem I-Anteil oder I-Glied. Dieser Reglertyp wird daher als PI-Regler bezeichnet.

Charakteristisch für einen Regler ist der Vergleich der Reglereingangsgrößen $\underline{W}$ und $\underline{R}$. Wie im Falle des dargestellten PI-Reglers erfolgt dieser Vergleich häufig durch die Bildung der Differenz zwischen den beiden Eingangsgrößen, der Führungsgröße $\underline{W}$ und der Rückführgröße **R**. Die berechnete Differenz, die so genannte Regelabweichung, bildet die Eingangsgröße der beiden Reglerglieder, dem

P-Glied mit dem Übertragungsverhalten $\quad X_{out}(t) = k_P X_{in}(t)$ und dem \hfill (2.1)

I-Glied mit dem Übertragungsverhalten $\quad X_{out}(t) = \int k_I X_{in}(t)\,dt$ \hfill (2.2)

denen die Verstärkungsfaktoren oder Reglerparameter k_P und k_I zugeordnet sind. Die Ausgänge der beiden Regelglieder werden addiert und bilden die Reglerausgangsgröße **U** des PI-Reglers.

Die so genannte Übertragungsfunktion des PI-Reglers ist also

$$U(t) = k_P(W(t) - R(t)) + \int k_I (W(t) - R(t))\,dt \qquad (2.3)$$

Für jeden Block des Blockdiagramms existiert eine Außen- und eine Innenansicht (Bild 2-2).

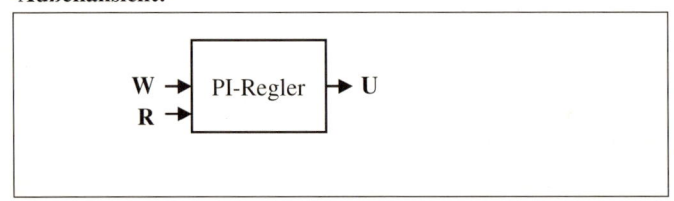

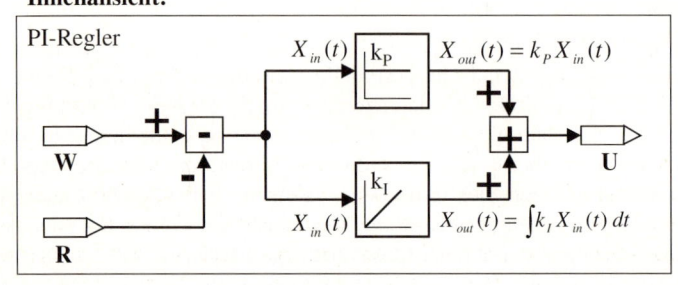

Außenansicht:

Innenansicht:

Bild 2-2: Blockschaltbild für einen PI-Regler

Modelle dieser Art für alle Blöcke des Regelkreises oder der Steuerung bilden die Basis für steuerungs- und regelungstechnische Methoden für die Analyse, die Spezifikation, das Design, die Realisierung und den Test von Systemen.

Es ist an dieser Stelle weder möglich noch beabsichtigt, auf die zahlreichen Modellbildungs-, Analyse- und Entwurfsverfahren für Steuerungs- und Regelungssysteme einzugehen. Hierzu wird auf die weiterführende Literatur, wie [33, 34, 35, 36], verwiesen.

Entscheidend für das Verhalten einer Steuerungs- oder Regelungsfunktion ist einerseits die Übertragungsfunktion an sich, der so genannte **Steuerungs- oder Regelungsalgorithmus**, und andererseits die Einstellung der **Steuerungs- und Reglerparameter**. Die Menge der Steuerungs- und Reglerparametern einer Steuerungs- und Regelungsfunktion wird zusammenfassend auch als **Parametersatz** bezeichnet. Neben skalaren Größen, wie k_P und k_I im obigen Beispiel, werden in vielen Fahrzeugfunktionen auch Kennlinien und Kennfelder als Steuerungs- und Reglerparameter verwendet.

Beispiel: Zündwinkelkennfeld

Ein Beispiel ist das Zündwinkelkennfeld, das in Motorsteuergeräten notwendig ist (Bild 2-3). Abhängig vom aktuellen Betriebspunkt des Motors, also abhängig von den Eingangsgrößen Drehzahl und Last bzw. der relativen Luftfüllung, sind im Zündwinkelkennfeld die für den Kraftstoffverbrauch und das Abgasverhalten des Motors bestmöglichen Zündwinkel eingetragen [4].

Die Werte des Zündwinkelkennfeldes sind motorspezifisch. Deshalb müssen sie in der Entwicklungsphase des Fahrzeugs ermittelt und angepasst werden.

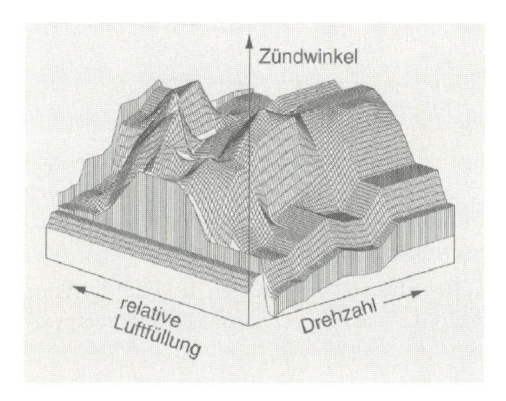

Bild 2-3:
Zündwinkelkennfeld bei Motorsteuerungen [4]

Wie bereits angesprochen, ist es aus steuerungs- und regelungstechnischer Sicht zweitrangig, ob die Realisierung einer Steuerungs- und Regelungsfunktion letztlich durch ein mechanisches, hydraulisches, elektrisches oder elektronisches System erfolgt. So kann beispielsweise der oben dargestellte PI-Regler technisch völlig unterschiedlich realisiert werden. Gerade im Fahrzeugbau bietet jedoch die Realisierung von Steuerungs- und Regelungsfunktionen durch elektronische Steuergeräte in Kombination mit mechanischen, elektrischen oder hydraulischen Komponenten viele Vorteile, etwa in Bezug auf die erreichbare Zuverlässigkeit, das Gewicht, den benötigten Bauraum und die Kosten. Diese Realisierungsform wird daher meistens bevorzugt. In den folgenden Abschnitten wird aus diesem Grund auf die Wirkungsweise und den Aufbau elektronischer Steuergeräte näher eingegangen (Bild 2-4).

Aus Sicht der Software-Entwicklung für die in elektronischen Steuergeräten eingesetzten Mikrocontroller, werden die Steuerungs- oder Regelungsmodelle auch als **Funktionsmodelle** bezeichnet; die Sollwertgeber-, Sensor-, Aktuator-, Strecken-, Fahrer- und Umweltmodelle als **Umgebungsmodelle**.

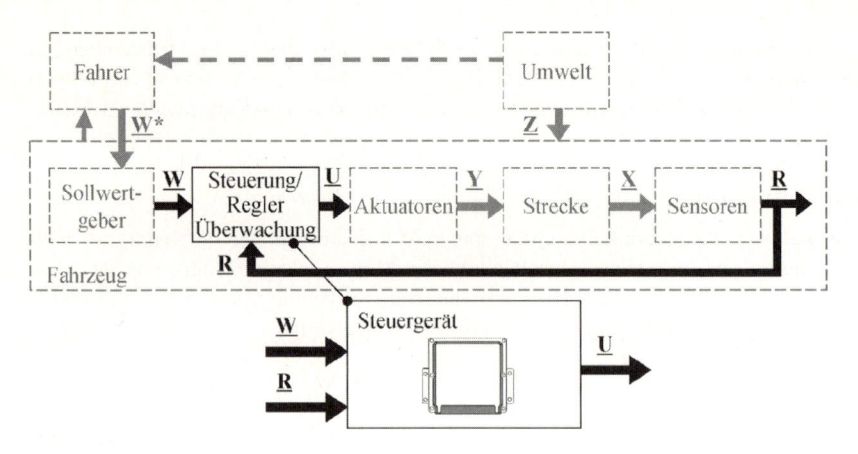

Bild 2-4: Realisierung von Steuerungs- und Regelungsfunktionen durch ein elektronisches Steuergerät

2.2 Diskrete Systeme

Im Gegensatz zu mechanischen, elektrischen oder hydraulischen Bauteilen, die analoge Komponenten darstellen, werden die Eingangsgrößen von den in elektronischen Steuergeräten typischerweise eingesetzten digitalen Mikroprozessoren diskret verarbeitet. Das bedeutet, die Steuerungs- und Regelungsfunktionen müssen diskret realisiert werden.

In diesem Abschnitt werden deshalb einige Begriffe und Grundlagen diskreter Systeme dargestellt [37, 38]. Bild 2-5 zeigt den vereinfachten Aufbau eines elektronischen Steuergeräts.

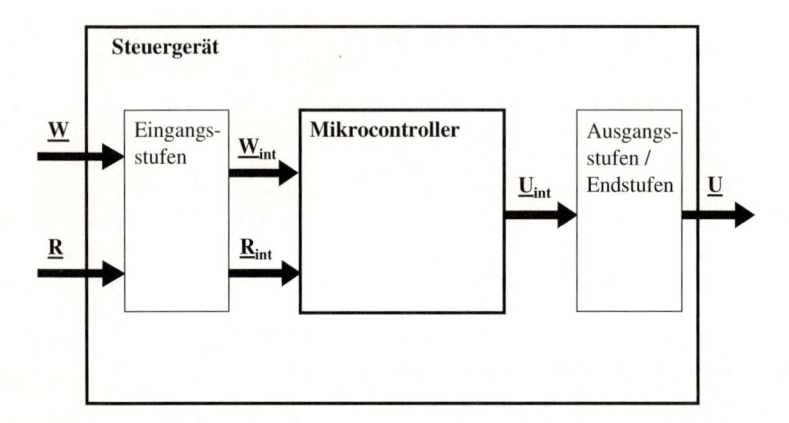

Bild 2-5: Modell eines elektronischen Steuergeräts als Block eines Steuerungs- und Regelungssystems

Die von den Sollwertgebern und Sensoren erfassten externen Eingangssignale $\underline{W}$ und $\underline{R}$ werden zunächst in den Eingangsstufen des Steuergeräts soweit vorverarbeitet, dass sie vom Mikrocontroller als interne Eingangsgrößen $\underline{W}_{int}$ und $\underline{R}_{int}$ weiterverarbeitet werden können. In ähnlicher Weise verarbeiten die Ausgangs- oder Endstufen die internen Ausgangsgrößen $\underline{U}_{int}$ des Mikrocontrollers in die von den Aktuatoren benötigte externe Form $\underline{U}$. In der Regel handelt es sich bei den Eingangs- und Ausgangsstufen um Signalkonditionierungs- oder Verstärkerschaltungen. In der Software-Entwicklung für den Mikroprozessor eines Mikrocontrollers sind die internen Signale von Bedeutung. Zur Vereinfachung der Schreibweise wird im Folgenden nicht mehr zwischen internen und externen Signalen unterschieden.

Im Falle, dass nichts anderes explizit angegeben wird, werden im Folgenden die internen Signale mit $\underline{W}$, $\underline{R}$ und $\underline{U}$ bezeichnet.

2.2.1 Zeitdiskrete Systeme und Signale

Bei analogen Systemen sind alle auftretenden Signale kontinuierliche Funktionen der Zeit. Dabei ist einem Signal X zu jedem Zeitpunkt t in einem betrachteten Zeitintervall ein eindeutiger Zustand X(t) zugeordnet (Bild 2-6 a). Solche Signale werden als **zeit- und wertkontinuierliche Signale** bezeichnet.

Wird ein solches Signal X(t), wie in Bild 2-6 b dargestellt, nur zu bestimmten diskreten Zeitpunkten t_1, t_2, t_3, ... gemessen oder „abgetastet", entsteht ein **zeitdiskretes, wertkontinuierliches Signal** oder **Abtastsignal**, das durch die Zahlenfolge

$$X(t_k) = \{X(t_1), X(t_2), X(t_3), ... \} \quad \text{mit } k = 1, 2, 3, ... \quad \text{definiert wird.} \tag{2.4}$$

Die Zeitspanne $dT_K = t_k - t_{k-1}$ wird als **Abtastrate** bezeichnet. Die Abtastrate kann für alle Abtastungen k konstant sein oder sich ändern.

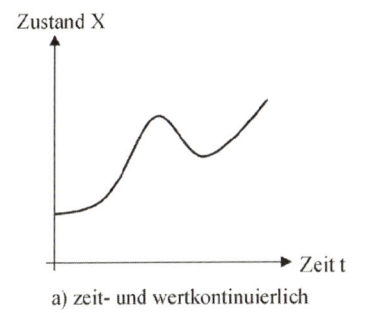

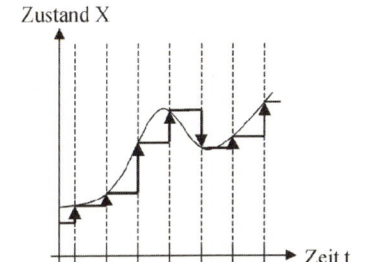

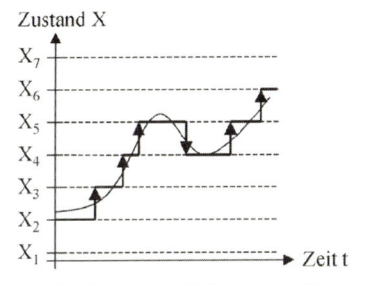

Bild 2-6: Abtastung eines kontinuierlichen Signals

Beispiel: Abtastraten im Motorsteuergerät

> Das Motorsteuergerät führt eine Reihe von Teilfunktionen aus. Es erfasst über Sensoren den Zustand des Motors und den Fahrerwunsch und steuert die Aktuatoren des Motors an.
>
> Die beiden Grundfunktionen Zündung und Einspritzung müssen zu kurbelwellenwinkelsynchronen Zeitpunkten die Aktuatoren des Motors ansteuern. Bei einer Änderung der Motordrehzahl ändert sich auch die Abtastrate dieser Funktionen.
>
> Andere Funktionen, beispielsweise die Erfassung des Fahrerwunsches über die Fahrpedalstellung mit dem Pedalwegsensor, können dagegen in zeitlich konstanten Abständen, also mit konstanter Abtastrate, ausgeführt werden.

Die Abtastrate dT ist ein wichtiger Entwurfsparameter für zeitdiskrete Systeme. Die erforderliche Abtastrate wird durch die Dynamik der Regel- oder Steuerstrecke bestimmt. So gilt als Faustregel für die Auslegung der Abtastrate bei der Regelung zeitkontinuierlicher Systeme durch zeitdiskrete Regler, dass die Abtastrate dT im Bereich von $^1/_{10}$ bis maximal $^1/_6$ der kleinsten der wesentlichen Zeitkonstanten der Regelstrecke gewählt werden sollte [34]. Das Verhalten zeitdiskreter Steuerungs- und Regelungsfunktionen hängt signifikant von der gewählten Abtastrate dT ab. In der Regel verarbeitet ein Steuergerät mehrere Regelungsfunktionen, denen unterschiedliche Abtastraten zugeordnet sind, wie im letzten Beispiel dargestellt.

Tritt in einem System mindestens ein zeitdiskretes Signal auf, so spricht man von einem zeitdiskreten System. In Mikrocontrollern entsteht eine derartige Diskretisierung der Zeit etwa durch die zeitdiskrete Abtastung der Eingangssignale.

2.2.2 Wertdiskrete Systeme und Signale

Infolge der beschränkten Wortlänge der für die Erfassung der Eingangssignale üblicherweise eingesetzten Analog-Digital-Wandler, kurz A/D-Wandler, die auch als Abtastglieder bezeichnet werden [34], entsteht zudem eine Amplitudenquantisierung oder ein **wertdiskretes Signal** (Bild 2-6 c).

Diese Quantisierung der Amplitude ist ein nichtlinearer Effekt. Die Nichtlinearität bei der Analog-Digital-Wandlung kommt z. B. in der Begrenzung des Wertebereichs durch X_{min} und X_{max} zum Ausdruck. Dabei wird jedem Zustand X(t) genau ein diskreter Wert X_i der Menge

$\{X_1, X_2, X_3, ... X_n\}$ mit $X_{min} \leq X_i \leq X_{max}$ eindeutig zugeordnet.   (2.5)

Die Differenz $X(t) - X_i(t)$ wird als Quantisierungsfehler bezeichnet.

Ein ähnlicher Effekt tritt auch bei der Ausgabe von Signalen des Steuergerätes, der so genannten Digital-Analog-Wandlung auf. Dabei wird in vielen Fällen ein pulsweitenmoduliertes Signal ausgegeben. Im Folgenden werden alle möglichen Verfahren zur Ausgabe von diskreten Signalen zusammenfassend als Digital-Analog-Wandlung, kurz D/A-Wandlung, bezeichnet. Bei der D/A-Wandlung wird der zugeordnete Wert X_i konstant bis zum nächsten Abtastzyklus gehalten. Die D/A-Wandler werden daher auch als Halteglieder bezeichnet [34].

2.2.3 Zeit- und wertdiskrete Systeme und Signale

Treten beide Diskretisierungseffekte zusammen auf, so entsteht ein **zeit- und wertdiskretes Signal** (Bild 2-6 d). Tritt in einem System mindestens ein zeit- und wertdiskretes Signal auf, so spricht man von einem zeit- und wertdiskreten oder digitalen System.

Alle Größen, die als Eingangsgrößen in einem Programm verarbeitet werden, das auf einem Mikrocontroller eines elektronischen Steuergeräts ausgeführt wird, sind zeit- und wertdiskrete Signale. Der Mikrocontroller kann als Block im Regelkreis oder in der Steuerkette gezeichnet werden, wie in Bild 2-7 dargestellt.

Dabei werden die im Allgemeinen zeit- und wertkontinuierlichen Eingangssignale **W** und **R** auf die zeit- und wertdiskreten Signale **W**$_k$ und **R**$_k$ abgebildet. Aus diesen werden in einem Programm die zeit- und wertdiskreten Ausgangssignale **U**$_k$ berechnet, die wiederum auf die zeit- und wertkontinuierlichen Ausgangssignale **U** abgebildet werden. Das Übertragungsverhalten der Steuerungs- und Regelungsfunktionen, sowie die Steuerungs- und Reglerparameter müssen durch Software-Komponenten realisiert werden, die auf dem Mikrocontroller ausgeführt werden.

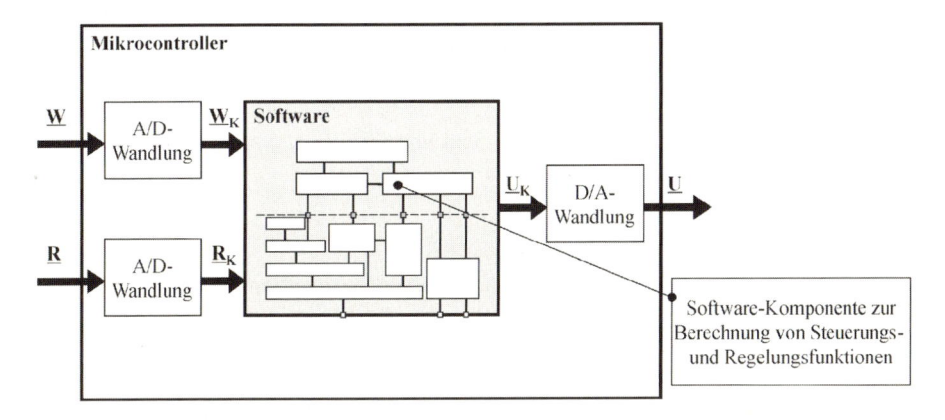

Bild 2-7: Modell eines Mikrocontrollers als Block eines Steuerungs- und Regelungssystems

2.2.4 Zustandsautomaten

Während physikalische Größen in der Regel zeit- und wertkontinuierliche Signale sind und das Übertragungsverhalten zeit- und wertkontinuierlicher Systeme physikalisch durch Differentialgleichungen beschrieben werden kann, kann das Übertragungsverhalten diskrete Systeme durch Differenzengleichungen beschrieben werden.

Durch die Zeit- und Wertediskretisierung wird der Übergang von einem diskreten Zustand $X(t_k)$ in einen Folgezustand $X(t_{k+1})$ auf ein Ereignis reduziert. Die Tatsache, dass in vielen diskreten technischen Systemen häufig die Anzahl der möglichen oder relevanten Zustände und auch die Anzahl der möglichen oder relevanten Ereignisse begrenzt ist, wird bei der Modellbildung mit Zustandsautomaten ausgenutzt.

Beispiel: Ansteuerung der Tankreservelampe

Der Füllstandsgeber misst den Tankinhalt des Fahrzeugs und liefert ein Analogsignal zwischen 0 V und 10 V als proportionales Signal zum gemessenen Füllstand. Dieses Analogsignal wird als Eingangssignal zur Ansteuerung der Tankreservelampe verwendet und im Kombiinstrument zeit- und wertdiskret abgetastet.

Dabei entspricht ein Analogsignalwert von 8,5 V dem Erreichen des Reservestands von 5 Litern für die Tankfüllung, ein Signalwert von 10 V entspricht dem leeren Tank und ein Signalwert von 0 V dem vollen Tank. Folglich muss die Tankreservelampe bei einem Signalwert von größer 8,5 V eingeschaltet werden.

Um zu vermeiden, dass die Lampe dadurch flackert, dass schon bei geringen Schwappbewegungen im Tank die Lampe wieder ausgeschaltet bzw. erneut eingeschaltet wird, soll eine Hysterese realisiert werden. Erst bei einem Füllstand von mehr als 6 Litern oder einem Signalwert von kleiner als 8,0 V soll die Tankreservelampe ausgeschaltet werden. Die Schaltvorgänge sind in Bild 2-8 dargestellt.

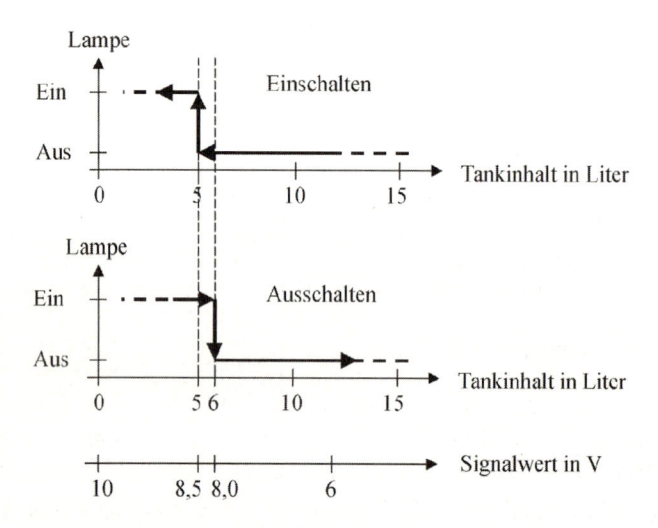

Bild 2-8: Schaltvorgänge der Tankreservelampe

Für die Ansteuerung der Tankreservelampe interessieren also nur das Überschreiten der Schwellen „Signalwert kleiner 8,0 V" bzw. „Signalwert größer 8,5 V", die als Ereignisse bezeichnet werden, und der bisherige Zustand der Lampe „Aus" bzw. „Ein".

In Bild 2-9 sind die diskreten Zustände „Lampe Aus" und „Lampe Ein" und die möglichen Übergänge zwischen den Zuständen, denen die entsprechenden Ereignisse zugeordnet sind, grafisch dargestellt.

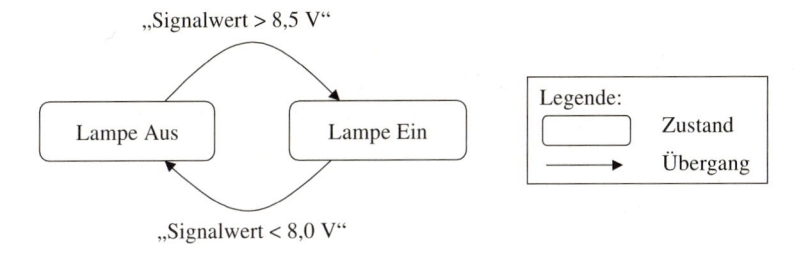

Bild 2-9: Zustands-Übergangs-Graf für die Tankreservelampe

Solche Zustands-Übergangs-Grafen, auch Zustandsautomaten genannt, sind eine grafische Notation zur Darstellung diskreter Systeme. Sie werden häufig zur Modellierung von diskreten Fahrzeugfunktionen eingesetzt.

Für eine ausführliche Darstellung zu kontinuierlichen und diskreten Signalen und Systemen wird auf die weiterführende Literatur, z. B. [37, 38], verwiesen.

2.3 Eingebettete Systeme

Elektronische Steuergeräte, Sollwertgeber, Sensoren und Aktuatoren bilden ein elektronisches System, das den Zustand der Strecke beeinflusst. Häufig ist das Steuergerät für die Fahrzeuginsassen als Komponente des Gesamtsystems „Fahrer – Fahrzeug – Umwelt" nicht einmal „sichtbar". Wird das Steuergerät beispielsweise ausschließlich für Steuerungs- und Regelungsaufgaben eingesetzt, dann hat es meist keine direkten **Benutzerschnittstellen**. Dies ist häufig ein Kennzeichen elektronischer Steuergeräte in den Anwendungsbereichen Antriebsstrang, Fahrwerk und Karosserie. Der Fahrer und die Fahrzeuginsassen haben in vielen Fällen nur mittelbaren, oft nur geringen und teilweise auch gar keinen Einfluss auf die Funktionen der Steuergeräte. Die Benutzerschnittstellen zur Erfassung der Führungsgrößen sind fast immer indirekt realisiert und oft eingeschränkt (Bild 2-10). Systeme mit diesen Merkmalen werden auch als **eingebettete Systeme** bezeichnet.

Aus Sicht des Steuergeräts können Sollwertgeber wie Sensoren zur Erfassung der Benutzerwünsche behandelt werden. In den folgenden Kapiteln werden daher Sollwertgeber, wo es zur Vereinfachung des Verständnisses beiträgt, als Sonderform von Sensoren betrachtet. In ähnlicher Weise werden alle Komponenten zur Rückmeldung von Ereignissen oder Zuständen an den Fahrer – beispielsweise durch optische oder akustische Anzeigen – als Sonderform von Aktuatoren betrachtet.

Bei der Funktionsentwicklung für Steuergeräte muss also auch das Übertragungsverhalten der Steuergeräteschnittstellen, sowie das Übertragungsverhalten der Sollwertgeber, Sensoren und Aktuatoren berücksichtigt werden.

Die Aktuatoren und Sensoren wiederum stellen häufig selbst Systeme dar, die aus elektrischen, hydraulischen, pneumatischen oder mechanischen und zunehmend auch elektronischen Komponenten aufgebaut sind. Im Falle, dass bei Aktuatoren bzw. Sensoren mit elektronischen Komponenten eine Vor- bzw. Nachverarbeitung stattfindet, wird auch von **intelligenten Aktuatoren bzw. Sensoren** gesprochen.

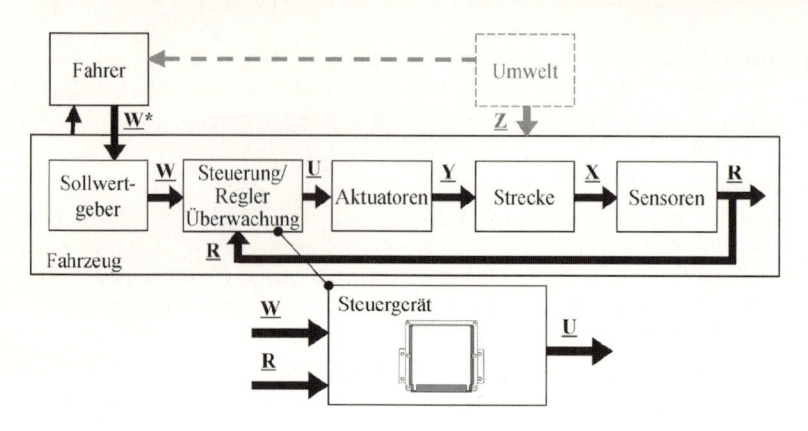

Bild 2-10: Kennzeichen eingebetteter Systeme

Das Übertragungsverhalten umfasst zum einen das dynamische Verhalten über der Zeit, aber auch das statische Verhalten wie den physikalischen Wertebereich oder die physikalische Auflösung der übertragenen Signale.

Zwischen einem eingebetteten System und seiner direkten Umgebung, im Falle eines Steuergeräts also der Regel- oder Steuerstrecke, bestehen immer direkte Schnittstellen, zwischen dem System und dem Benutzer, z.B. dem Fahrer oder den Passagieren, meist nur indirekte Schnittstellen.

Bei der Software-Entwicklung für die Mikrocontroller eines Steuergeräts muss aus diesem Grund ein wichtiger Unterschied beachtet werden. Während über das dynamische Verhalten der Steuer- oder Regelstrecke häufig bestimmte Annahmen gemacht werden können, die etwa eine Erfassung der aktuellen Zustandsgrößen der Strecke über eine zyklische Abtastung mit fester oder variabler Abtastrate ermöglichen, sind für die Erfassung des Fahrerwunsches oft andere Annahmen vorteilhafter. So ist beispielsweise im Falle von Schaltern als Bedienelementen ein Fahrerwunsch eher als ein Ereignis zu verstehen, das von Zeit zu Zeit einmal auftritt, auf das dann aber umgehend reagiert werden muss.

Im Allgemeinen müssen daher im Mikrocontroller **periodische und aperiodische Ereignisse** verarbeitet werden. Ein grundlegendes Verständnis des Aufbaus, der Arbeitsweise, der Schnittstellen und der Programmierung von Mikrocontrollern, wie sie in Steuergeräten verwendet werden, ist deshalb für alle an der Funktionsentwicklung beteiligten Entwickler notwendig.

2.3.1 Aufbau von Mikrocontrollern

Ein Mikrocontroller besteht aus folgenden zusammenwirkenden Komponenten (Bild 2-11) [39, 40, 41]:

- **Mikroprozessor** als Zentraleinheit (engl. Central Processing Unit, kurz CPU). Der Mikroprozessor enthält seinerseits Steuerwerk und Rechenwerk. Das Rechenwerk führt arithmetische und logische Operationen aus. Das Steuerwerk sorgt für die Ausführung der Befehle aus dem Programmspeicher. Dies ermöglicht die Anpassung an vielfältige, praktische Anwendungen durch Programmierung.

2.3 Eingebettete Systeme

- **Ein- und Ausgabeeinheiten** (engl. Input/Output, kurz I/O), die den Datenverkehr mit der Umgebung (engl. Periphery) abwickeln. Dazu zählen Ein- und Ausgabegeräte, Schaltungen für die Steuerung von Unterbrechungen (engl. Interrupts) eines Programms, aber auch die Bussysteme zur Kommunikation mit anderen Steuergeräten, wie CAN [2].
- **Programm- und Datenspeicher**, in dem das Programm, z. B. der Steuerungs- und Regelungsalgorithmus, und die konstanten Parametersätze, z. B. die Steuerungs- und Regelungsparameter, unverlierbar abgelegt sind. Als Speichertechnologien dafür eignen sich nichtflüchtige Lesespeicher. Oft ist dieser Speicher so organisiert, dass Programm und Parametersätze in unterschiedlichen Bereichen dieses Speichers liegen. Es wird daher auch von Programm- und Datenspeicher gesprochen.
- **Datenspeicher** mit den Daten, die sich während der Abarbeitung des Programms verändern. Dieser Speicherbereich wird deshalb auch Arbeitsspeicher genannt. Als Speichertechnologien eignen sich Schreib-Lese-Speicher. Je nach den Anforderungen der Anwendung kommen flüchtige oder nichtflüchtige Schreib-Lese-Speicher zum Einsatz.
- Das **Bussystem** verbindet die einzelnen Elemente des Mikrocontrollers.
- Ein **Taktgenerator** (Oszillator) sorgt dafür, dass alle Operationen im Mikrocontroller mit einer festgelegten Zeitrate erfolgen.
- **Überwachungsschaltungen**, häufig auch als Watchdog bezeichnet, überwachen die Programmabarbeitung.

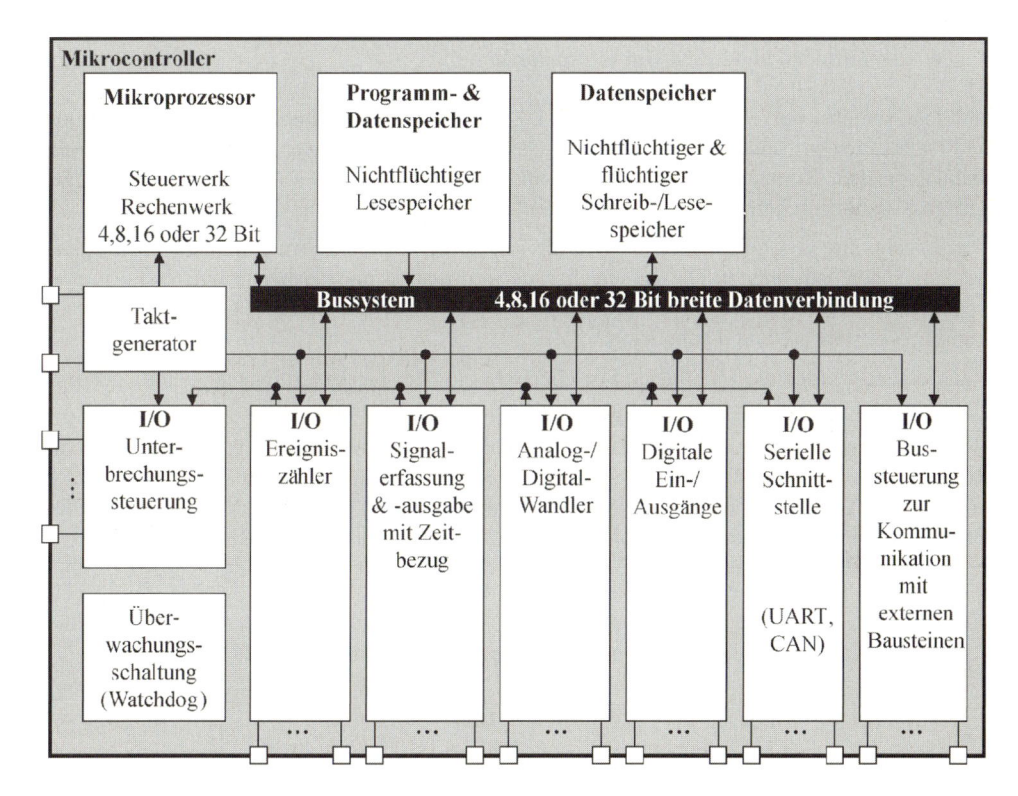

Bild 2-11: Aufbau eines Mikrocontrollers [39]

Diese verschiedenen Komponenten eines Mikrocontrollers werden zunehmend auf einem Chip integriert. Der Mikrocontroller ist damit für sich alleine funktionsfähig. Je nach den Anforderungen der Anwendung können zusätzliche, externe Bausteine angeschlossen werden, wie zum Beispiel externe Speichererweiterungen. Deshalb wird häufig zwischen **internem und externem Speicher** unterschieden.

2.3.2 Speichertechnologien

Nachdem bereits die unterschiedlichen Anforderungen an Programm- und Datenspeicher genannt wurden, sollen in diesem Abschnitt die verschiedenen Technologien der Halbleiterspeicher kurz dargestellt werden.

Halbleiterspeicher werden eingesetzt zur Aufbewahrung

- von Daten, wie I/O-Daten, Zuständen und Zwischenergebnissen, die häufig und schnell geschrieben und gelesen werden müssen,
- des Programms, das meist fest zu speichern ist, und
- konstanten Parametersätzen, die auch häufig fest zu speichern sind.

Speichern umfasst

- Schreiben,
- kurzzeitiges oder dauerhaftes Aufbewahren, sowie
- Wiederauffinden und Lesen von Informationen.

Halbleiterspeicher nutzen physikalische Effekte aus, die zwei verschiedene Zustände eindeutig und leicht erzeugen, sowie erkennen lassen. Der Vorzug der Halbleiterspeicher besteht in ihrer technologischen Kompatibilität mit den in anderen Bereichen eines Mikrocontrollers eingesetzten Komponenten und damit in den Möglichkeiten der Integration.

Zur Speicherung von Information werden die Zustandspaare „leitend/nichtleitend" oder „geladen/ungeladen" ausgenutzt. Die zu speichernde Information muss daher in binärer Form vorliegen. Eine solche binäre Informationseinheit heißt Bit (engl. **B**inary Dig**it**) und kann die logischen Zustände **1** und **0** annehmen.

Nachfolgend werden die wichtigsten Speichertechnologien so erläutert, wie sie bereits genormt sind oder in welcher Bedeutung sie am häufigsten verwendet werden (Bild 2-12).

Halbleiterspeicher sind je nach Anwendungsfall bit- oder wortorganisiert. Wort heißt dabei die Zusammenfassung von Bits, die zusammenhängend vom Mikrocontroller verarbeitet werden können. Die **Wortlänge** ist also gleich der Anzahl der zusammenhängend verarbeiteten Bits. Bei Mikrocontrollern sind Wörter von 4, 8, 16, 32 oder 64 Bits üblich. 8 Bits werden mit Byte bezeichnet (1 Byte = 8 Bits).

2.3 Eingebettete Systeme

```
                            Halbleiterspeicher
                    ┌───────────────┴───────────────┐
            nichtflüchtige Speicher          flüchtige Speicher
         ┌──────────┴──────────┐              ┌─────┴─────┐
  herstellerprogrammiert  anwenderprogrammiert  statische  dynamische
                   ┌──────────┴──────────┐     Speicher   Speicher
            auf einem            in der Schaltung
         Programmiergerät        programmierbar
          programmierbar
   ┌──────┴──────┐           ┌──────┴──────┐
nicht löschbar  UV-löschbar  elektrisch löschbar
```

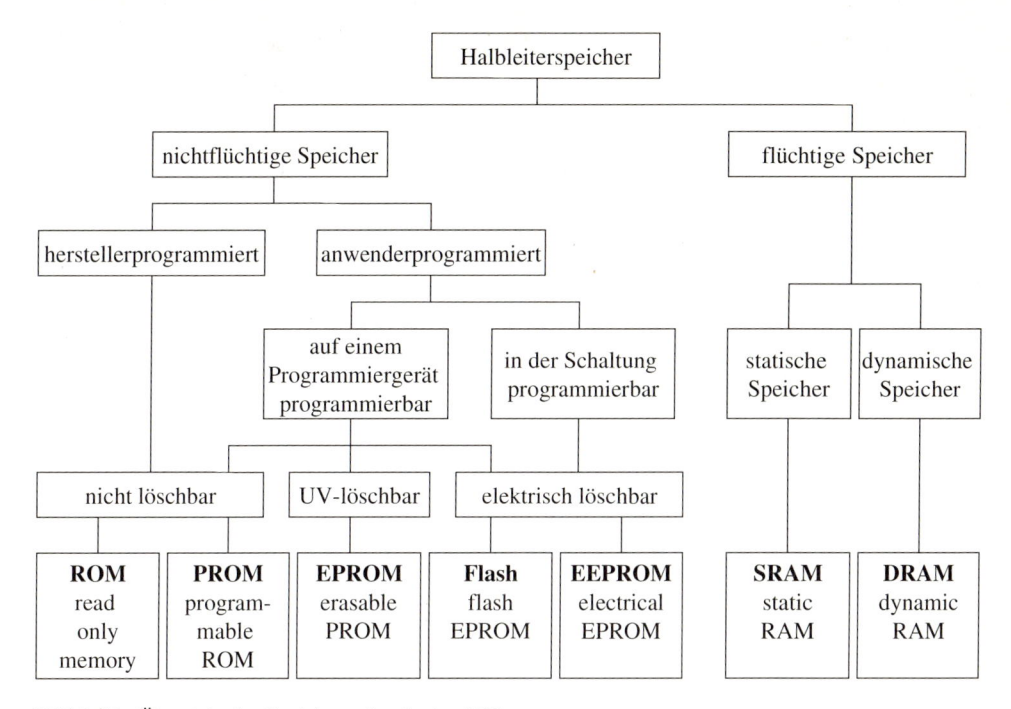

ROM	PROM	EPROM	Flash	EEPROM	SRAM	DRAM
read only memory	programmable ROM	erasable PROM	flash EPROM	electrical EPROM	static RAM	dynamic RAM

Bild 2-12: Übersicht der Speichertechnologien [39]

2.3.2.1 Schreib-Lese-Speicher

- **RAM**

Der Kurzzeitspeicher RAM (engl. Random Access Memory) erlaubt den direkten Zugriff auf jeden Speicherplatz. Eine Information kann beliebig oft eingeschrieben und ausgelesen werden. RAM sind flüchtige Speicher (engl. Volatile RAM). Das bedeutet, dass ohne Betriebsspannung der Speicherinhalt verloren geht. Bei RAM wird zwischen statischen (engl. **S**tatic **RAM**, kurz SRAM) und dynamischen Speichern (engl. **D**ynamic **RAM**, kurz DRAM) unterschieden [39].

Statisches RAM wird einmal beschrieben und behält seinen Speicherinhalt, solange die Betriebsspannung vorhanden ist. Der Speicherinhalt von dynamischem RAM muss periodisch aufgefrischt werden, da sonst durch Leckströme der Speicherinhalt verloren gehen würde.

Wird die Spannungsversorgung für das RAM mit einer zusätzlichen Batterie gepuffert, so können Daten auch nichtflüchtig gespeichert werden. In diesem Fall spricht man von nichtflüchtigem RAM (engl. **N**on **V**olatile **RAM**, kurz NV-RAM).

2.3.2.2 Nicht löschbare Festwertspeicher

Der Langzeitspeicher ROM (engl. Read Only Memory) erlaubt einen direkten Zugriff zu jedem Speicherplatz, dessen Inhalt aber – wie der Name sagt – nur gelesen und nicht geändert werden kann.

- **ROM/PROM**

ROM sind nichtflüchtige Speicher. Der Speicherinhalt bleibt auch ohne Betriebsspannung erhalten. In ihm sind üblicherweise Programmcode – wie die Algorithmen für Steuerungs- und Regelungsfunktionen – und konstante Daten – wie die Parametersätze von Steuerungs- und Regelungsfunktionen – gespeichert, die jederzeit abrufbar sind. Die Information kann irreversibel entweder beim Hersteller – bei einem der letzten Herstellungsschritte – oder beim Anwender durch entsprechende Verfahren an speziell vorbereiteten Speichern eingeschrieben werden. Diese programmierbaren Festwertspeicher werden auch PROM (engl. Programmable ROM) genannt.

2.3.2.3 Wiederbeschreibbare Festwertspeicher

Es gibt auch Lesespeicher, deren Inhalt gelöscht und durch einen anderen Inhalt ersetzt werden kann. Dazu gehören:

- **EPROM (engl. Erasable PROM)**

Dieser wiederbeschreibbare Festwertspeicher kann durch Bestrahlen mit UV-Licht vollständig gelöscht und anschließend neu programmiert werden. Diese Neuprogrammierung ist aber nur mit relativ hohem Aufwand in Spezialgeräten möglich.

- **EEPROM (engl. Electrical EPROM)**

Das EEPROM wird auch als E^2PROM bezeichnet. Dieser wiederbeschreibbare Festwertspeicher kann elektrisch gelöscht und neu programmiert werden. Das Löschen und Wiederbeschreiben ist entweder auf einer separaten Station oder auch im Steuergerät möglich. Beim EEPROM kann jede Speicherzeile einzeln überschrieben werden.

Deshalb wird dieser Speichertechnologie auch als nichtflüchtiger Datenspeicher eingesetzt. Anwendungsbeispiele sind die Abspeicherung adaptiver Kennfelder in der Motorsteuerung nach Abstellen des Motors oder die Abspeicherung von erkannten Fehlern durch Überwachungsfunktionen im so genannten Fehlerspeicher. Der Aufbau von Fehlerspeichern wird in Kapitel 2.6 ausführlicher dargestellt. Das EEPROM kann auch zur Ablage von Software-Parametern verwendet werden, die für die Variantensteuerung in der Produktion und im Service von Fahrzeugen benötigt werden. Auf mögliche Verfahren dazu wird in Kapitel 6 ausführlich eingegangen.

- **Flash (engl. Flash EPROM)**

Eine weiter entwickelte Variante von EPROM und EEPROM ist das Flash, manchmal auch Flash EPROM genannt. Bei diesem Speicher werden mit elektrischen Löschimpulsen (engl. Flash) ganze Speicherbereiche oder auch der komplette Speicherinhalt gelöscht. Anschließend können die gelöschten Bereiche neu programmiert werden.

Das Programmieren des Flash-Speichers kann mit einem Programmiergerät durchgeführt werden. Der entscheidende Vorteil der Flash-Technologie liegt jedoch darin, dass der Flash-Speicher auch im geschlossenen und im Fahrzeug verbauten Steuergerät mit einem Programmierwerkzeug neu programmiert werden kann. Flash-Technologie wird deshalb überall dort eingesetzt, wo relativ große Datenmengen fest zu speichern, aber im Laufe des Produktlebenszyklus auch zu ändern sind, z. B. als Programm- oder Datenspeicher in Steuergeräten. Verfahren zur Flash-Programmierung werden in Kapitel 6 dargestellt.

2.3.3 Programmierung von Mikrocontrollern

Das Programm, das der Mikroprozessor eines Mikrocontrollers abarbeitet, ist in der Regel im Festwertspeicher fest vorgegeben und wird nicht für unterschiedliche Anwendungen ausgetauscht. Eine wichtige Ausnahme ist, wie angesprochen, das Laden einer neuen Software-Version im Rahmen eines Software-Updates durch Flash-Programmierung.

In diesem Abschnitt wird auf die Programmierung von Mikrocontrollern näher eingegangen. Als Software wird die Gesamtheit der Programme und Daten, die im Speicher eines mikrocontrollergesteuerten Systems abgelegt sind, bezeichnet. Die Programme werden von Mikroprozessoren ausgeführt.

In der Software-Entwicklung müssen also die Vorgaben beispielsweise aus den Beschreibungen für Steuerungs- und Regelungsfunktionen in einen auf dem Mikroprozessor ausführbaren Programmcode und einen im Datenspeicher des Mikroprozessors abzulegenden Parametersatz umgesetzt werden.

2.3.3.1 Programm- und Datenstand

Der **Programmcode** wird im Folgenden als **Programmstand** bezeichnet und muss in den **Programmspeicher** des Mikroprozessors geladen werden (engl. download).

Der **Parametersatz** wird im Folgenden als **Datenstand** bezeichnet und muss in den **Datenspeicher** des Mikroprozessors geladen werden.

Oft wird vereinfachend von der Steuergeräte-Software oder dem Steuergeräteprogramm gesprochen. Dabei muss aber beachtet werden, dass ein Steuergerät auch aus mehreren Mikrocontrollern, etwa Funktions- und Überwachungsrechner, aufgebaut sein kann. Genauer ist daher die Bezeichnung Mikrocontroller-Software und die Unterscheidung zwischen Programm- und Datenstand eines Mikrocontrollers.

2.3.3.2 Arbeitsweise von Mikrocontrollern

Für die Programmierung kann zunächst von einem vereinfachten Modell des Mikrocontrollers ausgegangen werden, wie in Bild 2-13 dargestellt. Der Mikrocontroller besteht danach aus dem Mikroprozessor, den Speichern für Befehle (engl. Instructions), auch Programmspeicher genannt, den Speichern für Daten, auch Datenspeicher genannt, sowie den Ein- und Ausgabeeinheiten [39]. Diese Komponenten tauschen Daten- und Steuerinformationen (engl. Data and Control Informations) über Busse aus.

Der **Mikroprozessor** ist die programmierbare Einheit zur Adressierung und Manipulation von Daten, sowie zur Steuerung des zeitlichen und logischen Ablaufs eines Programms.

Die **Speicher** dienen zur Ablage von Daten und Programmbefehlen. Als Speicher für veränderbare Daten wird ein Schreib-Lese-Speicher, z. B. ein RAM-Speicher, benötigt. Als Speicher für Programmbefehle und feste Daten eignen sich Lesespeicher, z. B. ROM-Speicher. Zusätzlich besitzen die meisten Mikroprozessoren einen kleinen, im Mikroprozessor integrierten Speicher, die so genannten **Register**, für einen schnellen Schreib- und Lesezugriff.

Über die **Ein- und Ausgabeeinheiten** können von außen stammende Informationen eingelesen oder ausgegeben werden. Die Ein- und Ausgabeeinheiten sind in begrenztem Umfang programmierbar, um ihre Funktionalität an die Anwendung anpassen zu können. Typische Ein- und Ausgabeeinheiten sind Analog-Digital-Wandler zur Eingabe von Daten, sowie Pulsweitenmodulationsmodule und Digital-Analog-Wandler zur Ausgabe von Daten. Timer werden zum Zählen externer Impulse oder zum Messen der Zeitspanne zwischen Ereignissen eingesetzt. Über serielle und parallele Schnittstellen kann eine Kommunikation mit externen Komponenten oder anderen Mikrocontrollern realisiert werden. Ein Beispiel ist die digitale Datenkommunikation mit anderen Mikrocontrollern über CAN [2]. Weitere Funktionen können je nach den Anforderungen der Anwendung in den Mikrocontroller integriert werden.

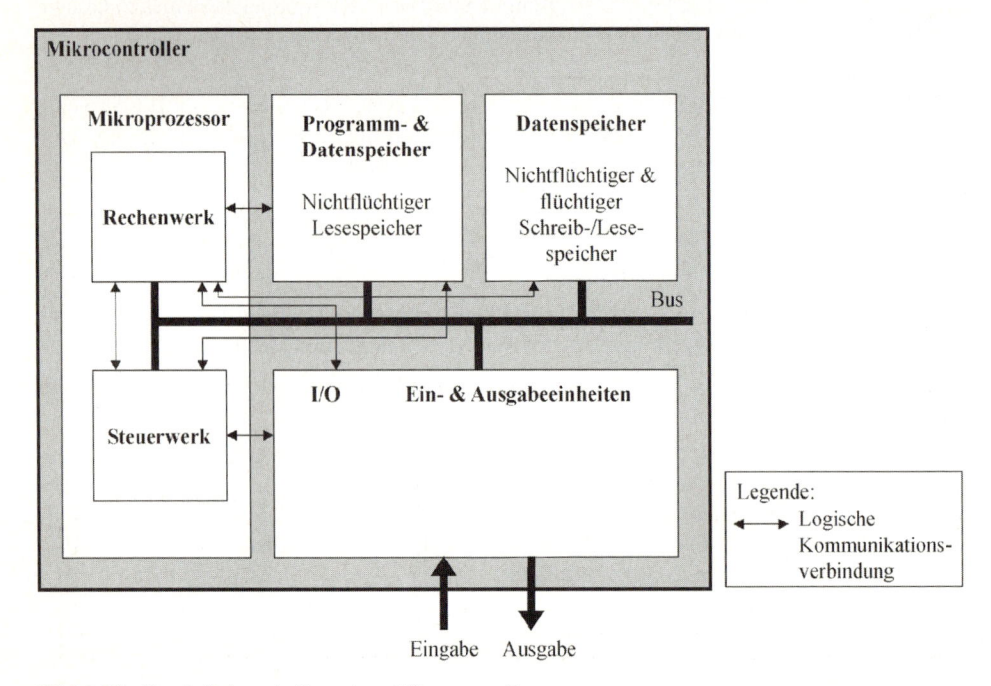

Bild 2-13: Vereinfachter Aufbau eines Mikrocontrollers

2.3.3.3 Hauptoperationen von Mikrocontrollern

Die Blöcke in Bild 2-13 ermöglichen die Hauptoperationen des Mikrocontrollers:

- Datenverarbeitung
- Datenspeicherung
- Datenaustausch mit der Umgebung.

Mit diesen Funktionen kann der Mikrocontroller zum Übertragen von Daten, sowie zu deren Speicherung und Verarbeitung eingesetzt werden. In den folgenden Abschnitten werden die einzelnen Bausteine des Mikrocontrollers, die diese Operationen ermöglichen, genauer behandelt.

2.3 Eingebettete Systeme

2.3.3.4 Architektur und Befehlssatz von Mikroprozessoren

Der Mikroprozessor bearbeitet die von außen über die Ein- und Ausgabeeinheiten eingehenden Daten und steuert den Datenfluss. In den Registern des Mikroprozessors werden Operanden, Ergebnisse und Adressen abgelegt. In Bild 2-14 ist eine mögliche Architektur eines Mikroprozessors dargestellt [39].

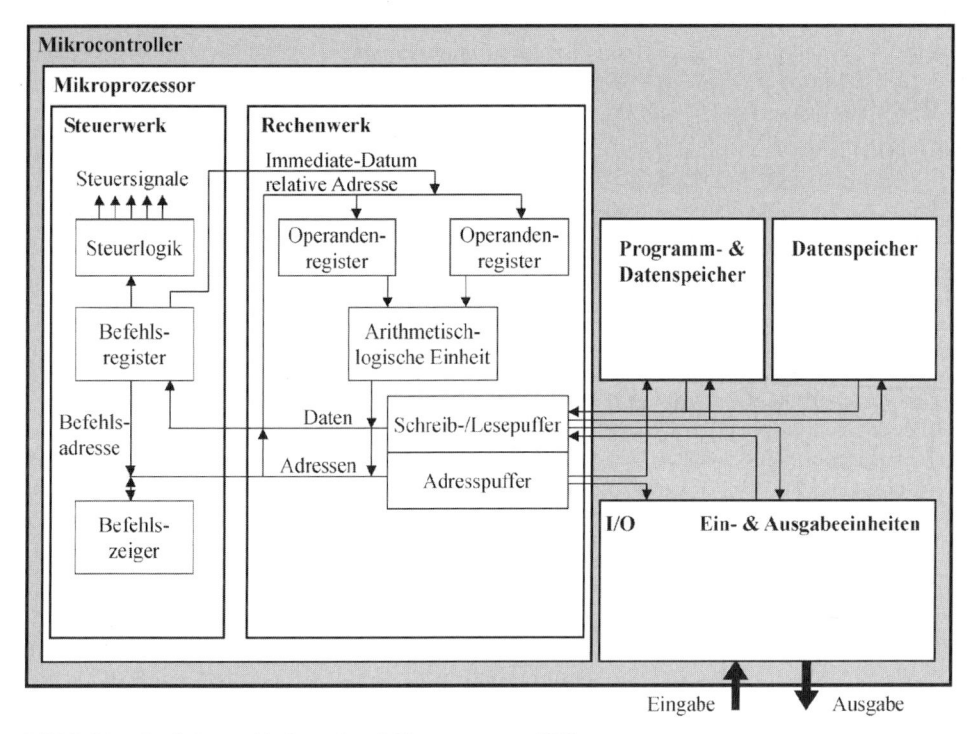

Bild 2-14: Mögliche Architektur eines Mikroprozessors [39]

Mögliche Erweiterungen zur Erhöhung der Rechengeschwindigkeit wurden zur Vereinfachung des Verständnisses weggelassen.

Die Architektur kann durch die Menge aller Register, die dem Programmierer zur Verfügung stehen, beschrieben werden.

Selten veränderte Konfigurationen werden durch spezielle Steuerregister eingestellt. Dadurch sind die Steuerregister eine quasi-statische Erweiterung der Befehle. Das Interrupt-Control-Register legt zum Beispiel fest, welche Unterbrechungen, so genannte Interrupts, zugelassen und welche gesperrt werden. Durch weitere Steuerregister kann die Funktionalität der Arithmetisch-logischen Einheit (engl. **A**rithmetic **L**ogic **U**nit, kurz ALU) oder der Ein- und Ausgabeeinheiten festgelegt werden.

Manche Operationen können die Abarbeitung des Programms durch den Mikroprozessor beeinflussen. Wenn zum Beispiel eine Anforderung zur Unterbrechung, eine Interrupt-Anforderung, von außen eingeht, kann dies eine Programmverzweigung an eine definierte Speicheradresse erzeugen. Während der Verarbeitung der dort abgespeicherten, so genannten **Interrupt-Service-Routine**, können nur Interrupts mit höherer Priorität diese Routine unterbrechen.

Alle anderen Interrupt-Anforderungen werden gespeichert und erst nach Beendigung der laufenden Interrupt-Service-Routine bearbeitet. Die dabei anfallenden Zustandsinformationen könnten im Befehlsspeicher zwischengespeichert werden. Dies würde jedoch u. U. zu sehr langen Befehlen führen. Daher werden neben den Steuerregistern spezielle Register in den Mikroprozessor integriert, die den Zustand oder Status des Mikroprozessors speichern. Solche Statusregister sind unter anderem das Programm-Status-Register, das Interrupt-Status-Register oder das Multiplier-Status-Wort. Eine solche in Hardware realisierte Interrupt-Logik wird auch als **Hardware-Interrupt-System** bezeichnet.

Um die Zahl der Lade- und Speicheroperationen des Mikroprozessors zu reduzieren, sind häufig mehrere spezielle Rechenregister, so genannte Akkumulatoren, im Mikroprozessor integriert. Dadurch können Zwischenergebnisse und häufig benötigte Variablen im Mikroprozessor gehalten werden. Die damit mögliche Verringerung der Lade- und Speicheroperationen ermöglicht die Erhöhung der Taktrate und führt auch zu einer Senkung des Strombedarfs des Mikroprozessors.

Operandenspeicher

Es gibt verschiedene Möglichkeiten, die in arithmetischen Berechnungen oder logischen Operationen zu verknüpfenden Informationen, die so genannten Operanden, vor und nach einer Rechenoperation bereitzustellen. Nach dem Speicherort der Operanden werden folgende Architekturen bei Mikroprozessoren unterschieden:

- **Speicher-Speicher-Architektur**

  Die Speicher-Speicher-Architektur verwendet zum Bereitstellen der Operanden den allgemeinen Schreib-/Lesespeicher, z. B. das RAM. Dabei werden die Speicheradressen der Operanden und des Ergebnisses einer arithmetischen Operation explizit im Befehl verknüpft. So können mit einem einzigen Befehl z. B. zwei Operanden, die beide im RAM abgelegt sind, addiert werden. Das Ergebnis kann dann gleich wieder zurück in den RAM-Speicher geschrieben werden. Die Benennung „Speicher-Speicher-Architektur" ist vom Speicherort der Operanden abgeleitet.

- **Akkumulator-Architektur**

  Die Akkumulator-Architektur besitzt eine im Mikroprozessor integrierte Speicherzelle, die sowohl als Quelle als auch als Ziel jeder arithmetischen Operation fest vorgegeben ist. Diese Speicherzelle wird Akkumulator genannt. Nur die Adresse des zweiten Operanden wird im Befehl codiert. Vor jeder arithmetischen Operation muss der erste Operand durch einen Ladebefehl aus dem Speicher in den Akkumulator kopiert werden. Nach der Operation wird das Ergebnis aus dem Akkumulator zurück in den Speicher kopiert.

- **Speicher-Register-Architektur**

  Bei der Speicher-Register-Architektur (engl. Memory Register Architecture) ist eine ganze Reihe von Registern im Mikroprozessor integriert. Beide Operanden werden explizit im Befehl codiert. Jedoch kann nur einer der beiden Operanden direkt mit der Speicheradresse im Speicher angesprochen werden. Der zweite Operand und das Ergebnis werden in einem der Register adressiert. Ähnlich wie bei der Akkumulator-Architektur muss einer der Operanden vor dem Rechenschritt vom Speicher in ein Register kopiert werden. Nach der Operation muss dann das Ergebnis in den Speicher zurückgeschrieben werden.

2.3 Eingebettete Systeme

Wenn jedoch die Zahl der Register groß genug ist, können Zwischenergebnisse in Registern gehalten werden und müssen nicht ständig hin und her kopiert werden. Die Benennung „Speicher-Register-Architektur" ist wiederum vom Speicherort der Operanden abgeleitet.

- **Register-Register-Architektur**

  Die Register-Register-Architektur (engl. Load Store Architecture) adressiert beide Operanden einer Operation explizit in den Registern. Vor jeder Operation müssen daher beide Operanden erst in die Register geladen werden. Das Ergebnis wird dann wieder in den Speicher zurück kopiert.

Operandenadressen

Ein weiteres Unterscheidungsmerkmal ist die mögliche Anzahl von implizit und explizit codierten Adressen. Dies soll an einem einfachen Beispiel verdeutlicht werden. Die Operation C = A + B benötigt drei Adressen:

- Adresse von Operand A
- Adresse von Operand B
- Adresse von Ergebnisoperand C

- **Explizite Adressierung**

  Befehlssatz-Architekturen (engl. Instruction Set Architectures), die die freie Wahl dieser drei Adressen erlauben , also die Möglichkeit zur expliziten Codierung von drei Adressen bieten, heißen **Non-Destructive-Instruction-Set-Architektur**.

- **Implizite Adressierung**

  Da aber drei Adressen häufig eine zu große Zahl von Bits in der Codierung eines Befehls belegen, wird bei vielen Architekturen eine implizite Adressierung benutzt. Bei der impliziten Adressierung wird eine der Adressen der beiden Quelloperanden auch als Zieladresse verwendet. Zum Speichern des Ergebnisses der Operation wird also die Adresse eines der Quelloperanden benutzt und damit wird dieser überschrieben, d. h., er ist danach zerstört. Dieser Zerstörvorgang hat zur Bezeichnung **Destructive-Instruction-Set-Architektur** geführt.

Die vollständige Menge der Befehle eines Mikroprozessors wird **Befehlssatz** genannt. Befehlssatz-Architekturen von Mikroprozessoren unterscheiden sich neben dem Operandenspeicher und den Operandenadressen in vielen weiteren Punkten, etwa in der Länge der Befehle oder in der Art der Befehlsausführung [39].

Bei der hardware-nahen Programmierung sind viele weitere, oft spezifische Details des eingesetzten Mikrocontrollers zu beachten. Dazu gehören beispielsweise weitere Besonderheiten bei der Verarbeitung von Interrupts, bei der Speicherorganisation, bei der Flash-Programmierung oder verschiedene mögliche Betriebszustände des Mikrocontrollers zur Reduzierung der Stromaufnahme (engl. Power Reduction Modes). Auf diese Punkte wird in den folgenden Kapiteln nicht weiter eingegangen. Stattdessen wird auf die Dokumentation des jeweiligen Mikrocontrollers verwiesen.

2.3.3.5 Architektur von Ein- und Ausgabeeinheiten

Die Ein- und Ausgabeeinheiten ermöglichen es, externe Signale einzulesen und über ausgehende Signale die zu steuernden Größen zu beeinflussen. Ein- und Ausgabeeinheiten ermöglichen dadurch die Verknüpfung des Mikroprozessors mit seiner Umwelt. Jede Ein- und Ausgabeeinheit besitzt einen Anschluss an den internen Bus des Mikrocontrollers und externe Anschlüsse, so genannte Pins, an die beispielsweise Sensoren und Aktuatoren angeschlossen werden können.

Bild 2-15 zeigt den schematischen Aufbau einer Ein- und Ausgabeeinheit [39]. Deren Aufgaben können unterteilt werden in:

- Kommunikation mit dem internen Bus des Mikrocontrollers
- Kommunikation mit der Umwelt
- Datenspeicherung
- Überwachung und Zeitsteuerung
- Fehlererkennung.

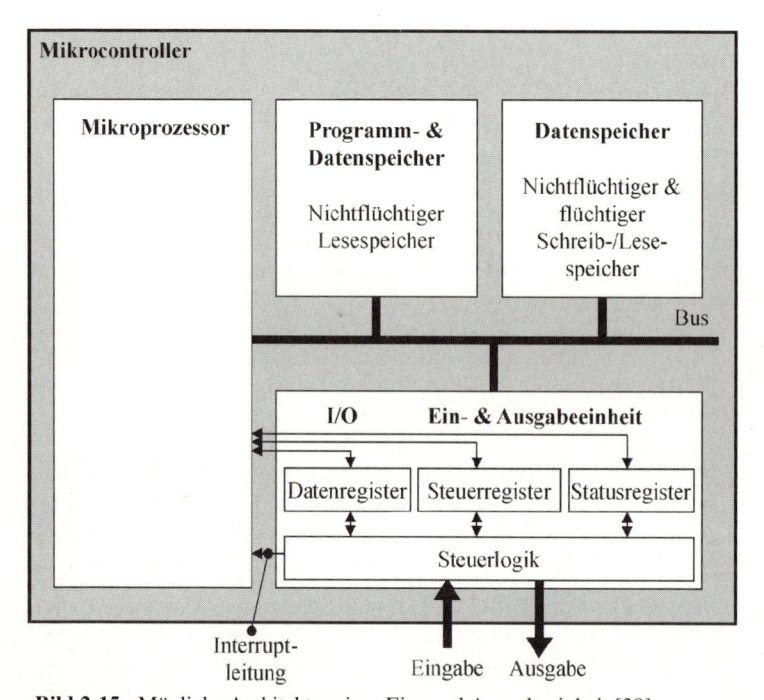

Bild 2-15: Mögliche Architektur einer Ein- und Ausgabeeinheit [39]

2.3 Eingebettete Systeme

Adressierung

Nach Art der Adressierung der Ein- und Ausgabeeinheiten wird unterschieden zwischen:

- **Isolated-I/O**

  Für den Speicher des Mikroprozessors und den Speicher der Ein- und Ausgabeeinheiten existieren zwei getrennte Adressbereiche. Die Programmierung der Ein- und Ausgabeeinheiten unterliegt starken Einschränkungen, da nur spezielle Befehle für die Ein- und Ausgabeeinheiten verwendet werden können.

- **Memory-Mapped-I/O**

  Der Mikroprozessor, sowie die Ein- und Ausgabeeinheiten besitzen einen Speicher mit gemeinsamem Adressbereich. Das hat den Vorteil, dass die große Anzahl von Befehlen zur Adressierung von Speichern des Mikroprozessors auch für die Ein- und Ausgabeeinheiten verwendet werden kann. Allerdings wird dabei Adressraum belegt, was vor allem bei Mikroprozessoren mit einer Wortlänge von 4 oder 8 Bit nachteilig ist. Hingegen werden für Mikroprozessoren mit einer Wortlänge von 16 oder 32 Bit in der Regel nur noch Memory-Mapped-I/O-Architekturen benutzt.

Betriebsart

Ein weiteres Unterscheidungsmerkmal von Ein- und Ausgabeeinheiten sind die unterstützten Betriebsarten. Es können vier verschiedene Betriebsarten unterschieden werden:

- **Programmed-I/O**

  Die Ein- und Ausgabeeinheit wird direkt vom Mikroprozessor gesteuert. Der Mikroprozessor steuert über ein einziges Programm die gesamte Funktionalität. Dabei muss der Mikroprozessor warten, während eine Ein- und Ausgabeeinheit eine Operation ausführt. Diese Betriebsart wird deshalb nur bei Mikroprozessoren verwendet, die ausschließlich Ein- und Ausgabetätigkeiten ausführen. Dies ist zum Beispiel bei intelligenten Sensoren oder Aktuatoren der Fall.

- **Polled-I/O**

  Die Ein- und Ausgabeeinheit ist in der Lage, eigenständig Operationen auszuführen, wobei die Ein- und Ausgabedaten in speziellen Puffern zwischengespeichert werden. Der Mikroprozessor überprüft periodisch den Zustand der Ein- und Ausgabeeinheit und überträgt bei Bedarf neue Daten. Diese Betriebsart ist vor allem für Mikroprozessoren geeignet, die nur ein durch Software realisiertes Interrupt-System, ein so genanntes **Software-Interrupt-System**, besitzen.

- **Interrupt-Driven-I/O**

  Die Ein- und Ausgabeeinheit bearbeitet alle Ein- und Ausgabeoperationen eigenständig und signalisiert dem Mikroprozessor über eine so genannte Interrupt-Leitung, wenn neue Daten anliegen oder eine Operation des Mikroprozessors notwendig ist. Der wesentliche Vorteil hierbei ist, dass der Mikroprozessor und die Ein- und Ausgabeeinheiten parallel arbeiten können. Das Programm des Mikroprozessors muss nur unterbrochen werden, wenn die Ein- und Ausgabeeinheit die Unterstützung des Mikroprozessors benötigt.

- **Direct-Memory-I/O-Access (DMA)**

    Die Ein- und Ausgabeeinheiten können in dieser Betriebsart mit dem Speicher ohne eine Beteiligung des Mikroprozessors direkt Daten austauschen. Diese Betriebsart wird vor allem von Mikroprozessoren der oberen Leistungsklasse unterstützt. Ähnlich wie bei der Interrupt-Driven-I/O wird für diese Betriebsart eine Hardware benötigt, die alle anstehenden Anforderungen priorisiert und gegebenenfalls sperrt.

Die Software-Komponenten, die diese hardware-nahen Aspekte der Ein- und Ausgabeeinheiten eines Mikrocontrollers abdecken, werden meist in einer Schicht der Plattform-Software zusammengefasst, dem so genannten Hardware-Abstraction-Layer. Wie in Bild 1-22 dargestellt, werden in diesem Buch die Ein- und Ausgabeeinheiten, die für die Kommunikation z. B. über Busse mit anderen Systemen notwendig sind, von diesem Hardware-Abstraction-Layer ausgenommen. Die für die Kommunikation notwendigen Software-Komponenten werden separat betrachtet. Auf deren Aufbau wird in Abschnitt 2.5 und 2.6 eingegangen. Ein grundlegendes Verständnis des Interrupt-Systems des Mikrocontrollers ist auch erforderlich, um die Einflüsse auf das Echtzeitverhalten des Mikrocontrollers beurteilen zu können.

2.4 Echtzeitsysteme

An die Ausführung von Steuerungs- und Regelungsfunktionen durch den Mikroprozessor – im Folgenden kurz Prozessor genannt – werden wie bereits angesprochen auch zeitliche Anforderungen gestellt. Man spricht daher von Echtzeitsystemen. In diesem Abschnitt werden die notwendigen Begriffe, Grundlagen und der Aufbau von Echtzeitsystemen, insbesondere von Echtzeitbetriebssystemen, behandelt.

2.4.1 Festlegung von Tasks

Um die verschiedenen Verfahren für die Verwaltung und Zuteilung der Ressourcen eines Prozessors oder eines Netzwerks von Prozessoren beschreiben zu können, ist es zielführend, zunächst alle Aufgaben, die bearbeitet werden sollen, in gleicher und allgemeiner Weise zu betrachten.

Auf einem Netzwerk von Prozessoren können mehrere Aufgaben gleichzeitig bearbeitet werden. Jede solche potentiell oder tatsächlich parallel zu bearbeitende Aufgabeneinheit, die von einem Prozessor oder einem Netzwerk von Prozessoren eingeplant und ausgeführt werden kann, wird im Folgenden als **Task** bezeichnet. Dabei ist es zweitrangig, ob die verschiedenen Tasks tatsächlich parallel auf einem Netzwerk von Prozessoren oder quasi parallel auf einem einzigen Prozessor ausgeführt werden.

Die Definitionen in diesem Buch orientieren sich an OSEK [17]. Anstelle des in der Literatur häufig verwendeten Begriffs Prozess für eine parallel zu bearbeitende Aufgabeneinheit wird aus diesem Grund in diesem Buch – wie in OSEK – der Begriff Task verwendet. Ziel dieses Abschnitts ist die Darstellung der Definition und Organisation der Abarbeitung von Tasks abhängig von der Zeit.

Beispiel: Verschiedene Tasks der Motorsteuerung

In der Motorsteuerung können etwa die Teilfunktionen „Zündung" oder „Einspritzung" oder „Erfassung des Pedalwerts" als Tasks aufgefasst werden, die vom Mikrocontroller

2.4 Echtzeitsysteme

des Motorsteuergeräts mit festgelegten zeitlichen Anforderungen ausgeführt werden müssen. Im Folgenden werden Tasks, wie in Bild 2-16 als Balken dargestellt.

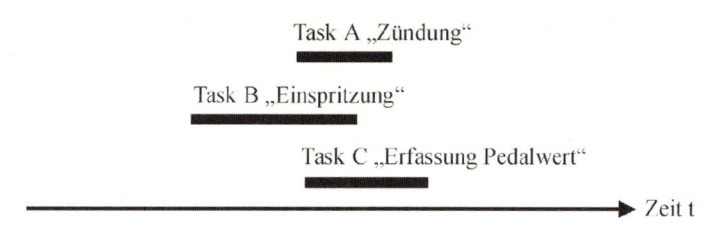

Bild 2-16: Verschiedene Tasks der Motorsteuerung

Um nicht unterschiedliche Bezeichnungen im Zusammenhang mit der Abarbeitung einer Task verwenden zu müssen – wie beispielsweise „Zünden", „Einspritzen" oder „Erfassen" – wird zusammenfassend von der **Ausführung einer Task** gesprochen.

Die Ausführung einer Task auf einem Prozessor erfolgt sequentiell. Das bedeutet, der Prozessor führt einen Befehl nach dem anderen aus. Die Reihenfolge der Ausführung der Befehle einer Tasks durch den Prozessor wird bei allen folgenden Abbildungen durch eine Zeitachse dargestellt, die von links nach rechts eingezeichnet wird.

Sollen mehrere Tasks quasi parallel auf einem Prozessor ausgeführt werden, so ist eine zeitliche Aufteilung des Prozessors auf die verschiedenen Tasks erforderlich. Zu bestimmten Zeitpunkten muss zwischen den verschiedenen Tasks umgeschaltet werden. Diese zeitliche Darstellung der Zuteilung des Prozessors an die verschiedenen Tasks wird **Zuteilungsdiagramm** genannt (Bild 2-17).

Beispiel: Zuteilung des Prozessors an drei Tasks

Im Bild 2-17 ist ein Zuteilungsdiagramm des Prozessors an die drei Tasks A, B und C dargestellt.

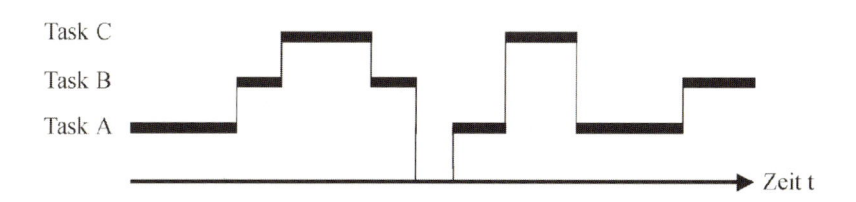

Bild 2-17: Zuteilungsdiagramm des Prozessors an die drei Tasks A, B und C

Wie in Bild 2-17 ersichtlich, kann eine Task durch verschiedene Zustände charakterisiert werden. In Bild 2-17 ist jeweils der Zeitabschnitt eingezeichnet, zu dem die entsprechende Task auf dem Prozessor ausgeführt wird. Dieser **Taskzustand** wird – wie in OSEK – in diesem Buch mit „running" bezeichnet.

So ist zu Beginn die Task A im Zustand „running". Nach Umschaltung des Prozessors auf eine andere Task – im Bild 2-17 auf die Task B – nimmt diese Task den Zustand „running" ein, und so weiter.

Da aber jeweils nur eine Task auf dem Prozessor ausgeführt werden kann, kann sich zu jedem Zeitpunkt auch nur eine Task im Zustand „running" befinden. Deshalb muss nach der Umschaltung die davor ausgeführte Task – im Bild 2-17 beispielsweise die Task A – einen anderen Zustand einnehmen.

In den folgenden Abschnitten werden die verschiedenen, möglichen Zustände von Tasks, die Ereignisse, die zu einer **Taskumschaltung** führen, und verschiedene Strategien zur Taskumschaltung in Echtzeitsystemen dargestellt.

2.4.2 Festlegung von Echtzeitanforderungen

Zunächst soll genau festgelegt werden, wie die zeitlichen Anforderungen an Tasks geeignet beschrieben werden können, um sie in Echtzeitsystemen einplanen und steuern zu können. Dazu ist eine konsequente Unterscheidung zwischen Zeitpunkt und Zeitspanne notwendig.

2.4.2.1 Aktivierungs- und Deadline-Zeitpunkt einer Task

Zwei wesentliche Parameter, die Tasks in Echtzeitsystemen von Tasks in Nicht-Echtzeitsystemen unterscheiden, sind der Aktivierungs- und der Deadline-Zeitpunkt einer Task (Bild 2-18) [42].

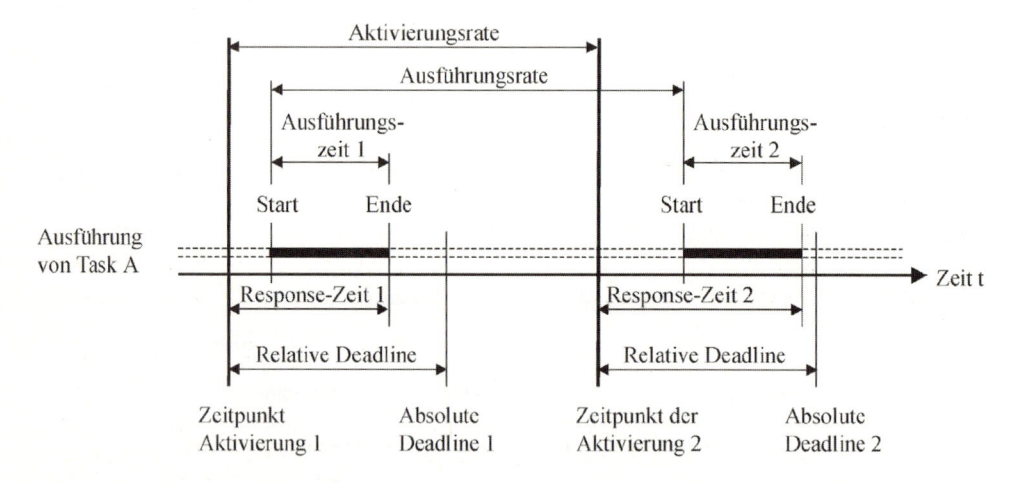

Bild 2-18: Festlegung von Echtzeitanforderungen [42]

- Der **Aktivierungszeitpunkt** einer Task ist der Zeitpunkt, zu dem die Ausführung der Task in einem Echtzeitsystem angestoßen oder freigegeben wird.
- Der **Deadline-Zeitpunkt** einer Task ist der Zeitpunkt, zu dem die Ausführung der Task spätestens abgeschlossen sein soll.

2.4 Echtzeitsysteme

- Die **Response-Zeit** ist die Zeitspanne vom Zeitpunkt der Aktivierung bis zum Ende der Ausführung einer Task.
- Die maximal zulässige Response-Zeit wird auch als die **relative Deadline** einer Task bezeichnet. Der Deadline-Zeitpunkt einer Task, manchmal auch als **absolute Deadline** bezeichnet, kann durch Addition der relativen Deadline zum Zeitpunkt der Aktivierung berechnet werden.
- Die Zeitspanne zwischen zwei Aktivierungen einer Task wird auch als **Aktivierungsrate** bezeichnet. Die Aktivierungsrate darf nicht mit der Zeitspanne zwischen zwei Ausführungen der Task, der so genannten **Ausführungsrate**, verwechselt werden.

Eine solche Randbedingung zum Zeitverhalten einer Task, die also in Form eines Zeitfensters für die Ausführung angegeben wird, wird **Echtzeitanforderung** genannt. Im einfachsten Fall kann die Echtzeitanforderung an eine Task durch ihre Aktivierungszeitpunkte und die dazugehörigen relativen oder absoluten Deadlines beschrieben werden. Häufig werden Echtzeitanforderungen an Tasks durch die Aktivierungsrate oder ein Aktivierungsereignis und eine relative Deadline festgelegt.

Wichtig ist die Unterscheidung zwischen den Echtzeitanforderungen an eine Task, die Zeitschranken für die Ausführung der Task darstellen, und der benötigten Zeitspanne für die Ausführung, die auch als **Ausführungszeit (engl. Execution Time)** der Task bezeichnet wird. Wird, wie in Bild 2-18, die Ausführung einer Task nicht unterbrochen, so ist die Ausführungszeit die Zeitspanne zwischen Start und Ende der Ausführung der Task. Wird die Ausführung einer Task unterbrochen, so ergibt sich die Ausführungszeit einer Task als die Summe der Zeitintervalle zwischen Start und Ende der Ausführung der Task, in denen der Prozessor der Task zugeordnet wird.

2.4.2.2 Harte und weiche Echtzeitanforderungen

Echtzeitsysteme müssen also zu gegebenen Eingangswerten korrekte Ausgangswerte innerhalb eines vorgegebenen Zeitintervalls zur Verfügung stellen.

Häufig werden Echtzeitanforderungen in zwei Klassen eingeteilt: Harte und weiche Echtzeitanforderungen. Es gibt in der Literatur viele verschiedene Definitionen für harte und weiche Echtzeitanforderungen. Dieses Buch orientiert sich an der folgenden Definition, die sich an den Festlegungen in [42] anlehnt.

Eine Echtzeitanforderung an eine Task ist hart und die Task ist eine **harte Echtzeit-Task**, wenn die Validation gefordert wird, dass die spezifizierten Echtzeitanforderungen der Task immer erfüllt werden. Unter Validation wird ein Nachweis mittels einer nachprüfbaren und korrekten Methode verstanden. Entsprechend werden alle Echtzeitanforderungen an eine Task als weich bezeichnet und die Task ist eine **weiche Echtzeit-Task**, wenn ein Nachweis dieser Art nicht gefordert wird.

Harte Echtzeitanforderungen an Tasks dürfen also nicht mit der Sicherheitsrelevanz oder der „Geschwindigkeit" von Tasks verwechselt oder gar gleichgesetzt werden.

Beispiel: Echtzeitanforderungen an die Funktionen eines Motorsteuergeräts

Die Dynamik der zu steuernden oder zu regelnden Subsysteme des Motors ist sehr unterschiedlich. Dies führt zu unterschiedlichen Echtzeitanforderungen an die Funktionen des Motorsteuergeräts.

Bei den Funktionen, die kurbelwellensynchron und damit mit variabler Abtastrate ausgeführt werden müssen, treten die geringsten Abtastraten bei hohen Motordrehzahlen auf. Die geringsten Abtastraten für die Berechnung der Einspritzung und Zündung liegen abhängig von der Zylinderanzahl und der maximalen Motordrehzahl im Bereich von ca. ein bis zwei Millisekunden.

Sehr geringe Abtastraten werden auch an Funktionen zur Lageregelung der Ein- und Auslassventile oder für die brennraumdruckgeführte Motorsteuerung gestellt. Hier treten Abtastraten im Bereich von ca. 50 Mikrosekunden bei der Ventillageregelung und von ca. 5 Mikrosekunden bei der Brennraumdruckerfassung auf.

Andere Subsysteme weisen dagegen eine deutlich geringere Dynamik auf und die entsprechenden Funktionen, wie etwa zur Steuerung der Motorkühlung, kommen mit wesentlich größeren Abtastraten aus.

Kennzeichnend für das Echtzeitsystem von Motorsteuerungen ist daher eine hohe Anzahl von Tasks, für die verschiedene, teilweise harte Echtzeitanforderungen mit konstanten und variablen Aktivierungsraten vorgegeben sind.

2.4.2.3 Festlegung von Prozessen

Eine Menge von verschiedenen Aufgabeneinheiten mit identischen Echtzeitanforderungen kann entweder als eine Menge von Tasks behandelt oder zu einer einzigen Task zusammengefasst werden. In diesem Zusammenhang wird in diesem Buch der Begriff Prozess verwendet. Eine Folge von Prozessen mit identischen Echtzeitanforderungen kann zu einer Task zusammengefasst werden (Bild 2-19). Die Echtzeitanforderungen werden dabei nicht für die Prozesse vorgegeben, sondern für die Task. Die **Prozesse** einer Task werden in der statisch festgelegten Reihenfolge nacheinander ausgeführt.

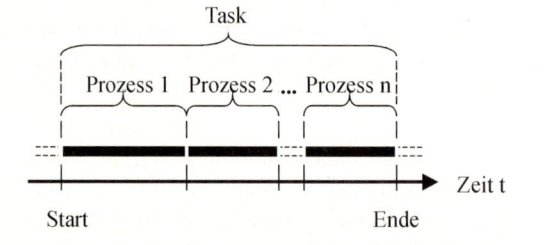

Bild 2-19:
Festlegung von Prozessen und Tasks

2.4.3 Zustände von Tasks

2.4.3.1 Basis-Zustandsmodell für Tasks nach OSEK-OS

Wie aus Bild 2-18 ersichtlich, ist zur Einhaltung einer Echtzeitanforderung einer Task nicht zwingend erforderlich, dass der Aktivierungszeitpunkt mit dem Beginn der eigentlichen Ausführung, dem Startzeitpunkt, zusammenfällt. In der Zeitspanne nach der Aktivierung und vor

2.4 Echtzeitsysteme

der Ausführung befindet sich die Task in einem besonderen Zwischenzustand, der etwa dann eingenommen werden kann, wenn der Prozessor gerade mit der Ausführung einer anderen Task beschäftigt ist. Dieser Zustand wird – wie in OSEK – in diesem Buch mit „ready" bezeichnet. Dagegen wird der Zustand der Task vor der Aktivierung und nach der Ausführung „suspended" genannt. Diese Zustände und die Übergänge zwischen ihnen können anschaulich in einem Zustandsautomaten dargestellt werden. Bild 2-20 zeigt das so genannte Basis-Zustandsmodell für Tasks nach OSEK-OS. Die Abkürzung OS steht für **O**perating **S**ystem.

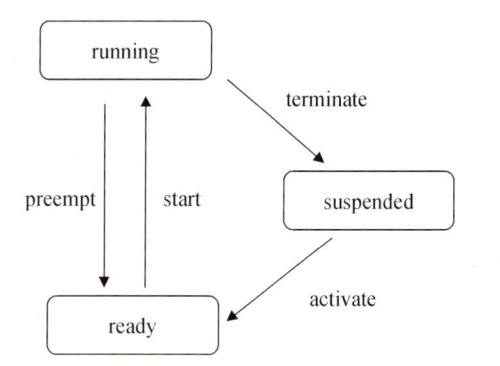

Bild 2-20:
Basis-Zustandsmodell für Tasks nach OSEK-OS V2.2.1 (engl. Basic Task State Model)

Die Übergänge werden mit „activate", „start", „preempt" und „terminate" bezeichnet. Auf Bild 2-18 übertragen, findet der Zustandsübergang „activate" zum Aktivierungszeitpunkt statt, der Übergang „start" zum Startzeitpunkt und der Übergang „terminate" zum Endzeitpunkt der Ausführung. Der Zustandsübergang „preempt" ist für Situationen vorgesehen, bei denen mehrere Tasks um den Prozessor konkurrieren. Abhängig von der gewählten Strategie zur Zuteilung des Prozessors kann es dabei vorkommen, dass eine Task im Zustand „running" von einer anderen, konkurrierenden Task vor Beenden der Ausführung verdrängt wird. In diesem Fall führt die verdrängte Task den Zustandsübergang „preempt" durch. Verschiedene Zuteilungsstrategien werden in Abschnitt 2.4.4 ausführlicher behandelt.

2.4.3.2 Erweitertes Zustandsmodell für Tasks nach OSEK-OS

Neben diesem Basis-Zustandsmodell ist in OSEK-OS ein erweitertes Zustandsmodell für Tasks definiert. Es ist in Bild 2-21 dargestellt und legt einen weiteren Zustand „waiting" für Tasks fest.

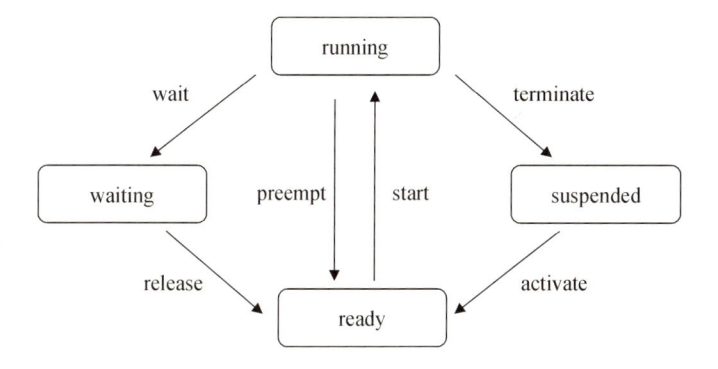

Bild 2-21:
Erweitertes Zustandsmodell für Tasks nach OSEK-OS V2.2.1 (engl. Extended Task State Model)

Dieser Zustand „waiting" kann von einer Task eingenommen werden, wenn an bestimmten Stellen die Task ihre Ausführung unterbrechen und auf das Eintreten eines Ereignisses warten muss, bevor die Ausführung fortgesetzt werden kann. Der Übergang in diesen Wartezustand wird dabei von der Task selbst angestoßen. Während dieses Wartezustandes kann der Prozessor einer anderen Task zugeteilt werden. Die zusätzlich notwendigen Zustandsübergänge werden mit „wait" und „release" bezeichnet.

2.4.3.3 Zustandsmodell für Tasks nach OSEK-TIME

Für so genannte zeitgesteuerte Zuteilungsstrategien wurde das Task-Zustandsmodell nach OSEK-TIME definiert, wie in Bild 2-22 dargestellt. Die Abkürzung TIME steht für **Time-Triggered Operating System**. Auf zeitgesteuerte Zuteilungsstrategien wird in Kapitel 2.4.4.6 ausführlicher eingegangen. Dieses Zustandsmodell unterscheidet die drei Zustände „suspended", „running" und „preempted". Der direkte Übergang vom Zustand „suspended" nach „running" wird mit „activate" bezeichnet. Da der Zustand „ready" entfällt, bedeutet das, dass Aktivierungs- und Startzeitpunkt der Ausführung für eine Task immer zusammenfallen.

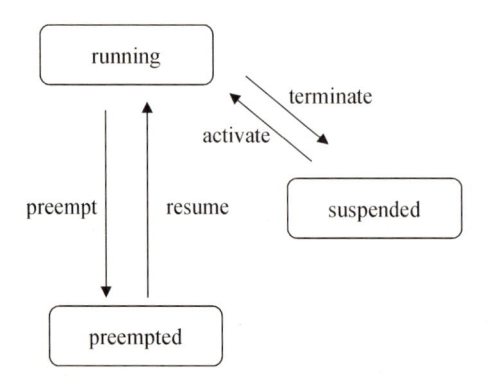

Bild 2-22:
Zeitgesteuertes Zustandsmodell für Tasks nach OSEK-TIME V1.0 (engl. Time-triggered Task State Model)

Wie bei den Task-Zustandsmodellen nach OSEK-OS können Tasks im Zustand „running" von anderen Tasks unterbrochen werden. In diesem Fall führt die unterbrochene Task den Zustandsübergang „preempt" durch.

2.4.4 Strategien für die Zuteilung des Prozessors

In diesem Abschnitt sollen verschiedene **Strategien zur Zuteilung (engl. Scheduling)** des Prozessors dargestellt werden. Eine solche Strategie muss in erster Linie eine Auswahl treffen in Situationen, bei denen mehrere Tasks um die Zuteilung eines Prozessor konkurrieren. Ausgehend vom erweiterten Task-Zustandsmodell nach OSEK-OS ist eine derartige Situation in Bild 2-23 dargestellt. Hier konkurrieren fünf Tasks im Zustand „ready" um den Prozessor.

Allgemein kann zu jedem Zeitpunkt die Situation dadurch dargestellt werden, dass sich in jedem Zustand eine gewisse Anzahl von Tasks befinden. Man kann unterscheiden zwischen der Menge der nicht aktiven Tasks im Zustand „suspended", der Menge der bereiten Tasks im Zustand „ready", der Menge der wartenden Tasks im Zustand „waiting" und der Menge der ausgeführten Tasks im Zustand „running". Die letztgenannte Menge umfasst bei einem einzigen Prozessor natürlich nur ein Element [43].

2.4 Echtzeitsysteme

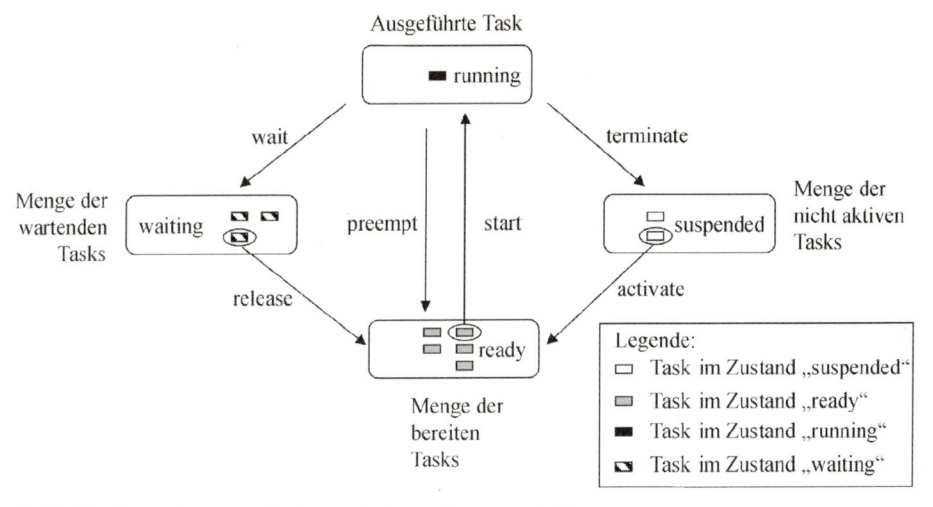

Bild 2-23: Verwaltung von Tasks durch Zustandsmengen [43]

Echtzeitbetriebssysteme nach OSEK unterstützen neben den vorgestellten verschiedenen Zustandsmodellen auch verschiedene Strategien zur Zuteilung des Prozessors. Die für die Realisierung der Zuteilungsstrategie notwendige Komponente des Betriebssystems wird als **Scheduler** bezeichnet. Die für den Start der Ausführung notwendige Komponente des Betriebssystems wird als **Dispatcher** bezeichnet. Der Aufbau von Echtzeitbetriebssystemen wird in Kapitel 2.4.5 dargestellt.

2.4.4.1 Zuteilung nach der Reihenfolge

Eine mögliche Strategie zur Zuteilung des Prozessors an die Menge der bereiten Tasks ist die Zuteilung in der Reihenfolge der Aktivierungen. Die Menge der bereiten Tasks wird dazu in einer Warteschlange verwaltet, die nach dem First-In-First-Out-Prinzip, kurz FIFO-Prinzip, organisiert ist.

Das bedeutet, dass später aktivierte Tasks warten müssen, bis die Ausführung früher aktivierter Tasks abgeschlossen ist, was unter Umständen auch eine längere Zeitspanne in Anspruch nehmen kann.

2.4.4.2 Zuteilung nach einer Priorität

Eine sich nicht an der Aktivierungsreihenfolge orientierende Strategie lässt sich etwa dadurch realisieren, dass Zuteilungsregeln auf eine Skala von Prioritäten abgebildet und die Menge der bereiten Tasks nach diesen Prioritäten sortiert wird.

2.4.4.3 Zuteilung nach einer kombinierten Reihenfolge-Prioritäts-Strategie

In OSEK kann jeder Task eine solche Priorität zugeordnet werden. Dabei entspricht eine höhere Zahl einer höheren Priorität. Tasks mit gleicher Priorität werden nach dem FIFO-Prinzip verwaltet. Die Menge der bereiten Tasks wird insgesamt nach der in Bild 2-24 dargestellten kombinierten Strategie verwaltet. Dabei kommt immer die „älteste" Task mit der höchsten Priorität „oben links" als nächstes zur Ausführung.

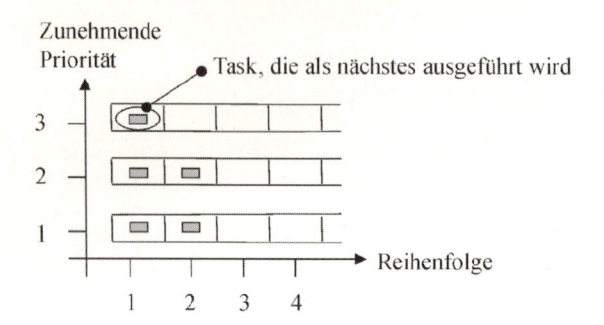

Bild 2-24: Verwaltung der Menge der bereiten Tasks nach OSEK-OS

Im Zuteilungsdiagramm werden die Tasks deshalb auf der Abszisse häufig nach aufsteigender Priorität aufgetragen, wie in Bild 2-25 dargestellt.

Ein weiteres Unterscheidungskriterium prioritätsgesteuerter Zuteilungsstrategien ist, ob die Zuteilung einer höherprioren Task mit oder ohne Verdrängung (engl. Preemption) der Task erfolgt, die gerade ausgeführt wird, also im Zustand „running" ist. Man unterscheidet aus diesem Grund zwischen **präemptiver und nichtpräemptiver Zuteilung**.

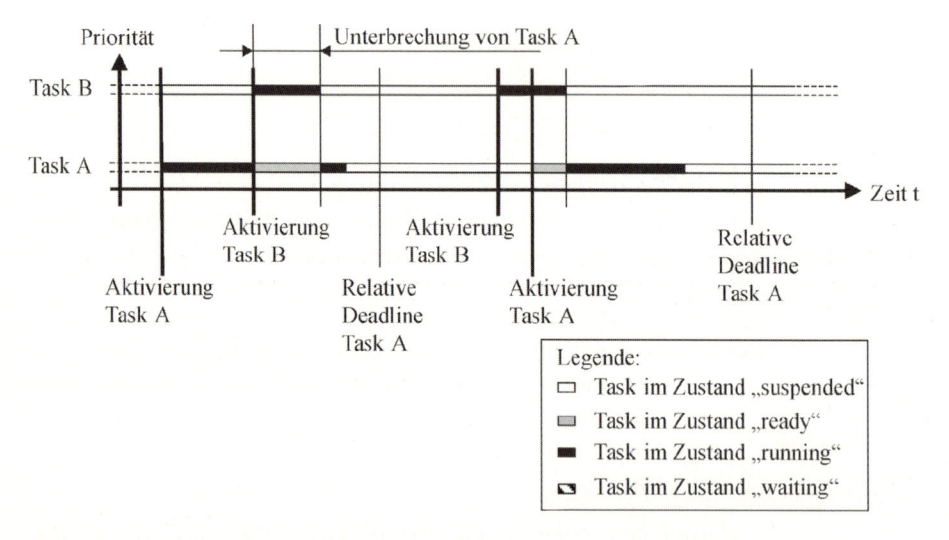

Bild 2-25: Präemptive Prozessorzuteilung nach OSEK-OS bei zwei Tasks

2.4.4.4 Präemptive Zuteilung

Bei einer präemptiven Zuteilungsstrategie kann eine höherpriore Task die Ausführung einer Task mit niedrigerer Priorität unterbrechen. Kann diese Unterbrechung einer Task an jeder Stelle der Ausführung erfolgen, wird dies auch als vollpräemptive Zuteilung bezeichnet. Ein solches Szenario ist in Bild 2-25 dargestellt. Die Ausführung der Task A wird durch die höherpriore Task B unterbrochen, sobald diese den Zustand „ready" einnimmt. Erst nach Abschluss der Ausführung der Task B wird die Bearbeitung der Task A fortgesetzt.

2.4.4.5 *Nichtpräemptive Zuteilung*

Bei einer nichtpräemptiven Zuteilungsstrategie kann der Wechsel von einer niederprioren zu einer höherprioren Task nur zu bestimmten Zeitpunkten erfolgen. Dies könnte beispielsweise nach dem Abschluss des aktuell ausgeführten Prozesses der niederprioren Task oder erst nach Abschluss der Ausführung aller Prozesse der niederprioren Task der Fall sein. Dies führt dazu, dass ein nicht unterbrechbarer Prozess oder eine nicht unterbrechbare Task mit niedriger Priorität die Ausführung einer Task mit höherer Priorität verzögern kann. Ein solches Szenario mit den beiden Tasks A und B ist in Bild 2-26 dargestellt.

Wie die Echtzeitanforderung und der Zustand ist die Priorität also ein Kennzeichen, ein so genanntes Attribut, für jede Task.

Die Unterscheidung zwischen präemptiver und nichtpräemptiver Zuteilung ist dagegen kein Attribut der Task, sondern ein Attribut der Zuteilungsstrategie. Diese gilt für die ganze Menge der bereiten Tasks, die zugeteilt werden sollen.

Beispielsweise könnte die Menge der bereiten Tasks auch aufgeteilt werden in eine erste Teilmenge, die präemptiv und eine zweite komplementäre Teilmenge, die nichtpräemptiv zugeteilt wird. Für den Fall, dass beide Teilmengen um denselben Prozessor konkurrieren, muss wieder eine entsprechende Festlegung der Zuteilungsstrategie auf der Ebene der Teilmengen erfolgen – etwa in Form einer Priorität für jede Teilmenge.

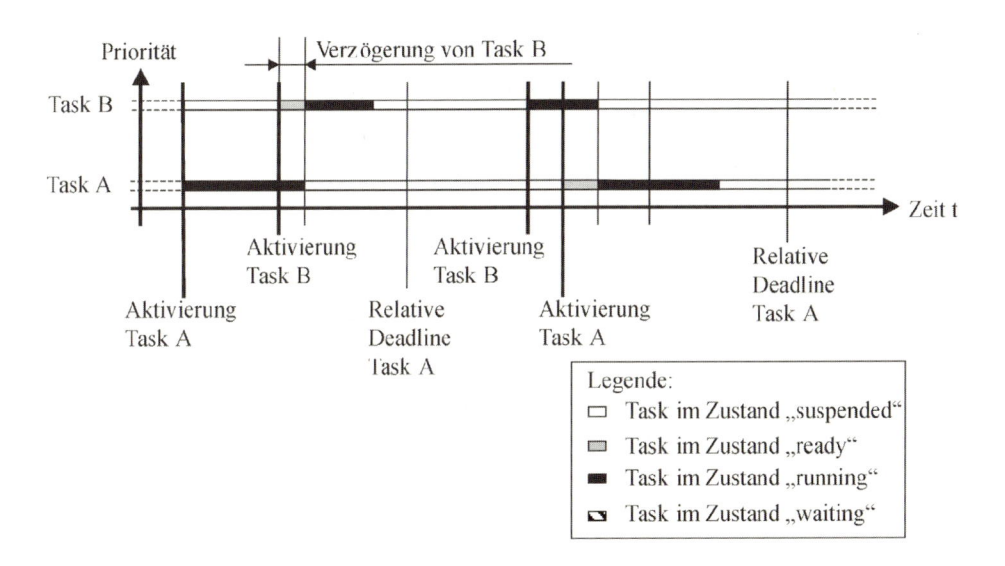

Bild 2-26: Nichtpräemptive Prozessorzuteilung nach OSEK-OS bei zwei Tasks

2.4.4.6 Ereignis- und zeitgesteuerte Zuteilungsstrategien

Bei einer dynamischen Zuteilungsstrategie werden Zuteilungsentscheidungen erst während der Ausführung des Programms, zur so genannten **Laufzeit oder online**, getroffen. Das bedeutet, es kann während der Ausführung flexibel auf Ereignisse reagiert werden, was zu einer Neuplanung der Abarbeitungsreihenfolge der bereiten Tasks führen kann. Häufig wird, falls dies der Fall ist, daher auch von einer **ereignisgesteuerten Strategie** gesprochen. Der zeitliche Aufwand zur Berechnung der Zuteilungsentscheidungen, also die Ausführungszeit des Schedulers selbst, kann das Echtzeitverhalten des Gesamtsystems beeinflussen. Dieser Effekt trägt zu einer Erhöhung der Ausführungszeit, die das Echtzeitbetriebssystem selbst benötigt, des so genannten **Laufzeit-Overheads**, bei. Das Laufzeitverhalten eines ereignisgesteuerten Systems ist wegen der möglichen Reaktion auf Ereignisse deshalb vorab nicht genau vorhersagbar.

Dagegen werden bei einer statischen Zuteilungsstrategie alle Zuteilungsentscheidungen **vor der Ausführung des Programms oder offline** getroffen. Dies führt natürlich zu Einschränkungen bei der Reaktion auf Ereignisse, da alle Ereignisse vorab bekannt sein müssen. Aus diesem Grund kann nur auf vorher festgelegte und daher in der Regel zeitabhängige Ereignisse reagiert werden, weshalb auch von einer **zeitgesteuerten Strategie** gesprochen wird. Der zeitliche Aufwand zur Durchführung der Zuteilungsentscheidungen belastet das Echtzeitverhalten des Gesamtsystems fast nicht, da – wenn überhaupt – nur ein sehr einfacher Scheduler notwendig ist. Der Laufzeit-Overhead des Echtzeitbetriebssystems ist entsprechend geringer.

Das Zuteilungsdiagramm kann vor der eigentlichen Ausführung berechnet und in Form einer **statischen Zuteilungstabelle (engl. Dispatcher Table)** abgelegt werden. Dadurch wird für jede Task ein fester Zeitpunkt für die Aktivierung festgelegt. Diese statische Zuteilungstabelle wird vom Dispatcher ausgewertet, der dann zu den vorgegebenen Zeitpunkten die Ausführung der Tasks startet.

Ein Beispiel für eine statische Zuteilungstabelle zeigt Bild 2-27. Das dazugehörende Zuteilungsdiagramm zeigt Bild 2-28. In der hier dargestellten Situation ist für jede Task ein festes Zeitfenster für die Ausführung definiert. Nach einem Durchlauf der Tabelle, einer so genannten **Dispatcher-Runde**, wiederholt sich die Aktivierung der Task-Folge beginnend mit dem ersten Tabelleneintrag, in diesem Beispiel nach einer Dispatcher-Rundenzeit von 40 Zeiteinheiten.

Zeit	Aktion
0	Start Task A
8	Start Task B
11	Start Task C
20	Start Task A
31	Start Task D
35	Start Task E

Dispatcher-Runde

Bild 2-27:
Statische Zuteilungstabelle

Das Laufzeitverhalten eines solchen Systems ist vorab genau vorhersagbar, wenn das für jede Task vorgesehene Zeitfenster für die Ausführung der Task ausreicht. Da die für eine Task notwendige Ausführungszeit je nach durchlaufenem Programmpfad variieren kann, ist eine Abschätzung der maximalen Ausführungszeit, eine Worst-Case-Abschätzung für die Ausfüh-

2.4 Echtzeitsysteme

rungszeit notwendig. Diese so genannte **Worst-Case-Execution-Time (WCET)** einer Task wird damit eine Größe, die für die Festlegung der unteren Schranke für die Zeitfenster und damit für die Zeitsteuerung bestimmend ist. Methoden zur Bestimmung der WCET werden in Kapitel 5.2 dargestellt.

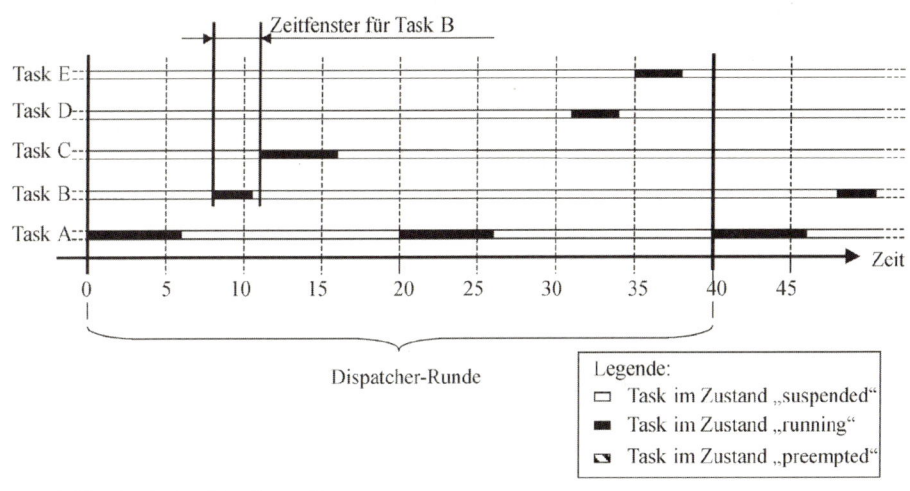

Bild 2-28: Statisches Zuteilungsdiagramm

2.4.5 Aufbau von Echtzeitbetriebssystemen

Insgesamt können bei Echtzeitbetriebssystemen drei wesentliche Komponenten unterschieden werden. Die in Bild 2-29 dargestellten Komponenten orientieren sich an einem Echtzeitbetriebssystem nach OSEK-OS.

- Eine Komponente übernimmt die Aktivierung der Tasks und verwaltet die Menge der bereiten Tasks. Die Aktivierung einer Task kann abhängig von der Zeit – durch eine Echtzeituhr – oder abhängig von einem Ereignis – beispielsweise durch einen Interrupt – erfolgen. Diese Komponente benötigt dazu Informationen über die Aktivierungszeitpunkte oder Aktivierungsereignisse für alle Tasks.
- Der **Scheduler** wertet die Menge der bereiten Tasks aus und priorisiert die Ausführung entsprechend der Zuteilungsstrategie.
- Der **Dispatcher** verwaltet die notwendigen Ressourcen aller Tasks und startet beispielsweise bei verfügbaren Ressourcen die Ausführung der Task mit der höchsten Priorität.

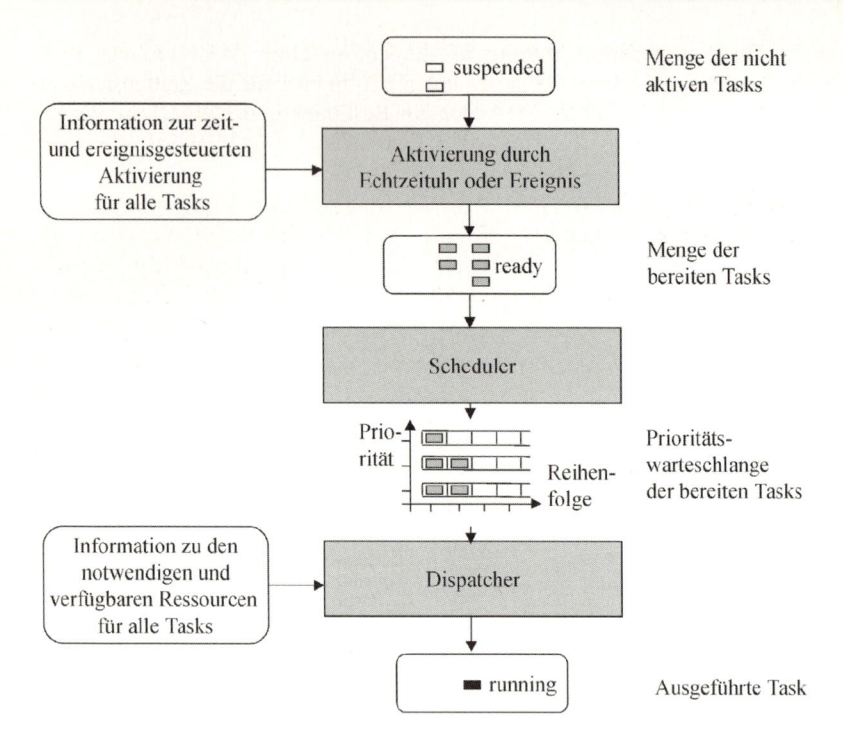

Bild 2-29: Vereinfachter Aufbau von Echtzeitbetriebssystemen

2.4.6 Interaktion zwischen Tasks

Tasks wurden als möglicherweise oder tatsächlich parallel zu bearbeitende Aufgabeneinheiten eingeführt, für die jeweils eine eigene Echtzeitanforderung vorgegeben wird. Trotzdem arbeiten verschiedene Tasks gemeinsam an einer übergeordneten Aufgabe. So bilden z. B. die in Bild 2-16 dargestellten drei Tasks eine Grundfunktion der Motorsteuerung.

Daraus ergibt sich die Notwendigkeit der Interaktion zwischen Tasks, also des Austauschs von Informationen über Task-Grenzen hinweg [43]. Verschiedene mögliche Mechanismen zur Interaktion zwischen Tasks werden in den folgenden Abschnitten behandelt: Synchronisation über Ereignisse, Kooperation über globale Variablen und Kommunikation über Messages.

2.4.6.1 Synchronisation

Bild 2-30 zeigt die Ablaufsequenzen zweier Tasks, die über Ereignisse miteinander interagieren. Diese Art der grafischen Darstellung wird auch als Message-Sequence-Chart [44] bezeichnet und in den folgenden Kapiteln zur Beschreibung der Interaktion zwischen Tasks verwendet. Die Zeitachse wird dabei von oben nach unten eingezeichnet.

Das Empfangen des Ereignisses X in Task B führt beispielsweise zu einem Zustandsübergang von B1 nach B2 in Task B. Auch die Rückmeldung über das Ereignis Y an Task A führt dort zu einem entsprechenden Zustandsübergang. Über Ereignisse kann auf diese Art die Synchro-

2.4 Echtzeitsysteme

nisation quasi paralleler, so genannter **quasi nebenläufiger Tasks** erfolgen, wodurch eine logische Ablaufsequenz gewährleistet wird. So wird Abschnitt B2, oder genauer Zustand B2 in Task B erst nach Empfangen des Ereignisses X und damit also nach Zustand A1 betreten. Zustand A3 in Task A wird erst nach Empfangen des Ereignisses Y und somit nach Zustand B2 betreten.

Da die Tasks quasi parallel ausgeführt werden, können sich beispielsweise beim Zugriff verschiedener Tasks auf gemeinsam benutzte Ressourcen Konflikte ergeben. Einige typische Konflikte werden im Folgenden anhand von Beispielen dargestellt. Mechanismen für die Interaktion zwischen Tasks müssen Konflikte dieser Art berücksichtigen und durch Synchronisation auflösen.

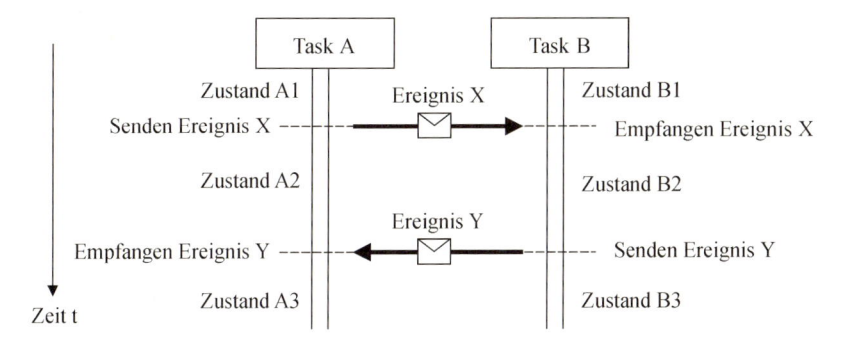

Bild 2-30: Message-Sequence-Chart zur Beschreibung der Synchronisation zwischen den nebenläufigen Tasks A und B

Die Menge aller Zustände und die Menge aller Ereignisse, die zu Zustandsübergängen in einem verteilten System führen, können durch Zustandsautomaten dargestellt werden (Bild 2-31).

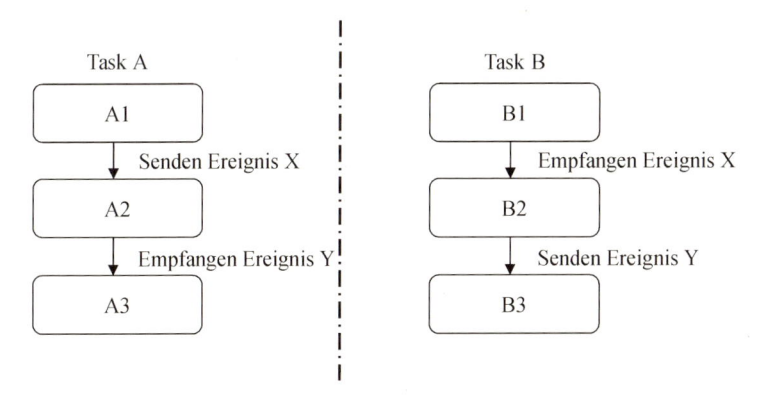

Bild 2-31: Zustandsautomat für Task A und Task B

Interaktionen dieser Art zwischen Tasks, bei denen nur ein Ereignis interessiert und keine inhaltlichen Informationen, oder genauer Daten, übertragen werden, werden als Synchronisation bezeichnet. Echtzeitbetriebssysteme unterstützen meist eine Reihe verschiedener Mechanismen zur Inter-Task-Synchronisation.

2.4.6.2 Kooperation

Sollen dagegen mit einer Interaktion auch Daten übertragen werden, sind weitere Mechanismen notwendig. Die einfachste Möglichkeit ist die Interaktion verschiedener Tasks über gemeinsame, so genannte globale Datenbereiche [43]. Dies wird auch als Kooperation bezeichnet. In Bild 2-32 ist als Beispiel dafür eine globale Variable X dargestellt, die zur Kooperation zwischen Task A und Task B verwendet wird. Task A schreibt einen Wert x auf die Variable X, der von Task B gelesen wird.

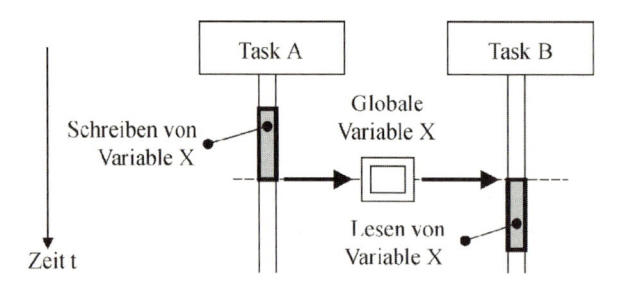

Bild 2-32: Kooperation über globale Variablen

Bei dieser Art der Verwendung von globalen Variablen kann jedoch in bestimmten Situationen in Echtzeitsystemen Dateninkonsistenz auftreten. Eine solche kritische Situation ist in Bild 2-33 dargestellt. Während Task A auf die globale Variable X schreibt, wird sie von Task B unterbrochen. Der Schreibvorgang ist noch nicht abgeschlossen und Variable X enthält ein ungültiges oder inkonsistentes Datum, das in diesem Moment von Task B gelesen wird und dort bei der Weiterverarbeitung unvorhersehbare Folgen haben kann.

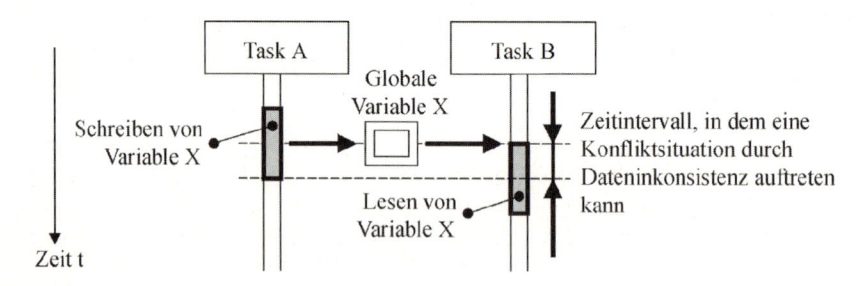

Bild 2-33: Inkonsistente Daten bei globalen Variablen

An einen Mechanismus zur Kooperation wird man daher die Anforderung stellen, dass die Datenkonsistenz gewährleistet wird. Man wird – genauer ausgedrückt – fordern, dass für die Zeitspanne zwischen Start und Ende einer Task T_i garantiert wird, dass alle Daten, auf die von

2.4 Echtzeitsysteme

der Task T_i zugegriffen wird, ihren Wert nur ändern, falls und nur falls der Wert von der Task T_i geändert wird!

Diese Anforderung kann durch zweierlei Maßnahmen erfüllt werden:

- Die erste Maßnahme garantiert die Datenkonsistenz bei einem Schreibzugriff. Während eines Schreibzugriffs auf eine globale Variable werden alle Interrupts gesperrt (Bild 2-34). Dies ist für so genannte atomare Operationen – also Operationen, die vom Prozessor zusammenhängend verarbeitet werden – nicht notwendig. Beispielsweise sind bei einem Prozessor mit einer Wortlänge von 16 Bit Schreiboperationen auf 8-Bit- und 16-Bit-Variablen atomar, während Schreiboperationen auf 32-Bit-Variablen nicht atomar sind. Entsprechend muss bei einem 16-Bit-Prozessor nur während des Schreibens auf Variablen mit einer Stellenanzahl von größer als 16, also beispielsweise bei 32-Bit-Variablen, die Interrupt-Sperre aktiviert werden.

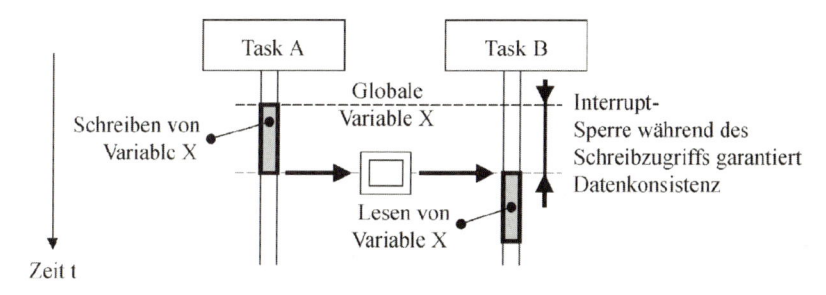

Bild 2-34: Konsistente Daten durch Interrupt-Sperre während des Schreibzugriffs

- Die zweite Maßnahme betrifft die Datenkonsistenz beim Lesezugriff. Wird eine globale Variable während der Abarbeitung einer Task wiederholt gelesen, kann dies zu inkonsistenten Werten der Variable während der Ausführung der Task führen. Ein Beispiel ist in Bild 2-35 dargestellt. Task A schreibt zunächst den Wert x_1 auf Variable X. Dieser Wert x_1 wird von Task B gelesen und verarbeitet. Task B wird im weiteren Verlauf von Task A unterbrochen und Task A schreibt erneut einen Wert auf Variable X, diesmal aber den Wert x_2. Würde Task B bei der Fortsetzung mit dem Wert x_2 rechnen, ist die Konsistenz der von Task B berechneten Ausgangsgrößen nicht gewährleistet, was wiederum nicht absehbare Folgen haben kann.

Ein Beispiel dafür ist die Weiterverarbeitung von X in Task B in einer Division $Z = Y/X$. Obwohl die Division nur bei $X \neq 0$ durchgeführt wird, kann es zu einer Division durch 0 kommen. Das ist etwa dann der Fall, wenn vor der Durchführung der Division anhand von x_1 geprüft wurde, ob $x_1 \neq 0$ ist, bei der eigentlichen Division aber $x_2 = 0$ verwendet wird, da zwischen Prüfung und Ausführung der Division Task B unterbrochen wird.

Die Datenkonsistenz beim Lesezugriff muss durch eine Synchronisation über ein festgelegtes Ereignis gewährleistet werden.

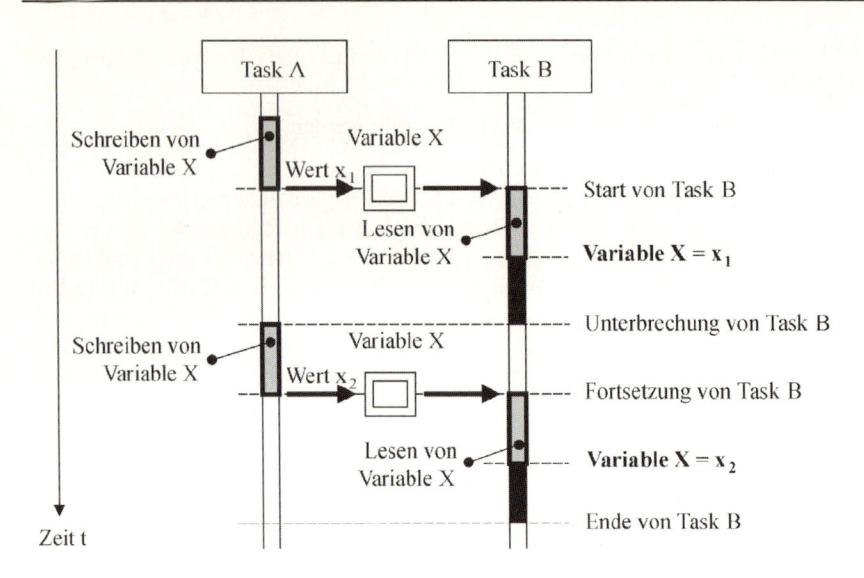

Bild 2-35: Inkonsistente Werte nach Unterbrechung von Task B durch Task A

2.4.6.3 Kommunikation

Für die Interaktion zwischen Tasks über getrennte lokale Datenbereiche ist ein Datentransport erforderlich. Ein Mechanismus zum Datentransport wird als Kommunikation [43] bezeichnet.

Durch ein solches Kommunikationsverfahren kann auch das Synchronisationsproblem in Bild 2-35 gelöst werden. So kann die Konsistenz der Werte von globalen Variablen, auf die in einer Task lesend oder schreibend zugegriffen wird, durch zusätzliche Kopiermechanismen gewährleistet werden.

Für gelesene Größen bedeutet dies, dass unabhängig vom Zeitpunkt der Verwendung dieser Eingangsgrößen in einer Task beim Start der Ausführung einer Task lokale Kopien der Eingangsgrößen angelegt werden. Der Start der Ausführung der Task wird also als Synchronisationszeitpunkt festgelegt. Mit den zum Synchronisationszeitpunkt gültigen Werten wird anschließend während der kompletten Ausführung der Task gearbeitet. Auch während diesem Kopiermechanismus müssen ggfs. die Interrupts gesperrt werden.

Für das Beispiel in Bild 2-35 bedeutet dies, dass beim Start der Ausführung von Task B eine lokale Kopie der Variable X angelegt wird, wie in Bild 2-36 dargestellt. Task B arbeitet mit dem Wert x_1 dieser Kopie vom Start bis zum Ende der Ausführung.

Ähnlich sieht der Mechanismus für mehrmaliges Schreiben einer Task auf eine Variable aus. Zunächst wird wieder mit einer internen Kopie gearbeitet, die dann erst am Ende der Ausführung der Task auf die globale Variable geschrieben wird. Auch das Ende der Ausführung wird also als Synchronisationszeitpunkt festgelegt.

Diese Mechanismen müssen natürlich für alle Ein- und Ausgangsgrößen einer Task durchgeführt werden. Es ist also zu beachten, dass die gesamte Menge der Ein- bzw. Ausgangsgrößen in sich konsistent sein muss, dass also beispielsweise nicht eine Variable X einen älteren Wert und Variable Y einen neueren Wert annehmen darf.

2.4 Echtzeitsysteme

In diesem Buch wird ein solcher Mechanismus zur Inter-Task-Kommunikation – wie in OSEK – als Message-Mechanismus bezeichnet. Anstelle des Schreibvorgangs auf eine globale Variable mit den beschriebenen Schutzmaßnahmen wird deshalb vom Senden einer Message und anstelle des Lesevorgangs einer globalen Variable mit den dargestellten Maßnahmen vom Empfangen einer Message gesprochen.

Weitere Ausprägungen des Message-Mechanismus werden in Abschnitt 2.5.5.1 dargestellt.

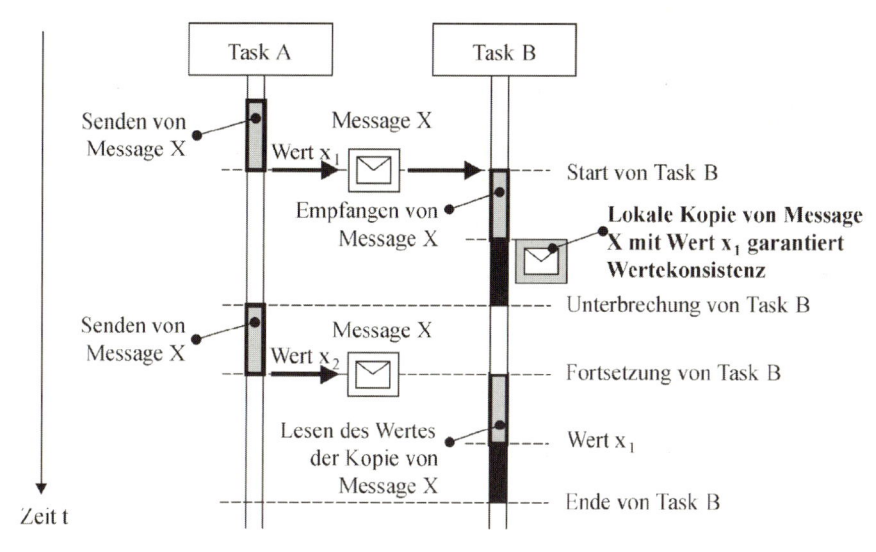

Bild 2-36: Konsistente Werte durch lokale Message-Kopien

An dieser Stelle soll darauf hingewiesen werden, dass die angesprochenen kritischen Fälle bei einer nichtpräemptiven Zuteilungsstrategie unter Umständen gar nicht auftreten können. So kann dort eine Schreiboperation auf eine globale Variable in der Regel nicht unterbrochen werden. Auch die Unterbrechung der Ausführung einer niederprioren Task durch eine höherpriore Task ist – wenn überhaupt – nur an festgelegten Stellen möglich, die so festgelegt werden können, dass sie unkritisch sind. In derartigen Fällen ist das Verhalten von globalen Variablen und Messages bei der Interaktion zwischen Tasks identisch. Dies kann beispielsweise zur Offline-Optimierung der notwendigen Speicher- und Laufzeitressourcen durch Reduzierung unnötiger Kopien ausgenützt werden. Methoden dazu werden in Kapitel 5.4 ausführlicher dargestellt.

2.4.6.4 Interaktion zwischen Tasks in der logischen Systemarchitektur

Aus den in den vorherigen Abschnitten dargestellten einfachen Beispielen wird deutlich, dass eine **logische Sicht auf die Interaktion** zwischen Tasks, die von der tatsächlichen technischen Realisierung der Interaktion durch Ereignisse, globale Variablen oder Messages abstrahiert, in vielen Fällen vorteilhaft ist. In den folgenden Abschnitten werden deshalb zur Darstellung der Interaktion zwischen Tasks, die auf dem gleichen oder auf verschiedenen Prozessoren ausgeführt werden, auf der Ebene der logischen Systemarchitektur Message-Sequence-Charts in der Form wie in Bild 2-37 verwendet. Anstelle von Mechanismen, wie Ereignissen, globalen Variablen und Messages, wird dabei zusammenfassend von Signalen gesprochen. Im Bild 2-37 sendet also Task A ein Signal X an Task B, was durch unterschiedliche Mechanismen realisiert werden kann.

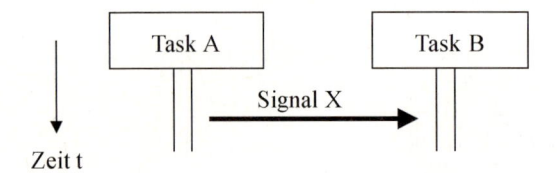

Bild 2-37: Logische Sicht auf die Interaktionsbeziehung zwischen Task A und Task B

Für weitergehende Informationen zu Echtzeit- und Echtzeitbetriebssystemen wird auf die Fachliteratur, z. B. [42, 43, 45], und auf die OSEK-Spezifikationen [17] verwiesen.

2.5 Verteilte und vernetzte Systeme

Alle bisherigen Betrachtungen beschränkten sich auf autonom arbeitende elektronische Systeme (Bild 2-38).

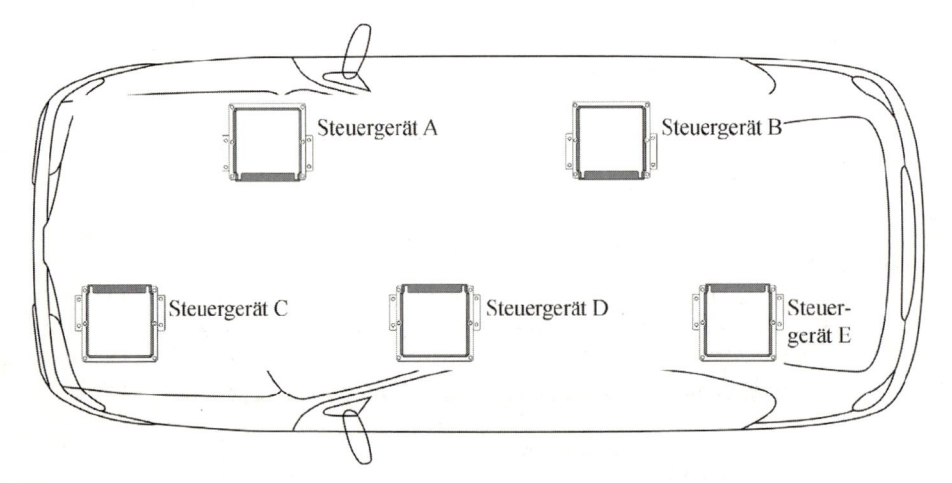

Bild 2-38: Autonom arbeitende elektronische Systeme

Steigende Erwartungen an die Funktionen der elektronischen Systeme erforderten schon frühzeitig ein neues Konzept, nämlich den Übergang von autonom arbeitenden, getrennten Einzelsystemen zu einem Gesamtsystem. Ein solches Gesamtsystem benötigt die Kenntnis über alle wichtigen Funktionen und Signale im Fahrzeug. Die Vernetzung der verschiedenen elektronischen Steuergeräte des Fahrzeugs ermöglicht dieses Gesamtsystem und die Realisierung von übergreifend wirkenden Funktionen (Bild 2-39). Ein Beispiel dafür ist die Antriebsschlupfregelung – eine übergreifende Funktion, die durch Motor- und ABS-Steuergerät realisiert wird. Anstelle von Einzeloptimierungen wird dadurch im zweiten Schritt auch eine übergeordnete Optimierung möglich.

2.5 Verteilte und vernetzte Systeme

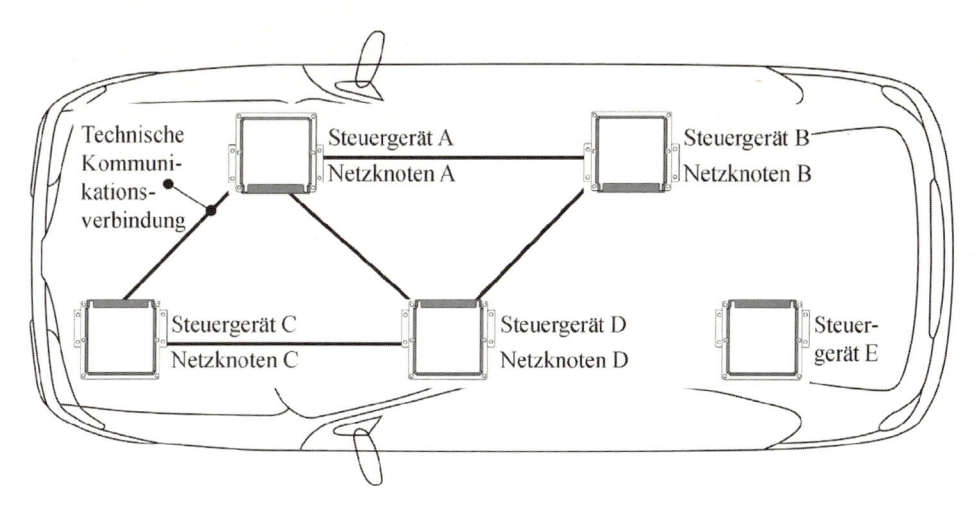

Bild 2-39: Steuergerätenetzwerk als verteiltes und vernetztes System

Der Entwurf und die Realisierung dieser so genannten verteilten und vernetzten Systeme stellen jedoch vielfältige, zusätzliche Herausforderungen dar. Neben der Realisierung verschiedener quasi nebenläufiger Tasks auf einem Prozessor steht in der Entwicklung jetzt auch das Zusammenwirken vieler gegenseitig abhängiger, örtlich verteilter und tatsächlich parallel ausgeführter, **echt nebenläufiger Tasks** im Vordergrund. Diese Tasks interagieren über ein Kommunikationsnetzwerk miteinander (Bild 2-40).

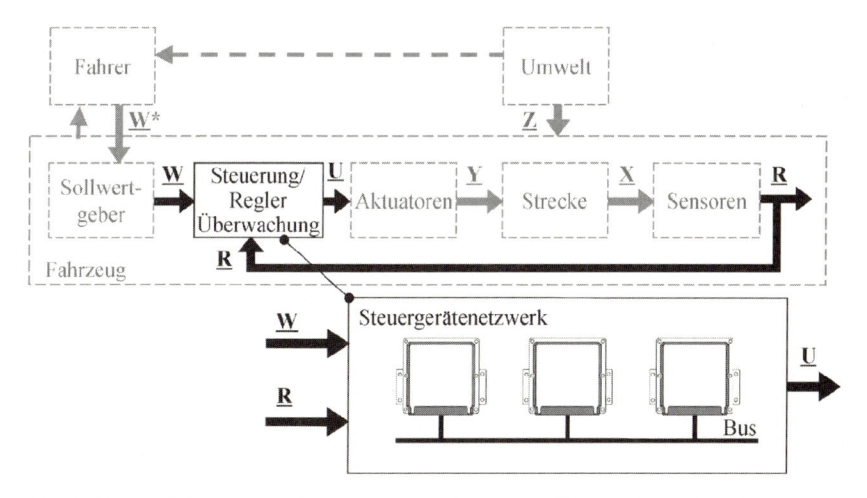

Bild 2-40: Realisierung von Steuerungs-/Regelungs- und Überwachungsfunktionen durch ein Netzwerk elektronischer Steuergeräte

Einige Merkmale, Eigenschaften und Mechanismen verteilter Systeme wurden bereits in Abschnitt 2.4 angesprochen. In diesem Abschnitt werden weitere Begriffe eingeführt, soweit sie für das Verständnis der folgenden Kapitel notwendig sind.

Die Definition für **verteilte und vernetzte Systeme** lehnt sich in diesem Buch an die Definition in [38] an:

Ein verteiltes und vernetztes System besteht aus mehreren Subsystemen, die miteinander kommunizieren, wobei sowohl die Steuerung, als auch die Hardware und die Daten zumindest teilweise dezentral organisiert sind.

Ein verteiltes und vernetztes System ist dabei oft aus mehreren Prozessoren mit jeweils eigenem Speicher aufgebaut. Die Prozessoren sind durch ein Kommunikationsnetz miteinander verbunden. Die Steuerung erfolgt in den verschiedenen lokalen Bereichen parallel und übernimmt auch die Koordination der nebenläufigen Tasks. Die zu verarbeitenden Daten sind auf die verschiedenen Speicher verteilt.

Ein Steuergerätenetzwerk, wie es in Fahrzeugen eingesetzt wird, kann also als verteiltes und vernetztes System bezeichnet werden.

Gegenüber zentralen Systemen bieten verteilte und vernetzte Systeme viele Vorteile im Kraftfahrzeug.

- Sie ermöglichen die räumliche Verteilung von Einzelsystemen, die gemeinsam eine zusammenhängende Funktion darstellen. So sind beispielsweise die Karosseriesysteme, wie etwa das Fahrzeugzugangssystem, räumlich extrem verteilt. Hier müssen Einzelsysteme in den Türen – wie Schließsystem, Fensterheber und Spiegelverstellung –, im Dachbereich – wie Schiebedachsteuerung oder Verdecksteuerung –, die Heckklappensteuerung im Heck und Systeme im Innenraum – wie die Sitz- und Lenkradverstellung – zusammenarbeiten. Gegenüber einem zentralen System kann der Verkabelungsaufwand mit verteilten und vernetzten Systemen stark reduziert werden.

- Verteilte und vernetzte Systeme bieten oft auch Vorteile bezüglich einfacher Erweiterbarkeit und Skalierbarkeit. Der Fahrzeugkunde kann sich aus einem Portfolio von Sonderausstattungen sein individuelles Fahrzeug zusammenstellen. Wenn diese optionalen Funktionen durch verteilte und vernetzte Systeme modular realisiert werden, ist die Erweiterbarkeit einfach und kostengünstig möglich und die Skalierbarkeit besonders groß. Auch Fahrzeugvarianten – wie Limousine, Cabrio, Coupé oder Kombi – oder Motor- und Getriebevarianten können durch verteilte und vernetzte Systeme realisiert werden, wodurch zudem die Wiederverwendung von Komponenten im Sinne einer Baukastenstrategie möglich ist.

- Gegenüber autonom arbeitenden Einzelsystemen wird durch verteilte und vernetzte Systeme auch häufig eine höhere Funktionalität dargestellt. Als Beispiel kann das Adaptive-Cruise-Control-System angeführt werden, ein Fahrerassistenzsystem für eine verkehrsflussangepasste Geschwindigkeitsregelung, das „übergeordnete" Funktionen zu Motorsteuerung und Bremssystem zur Verfügung stellt (Bild 1-7).

- Verteilte und vernetzte Systeme bieten auch Vorteile bezüglich der ausfalltoleranten Auslegung, was für die Zuverlässigkeit und Sicherheit von Systemen eine wichtige Rolle spielt. Zuverlässigkeit und Sicherheit von Systemen werden in Abschnitt 2.6 ausführlicher behandelt.

2.5.1 Logische und technische Systemarchitektur

Erfolgt die Kommunikation zwischen den Steuergeräten über zugeordnete technische Kommunikationsverbindungen zwischen jeweils zwei Steuergeräten, wie in Bild 2-39 dargestellt, so führt dies rasch zu einer sehr hohen Anzahl von Punkt-zu-Punkt-Verbindungen. Unter Kosten-, Zuverlässigkeits-, Gewichts- und Wartungsaspekten ist dies im Fahrzeug nicht realisierbar. Die technische Verbindungsstruktur zwischen den Teilnehmern des Netzwerks, den so genannten **Netzknoten**, muss daher deutlich einfacher realisiert werden. In der Praxis hat sich die Abbildung der individuellen Kommunikationsverbindungen auf ein gemeinsames Kommunikationsmedium, den so genannten **Bus**, bewährt (Bild 2-40).

Auch für die Entwicklung von verteilten und vernetzten Systemen ist daher die Unterscheidung zwischen der Sicht auf die logischen Kommunikationsbeziehungen und der Sicht auf die technischen Kommunikationsverbindungen sehr vorteilhaft.

In den folgenden Abschnitten wird dazu die Darstellungsweise, wie in Bild 2-41, verwendet. **Logische Kommunikationsbeziehungen** werden als Verbindungspfeile gezeichnet, während **technische Kommunikationsverbindungen** als durchgezogene Linien dargestellt werden. Um diese Unterscheidung deutlich zu machen, werden die Netzknoten in der logischen Systemarchitektur grau und in der technischen Systemarchitektur weiß gezeichnet.

Die Herausforderung beim Entwurf, bei der Inbetriebnahme und beim Test verteilter und vernetzter Systeme besteht dann in der Abbildung der logischen Kommunikationsbeziehungen zwischen den Netzknoten auf die konkreten technischen Kommunikationsverbindungen – also etwa das gemeinsame Kommunikationsmedium, den Bus.

Typische Probleme entstehen durch Situationen, in denen mehrere Netzknoten um den Sendezugriff auf den Bus konkurrieren. Es muss aus diesem Grund vom **Kommunikationssystem** gewährleistet werden, dass zu jedem Zeitpunkt nur ein Netzknoten auf dem Bus sendet. Verschiedene Strategien zur Zuteilung des Busses, zur Steuerung des so genannten Buszugriffs, werden in Kapitel 2.5.6 dargestellt.

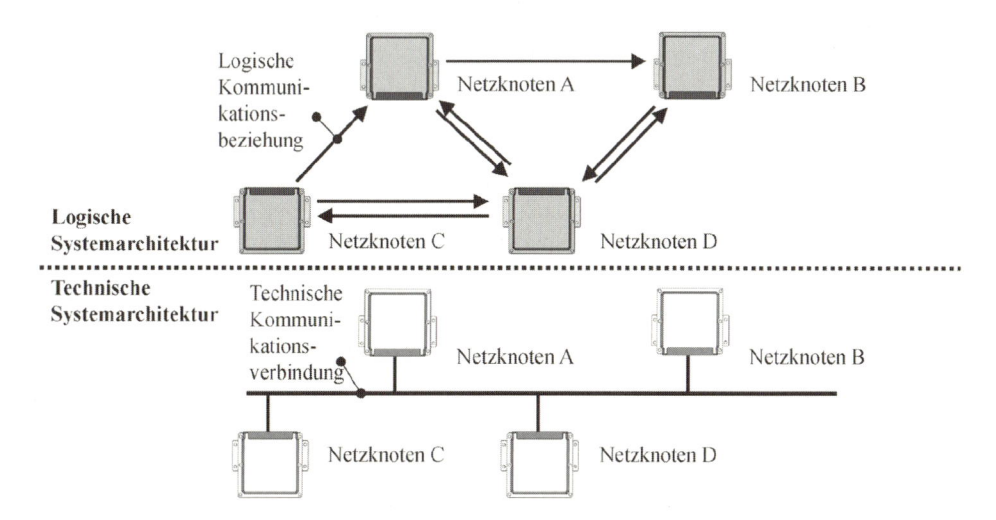

Bild 2-41: Logische und technische Systemarchitektur verteilter und vernetzter Systeme

2.5.2 Festlegung der logischen Kommunikationsbeziehungen

Wie in Bild 2-37 dargestellt, können zur logischen Beschreibung der Kommunikationsbeziehungen zwischen Tasks, die auf verschiedenen Prozessoren ausgeführt werden, Message-Sequence-Charts verwendet werden. Wichtige Modelle zur logischen Beschreibung von Kommunikationsbeziehungen sind das Client-Server-Modell und das Producer-Consumer-Modell.

2.5.2.1 Client-Server-Modell

Bild 2-42 zeigt den Ablauf eines Kommunikationsvorgangs in Form eines Client-Server-Modells anhand eines bestätigten Dienstes. Task A fordert als Dienstanforderer (engl. Client) den Dienst (engl. Service) mit einer Anforderung (engl. Request) beim Kommunikationssystem an. Dieses zeigt die Anforderung mit einer Anzeige (engl. Indication) bei Task B, dem Diensterbringer (engl. Server) an. Dieser meldet die Ausführung des Dienstes mit einer Antwort (engl. Response) an das Kommunikationssystem, welches die anfordernde Task A mit einer Bestätigung (engl. Confirmation) über den Erfolg der Ausführung des angeforderten Dienstes unterrichtet. Bei nichtbestätigten Diensten entfallen Antwort und Bestätigung.

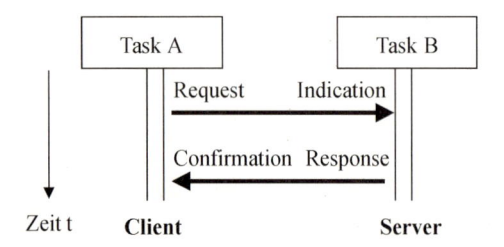

Bild 2-42: Message-Sequence-Chart für einen bestätigten Dienst im Client-Server-Modell

Das Client-Server-Modell beschreibt immer eine Punkt-zu-Punkt-Beziehung (engl. Peer-to-Peer-Relation) zwischen Client und Server, auch im Falle, dass mehrere Clients oder mehrere Server möglich sind.

Beispiel: Kommunikation zwischen Steuergerät und Diagnosetester

Das Client-Server-Modell eignet sich im Fahrzeug zur Festlegung der Off-Board-Kommunikation zwischen Diagnosetester und Steuergeräten. Der Diagnosetester setzt den Wunsch des Benutzers in eine ereignisgesteuerte Kommunikation mit einem Steuergerät um. Dazu fordert der Diagnosetester, gewissermaßen als ein temporärer Netzknoten, als Client in der Regel einen Dienst bei einem Steuergerät als Server an. In Bild 2-43 ist ein Beispiel für die logische und technische Systemarchitektur dargestellt.

2.5.2.2 Producer-Consumer-Modell

In Bild 2-44 ist der Ablauf eines Kommunikationsvorgangs in Form des Producer-Consumer-Modells dargestellt. Diese Art der logischen Darstellung ist geeignet, um Dienste zu beschreiben, bei denen eine Task als Produzent (engl. Producer) verschiedenen anderen Tasks als Verbraucher (engl. Consumer) Informationen ohne vorherige Anforderung zur Verfügung stellt.

2.5 Verteilte und vernetzte Systeme

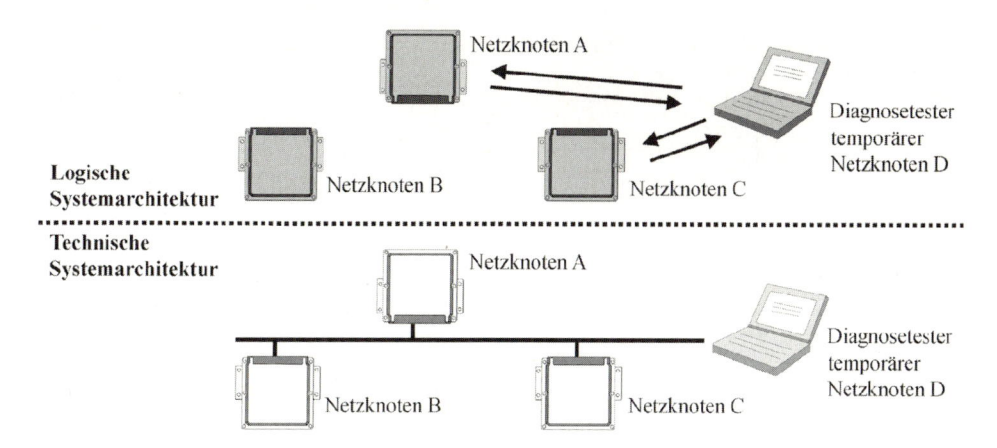

Bild 2-43: Off-Board-Kommunikation zwischen Diagnosetester und Steuergeräten

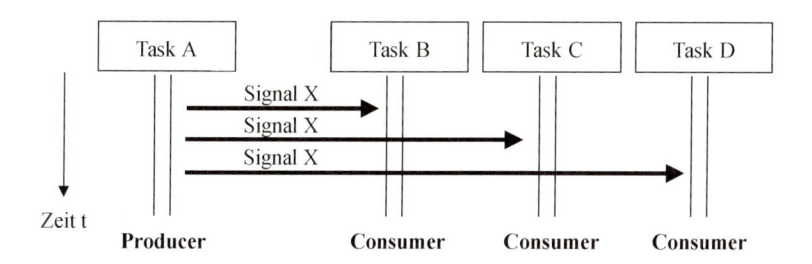

Bild 2-44: Message-Sequence-Chart für einen Dienst im Producer-Consumer-Modell

Das Producer-Consumer-Modell beschreibt eine Beziehung zwischen einem Producer und mehreren Consumern und ist damit geeignet, um Signale an eine Gruppe von Netzknoten oder an alle Netzknoten zu senden (engl. Broadcast-Relation).

Beispiel: On-Board-Kommunikation zwischen Steuergeräten

Das Producer-Consumer-Modell eignet sich zur Realisierung von Steuerungs-/Regelungs- und Überwachungsfunktionen, die auf mehrere Netzknoten verteilt sind und einen periodischen Signalaustausch benötigen. Es wird deshalb überwiegend zur Festlegung der Kommunikation zwischen verschiedenen, vernetzten Steuergeräten des Fahrzeugs, der On-Board-Kommunikation, eingesetzt. In Bild 2-45 ist ein Beispiel für die logische und technische Systemarchitektur dargestellt.

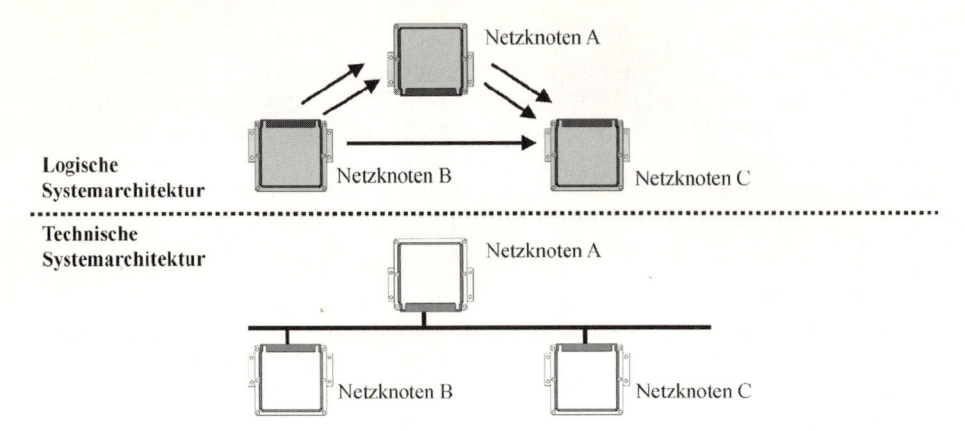

Bild 2-45: On-Board-Kommunikation zwischen Steuergeräten

2.5.3 Festlegung der technischen Netzwerktopologie

Die Struktur der technischen Kommunikationsverbindungen wird als **Netzwerktopologie** bezeichnet. Bild 2-46 zeigt die drei wichtigsten Grundformen: Stern-, Ring- und Linientopologie.

Kompliziertere Netzwerktopologien können aus diesen drei Grundformen aufgebaut werden. Die einzelnen Netzsegmente können über so genannte **Gateways** miteinander verbunden werden.

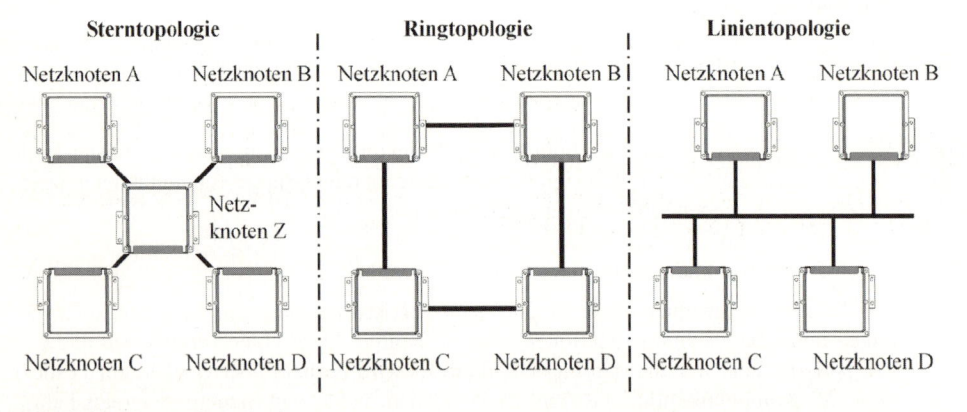

Bild 2-46: Netzwerktopologien

2.5.3.1 Sterntopologie

Bei der Sterntopologie sind die Netzknoten über Punkt-zu-Punkt-Verbindungen mit einem zentralen Netzknoten Z verbunden. Die gesamte Kommunikation wird über den zentralen Netzknoten Z abgewickelt, der daher (n-1) Schnittstellen bei n Netzknoten benötigt. Fällt der zentrale Netzknoten Z aus, so ist keine Kommunikation mehr möglich.

2.5.3.2 Ringtopologie

Eine Ringtopologie ist eine geschlossene Kette von Punkt-zu-Punkt-Verbindungen. Alle Netzknoten sind als aktive Elemente ausgelegt, die die ankommenden Informationen regenerieren und weiterleiten. Mit dieser Topologie können Netzwerke mit großer räumlicher Ausdehnung realisiert werden. Allerdings kann der Ausfall eines einzigen Netzknotens den Ausfall des gesamten Netzwerks zur Folge haben, sofern nicht entsprechende Maßnahmen – etwa zur Erkennung und Überbrückung ausgefallener Netzknoten – getroffen werden.

2.5.3.3 Linientopologie

Für die Linientopologie ist die passive Ankopplung aller Netzknoten an ein gemeinsames Medium charakteristisch. Eine von einem Netzknoten gesendete Information steht allen Netzknoten zur Verfügung. Die Linientopologie ermöglicht eine einfache Verkabelung und die einfache Ankopplung von Netzknoten. Sie kann leicht erweitert werden. Ein Ausfall eines Netzknotens führt nicht notwendigerweise zum Ausfall des gesamten Netzwerks. Es können beliebige logische Kommunikationsbeziehungen einfach realisiert werden.

Wegen dieser Vorteile ist die Linientopologie häufig im Fahrzeug anzutreffen. Der bekannteste Vertreter ist CAN [2], der bereits seit Anfang der 90er Jahre im Kraftfahrzeug eingesetzt wird.

2.5.4 Festlegung von Nachrichten

In den meisten Fällen werden serielle Kommunikationssysteme im Kraftfahrzeug eingesetzt. Signale zwischen Tasks, die auf verschiedenen Prozessoren ausgeführt werden, müssen damit seriell übertragen werden. Dabei werden die zu übertragenden Signale in einheitliche **Nachrichtenrahmen** mit meist festgelegter Länge eingebettet. Ein mit Signalen befüllter Nachrichtenrahmen heißt **Nachricht**.

Dabei kann der Fall auftreten, dass ein Signal auf mehrere Nachrichten aufgeteilt wird, aber auch der Fall, dass eine Nachricht mehrere Signale übertragen kann. Die Nachrichten werden über ein Kommunikationsmedium, beispielsweise ein elektrisches oder optisches Medium, übertragen. Zur Synchronisation zwischen Tasks, die auf verschiedenen Prozessoren ausgeführt werden, können „leere" Nachrichten ohne Signale verwendet werden.

Die mit einer Nachricht übertragbaren Informationen werden als **Nutzdaten** bezeichnet. Ein möglicher Aufbau einer Nachricht ist in Bild 2-47 dargestellt:

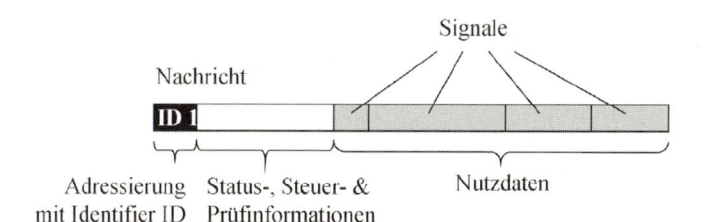

Bild 2-47: Nachricht, Nutzdaten und Signale

Der Nachrichtenrahmen enthält neben den Nutzdaten Informationen bezüglich der Nachricht selbst, wie z. B. eine Kennung (engl. Identifier) zur Adressierung, sowie Status-, Steuer- und Prüfinformationen, die beispielsweise für die Erkennung und Behandlung von Übertragungsfehlern benötigt werden.

2.5.4.1 Adressierung

Über die Adressierung werden die Sender-Empfänger-Beziehungen abgebildet. Dabei kann zwischen der **Teilnehmer- und** der **Nachrichtenadressierung** unterschieden werden.

Soll eine Nachricht beispielsweise von einem Netzknoten A zu einem Netzknoten B übertragen werden, so wird bei der Teilnehmeradressierung im Identifier der zu übertragenden Nachricht die Adresse des Netzknotens B eingetragen. Jeder Netzknoten vergleicht beim Empfang einer Nachricht, den Identifier der empfangenen Nachricht mit der eigenen Adresse und verarbeitet nur diejenigen Nachrichten, deren Identifier mit der eigenen Adresse übereinstimmen.

Wird dagegen jede Nachricht eindeutig durch eine Nachrichtenadresse gekennzeichnet, so kann eine übertragene Nachricht auf einfache Weise von mehreren Netzknoten empfangen und ausgewertet werden. Jeder Netzknoten prüft dabei im Rahmen einer Nachrichtenfilterung, ob eine übertragene Nachricht für ihn von Bedeutung ist oder nicht. Der Vorteil dieser Adressierungsmethode besteht darin, dass eine Nachricht, die von verschiedenen Netzknoten benötigt wird, nur einmal übertragen werden muss und allen empfangenden Netzknoten gleichzeitig zur Verfügung steht.

2.5.4.2 Kommunikationsmatrix

Alle Kommunikationsbeziehungen in einem Netzwerk können als Sender-Empfänger-Beziehungen tabellarisch in einer so genannten **Kommunikationsmatrix**, kurz K-Matrix, zusammengefasst werden. Die K-Matrix enthält dann alle kommunikationsrelevanten Informationen des Netzwerks.

Ein Ausschnitt einer K-Matrix ist in Bild 2-48 dargestellt. In der linken Spalte sind zunächst alle Netzknoten, also etwa alle vernetzten Steuergeräte, aufgelistet. In den folgenden Spalten werden die Nachrichten und die Nutzdaten in Form von Signalen aufgeführt, die von dem jeweiligen Netzknoten gesendet werden. In den weiteren Spalten folgen erneut die Netzknoten. Dort wird mit E für Empfänger gekennzeichnet, welcher Netzknoten welche Nachricht empfängt und auswertet. Entsprechend steht S für den Sender der Nachricht.

2.5.5 Aufbau der Kommunikation und des Netzwerkmanagements

Während also auf der technischen Netzwerkebene Nachrichten gesendet und empfangen werden müssen, interessieren auf der logischen Netzwerkebene in vielen Fällen nur die Nutzdaten, d. h. die übertragenen Signale. Für jeden Netzknoten ist deshalb eine Komponente notwendig, welche die Abbildung von Signalen auf Nachrichten und umgekehrt übernimmt. Diese Komponente des Kommunikationssystems wird auch Transportschicht genannt. Eine Übersicht über ein Modell für die Kommunikation ist in Bild 2-49 dargestellt.

In diesem Abschnitt soll auf den Aufbau der Transportschicht nach OSEK etwas genauer eingegangen werden. Diese orientiert sich am Referenzmodell für die Datenkommunikation nach ISO [51, 52], dem so genannten Open-Systems-Interconnection-Modell, kurz OSI-Modell.

In OSEK-COM – die Abkürzung COM steht für **Com**munication – wurden für die Kommunikation zwischen Netzknoten Software-Komponenten festgelegt und deren Schnittstellen standardisiert; in OSEK-NM – die Abkürzung NM steht für **N**etwork **M**anagement – entsprechend für das Netzwerkmanagement. Einen Überblick über die Software-Komponenten zeigt Bild 2-50.

2.5 Verteilte und vernetzte Systeme

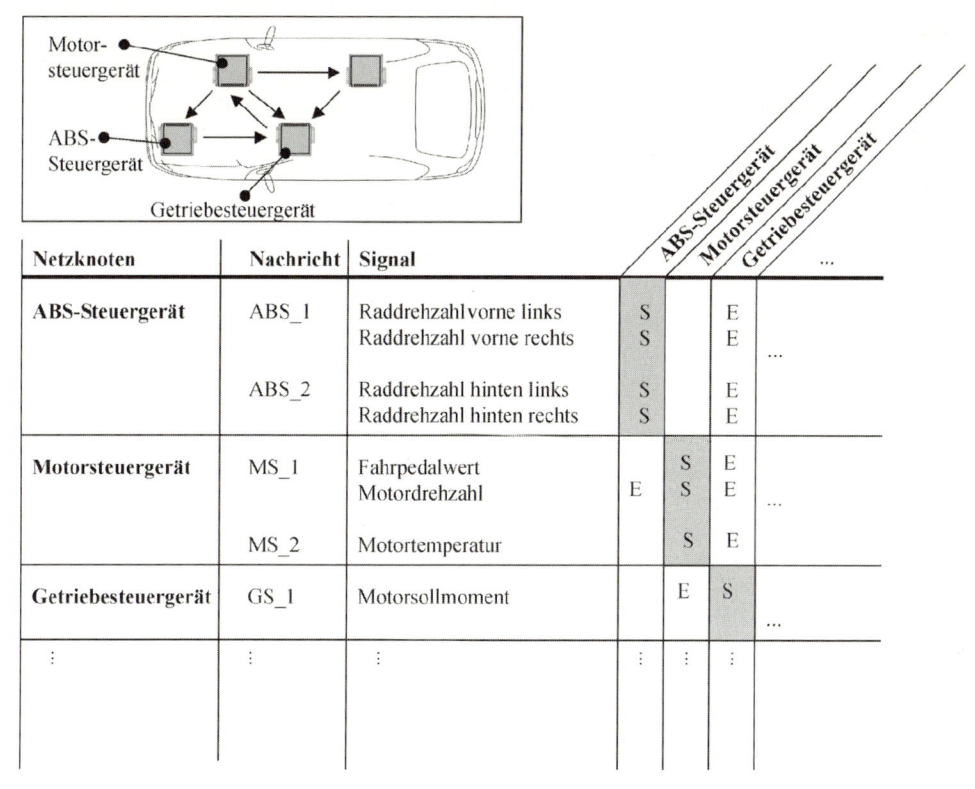

Netzknoten	Nachricht	Signal	ABS-Steuergerät	Motorsteuergerät	Getriebesteuergerät	...
ABS-Steuergerät	ABS_1	Raddrehzahl vorne links	S		E	
		Raddrehzahl vorne rechts	S		E	...
	ABS_2	Raddrehzahl hinten links	S		E	
		Raddrehzahl hinten rechts	S		E	
Motorsteuergerät	MS_1	Fahrpedalwert		S	E	
		Motordrehzahl	E	S	E	...
	MS_2	Motortemperatur		S	E	
Getriebesteuergerät	GS_1	Motorsollmoment		E	S	...
⋮	⋮	⋮	⋮	⋮	⋮	

Bild 2-48: Kommunikationsmatrix

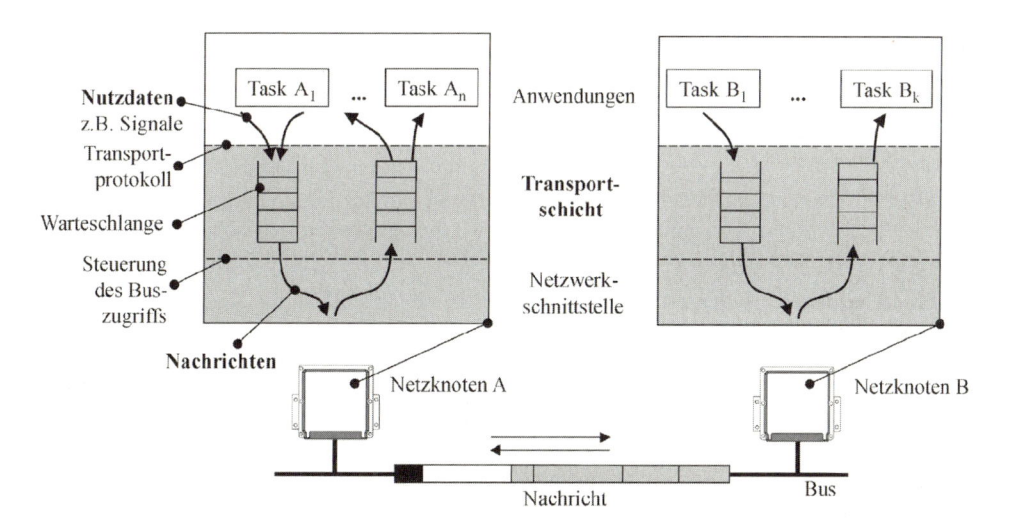

Bild 2-49: Modell für die Kommunikation

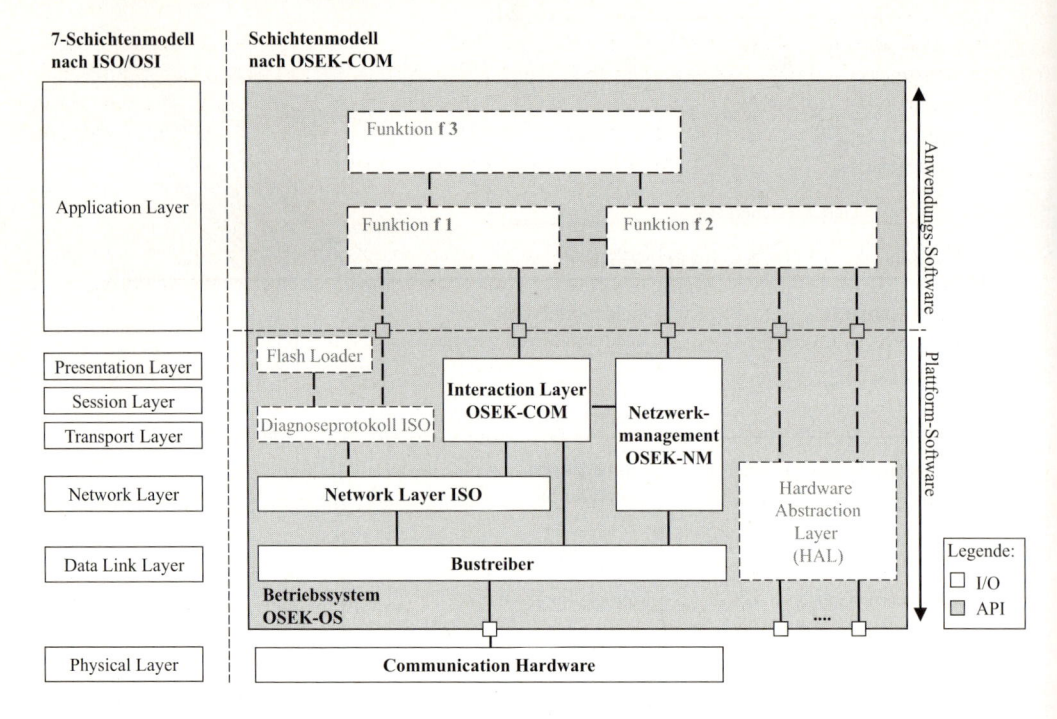

Bild 2-50: Software-Komponenten nach OSEK-COM V3.0.1 [17]

Da nahezu alle Steuergeräte eines Fahrzeugs vernetzt sind, bietet die fahrzeugweite Standardisierung dieser Schichtenarchitektur für die Kommunikation Vorteile bei der Spezifikation, Integration und Qualitätssicherung. Die OSEK-Standards decken dabei die On-Board-Kommunikation ab. Zur Off-Board-Kommunikation, wie sie beispielsweise für die Diagnose oder das Software-Update in der Werkstatt unterstützt werden muss, wurden ASAM- und ISO-Standards [18, 24, 25] entwickelt.

2.5.5.1 Kommunikation nach OSEK-COM

In OSEK-COM sind verschiedene Ausprägungen des in Kapitel 2.4.6.3 eingeführten Message-Mechanismus definiert. Für die Kommunikation zwischen Tasks wird zwischen „Queued Messages" und „Unqueued Messages" unterschieden.

- Für **„Unqueued Messages"** ist die Größe des Empfangspuffers für die Messages, der so genannten Warteschlange (engl. Message Queue, Bild 2-49), immer auf eine Message beschränkt. Eine „Unqueued Message" wird mit dem Dienst „SendMessage()" überschrieben, sobald eine neue Message eintrifft. Der Inhalt der Message kann mit dem Dienst „ReceiveMessage()" von der Anwendung gelesen werden. Die Message wird beim Lesen nicht gelöscht und kann deshalb beliebig oft gelesen werden. Insbesondere für die Kommunikation zwischen Tasks, die mit unterschiedlichen Zeitraten aktiviert und ausgeführt werden, ist diese Art der Kommunikation geeignet. Sie wird deshalb häufig auch zur Kommunikation zwischen verschiedenen Tasks, die auf einem Netzknoten ausgeführt werden, eingesetzt.

2.5 Verteilte und vernetzte Systeme

- Für **„Queued Messages"** kann eine Warteschlange oder „Message Queue" mehrere Messages aufnehmen. Diese „Message Queue" ist nach dem First-In-First-Out-Prinzip, kurz FIFO-Prinzip, organisiert. Dies bedeutet, dass die Messages in der Reihenfolge ihres Eintreffens gelesen und verarbeitet werden. Der Service „ReceiveMessage()" liest immer die „älteste" Message im Empfangspuffer. Die Message wird nach dem Lesen gelöscht und die Anwendung arbeitet mit einer Kopie der Message.

Weiterhin kann zwischen **„Event Messages" und „State Messages"** je nach Art der Message unterschieden werden. Abhängig davon, ob sich die Message auf das Auftreten eines Ereignisses oder den Wert einer Zustandsgröße beziehen, ist der Einsatz des einen oder anderen Kommunikationsverfahrens sinnvoll.

- Im Falle, dass jedes auftretende Ereignis relevant ist, kann ein Verlust einer Message zu einem Verlust der Synchronisation zwischen Sender und Empfänger führen. Messages, die diese Synchronisation gewährleisten, werden auch als „Event Messages" bezeichnet.

    Ein Anwendungsbeispiel ist die Drehzahlerfassung mit Inkrementalgebern. Der Verlust eines Ereignisses, hier einer Flanke des Drehzahlsignals, führt zu einer fehlerhaften Berechnung der Drehzahl.

- Ist dagegen der aktuelle Wert einer Zustandsgröße interessant, kann zugelassen werden, dass ein älterer Wert durch den aktuellen Wert überschrieben wird. Die in diesem Fall verwendeten Messages werden auch „State Messages" genannt.

    Ein Anwendungsbeispiel ist die Temperaturerfassung. Der Verlust eines Messwertes eines Temperatursensors kann meist zugelassen werden, da er in der Regel nicht zu einer fehlerhaften Berechnung der Temperatur führt.

2.5.5.2 Netzwerkmanagement nach OSEK-NM

Neben den in den verschiedenen Schichten des OSI-Modells beschriebenen kommunikationsrelevanten Funktionen erfordert der Betrieb eines Kommunikationssystems eine Reihe weiterer organisatorischer Funktionen. Zur Realisierung dieser Funktionen wurde das Kommunikationsmodell in allen Schichten durch das so genannte Netzwerkmanagement erweitert.

Das Netzwerkmanagement übernimmt beispielsweise die Einstellung von Betriebsparametern und die Steuerung von Betriebsarten des Mikrocontrollers eines Netzknotens. Dazu gehört etwa die Umschaltung zwischen verschiedenen Betriebszuständen eines Mikrocontrollers zur Reduzierung der Stromaufnahme oder der Betrieb von Teilnetzen durch „Aufwecken" und „Schlafenlegen" von Netzknoten. Außerdem führt das Netzwerkmanagement eine Überwachung der an der Kommunikation teilnehmenden Netzknoten durch und ist für die Erfassung und die Meldung von dabei auftretenden Fehlern zuständig, auf die dann anwendungsabhängig reagiert werden kann.

Beispiel: Teilnehmerüberwachung nach OSEK-NM

Die Teilnehmerüberwachung wird in OSEK-NM durch einen logischen Ring realisiert (Bild 2-51). Dazu wird eine spezielle Nachricht, ein so genanntes **Token**, von Netzknoten zu Netzknoten, jeweils also vom logischen Vorgänger zum logischen Nachfolger, weitergegeben. Nach einem Umlauf des Tokens um den logischen Ring, kann erkannt werden, ob alle Teilnehmer aktiv und fehlerfrei sind. Wird das Token länger als eine festgelegte Zeitspanne von einem Teilnehmer nicht mehr empfangen, wird dies vom

Netzwerkmanagement des Teilnehmers als Ausfall oder Störung erkannt. In der Anwendung des Teilnehmers kann darauf dann entsprechend reagiert werden.

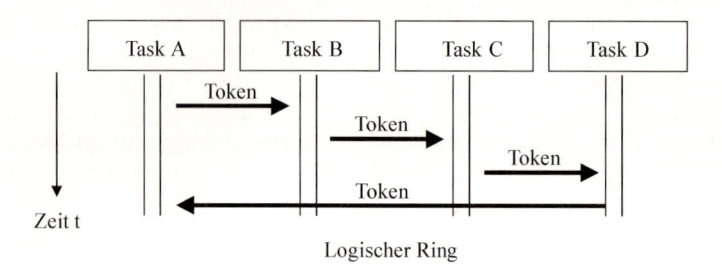

Bild 2-51: Logischer Ring zur Teilnehmerüberwachung nach OSEK-NM V2.5.2 [17]

2.5.6 Strategien für die Zuteilung des Busses

Im Falle des zeitgleichen Versuchs mehrerer Netzknoten auf dem Bus eine Nachricht zu senden, muss die Zuteilung des Busses eindeutig geregelt werden. Mögliche Auswahlstrategien für die Auflösung solcher Buszugriffskonflikte sollen in diesem Abschnitt in einer Übersicht dargestellt werden, da sie maßgeblich die Einsatzfähigkeit des Kommunikationssystems in Echtzeitsystemen bestimmen. Für eine ausführliche Darstellung wird auf die Literatur, z. B. [46], verwiesen. Die allgemein übliche Einteilung der Buszugriffsverfahren und die Bezeichnung der Strategien sind in Bild 2-52 dargestellt.

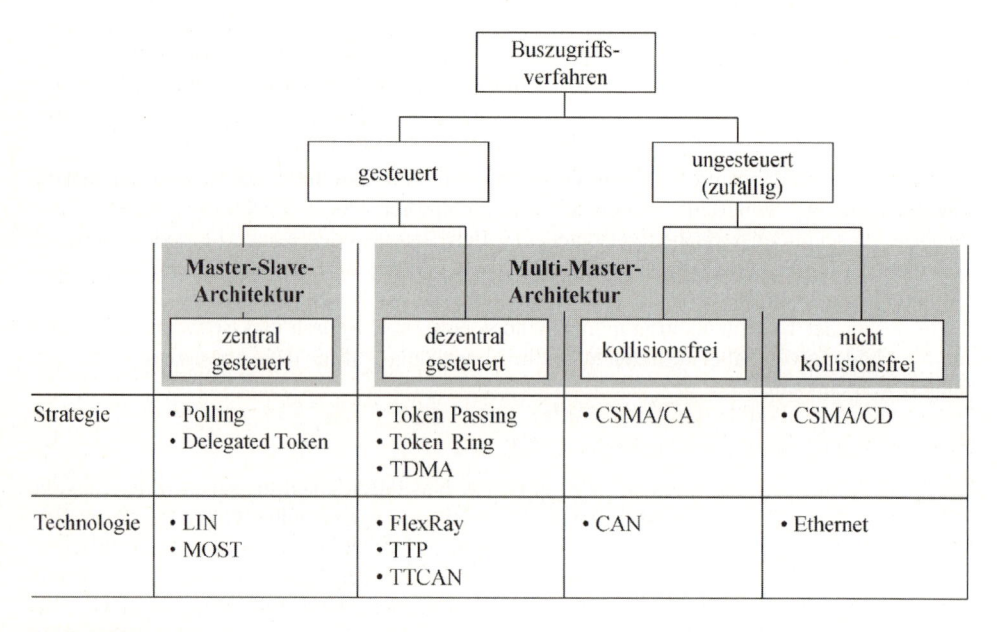

	gesteuert		ungesteuert (zufällig)	
	Master-Slave-Architektur	Multi-Master-Architektur		
	zentral gesteuert	dezentral gesteuert	kollisionsfrei	nicht kollisionsfrei
Strategie	• Polling • Delegated Token	• Token Passing • Token Ring • TDMA	• CSMA/CA	• CSMA/CD
Technologie	• LIN • MOST	• FlexRay • TTP • TTCAN	• CAN	• Ethernet

Bild 2-52: Einteilung der Buszugriffsverfahren [46]

2.5.6.1 Zentral oder dezentral realisierte Strategie für den Buszugriff

Generell kann unterschieden werden zwischen Strategien, die zentral in einem Netzknoten, dem so genannten Master, realisiert werden und dezentral realisierten Strategien. Bei zentraler Realisierung spricht man auch von einer **Master-Slave-Architektur**, bei dezentraler Realisierung von einer **Multi-Master-Architektur**. Master-Slave-Architekturen sind einfach realisierbar, bei Ausfall des Masters fällt allerdings das gesamte Kommunikationssystem aus. Dezentrale Multi-Master-Architekturen sind in der Realisierung aufwändiger, das Kommunikationssystem bleibt aber im Allgemeinen bei Ausfall oder Abschalten eines Netzknotens funktionsfähig.

2.5.6.2 Gesteuerte oder ungesteuerte Strategie für den Buszugriff

Während Master-Slave-Architekturen immer **gesteuerte Strategien** für den Buszugriff verwenden, kann bei den Multi-Master-Architekturen zwischen gesteuertem und ungesteuertem oder zufälligen Strategien für den Buszugriff unterschieden werden.

Bei Multi-Master-Strategien mit **ungesteuertem Buszugriff** greifen die verschiedenen Netzknoten sendend auf den Bus zu, sobald dieser frei ist. Da dabei mehrere Netzknoten gleichzeitig zugreifen können, wird eine solche Strategie auch als **Carrier-Sense-Multiple-Access-Strategie, kurz CSMA-Strategie**, bezeichnet.

Je nachdem, ob es bei solchen Strategien zu Kollisionen auf dem Bus kommen kann oder nicht, wird zwischen Strategien mit Kollision und Strategien ohne Kollision unterschieden. Strategien, die Kollisionen zwar nicht vermeiden, jedoch aufgetretene Kollisionen erkennen und behandeln werden als **CSMA/Collision-Detection-Strategien, kurz CSMA/CD-Strategien**, bezeichnet. Der bekannteste Vertreter einer CSMA/CD-Strategie ist Ethernet [46].

Strategien, die Kollisionen vermeiden, werden auch **CSMA/Collision-Avoidance-Strategien, kurz CSMA/CA-Strategien**, genannt. Ein solches kollisionsfreies Verfahren kann beispielsweise dadurch realisiert werden, dass die Netzknoten den gleichzeitigen Buszugriff bereits vor der Übertragung der eigentlichen Nutzdaten im Rahmen einer so genannten Arbitrierungsphase erkennen. Auf Grund von Prioritäten, die beispielsweise den zu übertragenden Nachrichten zugeordnet sein können, greift nur derjenige Netzknoten weiter sendend auf den Bus zu, der die Nachricht mit der höchsten Priorität senden will. Denkbar wäre auch eine Priorisierung nach Netzknoten anstatt nach Nachrichten. Der bekannteste Vertreter eines CSMA/CA-Verfahrens, das über Nachrichtenpriorisierung arbeitet, ist CAN [2].

Bei Multi-Master-Strategien mit gesteuertem Buszugriff kann zwischen den so genannten **token- und zeitgesteuerten Verfahren** unterschieden werden.

Ein Token ist eine spezielle Nachricht, die von Netzknoten zu Netzknoten weitergegeben wird. Sobald ein Netzknoten ein Token empfangen hat, darf er für eine definierte Zeitspanne den Bus zum Senden von Nachrichten benutzen. Nach Ablauf dieser Zeitspanne gibt er das Token an seinen logischen Nachfolger weiter.

Bei den zeitgesteuerten Verfahren werden für jeden Netzknoten feste Zeitfenster für die exklusive Benutzung des Busses festgelegt. Eine solche Strategie wird daher auch als **Time-Division Multiple-Access-Strategie, kurz TDMA-Strategie**, bezeichnet. TDMA-basierende Verfahren sind z. B. FlexRay [48], TTP [49] und TTCAN [50].

Bei der Zuordnung der Bustechnologien zu diesen Strategien muss berücksichtigt werden, dass ähnlich wie bei der Zuteilungsstrategie in Echtzeitbetriebssystemen auch kombinierte Strategien möglich sind. Ein Beispiel dafür ist FlexRay, ein TDMA-Verfahren bei dem ein festes Zeitfenster für einen ungesteuerten Buszugriff verwendet werden kann.

2.5.6.3 Ereignis- und zeitgesteuerte Zugriffsstrategien

Die Auswahl des Kommunikationssystems hängt von vielen Faktoren ab, etwa von der erforderlichen Übertragungsleistung, von den Sicherheits- und Zuverlässigkeitsanforderungen oder der räumlichen Ausdehnung des Netzwerks. Für das Echtzeitverhalten maßgebend ist die Unterscheidung zwischen **ereignis- und zeitgesteuerten Zugriffsverfahren**. Dieses in Abschnitt 2.4.4.6 eingeführte Unterscheidungskriterium, bestimmt nicht nur die Vorhersagbarkeit der für die Ausführung von Tasks auf einem Netzknoten notwendigen Zeitspanne, sondern auch die zur Übertragung einer Nachricht notwendige Zeitspanne in einem Kommunikationssystem, die auch Kommunikationslatenzzeit genannt wird. So können etwa bei ereignisgesteuerten Systemen, beispielsweise bei CAN, Abschätzungen zur Latenzzeit nur für die höchstpriore Nachricht gemacht werden. Bei vollständig zeitgesteuerten Systemen kann die Latenzzeit dagegen für alle Nachrichten abgeschätzt werden.

Für prozessorübergreifende, zeitgesteuerte Multi-Master-Architekturen ist eine systemweite, **globale Zeitbasis (engl. Global Time)** notwendig. Da die lokalen Echtzeituhren durch Ungenauigkeiten voneinander abweichen können (Bild 2-53), sind Mechanismen zur Synchronisation der Echtzeituhren aller Netzknoten notwendig, die vom Kommunikations- und vom Echtzeitbetriebssystem der Netzknoten unterstützt werden müssen. Verschiedene Synchronisationsverfahren sind in OSEK-TIME [17] standardisiert.

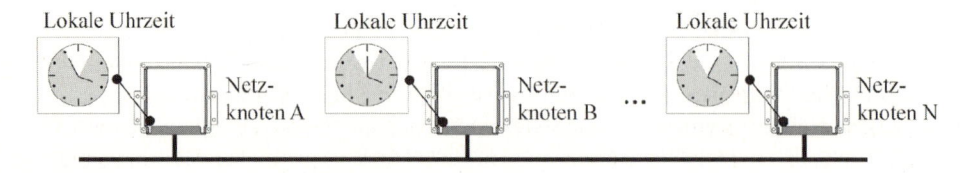

Bild 2-53: Abweichungen von lokalen Uhren in einem Netzwerk

2.6 Zuverlässigkeit, Sicherheit, Überwachung und Diagnose von Systemen

Das Versagen vieler Fahrzeugfunktionen, beispielsweise der Bremsen oder der Lenkung im Straßenverkehr, kann zu schweren Unfällen mit Toten und Verletzten führen. An die Zuverlässigkeit und Sicherheit solcher Fahrzeugfunktionen werden daher – unabhängig von der technischen Realisierung – hohe Anforderungen gestellt.

Die Entwicklung von elektronischen Systemen, wie z. B. ESP, welche die Sicherheit im Straßenverkehr erhöhen, bei Störungen oder Ausfällen aber zu gefährlichen Fahrsituationen führen können, erfordert deshalb die besondere Berücksichtigung von Sicherheitsanforderungen.

Dies gilt auch für Fahrzeugfunktionen, die den Fahrer zunehmend im Sinne von Assistenzsystemen unterstützen und dabei immer mehr „Verantwortung" übernehmen.

2.6 Zuverlässigkeit, Sicherheit, Überwachung und Diagnose von Systemen

Beispiel: Zunehmende Sicherheitsrelevanz der elektronischen Systeme im Fahrzeug

Die Sicherheitsrelevanz der Funktionen elektronischer Systeme im Fahrzeug nimmt zu:
- von der Situationsanalyse – wie die Anzeige von Geschwindigkeit, Tankfüllstand, Motor- oder Außentemperatur –
- über eine Situationsbewertung – wie beispielsweise durch eine Glatteiswarnung –
- eine Aktionsempfehlung – etwa vom Navigationssystem –
- bis zur Aktionsdurchführung – wie Beschleunigungs- und Bremseingriff bei einem Adaptive-Cruise-Control-System oder sogar einem aktiven Lenkeingriff bei einem Active-Front-Steering-System [23].

Zuverlässigkeit, Sicherheit, Überwachung und Diagnose von Fahrzeugfunktionen gewinnen aus diesen Gründen an Bedeutung. Bei der Auslegung sicherheitsrelevanter elektronischer Systeme müssen die Merkmale verteilter und vernetzter Systeme, wie die Vorhersagbarkeit des Echtzeitverhaltens, aber auch das Ausfall- und Störungsverhalten von Subsystemen oder Komponenten genau untersucht werden. Dies ist auch erforderlich, um die rasche Erkennung von Fehlern, Ausfällen und Störungen bei Systemen, Subsystemen und Komponenten in Produktion und Service durch geeignete Diagnoseverfahren unterstützen zu können. In diesem Abschnitt erfolgt daher eine Einführung in die technischen Grundlagen der Zuverlässigkeit, Sicherheit, Überwachung und Diagnose. Andere Aspekte, beispielsweise juristische Randbedingungen, werden nicht behandelt.

2.6.1 Grundbegriffe

Bezüglich der Anforderungen an Fahrzeugfunktionen müssen die Begriffe Zuverlässigkeit, Verfügbarkeit und Sicherheit unterschieden werden. Zuverlässigkeit und Verfügbarkeit sind in DIN 40041 und DIN 40042, Sicherheit ist in DIN 31000 wie folgt definiert [55]:

Zuverlässigkeit (engl. Reliability) bezeichnet die Gesamtheit derjenigen Eigenschaften einer Betrachtungseinheit, welche sich auf die Eignung zur Erfüllung gegebener Erfordernisse unter vorgegebenen Bedingungen für ein gegebenes Zeitintervall beziehen.

Verfügbarkeit (engl. Availability) ist die Wahrscheinlichkeit, ein System zu einem vorgegebenen Zeitpunkt in einem funktionsfähigen Zustand anzutreffen.

Sicherheit (engl. Safety) ist eine Sachlage, bei der das Risiko nicht größer als das Grenzrisiko ist. Als Grenzrisiko ist dabei das größte, noch vertretbare Risiko zu verstehen.

Des Weiteren müssen die Begriffe Fehler, Ausfall und Störung unterschieden werden:

Ein **Fehler** (engl. Fault oder Defect) ist eine unzulässige Abweichung mindestens eines Merkmals einer Betrachtungseinheit. Der Fehler ist ein Zustand. Die unzulässige Abweichung ist der über den Toleranzbereich hinausgehende Unterschied zwischen dem Istwert und dem Sollwert eines Merkmals.

Es existieren viele Fehlerarten wie beispielsweise Entwurfsfehler, Konstruktionsfehler, Fertigungsfehler, Montagefehler, Wartungsfehler, Hardware-Fehler, Software-Fehler oder Bedienfehler. Ein Fehler kann, muss aber nicht die Funktion der Betrachtungseinheit beeinträchtigen. Ein Fehler kann einen Ausfall oder eine Störung zur Folge haben.

Ein **Ausfall** (engl. Failure) ist ein nach Beanspruchungsbeginn entstandenes Aussetzen der Ausführung einer Aufgabe einer Betrachtungseinheit aufgrund einer in ihr selbst liegenden

Ursache und im Rahmen der zulässigen Beanspruchung. Der Ausfall ist also die Verletzung der Funktionstüchtigkeit einer zuvor intakten Einheit. Der Ausfall ist ein Ereignis. Der Ausfall entsteht durch einen oder mehrere Fehler.

Man unterscheidet verschiedene Arten von Ausfällen

- nach der Anzahl der Ausfälle – wie Einzel-, Mehrfach- oder Folgeausfälle–
- nach Vorhersehbarkeit wie zufällige Ausfälle – nicht vorhersehbare, statistisch unabhängig von Betriebszeit oder anderen Ausfällen auftretende Ausfälle –
- systematische Ausfälle – abhängig von bestimmten Einflussgrößen gehäuft auftretende Ausfälle wie Früh-, Spät- oder Verschleißausfälle –
- deterministische Ausfälle – für gegebene Bedingungen vorhersehbare Ausfälle –
- nach der Größe und Umfang der Beeinträchtigung
- oder nach dem zeitlichen Ausfallverhalten – etwa Sprung- oder Driftausfälle.

Eine **Störung** (engl. Malfunction) ist ein nach Beanspruchungsbeginn entstandener vorübergehender Ausfall. Eine Funktionsstörung ist die vorübergehende Unterbrechung oder Beeinträchtigung der Funktion. Beanspruchungsbeginn kann z. B. der Betriebsbeginn oder die Abnahmeprüfung sein.

Beispiel: Fehler versus Ausfall

Eine Glühbirne brennt durch. Es liegt ein Fehler vor. Ein Ausfall der Beleuchtungsfunktion ist damit erst verbunden, wenn die Beleuchtungsfunktion eingeschaltet wird.

2.6.2 Zuverlässigkeit und Verfügbarkeit von Systemen

Zuverlässigkeit ist die Fähigkeit, die gewünschten Funktionen für eine bestimmte Zeitdauer zu erfüllen. Die Zuverlässigkeit kann durch Ausfälle und Störungen – beides Folgen von Fehlern – beeinträchtigt werden. Maßnahmen zur Erhöhung der Zuverlässigkeit richten sich deshalb gegen das Auftreten von Ausfällen und Störungen.

Zur systematischen Behandlung der mit der Zuverlässigkeit in Zusammenhang stehenden Aufgaben haben sich Betrachtungen auf der Grundlage statistischer Modelle bewährt [56, 57, 58].

Wichtige statistische Zuverlässigkeitskenngrößen sind die mittlere ausfallfreie Arbeitszeit (engl. Mean Time to Failure, MTTF), die Zuverlässigkeitsfunktion $R(t)$ und die Ausfallrate $\lambda(t)$.

2.6.2.1 Definition der Zuverlässigkeitsfunktion R(t) und der Ausfallrate λ(t)

Es wird eine große Anzahl i = 1, 2, 3, ... N von Betrachtungseinheiten untersucht. Das Ausfallverhalten einer Betrachtungseinheit i kann durch die Zeit T_i beschrieben werden, in der die Einheit i funktionsfähig ist (Bild 2-54). T_i wird als **ausfallfreie Arbeitszeit** der Betrachtungseinheit i bezeichnet.

2.6 Zuverlässigkeit, Sicherheit, Überwachung und Diagnose von Systemen

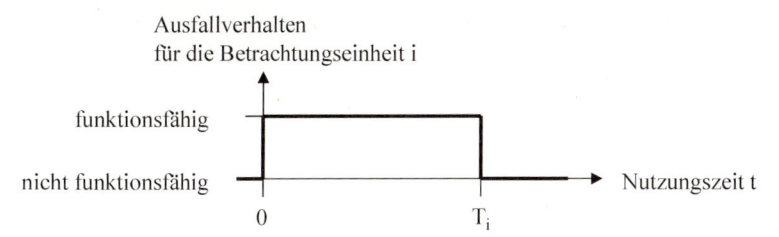

Bild 2-54: Definition der ausfallfreien Arbeitszeit T_i

Die **relative Summenhäufigkeit des Ausfalls** $\hat{F}(t)$ erhält man bei der Beobachtung einer großen Anzahl gleichartiger Betrachtungseinheiten unter gleichen Bedingungen zu:

$$\hat{F}(t) = \frac{n(t)}{N_0} \quad \text{mit} \tag{2.6}$$

n(t) als Anzahl der ausgefallenen Betrachtungseinheiten nach der Zeit t
N_0 als Anfangsbestand der Betrachtungseinheiten zum Zeitpunkt t = 0.

$\hat{F}(t)$ wird auch als empirische Ausfallfunktion bezeichnet.

Die **empirische Zuverlässigkeitsfunktion** $\hat{R}(t)$ ist definiert durch

$$\hat{R}(t) = \frac{N_0 - n(t)}{N_0} = 1 - \hat{F}(t) \tag{2.7}$$

Nach dem Gesetz der großen Zahlen geht die Ausfallhäufigkeit $\hat{F}(t)$ für $N_0 \to \infty$ über in die **Ausfallwahrscheinlichkeit** $F(t)$. Entsprechend ist das Komplement der Ausfallwahrscheinlichkeit die **Zuverlässigkeitsfunktion** $R(t)$

$$R(t) = 1 - F(t) \tag{2.8}$$

$R(t)$ drückt also aus, mit welcher Wahrscheinlichkeit im Zeitraum 0 bis t eine Betrachtungseinheit funktionsfähig ist. Anstatt der Zuverlässigkeitsfunktion $R(t)$ wird häufig auch die Ausfallrate $\lambda(t)$ verwendet. Sie spielt in Zuverlässigkeits- und Sicherheitsanalysen eine wichtige Rolle.

Die **empirische Ausfallrate** $\hat{\lambda}(t)$ ist definiert durch das Verhältnis der Anzahl der Ausfälle im Intervall (t, t+δt) zur Anzahl der Betrachtungseinheiten, die zum Zeitpunkt t noch nicht ausgefallen sind:

$$\hat{\lambda}(t) = \frac{n(t + \delta t) - n(t)}{N_0 - n(t)} \tag{2.9}$$

Für $N_0 \to \infty$ und $\delta t \to 0$ konvergiert die empirische Ausfallrate $\hat{\lambda}(t)$ gegen die **Ausfallrate** $\lambda(t)$, die mit den obigen Definitionen durch die Zuverlässigkeitsfunktion R(t) ausgedrückt werden kann:

$$\lambda(t) = -\frac{1}{R(t)} \cdot \frac{dR(t)}{dt} \tag{2.10}$$

Ist die Ausfallrate λ(t) = λ = konstant, ergibt sich die Zuverlässigkeitsfunktion zu

$$R(t) = -\frac{1}{\lambda} \cdot \frac{dR(t)}{dt} \quad \text{oder} \tag{2.11}$$

$$R(t) = e^{-\lambda t} \tag{2.12}$$

Die Ausfallwahrscheinlichkeit folgt in diesem Fall einer statistischen Exponentialverteilung.

In vielen Fällen ändert sich die Ausfallrate $\lambda(t)$ mit der Zeit. Ein charakteristischer Verlauf ist in Bild 2-55 dargestellt und wird auch als „Badewannenkurve" bezeichnet. Eine solche Verteilung der Ausfallwahrscheinlichkeit wird in der Wahrscheinlichkeitstheorie als Weibull-Verteilung bezeichnet.

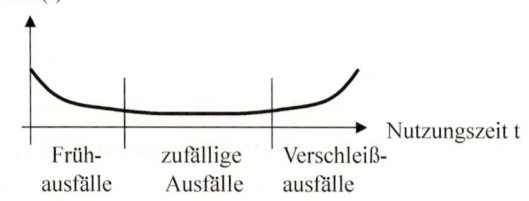

Bild 2-55: Definition der Zuverlässigkeitsgrößen

Beispiel: Empirische Bestimmung der Ausfallrate

1000 Mikrocontroller werden gleichzeitig und gleichartig 1000 Stunden getestet. Dabei werden 10 Ausfälle bei ungefähr konstanter Ausfallrate beobachtet. Wie groß ist die Ausfallrate?

Mit $N_0 = 1000$ und $n(1000h) = 10$ berechnet sich

$$\hat{R}(1000h) = \frac{N_0 - n(1000h)}{N_0} = \frac{990}{1000} = 0{,}99$$

Mit $R(1000h) = e^{-\lambda \cdot 1000h}$

erhält man für die Ausfallrate

$$\lambda \approx 1 \cdot 10^{-5} \frac{Ausfälle}{Stunde} = 10 \cdot 10^{-6} \frac{Ausfälle}{Stunde} = 10\, ppm \frac{Ausfälle}{Stunde}$$

Die Abkürzung ppm steht für parts per million.

2.6.2.2 Definition der mittleren ausfallfreien Arbeitszeit MTTF

Für die **mittlere ausfallfreie Arbeitszeit** (engl. Mean Time To Failure, MTTF) gilt bei einer großen Anzahl N von Betrachtungseinheiten:

$$MTTF = \lim_{N \to \infty} \frac{1}{N} \sum_{i=1}^{N} T_i \qquad (2.13)$$

Bei konstanter Ausfallrate – und nur dann – gilt: $MTTF = \frac{1}{\lambda}$ (2.14)

Beispiel: Empirische Bestimmung der MTTF

30 Mikrocontroller mit einer konstanten Ausfallrate λ von 10^{-6} Ausfällen/Stunde werden in einem Fahrzeug eingesetzt. Wie groß ist die MTTF unter der Annahme, dass der Ausfall eines Mikrocontrollers toleriert werden kann?

Mit $N_0 = 30$ und $n(MTTF) = 1$ berechnet sich

$$\hat{R}(MTTF) = \frac{N_0 - n(MTTF)}{N_0} = \frac{29}{30}$$

Mit $R(MTTF) = e^{-\lambda \cdot MTTF}$

erhält man für die $MTTF \approx 3,4 \cdot 10^4 \; Stunden \approx 3,87 \; Jahre$

2.6.2.3 Definition der mittleren Ausfallzeit MTTR

Für reparaturfähige Systeme, wie Fahrzeuge, muss die ausfallfreie Arbeits- oder Betriebszeit T_B und auch die Ausfallzeit T_A betrachtet werden (Bild 2-56).

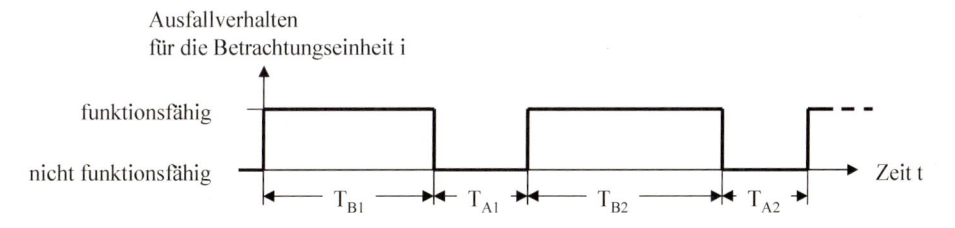

Bild 2-56: Betriebszeiten und Ausfallzeiten für reparaturfähige Systeme

Dann gilt für die mittlere ausfallfreie Arbeitszeit die MTTF und für die **mittlere Ausfallzeit** die MTTR. MTTR steht als Abkürzung für „Mean Time To Repair" und ergibt sich zu

$$MTTR = \lim_{N \to \infty} \frac{1}{N} \sum_{i=1}^{N} T_{Ai} \qquad (2.15)$$

2.6.2.4 Definition der mittleren Verfügbarkeit

Die **mittlere Verfügbarkeit** ist dann folgendermaßen definiert:

$$V = \frac{\text{mittlere Betriebszeit}}{\text{Gesamtzeit}} = \frac{MTTF}{MTTF + MTTR} = \frac{1}{1 + \frac{MTTR}{MTTF}} \quad (2.16)$$

Um also eine hohe Verfügbarkeit zu erreichen, muss die MTTF im Verhältnis zur MTTR groß sein.

Eine große ausfallfreie Arbeitszeit MTTF kann erreicht werden durch Perfektion – wie den Einsatz von hochgradig zuverlässigen Komponenten –, sowie durch eine Systemarchitektur, bei der Ausfälle von Komponenten toleriert werden können. Ausfälle können beispielsweise bei Einsatz redundanter Systemkomponenten tolerierbar werden.

Eine kleine Ausfall- oder Reparaturzeit MTTR kann erreicht werden durch die schnelle und zuverlässige Fehlerdiagnose, beispielsweise durch Diagnoseunterstützung bei der Inspektion, oder durch die schnelle und zuverlässige Fehlerbeseitigung, etwa durch eine einfach mögliche Reparatur.

Beispiel: OBD-Anforderungen in der Motorsteuerung

Zuverlässigkeitsanforderungen für Fahrzeugfunktionen werden teilweise vom Gesetzgeber vorgeschrieben. Ein bekanntes Beispiel sind die so genannten On-Board-Diagnose-Anforderungen (OBD-Anforderungen) für alle abgasrelevanten Komponenten im Motorbereich. Diese Anforderungen haben starken Einfluss auf die Funktionen der Motorsteuergeräte. Alle abgasrelevanten Komponenten, die mit dem Steuergerät verbunden sind, sowie das Steuergerät selbst, müssen dauernd überwacht werden. Ausfälle und Störungen müssen erkannt, gespeichert und angezeigt werden [59].

2.6.3 Sicherheit von Systemen

Im Gegensatz zur Zuverlässigkeit und Verfügbarkeit wird bei der Definition der Sicherheit die Funktion einer Betrachtungseinheit nicht angesprochen. Hinsichtlich der Sicherheit ist es also unwichtig, ob die Betrachtungseinheit funktionsfähig oder nicht funktionsfähig ist, sofern damit kein nicht vertretbar hohes Risiko besteht.

Im Hinblick auf ein Fahrzeugsystem bedeutet dies, dass es nur dann als sicher gelten kann, wenn sowohl bei der fehlerfreien als auch der fehlerhaften Verarbeitung mit einem vernachlässigbar kleinen Risiko zu rechnen ist. Dieses vernachlässigbar kleine Risiko wird akzeptiert. Maßnahmen zur Erhöhung der Sicherheit sollen die gefährlichen Auswirkungen von Fehlern, Ausfällen und Störungen verhindern.

2.6.3.1 Definition von Begriffen der Sicherheitstechnik

Die wichtigsten Begriffe der Sicherheitstechnik sind in DIN 31000 definiert.

Die nachteiligen Folgen von Fehlern, Ausfällen und Störungen werden im Bereich der Sicherheitstechnik als **Schaden** bezeichnet. Darunter wird ein Nachteil durch Verletzung von Rechtsgütern auf Grund eines bestimmten technischen Vorganges oder Zustandes verstanden. Obwohl zu den Rechtsgütern neben der Gesundheit beispielsweise auch das Eigentum gehört, treten rein wirtschaftliche Schäden im Rahmen der Sicherheitstechnik meist in den Hintergrund. Vorrangig geht es hier um Schäden für Leib und Leben von Menschen. Schäden für die Umwelt werden vielfach einbezogen.

Das Sicherheitsrisiko, kurz **Risiko**, die Quantifizierung der Gefahr, kann man nicht völlig ausschalten. Das Risiko wird im Bereich der Sicherheitstechnik oft definiert als das Produkt aus der Wahrscheinlichkeit des Eintretens eines zum Schaden führenden Ereignisses und dem beim Ereigniseintritt zu erwartenden Schadensausmaß. Beide Kenngrößen stellen ein Maß für das Risiko dar. Häufig wird das Risiko alternativ auch als mehrdimensionale Größe dargestellt. Ein zu einem Schaden führendes Ereignis wird als **Unfall** bezeichnet. Es gilt also

$$Risiko = Wahrscheinlichkeit\ eines\ Unfalls \cdot Schaden\ eines\ Unfalls \tag{2.17}$$

oder alternativ

$$Risiko = \begin{Bmatrix} Wahrscheinlichkeit\ eines\ Unfalls \\ Schaden\ eines\ Unfalls \end{Bmatrix} \tag{2.18}$$

Das **Grenzrisiko** ist das größte noch vertretbare Risiko. Im Allgemeinen lässt sich das Grenzrisiko nicht quantitativ erfassen. Es wird daher indirekt durch sicherheitstechnische Festlegungen beschrieben. Sie folgen aus der Gesamtheit aller im Einzelfall anzuwendenden Gesetze, Verordnungen, Richtlinien, Normen und Regeln. Diese legen das Grenzrisiko implizit fest.

Gefahr (engl. Hazard) ist eine Situation, in der eine tatsächliche oder potentielle Bedrohung für Menschen und/oder Umgebung besteht. Diese Bedrohung kann zu einem Unfall mit nachteiligen Folgen für Menschen, Umwelt und die Betrachtungseinheit selbst führen. Gefahr ist also eine Sachlage, bei der das Risiko größer als das Grenzrisiko ist.

Von Systemen können verschiedene Gefahren ausgehen, wie elektrische, thermische, chemische oder mechanische Gefahren. Gefahr geht dabei immer vom ganzen System aus, nicht von einzelnen Komponenten. Es ist daher praktisch meist unmöglich, alle Gefahren im Voraus zu erkennen und zu vermeiden. Deswegen bleibt bei jedem System eine Restgefahr, die in Kauf genommen werden muss. Ziel der Gefahrenanalyse (engl. Hazard Analysis) ist es, diese Gefahren zu erkennen.

Sicherheit ist eine Sachlage, bei der das Risiko nicht größer als das Grenzrisiko ist.

Der Zusammenhang zwischen den vier Grundbegriffen Risiko, Grenzrisiko, Gefahr und Sicherheit kann anschaulich grafisch wie in Bild 2-57 dargestellt werden:

```
                    |
      Sicherheit    |    Gefahr
                    |
────────────────────┼──────────────────────▶ Risiko
                    |
  geringes Risiko   Grenzrisiko   großes Risiko
```

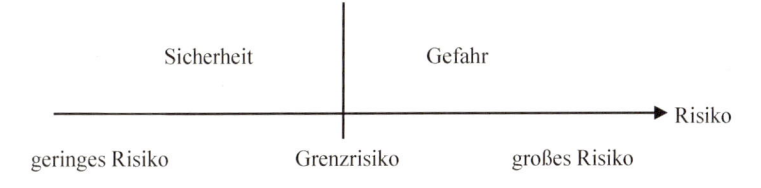

Bild 2-57: Grafische Darstellung der Grundbegriffe der Sicherheitstechnik nach DIN 31000

Direkt an die Definition des Risikos ist die Definition des Begriffes Schutz angelehnt. **Schutz** ist die Verringerung des Risikos durch Maßnahmen, die entweder die Eintrittswahrscheinlichkeit oder das Ausmaß eines Schadens oder beides einschränken.

2.6.3.2 Ermittlung des Risikos

Zur Ermittlung des Risikos von Systemen wird nach DIN 19250 [19] und IEC 61508 [20] für Störungen und Ausfälle eine Risikoanalyse in Abhängigkeit der Parameter Eintrittswahrscheinlichkeit W, Schadensausmaß S, Aufenthaltsdauer A und der Gefahrenabwendung G vorgenommen.

Wie im **Risikografen** in Bild 2-58 beispielhaft dargestellt, kann anhand dieser Parameter die **Anforderungsklasse AK 0...8** nach DIN bzw. der **Safety Integrity Level SIL 0...4** nach IEC bestimmt werden. Diese beiden Kenngrößen stellen ein Maß für das Risiko dar.

Bei der Risikoanalyse müssen alle Funktionen des Systems betrachtet und deren Gefahrenpotential ermittelt werden. Für jede Funktion des Systems müssen dabei die möglichen Fehlfunktionen mit den entsprechenden Risikoparametern bewertet werden.

Ausgehend davon wird eine geeignete Sicherheitsarchitektur für das System entworfen.

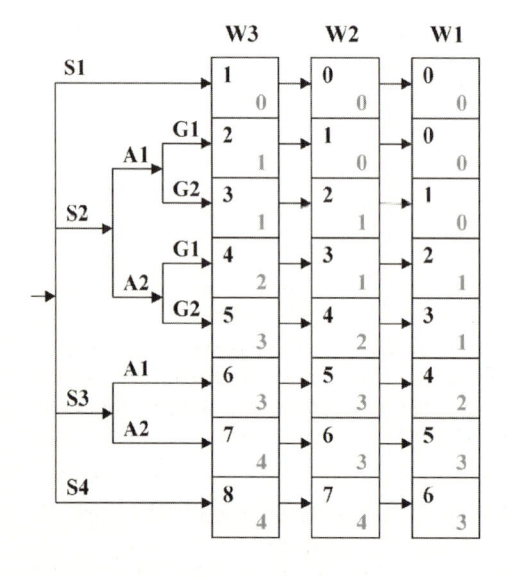

Bild 2-58: Risikograf und Anforderungsklassen nach DIN 19250 [19] und IEC 61508 [20]

Beispiel: Bestimmung der Anforderungsklasse für ein E-Gas-System

Für ein E-Gas-System, auch elektronisches Gaspedal oder elektronische Motorleistungssteuerung genannt, soll die Anforderungsklasse ermittelt werden. In Bild 2-59 ist der vereinfachte Aufbau eines E-Gas-Systems für einen Ottomotor dargestellt.

2.6 Zuverlässigkeit, Sicherheit, Überwachung und Diagnose von Systemen   101

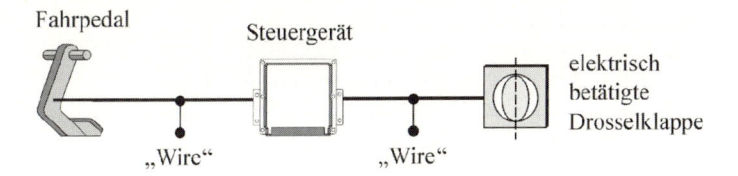

Bild 2-59: E-Gas-System für einen Ottomotor

Dazu wird eine kritische Fahrsituation beispielhaft angenommen:

Fahrsituation: Fahren in einer Kolonne bei höherer Geschwindigkeit

Mögliche Gefahr: Ungewolltes Vollgas und damit verbundenes Auffahren oder Verlust der Beherrschbarkeit des Fahrzeugs beim Kurvenfahren

Risikoparameter: S3 – Verletzung oder Tod mehrerer Personen

A1 – Aufenthaltsdauer selten bis öfter

W1 – Wahrscheinlichkeit des Eintretens sehr gering

Damit erhält man die Anforderungsklasse AK 4 bzw. SIL 2 für die Funktion „Gasgeben". Aus dieser Einstufung ergeben sich dann die in Normen, wie etwa der IEC 61508, festgelegten Sicherheitsanforderungen an die Struktur des Systems, also an die Hardware, Software, Sollwertgeber, Sensoren und Aktuatoren.

2.6.4 Überwachung und Diagnose von Systemen

Kann ein sicherheitsrelevantes System seine Funktion nicht mehr zuverlässig erfüllen, da sonst eine Gefahr bestehen oder zugelassen werden würde, muss eine Reaktion nach einer festgelegten Sicherheitslogik erfolgen. Voraussetzung zur Auslösung einer solchen Sicherheitsreaktion ist, dass Störungen und Ausfälle oder auch Fehler zuverlässig erkannt werden.

Die Fehlererkennung ist deshalb ein zentraler Bestandteil von Überwachungsmaßnahmen. Die Fehlererkennung spielt eine große Rolle sowohl für die Zuverlässigkeit als auch für die Sicherheit von elektronischen Systemen [55]. Unter Überwachung, Fehlererkennung und Fehlerbehandlung werden in diesem Buch in Anlehnung an [54, 55] die folgenden Definitionen verwendet.

2.6.4.1 Überwachung

Die **Überwachung** von technischen Systemen dient dazu, den gegenwärtigen Systemzustand anzuzeigen, unerwünschte oder unerlaubte Systemzustände, z. B. Fehler, zu erkennen und ggfs. entsprechende Gegenmaßnahmen einzuleiten. Die Abweichungen vom „normalen" Systemzustand entstehen durch eine Störung oder einen Ausfall, für die verschiedene Fehler die Ursache sind. Fehler haben also ohne Gegenmaßnahmen nach kürzerer oder längerer Zeit Störungen und Ausfälle zur Folge. Eine Überwachung soll dazu dienen, Fehler möglichst frühzeitig, also möglichst vor einer Störung oder einem Ausfall, zu erkennen und dann so zu behandeln, dass Ausfälle und Störungen möglichst vermieden werden.

Ein möglicher Aufbau von Überwachungsfunktionen ist in Bild 2-60 dargestellt.

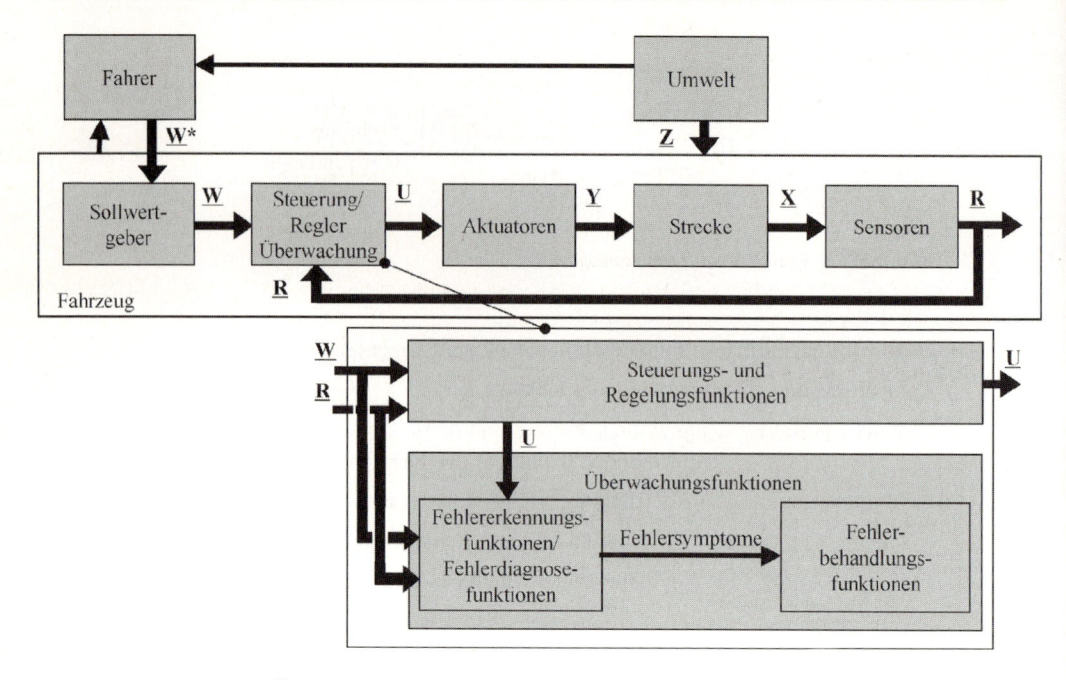

Bild 2-60: Aufbau von Überwachungsfunktionen

2.6.4.2 Fehlererkennung oder Fehlerdiagnose

In einem **Verfahren zur Fehlererkennung** – auch **Fehlerdiagnoseverfahren** (kurz Diagnoseverfahren) genannt – wird deshalb überprüft, ob zwischen mindestens zwei Werten die zwischen diesen Werten bestehenden Zusammenhänge erfüllt werden oder nicht. Unzulässige Abweichungen von den bestehenden Zusammenhängen werden als Fehlersymptom eingestuft.

Fehlererkennungs- oder Fehlerdiagnoseverfahren, die bei elektronischen Systemen angewendet werden, sind beispielsweise:

- **Referenzwertüberprüfung**

Eine Frage mit bekannter Antwort wird gestellt (Frage-Anwort-Spiel). Um die Antwort zu bestimmen, muss das System Funktionen oder Teilfunktionen ausführen, die auch im regulären Betrieb verwendet werden. Falls die so bestimmte Antwort nicht mit der a priori bekannten Antwort übereinstimmt, wird dies als Fehler interpretiert.

- **Überprüfung anhand redundanter Werte**

Zwei oder mehr vergleichbare Ergebnisse sind verfügbar und deren Vergleich ermöglicht die Feststellung von Fehlern. Dies kann in Software auf verschiedene Art und Weise realisiert werden:
  - Zwei oder mehr prinzipverschiedene Algorithmen werden auf die gleichen Eingangswerte angewendet. Prinzipverschiedenheit wird auch als **Diversität** bezeichnet. Bei der Realisierung eines derartigen Verfahrens in Software zur Erkennung von Software-Fehlern ist Diversität zwingend erforderlich, da alle Software-Fehler systematische Fehler sind.

2.6 Zuverlässigkeit, Sicherheit, Überwachung und Diagnose von Systemen

- Die Algorithmen können auf dem gleichen Mikroprozessor ablaufen – dann liegt nur Software-Diversität vor – oder auf verschiedenen Mikroprozessoren ausgeführt werden – man spricht dann von Software- und Hardware-Diversität.
- Der gleiche Algorithmus kann wiederholt auf dem gleichen Mikroprozessor ausgeführt werden, um vorübergehende Fehler erkennen zu können. Der gleiche Algorithmus wird dabei also auf unterschiedliche Eingangswerte angewendet.

- **Beobachtung von Kommunikationsverbindungen**

Typische Beispiele hierfür sind Paritäts- und Redundanzprüfungen, wie etwa Parity-Checks, Cyclic-Redundancy-Check-Summen (CRC-Summen) oder Hamming-Codes [60].

- **Senden einer Bestätigung**

Der Empfänger einer Nachricht sendet eine Bestätigung an den Sender, um den Empfang der Nachricht, den Status der Nachricht oder den Status des Empfängers mitzuteilen (engl. Hand Shake).

- **Beobachtung von physikalischen Eigenschaften**

Ein typisches Beispiel ist ein Temperatursensor, bei dem eine hohe gemessene Temperatur ein Anhaltspunkt für fehlerhafte Sensorsignale ist. Ein weiterer Anwendungsfall ist die Kombination aus der Überprüfung eines Signalwerts bezüglich der Einhaltung bestimmter Grenzwerte und der Überprüfung der zeitlichen Änderung, der Ableitung, des Signalwerts.

- **Beobachtung der Programmausführung**

Dies ist beispielsweise durch eine Watchdog-Schaltung möglich, die im Falle unzulässig langer Ausführungszeiten des Programms eine Fehlerreaktion auslöst, etwa in Form eines Resets des Mikroprozessors.

2.6.4.3 Fehlerbehandlung

In einem Verfahren zur Fehlerbehandlung wird festgelegt, wie auf erkannte Fehlersymptome reagiert wird.

Fehlerreaktionen oder Fehlerbehandlungsmaßnahmen sind beispielsweise:

- **Verwendung von redundanten Werten**

Wie für die Fehlererkennung ist Redundanz auch für die Fehlerbehandlung eine der mächtigsten Maßnahmen. Für die Fehlerbehandlung muss ein Kriterium vorhanden sein und festgelegt werden, das es ermöglicht, den korrekten Wert zu bestimmen und zu verwenden. Hierzu gibt es mehrere Möglichkeiten:

  - Die Fehlererkennung liefert bereits die Information, welche Ergebnisse fehlerhaft sind.
  - In manchen Fällen kann auf die Fehlersituation mit einem fehlertoleranten Algorithmus „auf der sicheren Seite" reagiert werden, z. B. durch Verwendung des ersten oder höheren Wertes, Mittelwertbildung oder ähnliche Algorithmen.

- **Abschaltung von Subsystemen oder Abschaltung des Gesamtsystems**
- **Verharren im Fehlerzustand oder Strategiewechsel**
- **Fehlerspeicherung**, z. B. im Fehlerspeicher des Steuergeräts (s. Abschnitt 2.6.6).

- **Fehlerbeseitigung**, z. B. durch Reset des Mikroprozessors durch eine Watchdog-Schaltung.

Auch Kombinationen dieser Maßnahmen sind möglich.

2.6.4.4 Sicherheitslogik

Die Sicherheitslogik beschreibt die Fehlerbehandlungsmaßnahmen bei sicherheitsrelevanten Systemen. Dabei werden verschiedene Klassen von Systemen unterschieden.

Zunächst muss der so genannte **sichere Zustand** (engl. Safe State) des Systems festgelegt werden.

Bei Systemen, die einen solchen sicheren Zustand einnehmen können, wie etwa die definierte **Notabschaltung**, häufig auch als „Not-Aus" bezeichnet, kann eine Sicherheitsreaktion aus der Einleitung dieses Zustandes bestehen. Ein derartiger sicherer Zustand darf nur kontrolliert – insbesondere also nicht infolge weiterer Fehler, Störungen oder Ausfälle – wieder verlassen werden können. Ein System mit einer solchen Sicherheitsreaktion wird auch **Fail-Safe-System** (FS-System) genannt.

Folgt aus der Einnahme eines sicheren Zustandes eine **Betriebshemmung**, ist also eine weitere, wenn auch reduzierte oder eingeschränkte Funktionsfähigkeit des Systems gegeben, wie etwa im **Notlauf**, spricht man von einem **Fail-Reduced-System** (FR-System). Die Betriebshemmung kann dabei wegen eingeschränkter Ressourcen oder auch bewusst zur Reduzierung des Risikos eingeleitet werden.

Ist ein sicherer Zustand technisch nicht möglich, wie zum Beispiel bei vielen zum Fahren zwingend notwendigen Fahrzeugfunktionen während der Fahrt, muss der Einfluss des ausgefallenen Systems auf das Verhalten des Fahrzeugs unterbunden und auf geeignete **Ersatzsysteme** als Rückfallebene umgeschaltet werden. Diese Ersatzsysteme können prinzipiell gleich- oder verschiedenartig wie das ausgefallene System realisiert werden. Ein System mit einer solchen Sicherheitsreaktion wird auch als **Fail-Operational-System** (FO-System) bezeichnet.

Oft werden für Systeme Anforderungen an die Sicherheitslogik zum Beispiel in der Form FO/FO/FS bzw. FO/FO/FR vorgegeben. Dies bedeutet, dass innerhalb des Systems zwei aufeinanderfolgende Ausfälle auftreten können und das System noch vollständig betriebsfähig bleiben muss. Erst beim Auftreten eines dritten Ausfalls darf das System in einen sicheren Zustand bzw. in einen Notlaufzustand übergehen.

Ein „einfach" zu führender Sicherheitsnachweis ist Voraussetzung zur Zulassung von Fahrzeugen zum Straßenverkehr. Komplexe Zusammenhänge müssen dazu generell auf prinzipiell einfache und überschaubare Mechanismen zurückgeführt werden können. Einfachheit ist daher ein fundamentales Entwurfsprinzip für sicherheitsrelevante Systeme [54].

Ein weiteres Ziel sollte sein, hohe Sicherheitsanforderungen auf möglichst wenige Komponenten zu beschränken. Kapselung und Modularisierung sind deshalb weitere wichtige Entwurfsprinzipien für sicherheitsrelevante Systeme.

Auf weitere Prinzipien und Methoden zur Entwicklung störungs- und ausfalltoleranter Systeme, wie Fehlerbaumanalyse (engl. Fault Tree Analysis, FTA), Ursachen-Wirkungs-Analyse (engl. Cause Effect Analysis) oder die Ausfallarten- und Wirkungsanalyse (engl. Failure Mode and Effects Analysis, FMEA), soll im Rahmen dieses Buches nicht näher eingegangen werden. Hierzu wird auf die Literatur, wie z. B. [53, 61, 62], verwiesen.

2.6.4.5 Funktionale Sicherheit bei Software

Zwischen den klassischen Disziplinen wie Mechanik-, Hydraulik- und Elektrikentwicklung, sowie der Software-Entwicklung sind gerade im Bereich der funktionalen Sicherheit große Unterschiede zu beachten [53]:

- Bei Steuerungs- und Regelungssystemen übernimmt die Steuergeräte-Software häufig die Aufgaben einer früheren analogen Steuerung oder eines analogen Reglers. Dabei führt die Transformation der Steuerung oder des Reglers von der analogen in die digitale Form zu Ungenauigkeiten und Schwierigkeiten. Kontinuierliche Funktionen können häufig nur aufwändig in diskrete Funktionen übersetzt werden. Diskrete Funktionen sind oft viel komplexer zu spezifizieren. Als Beispiele sollen nur die Wertediskretisierung, die Zeitdiskretisierung und die Behandlung von Nebenläufigkeiten genannt werden.
- Die physikalische Kontinuität in analogen Systemen erleichtert den Test gegenüber dem Test der Software. Physikalische Systeme arbeiten gewöhnlich in festen Bereichen und verformen sich, bevor sie versagen. Eine kleine Änderung der Umstände führt in vielen Fällen zu einer kleinen Änderung des Verhaltens. In diesen Fällen können wenige Tests oder Experimente an bestimmten Punkten im Arbeitsraum durchgeführt werden, und die Kontinuität kann herangezogen werden, um beispielsweise durch Interpolation und Extrapolation die Lücken zu schließen [30]. Dieser Ansatz gilt nicht für Software, die auf verschiedenste Arten irgendwo im Zustandsraum der Eingangsgrößen versagen kann. Das Fehlverhalten von Software kann dabei vollständig vom Normalverhalten abweichen.
- Größere Änderungen an physikalischen Systemen können häufig nur mit sehr großem Aufwand gemacht werden. Auch dies gilt nicht für Software, wo diese „natürlichen" Restriktionen nicht vorhanden sind.
- Software fällt nicht altershalber aus. Produktions- und Serviceaspekte beeinflussen nicht die Qualität der Software. Alle Software-Fehler bestehen schon während der Entwicklung. Der Sorgfalt bei Entwurf und Qualitätssicherung von Software kommt deshalb besondere Bedeutung zu.

Bei der Entwicklung verlässlicher Software-Systeme sind verschiedene Aspekte zu berücksichtigen, wie etwa:

- Die Entwicklung sollte korrekt erfolgen, so dass sich das System unter allen möglichen Umständen wie spezifiziert verhält.
- Laufzeitfehler, wie Abweichungen infolge von Störungen oder Ausfällen, und unentdeckte Entwicklungsfehler müssen erkannt und rechtzeitig behandelt werden.
- Manipulationen am System, wie beispielsweise unbefugte Manipulationen am Programm- oder Datenstand eines Steuergeräts, müssen durch entsprechende Sicherheitsmaßnahmen (engl. **Security Measures**) verhindert oder erkannt werden.

2.6.5 Aufbau des Überwachungssystems elektronischer Steuergeräte

Die Realisierung des Überwachungssystems elektronischer Steuergeräte erfolgt häufig durch eine Kombination aus Hardware- und Software-Maßnahmen. Hardwaremaßnahmen sind etwa der Einsatz „intelligenter" Endstufenbausteine oder eine Watchdog-Schaltung. Durch Realisierung der Überwachungsfunktionen in Software können sehr flexible Konzepte zur Reaktion auf Fehler, Störungen und Ausfälle umgesetzt werden.

Gegenüber rein mechanisch oder hydraulisch realisierten Komponenten können durch die Kombination mit elektronischen Komponenten auch Fehler, Störungen und Ausfälle in den mechanischen oder hydraulischen, aber auch in den elektronischen Komponenten selbst erkannt und behandelt werden.

Der Entwurf geeigneter Überwachungsfunktionen nimmt deshalb heute bei vielen Anwendungen eine genauso hohe Bedeutung ein wie der Entwurf von Steuerungs- und Regelungsfunktionen. Insbesondere beeinflusst die zunehmende Realisierung der Überwachungsfunktionen durch Software die gesamte System- und Software-Architektur in der Elektronik. Die Entwicklung von Überwachungsfunktionen muss deshalb bereits frühzeitig berücksichtigt werden und betrifft alle Entwicklungsphasen. Wenn im Folgenden allgemein von Funktionen gesprochen wird, so sind damit zusammenfassend Steuerungs-/Regelungs- und Überwachungsfunktionen gemeint.

In diesem Abschnitt soll auf das Software-Überwachungssystem, wie es häufig in Steuergeräten realisiert wird, eingegangen werden. Es ist in Bild 2-61 dargestellt und unterscheidet zwei Ebenen. Die untere Ebene übernimmt die Überwachung der Mikrocontroller des Steuergeräts. In der oberen Ebene werden Funktionen zur Überwachung der Sollwertgeber, Sensoren, Aktuatoren und der Steuerungs- und Regelungsfunktionen realisiert.

Für die Überwachung eines Mikrocontrollers ist in der Regel ein zweiter so genannter Überwachungsrechner notwendig. Die Software-Funktionen zur Überwachung der Mikrocontroller werden dann auf Funktions- und Überwachungsrechner verteilt realisiert. Beide Rechner überwachen sich auf diese Weise gegenseitig.

Werden Fehler erkannt, so werden von beiden Software-Schichten auf Funktions- und Überwachungsrechner entsprechende Fehlerbehandlungen ausgelöst. Diese Fehlerbehandlungen können wiederum durch Software- und Hardwaremaßnahmen realisiert werden. Die Fehlersymptome stehen dazu als Ausgangsgrößen der Überwachungsfunktionen zur Verfügung.

2.6.5.1 Funktionen zur Überwachung des Mikrocontrollers

Die Funktionen zur Überwachung eines Mikrocontrollers überprüfen die einzelnen Komponenten, wie die Speicherbereiche des Mikrocontrollers – z. B. Flash, EEPROM oder RAM –, die Ein- und Ausgabeeinheiten oder den Mikroprozessor. Viele Überprüfungen werden sofort nach dem Einschalten des Steuergeräts bei der Initialisierung durchgeführt. Einige Überprüfungen werden während des normalen Betriebs in regelmäßigen Abständen wiederholt, damit der Ausfall eines Bauteils auch während des Betriebs erkannt werden kann. Prüfungen, die viel Rechenzeit erfordern, wie beispielsweise die Überprüfung des EEPROM, werden im Nachlauf, also nach Abstellen des Fahrzeugs, durchgeführt. Auf diese Weise werden andere Funktionen nicht beeinträchtigt und es wird eine zeitliche Verzögerung beim Start vermieden.

Außerdem wird der Programmablauf überwacht. Dabei wird beispielsweise geprüft, ob eine Task, wie erwartet, regelmäßig aktiviert und auch ausgeführt wird, oder ob notwendige Nachrichten, etwa über CAN, in den erwarteten, regelmäßigen Abständen eintreffen. Auf die Realisierung von Fehlererkennungs- und Fehlerbehandlungsmaßnahmen bei Echtzeitsystemen wird in Abschnitt 5.2.2 näher eingegangen.

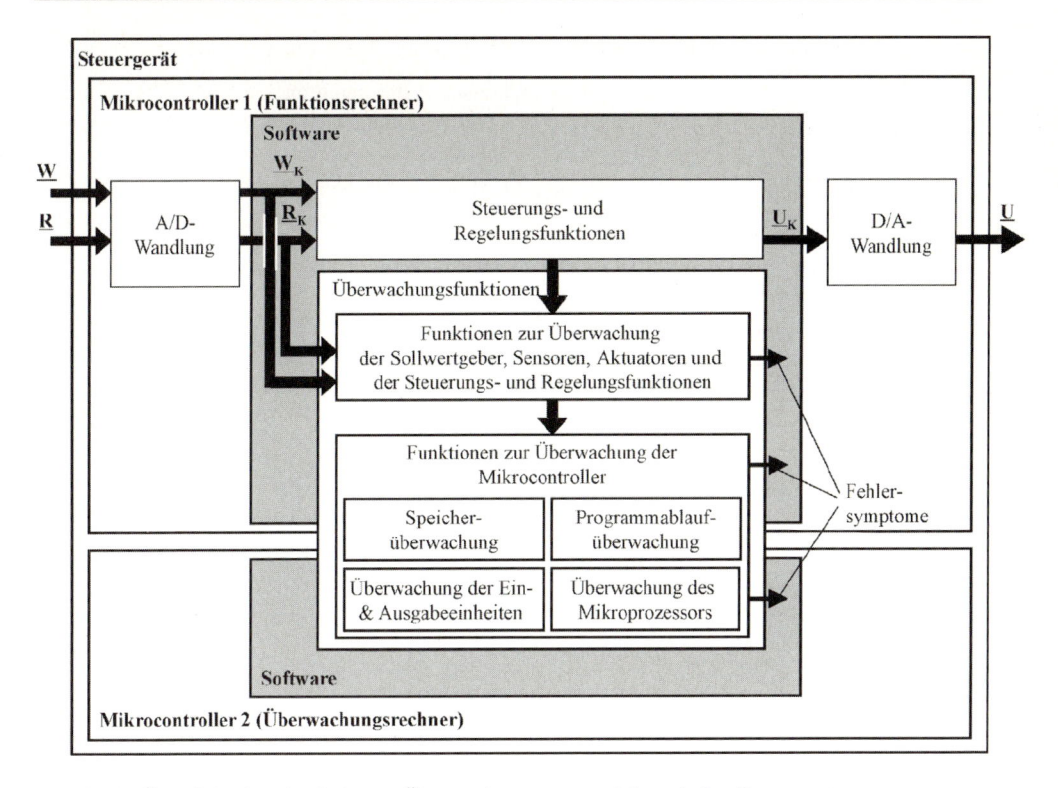

Bild 2-61: Übersicht über das Software-Überwachungssystem elektronischer Steuergeräte

2.6.5.2 Funktionen zur Überwachung der Sollwertgeber, Sensoren, Aktuatoren und der Steuerungs- und Regelungsfunktionen

Die Funktionen zur Überwachung der Sollwertgeber und Sensoren überprüfen z. B. alle Sollwertgeber und Sensoren auf intakte Verbindungsleitungen und auf Plausibilität. Dies kann durch Ausnützen bekannter physikalischer Zusammenhänge zwischen verschiedenen Sollwertgeber- und Sensorsignalen erfolgen. Unplausible Signalwerte führen zu einer Fehlerbehandlung, wie beispielsweise zur Vorgabe von Notlaufwerten.

Auch die Aktuatoren müssen laufend auf korrekte Funktion und intakte Verbindungsleitungen überwacht werden. Einerseits können dazu Testsignale ausgegeben werden und die Reaktion darauf überprüft werden. Dabei müssen natürlich bestimmte Randbedingungen vorausgesetzt werden, damit es dadurch nicht zu gefährlichen Situationen kommen kann. Andererseits können die Stromwerte der Aktuatoren, die während der Ansteuerung aufgenommen werden, mit fest abgelegten Stromgrenzwerten verglichen und aus Abweichungen entsprechende Fehler erkannt werden.

Auch die Berechnung der Steuerungs- und Regelungsfunktionen wird überwacht. Die berechneten Ausgangswerte einer Steuerungs- und Regelungsfunktion werden z. B. häufig anhand der Ausgangswerte einer vereinfachten Überwachungsfunktion auf Plausibilität überprüft.

Beispiel: Aufbau eines Motorsteuergeräts

Die hohen Sicherheits- und Zuverlässigkeitsanforderungen an viele Motorsteuerungsfunktionen erfordern den Einsatz eines Überwachungsrechners im Motorsteuergerät (Bild 2-62).

Auf Methoden zur Analyse und Spezifikation des Überwachungskonzepts für sicherheitsrelevante Funktionen der Motorsteuerung wird in Kapitel 5.2 ausführlicher eingegangen.

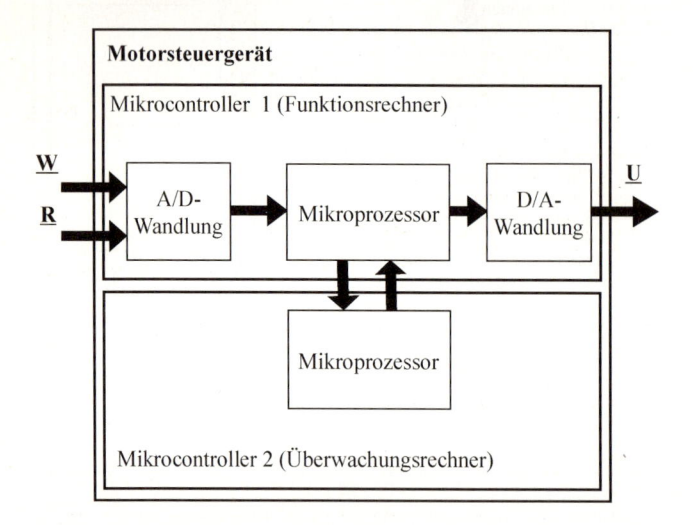

Bild 2-62: Vereinfachtes Blockschaltbild eines Motorsteuergeräts [6]

2.6.6 Aufbau des Diagnosesystems elektronischer Steuergeräte

Das Diagnosesystem als Teilsystem des Überwachungssystems gehört zum Grundumfang eines Seriensteuergeräts. Bei den Fehlerdiagnosefunktionen wird zwischen On-Board- und Off-Board-Diagnosefunktionen unterschieden (Bild 2-63).

2.6.6.1 Off-Board-Diagnosefunktionen

Wird zur Fehlererkennung das Steuergerät an einen Diagnosetester angeschlossen, der Fehlererkennungsfunktionen ausführt – beispielsweise in der Produktion oder im Service –, so werden diese als Off-Board-Diagnosefunktionen bezeichnet. Der Diagnosetester wird in der Regel in der Servicewerkstatt an eine zentrale Fahrzeugdiagnoseschnittstelle, auch Diagnosestecker genannt, angeschlossen, der mit den verschiedenen Steuergeräten des Fahrzeugs verbunden ist. Alle diagnosefähigen Steuergeräte können so über diese zentrale Fahrzeugdiagnoseschnittstelle diagnostiziert werden.

2.6.6.2 On-Board-Diagnosefunktionen

Falls die Fehlererkennungsfunktionen im Steuergerät ausgeführt werden, so werden diese auch als On-Board-Diagnosefunktionen bezeichnet. Im Falle, dass ein Fehler, ein Ausfall oder eine

2.6 Zuverlässigkeit, Sicherheit, Überwachung und Diagnose von Systemen   109

Störung erkannt wird, stößt die On-Board-Diagnosefunktion eine entsprechende Fehlerbehandlung an und nimmt meist auch einen Eintrag im Fehlerspeicher des Steuergerätes vor, der dann später z. B. mit einem Diagnosetester in der Servicewerkstatt ausgelesen und ausgewertet werden kann. Je nach Anwendungsfall werden die Fehlererkennungsfunktionen nur beim Systemstart oder auch zyklisch während des Betriebs durchgeführt.

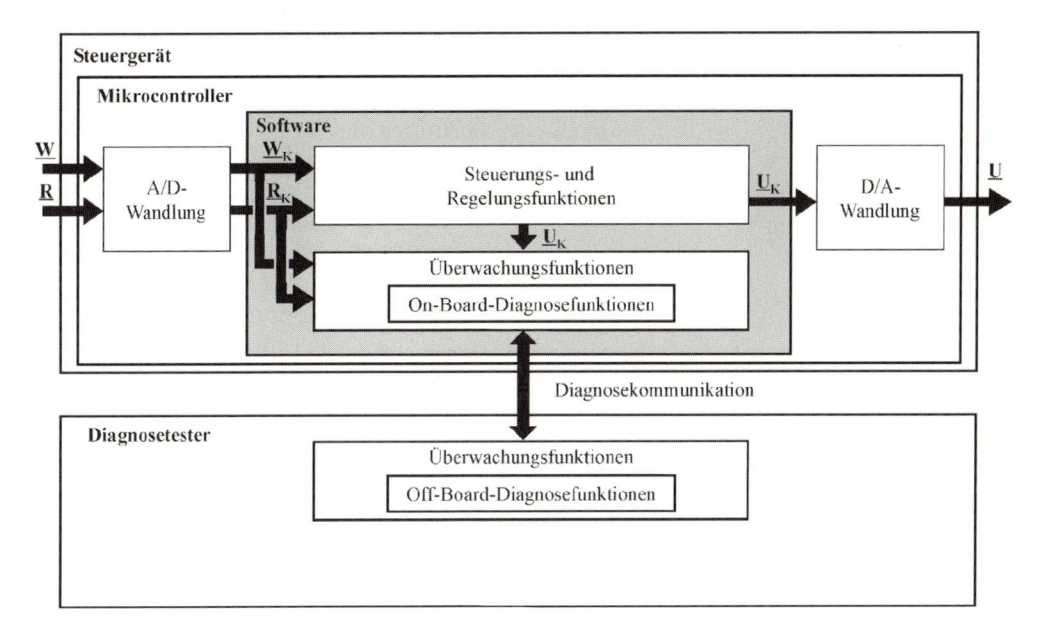

Bild 2-63: On-Board- und Off-Board-Diagnosefunktionen

Ein möglicher Aufbau des On-Board-Diagnosesystems eines Steuergeräts ist in Bild 2-64 dargestellt. Die On-Board-Diagnosefunktionen umfassen neben Software-Funktionen für die Sollwertgeber-, Sensor- und Aktuatordiagnose, Funktionen zur Diagnose der Steuerungs- und Regelungsfunktionen. Der Fehlerspeichermanager, der unter anderem Ein- und Austräge in den Fehlerspeicher vornimmt, sowie die Software-Komponenten der Plattform-Software für die Off-Board-Diagnosekommunikation mit dem Diagnosetester gehören ebenso zum Diagnosesystem.

Die On-Board-Diagnosefunktionen überprüfen beispielsweise während des normalen Betriebs die Eingangs- und Ausgangssignale des Steuergeräts. Außerdem wird das gesamte elektronische System ständig auf Fehlverhalten, Ausfälle und Störungen hin überwacht.

War das Diagnosesystem ursprünglich zur Unterstützung einer schnellen und gezielten Fehlersuche bei elektronischen Systemen in der Servicewerkstatt gedacht, so ist daraus inzwischen – auch durch eine Reihe gesetzlicher Vorgaben bezüglich Sicherheit und Zuverlässigkeit – ein umfangreiches Teilsystem des Steuergeräts geworden.

2.6.6.3 Sollwertgeber- und Sensordiagnosefunktionen

Die Sollwertgeber, Sensoren und die Verbindungsleitungen zum Steuergerät können anhand der ausgewerteten Eingangssignale überwacht werden. Mit diesen Überprüfungen können neben Sollwertgeber- und Sensorfehlern auch Kurzschlüsse zur Batteriespannung oder zur Masse, sowie Leitungsunterbrechungen festgestellt werden. Hierzu können folgende Verfahren eingesetzt werden:

- Überwachung der Versorgungsspannung des Sollwertgebers oder Sensors
- Überprüfung des erfassten Werts auf den zulässigen Wertebereich
- Plausibilitätsprüfung bei Vorliegen von Zusatzinformationen

Die Sollwertgeber- und Sensordiagnose wird ermöglicht durch das Messen von Steuergeräteeingangssignalen und steuergeräteinternen Größen. Diese Signale werden über die Off-Board-Diagnosekommunikation an den Diagnosetester übertragen. Im Diagnosetester können die übertragenen Daten als physikalische Größen online dargestellt werden. Für Plausibilitätsprüfungen können im Diagnosetester auch die Signale auf den Bussen mitgemessen werden (engl. Bus Monitoring). Ergänzend können auch zusätzliche Diagnosemessmodule ins Fahrzeug eingebaut und so weitere Signale für Plausibilitätsprüfungen verwendet werden.

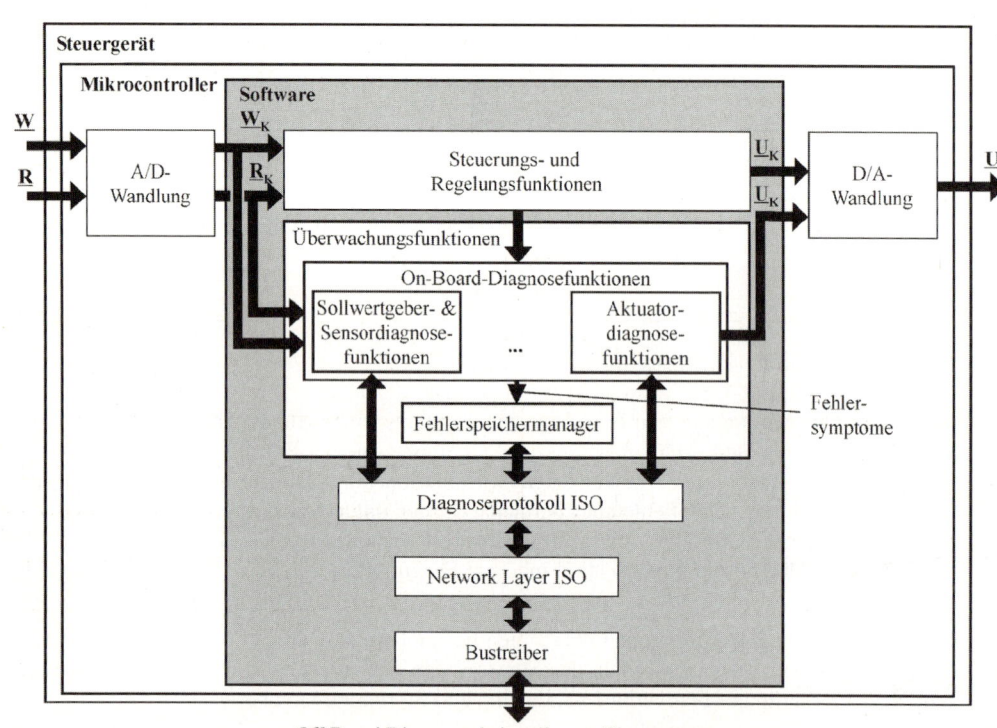

Bild 2-64: Übersicht über das On-Board-Diagnosesystem elektronischer Steuergeräte

2.6.6.4 Aktuatordiagnosefunktionen

Die Funktionen zur Aktuatordiagnose ermöglichen im Fahrzeugservice die gezielte Aktivierung einzelner Aktuatoren des Steuergeräts, um damit ihre Funktionsfähigkeit zu überprüfen. Dieser Testmodus wird mit dem Diagnosetester angestoßen. Er funktioniert in der Regel nur bei stehendem Fahrzeug unter festgelegten Bedingungen, beim Motorsteuergerät beispielswei-

2.6 Zuverlässigkeit, Sicherheit, Überwachung und Diagnose von Systemen

se unterhalb einer bestimmten Motordrehzahl oder bei Motorstillstand. Dabei werden die Steuerungs- und Regelungsfunktionen nicht ausgeführt. Stattdessen werden die Ausgangsgrößen der Steuerung oder des Reglers für die Aktuatoren online durch den Diagnosetester vorgegeben. Die Funktion der Aktuatoren wird akustisch – beispielsweise durch Klicken eines Ventils –, optisch – etwa durch Bewegen einer Klappe – oder durch andere einfache Methoden überprüft.

2.6.6.5 Fehlerspeichermanager

Von den On-Board-Diagnosefunktionen erkannte Fehlersymptome werden in der Regel im Fehlerspeicher des Steuergeräts eingetragen. Der Fehlerspeicher wird meist im EEPROM abgelegt, da so die Einträge dauerhaft gespeichert werden können. Der Fehlerspeicher ist bei Motorsteuergeräten in etwa so aufgebaut, wie in Bild 2-65 dargestellt. Gesetzliche Anforderungen, z. B. [59], legen fest, dass für jeden Fehlereintrag neben dem Code eines Fehlersymptoms (engl. Diagnostic Trouble Code, DTC) zusätzliche Informationen abgespeichert werden müssen. Dazu gehören z. B. die Betriebs- oder Umweltbedingungen, die beim Auftreten des Fehlersymptoms herrschten. Ein Beispiel ist die Motordrehzahl, die Motortemperatur oder der Kilometerstand zum Zeitpunkt der Fehlererkennung. Als weitere Informationen werden häufig Fehlerart, wie Kurzschluss oder Leitungsunterbrechung bei elektrischen Fehlern, und der Fehlerstatus, wie statischer Fehler oder sporadischer Fehler, sowie weitere Merkmale des Fehlersymptoms abgespeichert. Dazu gehören etwa Hinweise, ob und wie häufig das Fehlersymptom bereits früher aufgetreten ist und abgespeichert wurde oder ob es zum aktuellen Zeitpunkt auftritt. Der Fehlerspeichermanager übernimmt das Ein- und Austragen von Fehlersymptomen in den Fehlerspeicher und wird meist als eigenständige Software-Komponente realisiert.

Eintrag	Fehlersymptom (Fault Symptom)	Diagnostic Trouble Code (DTC)	Malfunction Indicator Light (MIL)	gespeichert	aktiv	Umweltbedingungen (Environment Conditions)		
1	Temperaturfühler Ansaugluft	P0110	aus	ja	nein			
2	Beschleunigungsinformation	P1605	aus	nein	ja			
3								
4								
⋮								

Bild 2-65: Aufbau des Fehlerspeichers eines Steuergeräts

Insbesondere im Motormanagement sind die oft länderspezifischen Abgasgesetze zu beachten. Darin sind für viele Fehler, die Einfluss auf die Abgasemissionen haben, die Fehlercodes (DTC) und die Blinkcodes der so genannten Fehlerlampe (engl. Malfunction Indicator Light, MIL) zur Information des Fahrers vorgeschrieben. Unter vorgegebenen Bedingungen können manche Fehlersymptome vom Fehlerspeichermanager auch wieder aus dem Fehlerspeicher ausgetragen werden, etwa wenn sie während einer bestimmten Anzahl von Fahrzyklen nicht mehr auftreten.

Bei der Fahrzeuginspektion in der Servicewerkstatt können diese gespeicherten Informationen mit dem Diagnosetester über die Off-Board-Diagnoseschnittstelle des Fahrzeugs ausgelesen werden. Damit kann die eigentliche Fehlersuche und Reparatur erleichtert werden. Zur Übertragung vom Steuergerät zum Diagnosetester müssen die in Bild 2-65 grau hinterlegten Fehlerspeicherinhalte mittels Nachrichten der Off-Board-Diagnosekommunikation transportiert werden. Auch alle diese Aufgaben in Zusammenhang mit Anforderungen des Diagnosetesters übernimmt der Fehlerspeichermanager. Im Diagnosetester werden die Fehlerspeicherinhalte dargestellt. Dies kann durch direkte Darstellung der Fehlercodes erfolgen. Verständlicher ist aber eine Anzeige der Fehlersymptome als Klartext, wie in Bild 2-65 dargestellt, und eine Anzeige der Umweltbedingungen als physikalische Größen. Dazu benötigt der Diagnosetester eine Fehlerspeicherbeschreibung des jeweiligen Steuergeräts.

Nach der erfolgreichen Fehlerbehebung kann über ein entsprechendes Kommando vom Diagnosetester an den Fehlerspeichermanager der Fehlerspeicher komplett gelöscht werden.

2.6.6.6 Off-Board-Diagnosekommunikation

Für die Kommunikation zwischen Diagnosetester und Steuergerät wurden Standards [39, 40] definiert. In der Regel wird die Off-Board-Diagnosekommunikation unter Berücksichtigung dieser Standards vom Fahrzeughersteller für alle Steuergeräte des Fahrzeugs einheitlich festgelegt. Ähnlich wie die Software-Komponenten für die On-Board-Kommunikation können dann auch die Software-Komponenten für die Off-Board-Diagnosekommunikation zwischen Steuergeräten und Diagnosetester fahrzeugweit standardisiert werden (Bild 1-22).

2.6.6.7 Modellbasierte Fehlererkennung

Abschließend soll auf die modellbasierte Fehlererkennung, auch modellbasierte Diagnose genannt, kurz eingegangen werden. Diese wird zunehmend in elektronischen Steuergeräten eingesetzt. Eine prinzipielle Darstellung zeigt Bild 2-66.

Zur Fehlererkennung werden die im statischen oder dynamischen Systemverhalten vorhandenen, bekannten Abhängigkeiten verschiedener messbarer Signale durch Einsatz von Modellen der Aktuatoren, der Strecke und der Sensoren ausgenutzt. Dazu können Methoden aus der Regelungstechnik, wie Modellgleichungen, Zustandsgrößenschätzung oder Zustandsbeobachter, eingesetzt werden [34, 35]. Aufgrund der vorhandenen Eingangsgrößen, meist die Reglerausgangsgrößen $\underline{U}$ und die Rückführgrößen $\underline{R}$, manchmal auch die Führungsgrößen $\underline{W}$ und die Stellgrößen $\underline{Y}$, können Fehler in der Steuerung oder im Regler, in den Sensoren, in der Strecke und in den Aktuatoren erkannt werden.

Die modellbasierte Fehlererkennung vergleicht das Verhalten der realen Komponenten mit dem Verhalten der modellierten Komponenten und erzeugt mit geeigneten Methoden Merkmale. Weichen diese Merkmale vom hinterlegten normalen Verhalten ab, dann bilden sich Fehlersymptome aus, die die Basis für die Fehlerbehandlung darstellen.

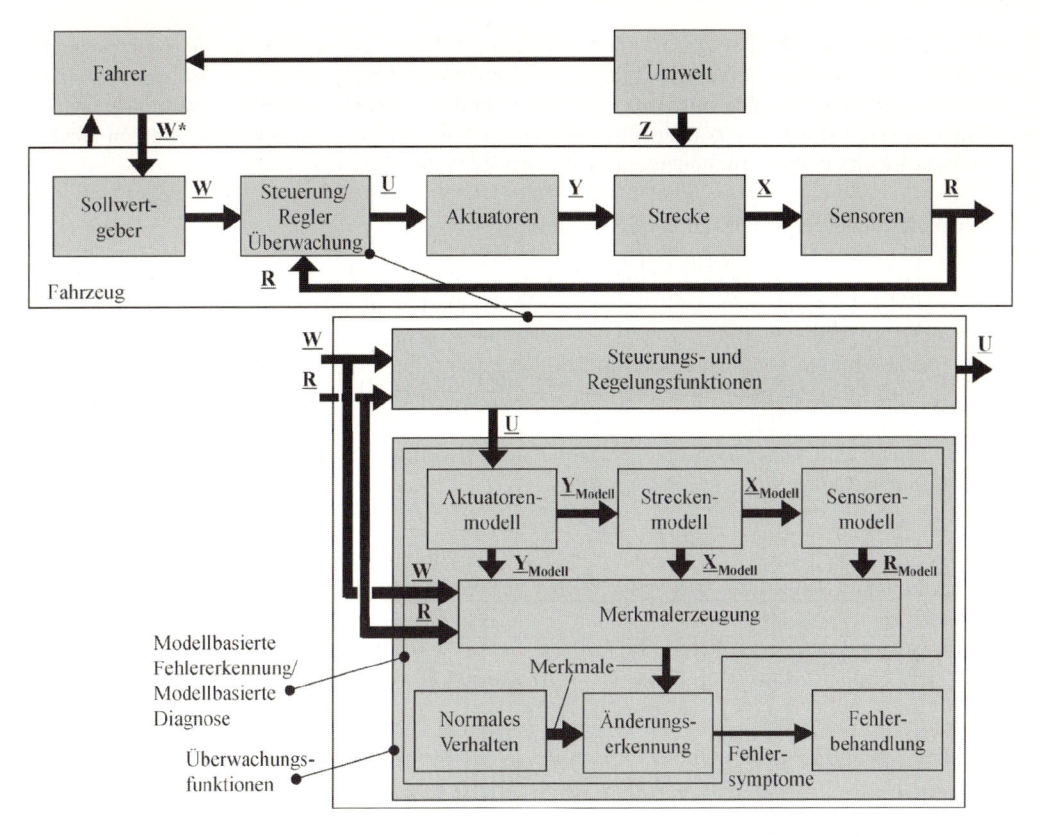

Bild 2-66: Prinzipielle Darstellung der modellbasierten Fehlererkennung [55]

2.7 Zusammenfassung

Der Entwurf des Elektronik- und Software-Systems eines Fahrzeuges besitzt einen hohen Schwierigkeitsgrad, da die Anforderungen der verschiedenen Anwendungen sehr umfangreich und unterschiedlich sind. So können beispielsweise die unterschiedlichen Kommunikationsanforderungen in verteilten und vernetzten Systemen bisher von einer für alle Anwendungsfälle geeigneten, kostengünstigen, einheitlichen Vernetzungstechnologie nicht erfüllt werden.

Ein Optimierungskriterium für den Systementwurf kann nicht auf einfache Weise festgelegt werden. Würde beispielsweise das Echtzeitverhalten als Optimierungskriterium gewählt, so führt dies zwar zu einer Auslegung mit minimaler Belastung der Prozessoren oder der Busse, jedoch werden dabei Zuverlässigkeits- und Sicherheitsaspekte – wie Redundanz – oder Randbedingungen – wie die aus Kosten- oder Qualitätsgründen erforderliche Wiederverwendung von Komponenten – nicht ausreichend berücksichtigt. Für ein so komplexes Entwurfsproblem ist eine strukturierte Vorgehensweise, ein Entwicklungsprozess notwendig, der vom Umgang mit Anforderungen und Randbedingungen bis zur Abnahme des Systems alle Entwicklungsphasen berücksichtigt.

In der Praxis hat sich der Ansatz als vorteilhaft erwiesen, Teilfunktionen mit gleichartigen Anforderungsmerkmalen zu Subsystemen zusammenzufassen. Die elektronischen Systeme dieser Subsysteme werden mit einer geeigneten Kommunikationstechnologie verbunden. Um Funktionen darstellen zu können, die über diese Subsysteme hinaus wirken, werden diese Subsysteme über Gateway-Steuergeräte miteinander verbunden.

Beispiel: Steuergerätenetz der BMW 7er Reihe [63]

In Bild 2-67 ist ein Überblick über das Steuergerätenetzwerk der aktuellen BMW 7er Reihe dargestellt. Es besteht aus rund 60 Steuergeräten, die in fünf Subsystemen organisiert sind.

Die Abfrage von Diagnoseinformationen erfolgt über eine Punkt-zu-Punkt-Verbindung vom Diagnosetester über die zentrale Off-Board-Diagnoseschnittstelle zum zentralen Gateway-Steuergerät. Von dort erfolgt die Kommunikation über die fahrzeuginternen Busse und Gateway-Steuergeräte mit dem jeweiligen Steuergerät im entsprechenden Subsystem.

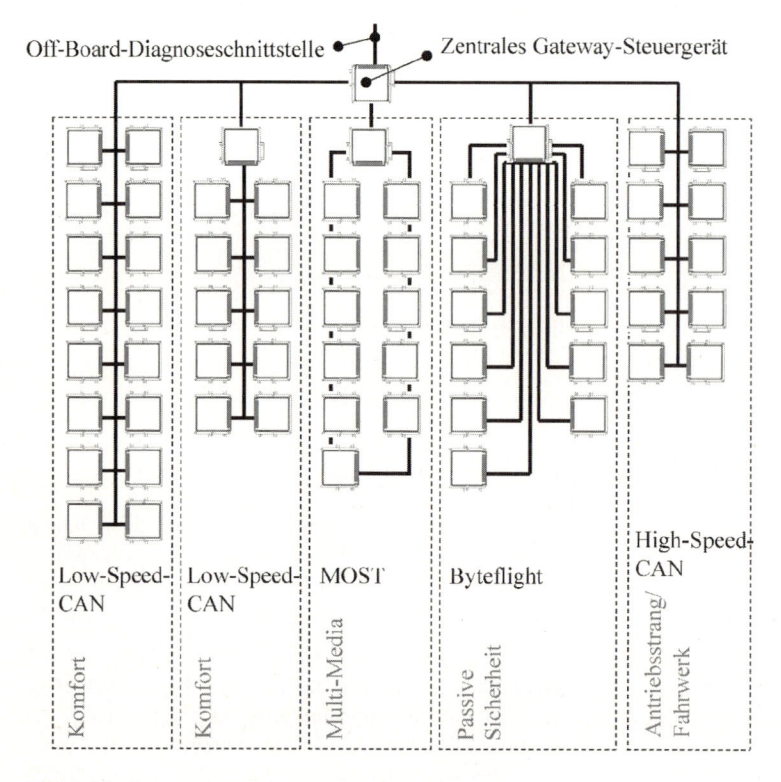

Bild 2-67: Steuergerätenetzwerk der BMW 7er Reihe [63]

Die Subsysteme arbeiten mit unterschiedlichen Kommunikationstechnologien und Netzwerktopologien.

2.7 Zusammenfassung

- Der CAN-Bus in der Variante "High-Speed-CAN" [2] wird im Bereich des Antriebsstrangs und Fahrwerks eingesetzt.
- Die Variante „Low-Speed-CAN" [47] wird als Bustechnologie im Komfortbereich verwendet, der in zwei Subsegmenten organisiert ist.
- Byteflight [64] vernetzt in Sterntopologie die Steuergeräte der passiven Sicherheitssysteme.
- Die Multi-Media-Systeme verlangen hohe Datenraten und eine exakte zeitsynchrone Datenübertragung. Diese Systeme sind in einer Ringarchitektur mit MOST [65] verbunden.

Der Einsatz weiterer Kommunikationstechnologien ist bereits erfolgt [70] oder absehbar.

- Auf dem Gebiet der Multi-Media-Anwendungen führt die Diskrepanz der Innovationszyklen – zwischen wenigen Monaten für Multi-Media-Geräte bis zu mehreren Jahren für die klassischen Fahrzeugsysteme – zu einer bevorzugten Verwendung von drahtlosen Kommunikationstechnologien wie beispielsweise Bluetooth [67], so dass Hardware-Änderungen im Fahrzeug so gering wie möglich gehalten werden können.
- Zur Verwendung im Bereich der kostensensiblen Karosserieanwendungen ist LIN [66] als kostengünstige Technologie für Subnetze in Vorbereitung.
- Für den Einsatz im Bereich der sicherheitsrelevanten Systeme, wie Brake-By-Wire- oder Steer-By-Wire-Systeme, sind deterministische Kommunikationssysteme, die ausfalltolerant ausgelegt werden müssen, notwendig. Mögliche Vernetzungstechnologien hierfür sind FlexRay [48], TTP [49] und TTCAN [50].

3 Unterstützungsprozesse zur Entwicklung von elektronischen Systemen und Software

In diesem Kapitel stehen die Unterstützungsprozesse zur Entwicklung von elektronischen Systemen und Software im Mittelpunkt (Bild 3-1). Zunächst werden einige bisher umgangssprachlich verwendete Systembegriffe genauer definiert. Es folgt ein Überblick über die Vorgehensweisen im Konfigurations-, Projekt-, Lieferanten- und Anforderungsmanagement, sowie über die Qualitätssicherung. Diese Themengebiete werden dabei weitgehend unabhängig von der Software-Entwicklung behandelt. Dadurch können die vorgestellten Vorgehensweisen auf allen Systemebenen im Fahrzeug, sowie für die Entwicklung von Sollwertgebern, Sensoren, Aktuatoren und Hardware, aber auch für die Software-Entwicklung eingesetzt werden.

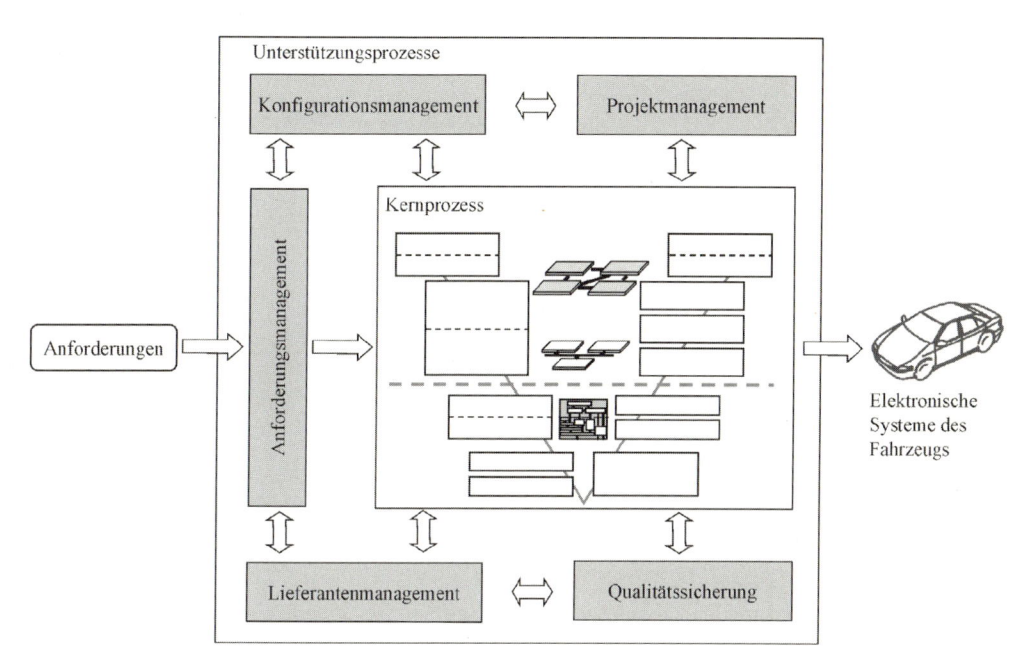

Bild 3-1: Unterstützungsprozesse zur Entwicklung von elektronischen Systemen und Software

3.1 Grundbegriffe

Die Systemtheorie [53] stellt Vorgehensweisen zum Umgang mit Komplexität zur Verfügung. Der verbreitete Ansatz zur Beherrschung von Komplexität „Divide et Impera!" – „Teile und Beherrsche!" setzt drei wichtige Annahmen voraus:

1. Die Aufteilung des Systems in Komponenten verfälscht nicht das betrachtete Problem.
2. Die Komponenten für sich betrachtet sind in wesentlichen Teilen identisch mit den Komponenten des Systems.

3. Die Prinzipien für den Zusammenbau der Komponenten zum System sind einfach, stabil und bekannt.

Diese Annahmen sind für viele praktische Fragestellungen zulässig.

Die Eigenschaften des Systems ergeben sich aus den Beziehungen zwischen den Komponenten des Systems; also aus der Art und Weise wie die Komponenten interagieren und zusammenspielen. Mit zunehmender Komplexität eines Systems wird auch die Analyse der Komponenten und ihrer Beziehungen zueinander komplex und aufwändig. Auf die Untersuchung derartiger Systeme konzentriert sich die Systemtheorie. Die Komponenten eines Systems können dabei vollkommen unterschiedlich sein. Es können technische Bauteile, aber auch Personen oder die Umwelt als Komponenten des Systems betrachtet werden.

In den folgenden Abschnitten stehen technische Systeme im Mittelpunkt. Dieses Buch orientiert sich dabei an den folgenden Systemdefinitionen [53, 60]:

- Ein **System** ist eine von seiner Umgebung abgegrenzte Anordnung aufeinander einwirkender **Komponenten** (Bild 3-2).

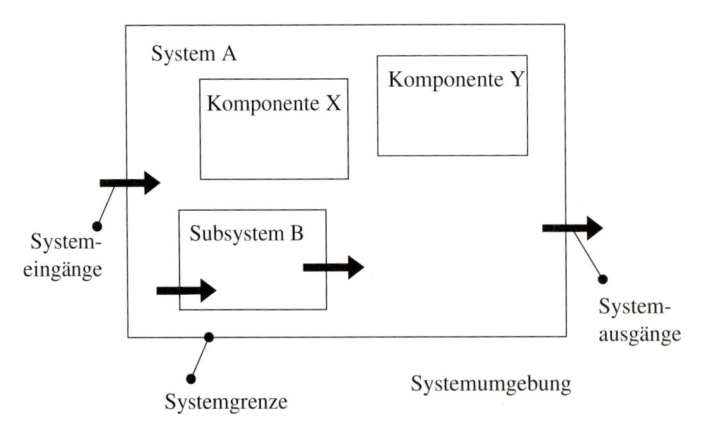

Bild 3-2: Definition eines Systems

- Der **Systemzustand** zu einem bestimmten Zeitpunkt ist durch eine Menge von Eigenschaften bestimmt, die das System zu diesem Zeitpunkt beschreiben.
- Die **Systemumgebung**, kurz Umgebung, ist eine Anordnung von Komponenten und deren Eigenschaften, die nicht Teil des Systems sind, aber deren Verhalten den Systemzustand beeinflussen kann.
- Es existiert deshalb eine **Systemgrenze** zwischen System und Umgebung. Dadurch werden implizit alle Signale, die die Systemgrenze überqueren, zu **Systemschnittstellen**.
- Nach ihrer Übertragungsrichtung können bei den Systemschnittstellen **Systemeingänge** und **Systemausgänge** unterschieden werden.
- Ein System ist deshalb immer Teil seiner Umgebung, also Komponente eines größeren Systems. Daraus folgt, dass jede Anordnung von Komponenten, die als System betrachtet wird, im allgemeinen Fall Teil einer Hierarchie von Systemen ist. So kann ein System

3.1 Grundbegriffe

auch gleichzeitig **Subsysteme** enthalten, also aus Subsystemen aufgebaut werden. In der Regel existieren mehrere so genannte Betrachtungs-, Abstraktions- oder **Systemebenen**.

- Sind sich die verschiedenen Systemebenen ähnlich, spricht man auch von **Selbstähnlichkeit**. In Bild 3-2 ist beispielsweise eine Ähnlichkeit zwischen System A und Subsystem B erkennbar.

- Auf jeder Systemebene kann zwischen einer **Innenansicht** und einer **Außenansicht** auf das System unterschieden werden. Von der Außenansicht her betrachtet, kann häufig nicht erkannt werden, ob es sich um eine Komponente oder um ein Subsystem handelt. Die Außenansicht abstrahiert die Systemsicht auf die Systemgrenze und die Systemschnittstellen.

Eine Systemsicht ist also immer eine Abstraktion, die von der Betrachtungsperson analytisch entwickelt wird.

Für das gleiche System können dabei verschiedene Betrachtungspersonen verschiedene **Systemsichten** entwickeln. Beispielsweise sind die in Kapitel 2 vorgestellten Modellperspektiven, wie die steuerungs- und regelungstechnische Sicht, die Mikrocontrollersicht oder die sicherheitstechnische Sicht, solche verschiedene Sichten auf elektronische Systeme des Fahrzeugs.

Abstraktion durch **Hierarchiebildung und Modularisierung** sind allgemeine Methoden der Modellierung von Systemen. Diese Grundprinzipien werden bei der Entwicklung aller Systemsichten – oft intuitiv – angewendet.

Eine wichtige Orientierungshilfe zur Modellbildung ist die so genannte „7+/–2-Regel". Systeme mit mehr als 7 + 2 = 9 Komponenten erscheinen dem menschlichen Betrachter oft komplex. Systeme mit weniger als 7 – 2 = 5 Komponenten erscheinen dagegen häufig trivial (Bild 3-3).

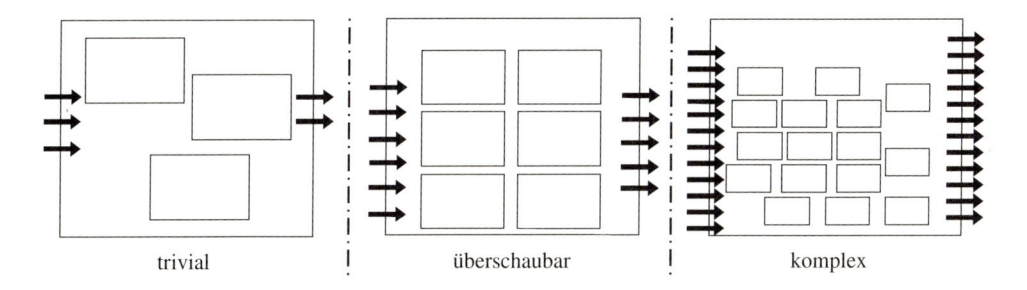

Bild 3-3: Überschaubarkeit als Grundregel zur Modellierung von Systemen

Die Enthaltensbeziehungen zwischen einem System und seinen Komponenten werden **Aggregationsbeziehungen** genannt. Die Aufteilung oder Zerlegung eines Systems in Komponenten wird als **Partitionierung** oder **Dekomposition** bezeichnet. Entsprechend wird die Zusammenführung der Komponenten zum System als **Integration** oder **Komposition** bezeichnet.

Beispiel: Systemebenen in der Fahrzeugelektronik

Elektronische Systeme im Fahrzeug können auf verschiedenen **Systemebenen** betrachtet werden. In Bild 3-4 sind die Ebenen so dargestellt, wie sie in den folgenden Kapiteln verwendet werden.

Ebene Fahrzeug

Ebene Fahrzeugsubsystem (z.B. Antriebsstrang)

Ebene Steuergerät

Ebene Mikrocontroller

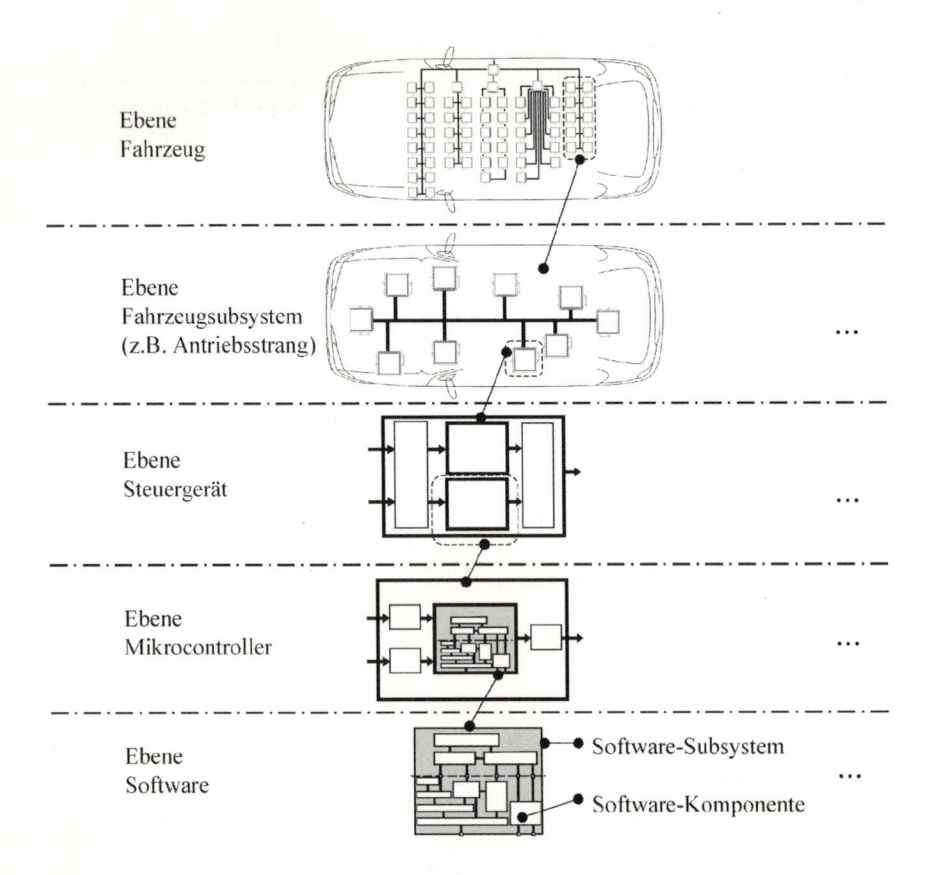

Ebene Software — Software-Subsystem / Software-Komponente

Bild 3-4: Systemebenen in der Fahrzeugelektronik

3.2 Vorgehensmodelle und Standards

Zur Systementwicklung wurden verschiedene Vorgehensmodelle und Standards entwickelt – etwa **C**apability-**M**aturity-**M**odel-**I**ntegration (CMMI) [14], **S**oftware-**P**rocess-**I**mprovement-and-**C**apability-**D**etermination (SPICE) [15] oder das V-Modell [16].

In jedem Fall muss ein Vorgehensmodell vor dem Einsatz an ein konkretes Projekt bewertet und eventuell angepasst werden. Die Gründe dafür sind vielfältig. Häufig sind einzelne Prozessschritte anwendungsabhängig unterschiedlich stark ausgeprägt. So spielt etwa die Kalibrierung von Funktionen im Bereich der Motorsteuergeräte eine sehr wichtige Rolle, in anderen

3.2 Vorgehensmodelle und Standards 121

Anwendungsgebieten, wie z. B. bei vielen Anwendungen in der Karosserieelektronik, dagegen häufig eine untergeordnete Rolle.

In der Regel sind auch die einzelnen in Kapitel 2 dargestellten Fachgebiete unterschiedlich stark an der Entwicklung beteiligt. Beispielsweise haben verteilte und vernetzte Systeme im Bereich der Karosserieelektronik eine besonders hohe Bedeutung. Dagegen müssen in einem Motorsteuergerät eine Vielzahl von verschiedenen Funktionen realisiert werden.

Im V-Modell werden die Tätigkeitsbereiche Systemerstellung, Projektmanagement, Konfigurationsmanagement und Qualitätssicherung unterschieden. Die so genannten „Key Process Areas" der Reifegradstufe 2 des CMM unterscheiden zwischen Anforderungsmanagement, Konfigurationsmanagement, Qualitätssicherung, Projektplanung, Projektverfolgung und Lieferantenmanagement.

In den folgenden Abschnitten wird, wie in Bild 3-1 dargestellt, zwischen Konfigurations-, Projekt-, Lieferanten- und Anforderungsmanagement, sowie Qualitätssicherung unterschieden.

Der Anspruch dieses Kapitels ist nicht die umfassende Behandlung dieser Themengebiete. Der Schwerpunkt liegt auf der Darstellung der Vorteile dieser Vorgehensweisen anhand von Beispielen aus der Praxis, insbesondere auf denjenigen Prozessschritten, die in der Fahrzeugentwicklung eine hohe Bedeutung haben oder spezifisch ausgeprägt sind.

Beispiel: Weiterentwicklung und Änderungsmanagement

> Wegen der langen Produktlebenszyklen von Fahrzeugen kommt der Weiterentwicklung und dem Änderungsmanagement der Fahrzeugsysteme eine besonders große Bedeutung zu. Es muss möglich sein, die Auswirkungen von Änderungen in einem System zu verwalten und zu verfolgen. Ein Beispiel dafür, wie sich Änderungen an einer Komponente auf verschiedene andere Komponenten eines Systems auswirken können, ist in Bild 3-5 dargestellt.

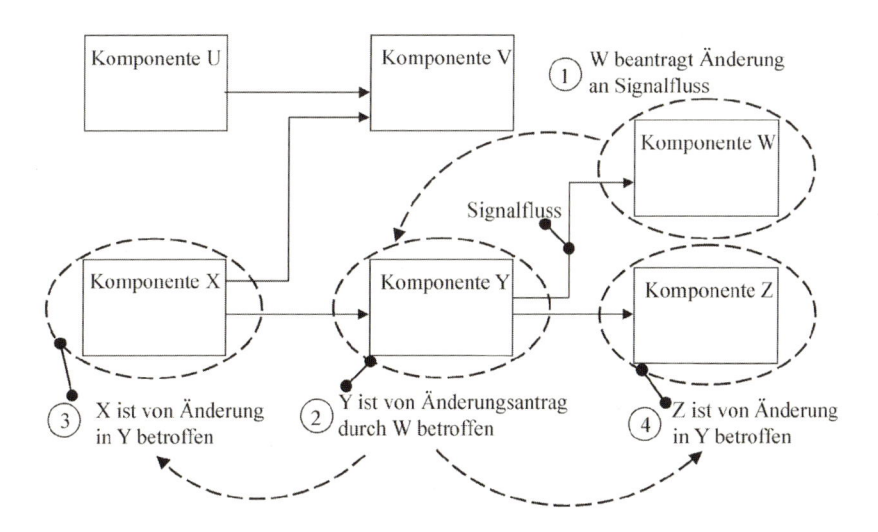

Bild 3-5: Auswirkungen von Änderungen an einer Komponente in einem System

Eine erforderliche Änderung an der Komponente W wirkt sich zunächst auf Komponente Y direkt aus. Die Änderung an der Komponente Y führt dann zu Änderungen an den Komponenten X und Z. Unter Umständen haben Änderungen auch Auswirkungen über Subsystemgrenzen oder Systemebenen hinweg.

Für die Weiterentwicklung und das Änderungsmanagement von Systemen müssen deshalb die in den folgenden Abschnitten beschriebenen Unterstützungsprozesse mit dem Kernprozess verbunden werden. Nur so können die Querbeziehungen zwischen Komponenten in einem System verwaltet und verfolgt werden.

3.3 Konfigurationsmanagement

3.3.1 Produkt und Lebenszyklus

Beim **Lebenszyklus eines Produkts** können die drei Phasen Entwicklung, Produktion, sowie Betrieb und Service unterschieden werden (Bild 1-14).

Für die einzelnen Komponenten eines Systems können die Produktlebenszyklen unterschiedlich lang sein. Beispielsweise sind die Produktlebenszyklen für Fahrzeuge wegen der anhaltenden Technologiefortschritte in der Elektronik oft länger als die Lebens- oder Änderungszyklen für die Steuergeräte-Hardware und Software. Außerdem können die Systemanforderungen in den einzelnen Phasen Entwicklung, Produktion, sowie Betrieb und Service unterschiedlich sein.

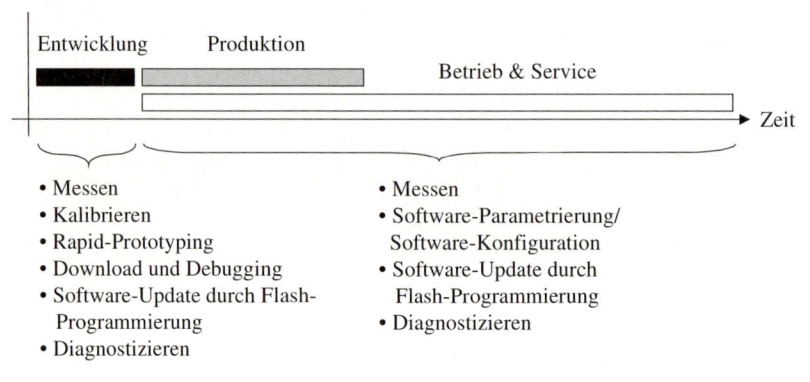

Beispiel: Unterschiedliche Anforderungen an Schnittstellen des Steuergeräts in Entwicklung, Produktion und Service

Die unterschiedlichen Anforderungen an die Schnittstellen des Steuergeräts in Entwicklung, Produktion und Service können oft nur durch eine unterschiedliche Hardware- und Software-Funktionalität in den einzelnen Phasen des Produktlebenszyklus erfüllt werden. Bild 3-6 zeigt einige funktionale Unterschiede zwischen Entwicklung, sowie Produktion, Betrieb und Service. Dazu kommen noch unterschiedliche Anforderungen z. B. an die Übertragungsleistung der Schnittstellen.

Entwicklung | Produktion | Betrieb & Service → Zeit

- Messen
- Kalibrieren
- Rapid-Prototyping
- Download und Debugging
- Software-Update durch Flash-Programmierung
- Diagnostizieren

- Messen
- Software-Parametrierung/ Software-Konfiguration
- Software-Update durch Flash-Programmierung
- Diagnostizieren

Bild 3-6: Unterschiedliche Anforderungen an Schnittstellen des Steuergeräts

3.3 Konfigurationsmanagement

3.3.2 Varianten und Skalierbarkeit

Die zunehmende Anzahl der Fahrzeugvarianten und gestiegene Kundenerwartungen – etwa an die Individualisierbarkeit und Erweiterbarkeit – führen zu Varianten- und Skalierbarkeitsanforderungen an die Systeme eines Fahrzeugs. Diese Systemanforderungen können entweder durch **Variantenbildung für Komponenten** oder durch **skalierbare Systemarchitekturen** erfüllt werden. In Bild 3-7 erfolgt die Variantenbildung durch die Komponente X; in Bild 3-8 durch die zusätzliche Komponente Z.

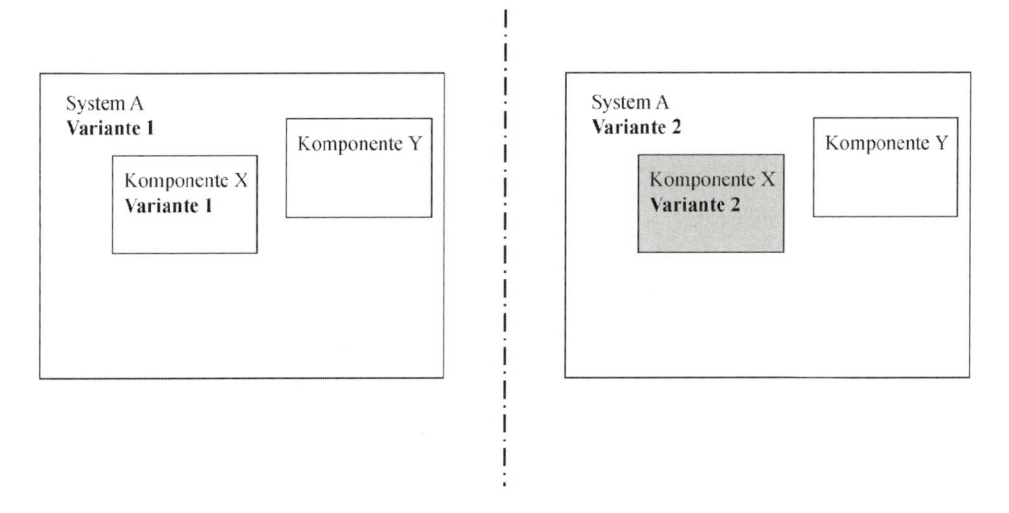

Bild 3-7: Bildung von Systemvarianten durch Komponentenvarianten

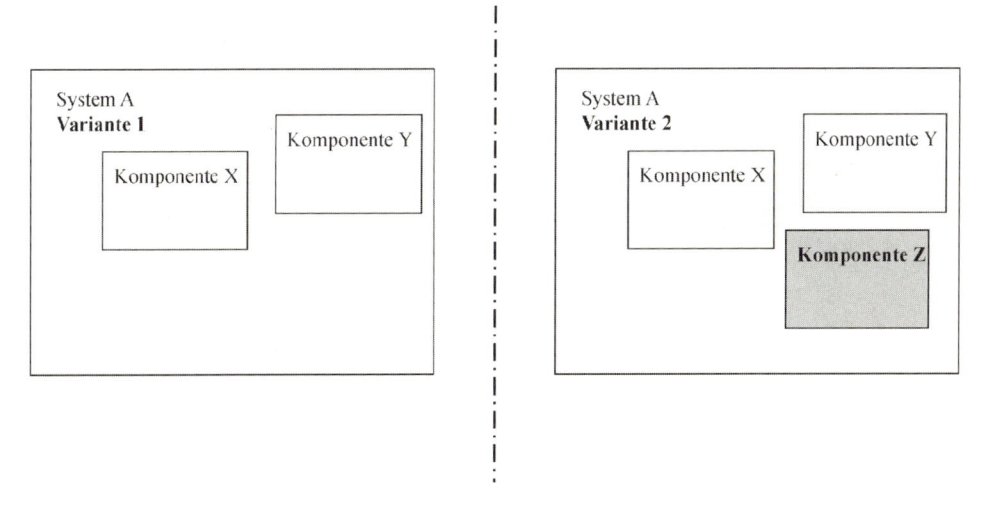

Bild 3-8: Bildung von Systemvarianten durch Skalierung

3.3.3 Versionen und Konfigurationen

Systemvarianten können auf allen Systemebenen auftreten. Deshalb müssen auch die **Hierarchiebeziehungen** zwischen System und Subsystemen bzw. Komponenten genauer betrachtet werden. Hier können **Baumstrukturen** (Bild 3-9) und **Netzstrukturen** (Bild 3-10) auftreten.

In Baumstrukturen ist jede Komponente genau einem System zugeordnet. In Netzstrukturen kann eine Komponente zu mehreren Systemen gehören. Baumstrukturen sind deshalb ein Sonderfall von Netzstrukturen. Das Versions- und Konfigurationsmanagement zur Verwaltung von Systemvarianten geht deshalb von Netzstrukturen aus.

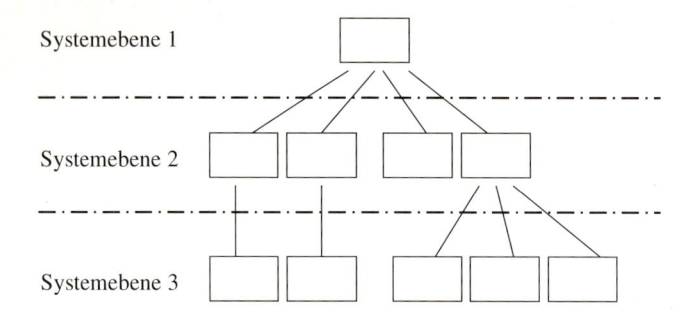

Bild 3-9: Baumstruktur

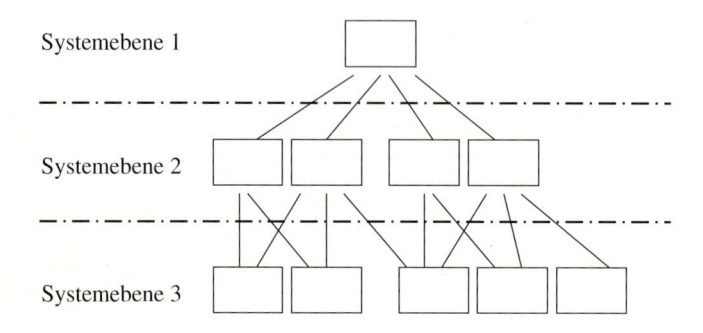

Bild 3-10: Netzstruktur

Die Weiterentwicklung von Systemen und die Einführung neuer Systeme während der Produktionsphase von Fahrzeugen führen mit der Zeit zur Weiterentwicklung der Systemkomponenten. Auf der Komponentenebene betrachtet entstehen daher zu bestimmten Zeitpunkten verschiedene so genannte **Versionen** von Komponenten (Bild 3-11).

Auf der Systemebene müssen auch die Beziehungen, die so genannten Referenzen, zu den enthaltenen Komponenten verwaltet werden.

3.3 Konfigurationsmanagement

In diesem Zusammenhang ist der Begriff **Konfiguration** notwendig. Eine Konfiguration ist eine versionierbare Komponente, welche eine Menge anderer versionierbarer Komponenten referenziert. Im Unterschied zu Versionen von Komponenten werden in Konfigurationen nur die Beziehungen zu den in der Konfiguration enthaltenen Komponentenversionen und nicht die Komponentenversionen an sich verwaltet. Eine versionierte Komponente kann nicht mehr geändert werden. Daraus folgt, dass eine versionierte Konfiguration nur versionierte Komponenten referenzieren kann.

Auch die Menge von Enthaltensbeziehungen eines Systems kann nach diesen Definitionen als Konfiguration bezeichnet werden. Konfigurationen enthalten in diesem Fall also „nur" die Hierarchiebeziehungen. Auch Hierarchiebeziehungen und damit Konfigurationen können weiterentwickelt oder geändert werden (Bild 3-12).

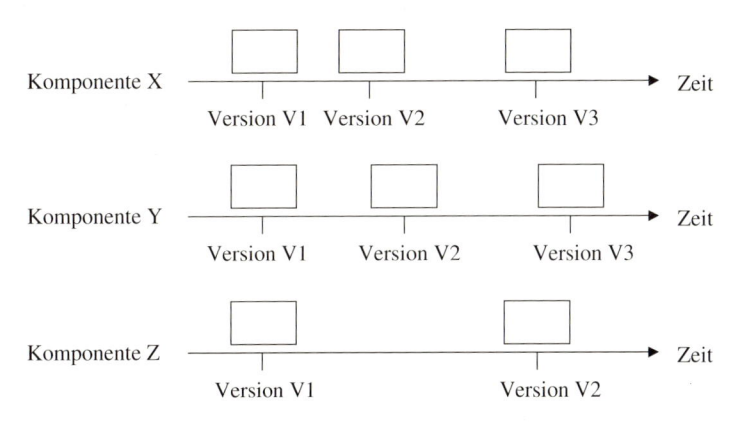

Bild 3-11: Verschiedene Versionen auf der Komponentenebene

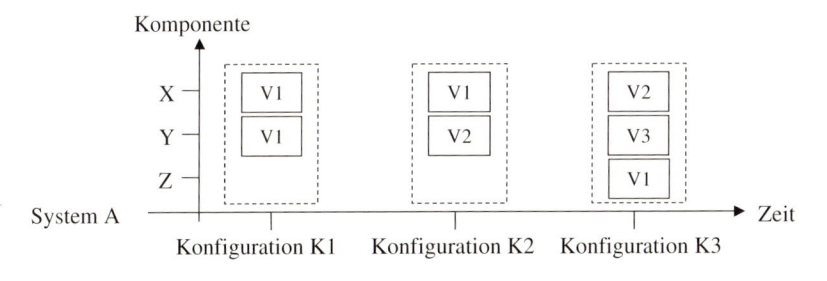

Bild 3-12: Verschiedene Konfigurationen auf der Systemebene

Mit der Zeit entstehen deshalb verschiedene Versionen einer Konfiguration. Diese Konfigurationen selbst können auf der übergeordneten Systemebene ähnlich wie eine Komponente oder ein Subsystem betrachtet werden.

Das Versions- und Konfigurationsmanagement, kurz Konfigurationsmanagement, ermöglicht die Verwaltung der dargestellten Beziehungen zwischen Systemen und Komponenten. Es ist deshalb ein wichtiger Bestandteil der Entwicklungs-, Produktions- und Serviceprozesse. Nicht nur die parallele Entwicklung von Varianten, sondern auch die aufeinanderfolgende Entwicklung von Versionen und die Erfüllung unterschiedlicher Systemanforderungen in einzelnen Phasen des Produktlebenszyklus können damit auf allen Systemebenen verwaltet werden.

Das Konfigurationsmanagement deckt alle Prozessschritte ab, die zur Ablage, zur Verwaltung, zur Wiederherstellung und zum Austausch der während der Entwicklung entstehenden Ergebnisse notwendig sind. Dies schließt den Austausch dieser Ergebnisse zwischen den verschiedenen Organisationseinheiten, aber auch zwischen Entwicklungspartnern in allen Prozessschritten ein. Neben den erarbeiteten Ergebnissen unterliegen auch alle eingesetzten Arbeitsmittel, wie z. B. die eingesetzten Entwicklungswerkzeuge dem Versions- und Konfigurationsmanagement. Nur so kann die Reproduzierbarkeit aller Prozessschritte gewährleistet werden. Das Konfigurationsmanagement verwaltet somit beispielsweise

- Anforderungen
- Spezifikationen
- Implementierungen, wie z. B. Programm- und Datenstände
- Beschreibungsdateien z. B. für Diagnose, Software-Update und Software-Parametrierung
- Dokumentationen und so weiter.

Im Konfigurationsmanagement müssen insbesondere in der Software-Entwicklung verschiedene Aspekte berücksichtigt werden. Dazu gehören z. B. die simultane Arbeitsweise, die Zusammenarbeit zwischen Fahrzeugherstellern und Lieferanten, die getrennte Behandlung von Programm- und Datenständen, die Verfolgung der Historie von Versionen und Konfigurationen von Software-Komponenten (Bild 3-13) oder die Verwaltung von Anforderungen und Beschreibungsdateien. Wichtig ist deshalb eine methodische Integration in den gesamten Entwicklungsprozess.

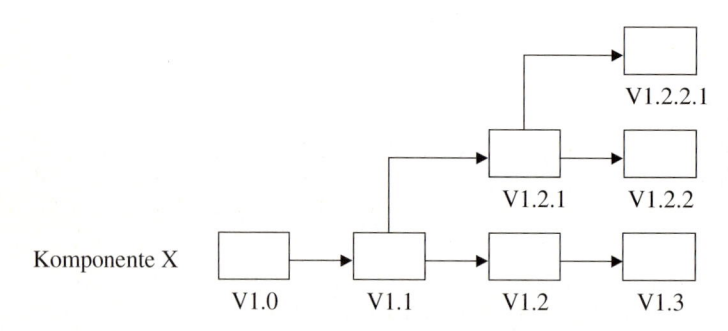

Bild 3-13: Historie der Versionen der Komponente X

3.4 Projektmanagement

Als **Projekte** werden Aufgabenstellungen bezeichnet, die durch folgende Merkmale gekennzeichnet sind [69]:

- Aufgabenstellung mit Risiko und einer gewissen Einmaligkeit, also keine Routineangelegenheit
- eindeutige Aufgabenstellung
- Verantwortung und Zielsetzung für ein zu lieferndes Gesamtergebnis
- zeitliche Befristung mit klarem Anfangs- und Endtermin
- begrenzter Ressourceneinsatz
- besondere, auf das Vorhaben abgestimmte Organisation
- häufig verschiedenartige, untereinander verbundene, wechselseitig voneinander abhängige Teilaufgaben und Organisationseinheiten.

Die Ziele eines Projekts (Bild 3-14) sind festgelegt durch

- **Qualitätsziele**

  Welche Anforderungen sollen vom Gesamtergebnis erfüllt werden?

- **Kostenziele**

  Wie viel darf die Erarbeitung des Gesamtergebnisses kosten?

- **Terminziele**

  Wann soll das Gesamtergebnis vorliegen?

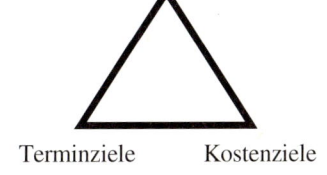

Bild 3-14: Projektziele

Jede Entwicklungstätigkeit ist durch einige dieser Merkmale gekennzeichnet und kann daher als Projekt behandelt werden.

Projektmanagement umfasst einerseits alle Aspekte der Projektplanung, also die Planung der Umsetzung der Projektziele. Es muss also eine Qualitäts-, Kosten- und Terminplanung erfolgen, die begleitet wird von einer Organisationsplanung, einer Einsatzplanung für die beteiligten Mitarbeiter und einer Risikoanalyse.

Auf der anderen Seite umfasst Projektmanagement die Projektverfolgung oder Projektsteuerung, also die Verfolgung und Überwachung von Qualität, Kosten und Terminen während der Umsetzung bis zum Projektabschluss. Dazu gehört auch die Beobachtung von auftretenden Risiken und entsprechendes Gegensteuern, das Risikomanagement.

3.4.1 Projektplanung

Zunächst müssen die Teilaufgaben eines Projektes definiert werden. Ein **Meilenstein** ist ein Ereignis, zu dem Teilaufgaben des Projektes abgeschlossen werden. Das Erreichen von Meilensteinen ist ein typischer Zeitpunkt für Teillieferungen, Tests oder für Teilzahlungen des Kunden. Der Zeitraum, in dem eine Teilaufgabe bearbeitet wird, wird als **Projektphase** bezeichnet.

Im Allgemeinen können mindestens vier Projektphasen unterschieden werden (Bild 3-15):

- Definitionsphase
- Planungsphase
- Realisierungsphase und
- Abschlussphase.

Diese Phasen werden mit folgenden Meilensteinen abgeschlossen:

- Abschluss der Definition der Projektziele
- Projektplan
- Abschluss der Realisierung
- Abschluss des Projektes.

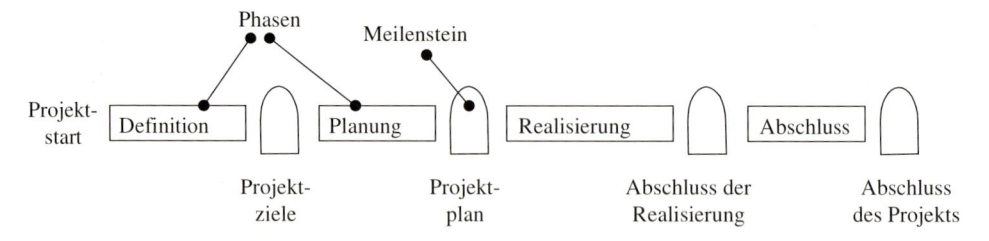

Bild 3-15: Projektphasen und Meilensteine

Meist werden diese Phasen in weitere Phasen untergliedert. Dies ist vor allem dann notwendig, wenn an einem Projekt mehrere Organisationseinheiten und verschiedene Unternehmen beteiligt sind, was in der Fahrzeugentwicklung in der Regel der Fall ist.

3.4.1.1 Qualitätsplanung

Die Qualitätsplanung legt alle Maßnahmen im Projektverlauf fest, die sicherstellen sollen, dass das Gesamtergebnis die gestellten Anforderungen erfüllt. Es wird zwischen Richtlinien zur Qualitätssicherung und Maßnahmen zur Qualitätsprüfung unterschieden. Die Maßnahmen zur Qualitätssicherung für alle Projektphasen werden in einem Qualitätsplan festgelegt.

3.4.1.2 Kostenplanung

Die Kostenplanung umfasst die Planung aller notwendigen Ressourcen und finanziellen Aufwände, die zur Durchführung des Projekts notwendig sind. Dies erfolgt meist in Form von Einsatzplänen für Mitarbeiter und finanziellen Mitteln. Dabei müssen auch Maßnahmen, wie beispielsweise die Wiederverwendung von Ergebnissen aus anderen Projekten, berücksichtigt werden.

3.4.1.3 Terminplanung

Die Terminplanung legt den Zeitraum der Durchführung der Projektphasen fest. Den Phasen und Meilensteinen werden dabei konkrete Anfangs- und Endtermine zugeordnet. Bei diesem Planungsschritt müssen der Einsatz von Mitarbeitern in verschiedenen Projekten oder auch die gleichzeitige Durchführung mehrerer Projekte, sowie alle Abhängigkeiten zwischen den Projektphasen berücksichtigt werden.

Beispiel: Terminplan für ein Fahrzeugentwicklungsprojekt

Bild 3-16 zeigt einen Ausschnitt aus der Terminplanung für ein Fahrzeugentwicklungsprojekt. Die Terminplanung für das gesamte Fahrzeug muss mit der Terminplanung für die Subsystemprojekte koordiniert und synchronisiert werden. Im hier dargestellten Beispiel müssen Fahrzeug-, Elektronik- und Software-Entwicklung aufeinander abgestimmt werden.

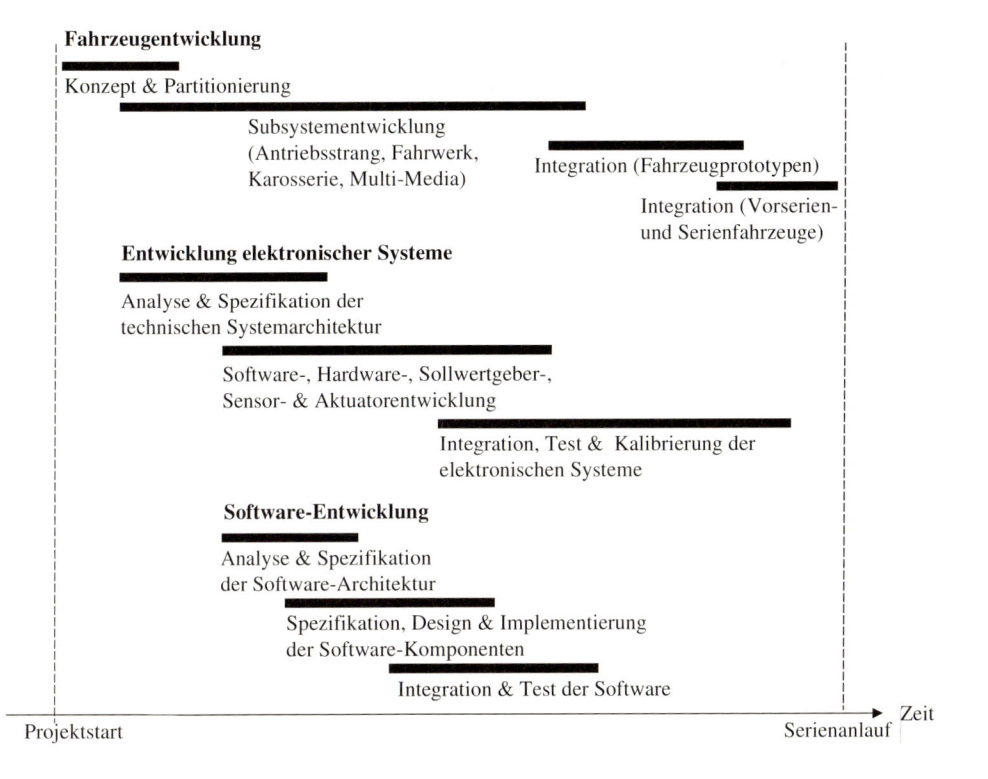

Bild 3-16: Terminplanung in der Fahrzeugentwicklung

Verschiedene Aufgaben werden teilweise zeitlich nacheinander und teilweise gleichzeitig eingeplant. Eine Verkürzung der Entwicklungszeit ist häufig nur durch eine parallele Bearbeitung von Aufgaben möglich. Eine Herausforderung ist deshalb vor allem die Planung und Synchronisation zeitlich paralleler Entwicklungsschritte (engl. Simultaneous Engineering).

Die Aufgaben sind dabei auf unterschiedliche Mitarbeiter und Teams verteilt und werden oft firmenübergreifend unter Einbeziehung von Fahrzeugherstellern, Zulieferern und Entwicklungspartnern durchgeführt.

Die genaue und vollständige Definition der Aufgaben, des Informationsflusses und der Synchronisationspunkte zwischen den Aufgaben kann durch ein Prozessmodell erfolgen. Dieses ist deshalb ein wichtiger Bestandteil für erfolgreiches Projektmanagement. Die enge Verzahnung der Software-Entwicklung mit der Elektronik- und Fahrzeugentwicklung ist ein Unterschied zu Vorgehensweisen in anderen industriellen Anwendungsgebieten, wie z. B. der Telekommunikation, und hat wesentlichen Einfluss auf den Software-Entwicklungsprozess in der Fahrzeugindustrie.

Bei der zeitlichen Synchronisation zweier Phasen, zwischen denen Abhängigkeiten bestehen, können die folgenden drei Fälle unterschieden werden. In der Praxis treten oft auch Mischformen davon auf.

Fall 1: Start von Phase B nach Ende von Phase A (Bild 3-17)

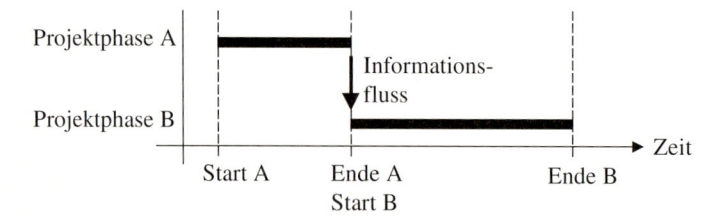

Bild 3-17: Sequentielle Planung von Projektphasen

Dieser Planungsansatz ist vorgegeben, wenn die Fertigstellung von Phase A Voraussetzung für den Start von Phase B ist oder falls die Bearbeitung von Phase B stark von den Ergebnissen von Phase A abhängt.

Vorteile: Sequentieller Informationsfluss ohne Risiko
Nachteile: Lange Bearbeitungsdauer

Beispiel: Der Integrationstest der Steuergeräte-Software (Phase B) kann erst nach Integration der Steuergeräte-Software (Phase A) beginnen.

**Fall 2: Start von Phase B mit Teilinformationen von Phase A
ohne frühes Einfrieren von Entscheidungen in Phase A** (Bild 3-18)

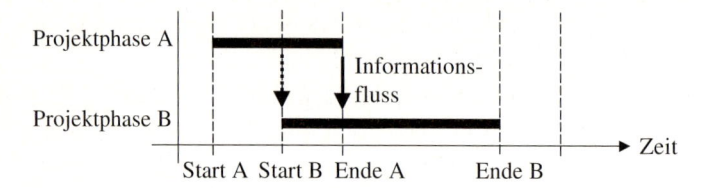

Bild 3-18: Parallele Planung von Projektphasen

3.4 Projektmanagement

Dieser Planungsansatz ist geeignet, falls das Arbeitspaket in Phase B relativ robust ist gegenüber Änderungen von Entscheidungen in der Phase A.

Vorteile: Kürzere Bearbeitungsdauer
Nachteile: Risiko von Verzögerungen durch Iterationen in Phase B

Beispiel: Die Entwicklung der Funktionen der Anwendungs-Software (Phase B) kann mit einem Rapid-Prototyping-System vor Fertigstellung der Plattform-Software (Phase A) gestartet werden.

Fall 3: Start von Phase B mit Teilinformationen von Phase A mit frühem Einfrieren einiger Entscheidungen in Phase A (Bild 3-19)

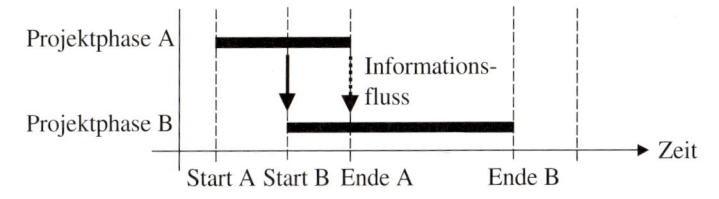

Bild 3-19: Parallele Planung von Projektphasen

Dieser Planungsansatz ist vorteilhaft, falls Entscheidungen in Phase A sich rasch ihrer endgültigen Form nähern, so dass bereits frühe Entscheidungen nahe dem finalen Stand sind und das Risiko von späteren Änderungen gering ist.

Vorteile: Kürzere Bearbeitungsdauer
Nachteile: Risiko von Qualitätseinbußen durch frühe Einschränkungen in Phase A

Beispiel: Implementierte Funktionen der Anwendungs-Software können bereits kalibriert werden (Phase B), bevor alle Funktionen der Anwendungs-Software spezifiziert und implementiert sind (Phase A), falls die Wahrscheinlichkeit von späten Änderungen in Phase A gering ist.

In allen Fällen müssen die auszutauschenden Informationen auf den Entwicklungsprozess abgebildet werden. Die Definition von Prozessen wird in Kapitel 4 ausführlicher dargestellt.

3.4.1.4 Rollen und Aufgabengebiete in der Entwicklung

Wie bereits in Kapitel 2 dargestellt, ist für die Entwicklung von Fahrzeugfunktionen in vielen Fällen die Beteiligung verschiedener Fachdisziplinen notwendig. Die Entwicklungsteams sind deshalb in der Regel interdisziplinär besetzt. Die einzelnen Mitarbeiter verfügen über unterschiedliche Qualifikationen – sie nehmen verschiedene **Rollen** ein.

Die Aufgaben- und Verantwortungsgebiete aller beteiligten Rollen müssen gegeneinander abgegrenzt werden. Tabelle 3-1 zeigt einen Überblick über verschiedene Rollen, die bei Entwicklungsprojekten häufig unterschieden werden können.

Tabelle 3-1: Rollen und Aufgabengebiete im Entwicklungsprozess

Rolle	Aufgabengebiet
Funktions-entwicklung	Analyse der Benutzeranforderungen und Spezifikation der logischen Systemarchitektur
System-Entwicklung	Analyse der logischen Systemarchitektur und Spezifikation der technischen Systemarchitektur
Software-Entwicklung	Analyse der Software-Anforderungen, Spezifikation, Design, Implementierung, Integration und Test der Software
Hardware-Entwicklung	Analyse der Hardware-Anforderungen, Spezifikation, Design, Realisierung, Integration und Test der Hardware
Sensor-/Sollwertgeber-/Aktuatorentwicklung	Analyse der Anforderungen, Spezifikation, Design, Realisierung, Integration und Test von Sensoren, Sollwertgebern und Aktuatoren
Integration, Erprobung und Kalibrierung	Integration, Test und Kalibrierung von Systemen des Fahrzeugs und deren Funktionen

An der Entwicklung von Software-Funktionen für elektronische Systeme sind alle in Tabelle 3-1 dargestellten Rollen beteiligt. Die fachübergreifende und häufig sogar firmenübergreifende Zusammenarbeit bei dieser Rollenverteilung stellt eine Hürde dar. Die interdisziplinäre Zusammenarbeit in der Entwicklung von Software-Funktionen erfolgt deshalb vorteilhaft auf der Basis von grafischen Funktionsmodellen, welche die in der Vergangenheit üblichen Spezifikationen in Prosaform zunehmend ablösen.

Diese Rollenverteilung und die unterschiedliche Qualifikation der Mitarbeiter müssen bei der Projektplanung berücksichtigt werden.

Eine weitere Besonderheit der Fahrzeugindustrie stellen verschiedene Entwicklungsumgebungen dar. So müssen, wie in Bild 1-18 dargestellt, beispielsweise virtuelle Schritte, z. B. in einer Simulation, mit Entwicklungsschritten im Labor, am Prüfstand und im Fahrzeug synchronisiert werden.

3.4.2 Projektverfolgung und Risikomanagement

Ein **Risiko** ist ein Ereignis, das den Projekterfolg gefährden oder zu einem wirtschaftlichen Schaden führen kann. Ein Projektrisiko kann ein Qualitäts-, Kosten- oder Terminrisiko sein.

Das Risikomanagement umfasst alle Maßnahmen zum Umgang mit Projektrisiken. Es ist eng mit der Projektsteuerung verzahnt und koordiniert entsprechende Gegenmaßnahmen, falls beim Vergleich von Ist- und Sollsituation in einem Projekt entsprechende Abweichungen festgestellt werden. Zur Risikobegrenzung können in der Funktionsentwicklung vorab Maßnahmen wie die Wiederverwendung bereits validierter Funktionen oder die frühzeitige Validation neuer Funktionen im Rahmen einer Prototypentwicklung ergriffen werden. Trotzdem können Projektrisiken meist nicht ausgeschlossen werden. Ihr Auftreten macht häufig eine Projektüberplanung notwendig. Für eine ausführliche Darstellung wird auf die Literatur, z. B. [69], verwiesen.

3.5 Lieferantenmanagement

Die Entwicklung elektronischer Systeme ist in der Automobilindustrie häufig durch eine starke Arbeitsteilung zwischen Fahrzeugherstellern und Zulieferern geprägt. Während die zu berücksichtigenden Benutzeranforderungen an eine zu entwickelnde Funktion des Fahrzeugs in der Regel durch den Automobilhersteller festgelegt werden, erfolgt die Realisierung der Funktionen durch elektronische Systeme häufig bei Zulieferern. Die Abstimmung und Abnahme der realisierten Funktionen im Fahrzeug liegt dagegen in der Regel wieder in der Verantwortung des Automobilherstellers.

3.5.1 System- und Komponentenverantwortung

Unabdingbare Voraussetzung für eine erfolgreiche Systementwicklung bei einer solchen Arbeitsteilung ist eine präzise Definition der Schnittstellen zwischen Fahrzeugherstellern und Lieferanten. Diese können im V-Modell anschaulich dargestellt werden (Bild 3-20). Während der Fahrzeughersteller für das Fahrzeug Verantwortung trägt und zwar sowohl auf dem linken als auch auf dem rechten Ast des V-Modells, sind die Zulieferer häufig für die Komponentenebene zuständig.

Bei der firmenübergreifenden Zusammenarbeit müssen neben den technischen Aspekten auch alle Punkte auf der organisatorischen und rechtlichen Ebene eines Projekts geklärt werden. Das Lieferantenmanagement hat deshalb eine außerordentliche Bedeutung in der Fahrzeugentwicklung. Es umfasst alle Aufgaben, die im Rahmen der Systementwicklung an den Schnittstellen zwischen Fahrzeughersteller und Zulieferern beachtet werden müssen.

Diese Schnittstellen können von Fall zu Fall unterschiedlich festgelegt werden, müssen jedoch in jedem Fall exakt und vollständig definiert werden.

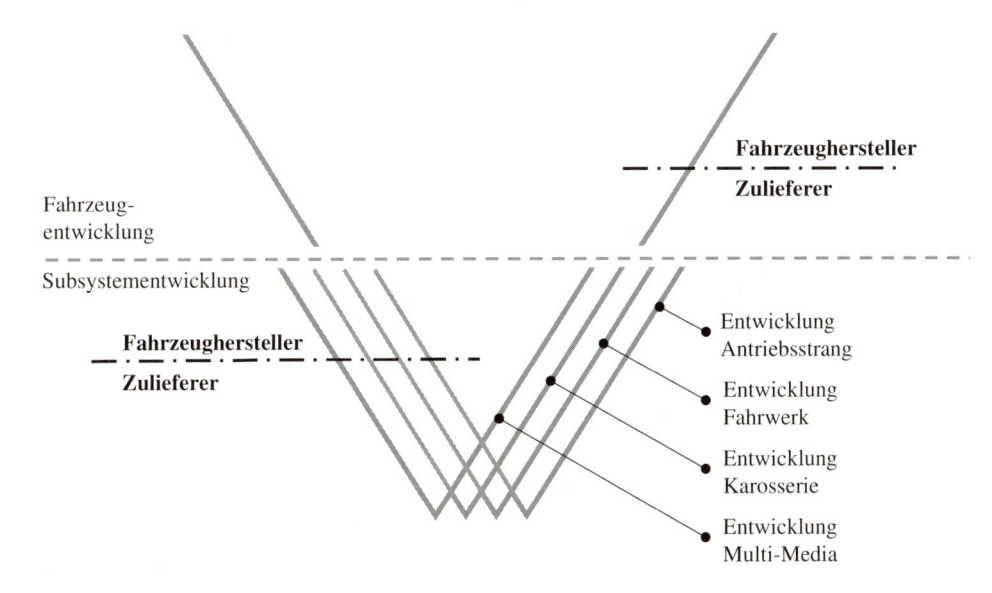

Bild 3-20: Zuständigkeiten von Fahrzeughersteller und Zulieferern

3.5.2 Schnittstellen für die Spezifikation und Integration

In der Zusammenarbeit können zwei Arten von Schnittstellen unterschieden werden. In Bild 3-20 sind dies beispielsweise:

- die **Spezifikationsschnittstelle** im linken Ast des V-Modells
- die **Integrationsschnittstelle** im rechten Ast des V-Modells

Die Komplexität dieser Schnittstellen kann außerordentlich groß werden. Dies kann allein anhand der hohen Anzahl der Beziehungen verdeutlicht werden.

Besteht ein System aus n Komponenten, die von n verschiedenen Zulieferern bereitgestellt werden, so muss auf der Seite des Fahrzeugherstellers im Rahmen einer Systementwicklung eine 1:n-Beziehung sowohl auf der Spezifikationsseite als auch auf der Integrationsseite beherrscht werden. Wird eine Komponente vom Zulieferer an m verschiedene Fahrzeughersteller geliefert, so muss auf der Seite des Komponentenherstellers im Rahmen einer Komponentenentwicklung eine m:1-Beziehung betreut werden und dies auch wieder sowohl auf der Spezifikationsseite als auch auf der Integrationsseite.

3.5.3 Festlegung des firmenübergreifenden Entwicklungsprozesses

Gerade im Bereich der elektronischen Systeme bietet diese Situation jedoch sowohl Automobilherstellern als auch Zulieferern viele Vorteile.

Elektronische Steuergeräte stellen meist eingebettete Systeme dar, also Systeme, die in einen Kontext eingebunden sind und für ihren Benutzer nicht unmittelbar in Erscheinung treten. Der Stellenwert der elektronischen Steuergeräte ist durch die Funktionen, die sie ausführen, begründet. Diese Funktionen sind oft wettbewerbsdifferenzierend.

Auf Seiten der Automobilhersteller besteht deshalb vor allem ein Interesse an den wettbewerbsrelevanten Funktionen eines Steuergerätes. Für die Software-Entwicklung bedeutet dies, dass sich das Interesse der Automobilhersteller vor allem auf die wettbewerbsrelevanten Software-Funktionen der Anwendungs-Software der Steuergeräte konzentriert.

Daraus bietet sich Zulieferern die Möglichkeit, die Steuergeräte-Hardware, die Plattform-Software und Teile der Anwendungs-Software kundenübergreifend zu entwickeln, zu testen und zu standardisieren. Kundenspezifische Funktionen können als Komponenten in die Anwendungs-Software integriert werden.

Die sich ergebenden, oft komplexen Beziehungen zwischen Fahrzeugherstellern und Lieferanten können übersichtlich in grafischer Form dargestellt werden. Eine Möglichkeit dazu bieten die so genannten Line-of-Visibility-Diagramme, kurz LOV-Diagramme [13], mit den in Bild 3-21 dargestellten, grafischen Symbolen.

Bild 3-22 zeigt ein Beispiel für ein LOV-Diagramm. In der ersten Zeile werden die Prozessschritte, für die der Fahrzeughersteller als Kunde verantwortlich ist, dargestellt. Es folgen die Organisationseinheiten der Lieferanten und Sublieferanten mit den ihnen zugeordneten Prozessschritten. Die Reihenfolge der Prozessschritte wird durch Pfeile dargestellt. Jeder Pfeil stellt den Fluss eines Zwischenergebnisses, eines so genannten **Artefakts**, dar. Eine eigene Zeile ist für die Definition von Methoden und Werkzeugen, die für die verschiedenen Prozessschritte verwendet werden, vorgesehen.

3.5 Lieferantenmanagement

In der **linken Spalte des LOV-Diagramms**:
Für Prozessschritte verantwortliche Organisationseinheit
In der **oberen Zeile des LOV-Diagramms**:
Prozessschritte des Kunden

Organisationseinheit des Kunden bzw. des Lieferanten

Prozessschritt

Verbindung zwischen zwei Prozessschritten:
Der Pfeil sagt aus: „wird angestoßen vom Vorgänger"

Fallunterscheidung, die zum Ausdruck bringt, dass im Weiteren unterschiedliche Prozessverläufe eingeschlagen werden können

Trennlinie zwischen zwei Organisationseinheiten

Methode oder Werkzeug, das für einen Prozessschritt eingesetzt wird.

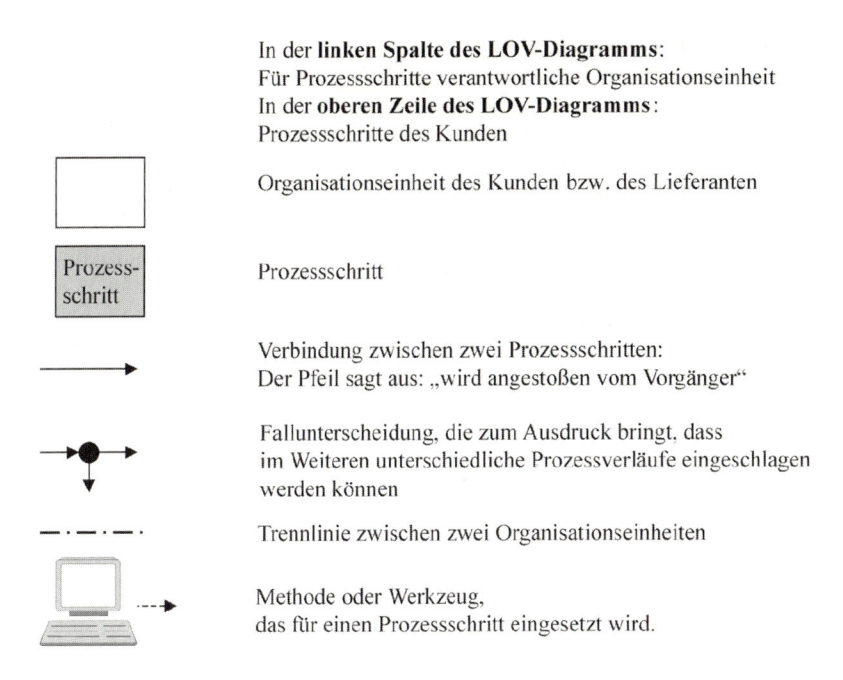

Bild 3-21: Symbole zur Prozessbeschreibung mit LOV-Diagrammen [13]

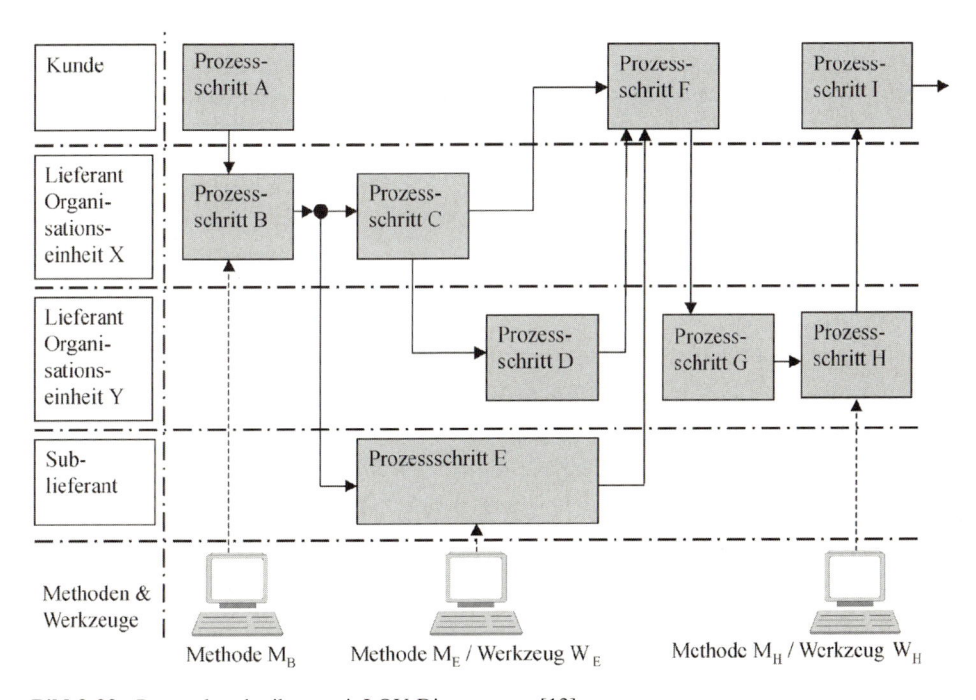

Bild 3-22: Prozessbeschreibung mit LOV-Diagrammen [13]

3.6 Anforderungsmanagement

Ähnlich wie das Konfigurationsmanagement ist auch das Anforderungsmanagement nicht unbedingt automobilspezifisch ausgeprägt. Dies kann auch am Einsatz von Standardwerkzeugen zum Anforderungsmanagement in Fahrzeugprojekten erkannt werden. Wichtig ist jedoch auch hier die Berücksichtigung der besonderen Anforderungen in Fahrzeugprojekten – etwa die Unterstützung der unternehmens- und standortübergreifenden Zusammenarbeit im Anforderungsmanagement, das Zusammenspiel von Anforderungs- und Konfigurationsmanagement zur Versionierung von Anforderungen oder die langen Produktlebenszyklen. Dies macht die methodische Integration des Anforderungsmanagements in den gesamten Entwicklungsprozess erforderlich.

Unter das Anforderungsmanagement fallen alle Aufgaben zur Verwaltung von Anforderungen:

- das Erfassen von Anforderungen und
- das Verfolgen von Anforderungen.

Die Analyse der Anforderungen und die Spezifikation der logischen und technischen Systemarchitektur gehören dagegen zum Kernprozess der System- und Software-Entwicklung.

3.6.1 Erfassen der Benutzeranforderungen

Jedes Produkt, das am Markt erfolgreich sein soll, muss die Anforderungen der Benutzer erfüllen. Deshalb muss zunächst definiert werden, wer die Benutzer eines Systems sind und was sie erwarten. Die Anforderungen der Benutzer werden als **Benutzeranforderungen** bezeichnet. Die Benutzeranforderungen müssen in der Sprache der Benutzer ausgedrückt werden, da ein technisches Hintergrundwissen nicht vorausgesetzt werden kann.

Die Wünsche der Benutzer sind die Treiber für alle folgenden Entwicklungsschritte. Der Prozessschritt zum Erfassen der Benutzeranforderungen unterscheidet sich daher grundsätzlich von allen weiteren Entwicklungsschritten. Dieser Schritt sollte deshalb sehr intensiv und hochgradig interaktiv durchgeführt werden. Auch wenn nicht alle Benutzeranforderungen praktikabel erscheinen, sollten sie aufgenommen und bewertet werden, um zu verstehen, was die Benutzer erwarten. Die Benutzeranforderungen liegen deshalb meist in Form einer ungeordneten oder nur grob strukturierten Liste vor.

Nach dem Zeitpunkt der Erfassung können drei Arten von Benutzeranforderungen unterschieden werden:

- Anforderungen, die zu Beginn eines Projektes gestellt werden.
- Anforderungen, die im Laufe des Projektes gestellt werden, und die allgemein auch als Änderungswünsche oder zusätzliche Anforderungen bezeichnet werden.
- Anforderungen, die nach der Übergabe des fertigen Produktes gestellt werden und die auch als neue Anforderungen, Fehlermeldungen oder Verbesserungsvorschläge bezeichnet werden.

Im Folgenden werden alle diese Arten von Anforderungen gleichartig behandelt.

Benutzer sind alle Personen, die in irgendeiner Art und Weise mit dem fertiggestellten System zu tun haben, vorausgesetzt, dass deren Wünsche Einfluss auf das System haben. Oft können verschiedene Benutzergruppen unterschieden werden.

3.6 Anforderungsmanagement

Beispiel: Benutzergruppen eines Fahrzeugs

Für ein Fahrzeug gibt es neben der Gruppe der Fahrer weitere Benutzergruppen. Dazu gehören beispielsweise weitere Passagiere, aber auch andere Verkehrsteilnehmer, wie Fußgänger, Radfahrer oder andere Fahrzeuge und Verkehrsteilnehmer, sowie Servicemitarbeiter oder der Gesetzgeber (Bild 3-23). Alle diese Gruppen stellen Benutzeranforderungen an das Fahrzeug. Manche Klassen von Anforderungen, etwa gesetzliche Vorgaben, werden auch als Randbedingungen bezeichnet.

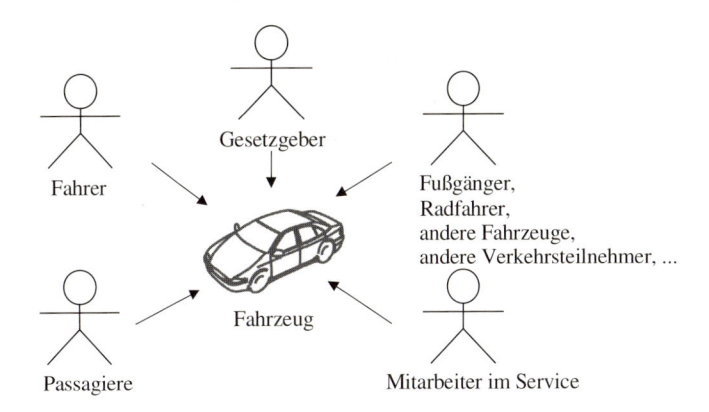

Bild 3-23: Einige Benutzergruppen eines Fahrzeug

Eine Unterscheidung zwischen Anforderungen und Lösungen in dieser Phase hat viele Vorteile. Die Benutzer tendieren im Allgemeinen dazu, ihre Anforderungen in Form von Lösungen oder Lösungsvorschlägen zu formulieren. Im Falle von Lösungsvorschlägen der Anwender, sollten diese hinterfragt werden und eine Rückführung der Lösungsvorschläge in die dazugehörenden Anforderungen versucht werden. Sonst wird die technische Realisierung unter Umständen unnötig früh vorgegeben und dadurch der Lösungsraum eingeschränkt.

Beispiel: Formulierung einer Benutzeranforderung an die Tankanzeige

Ein Benutzer formuliert folgenden Lösungsvorschlag:
„Der Tankinhalt soll in Litern anstatt mit der Skala '¼ - ½ - ¾ - 1' angezeigt werden."
Die Benutzeranforderung dahinter könnte sein:
„Die Reichweite des Fahrzeugs soll genauer, z. B. in Kilometer, angezeigt werden."

Benutzeranforderungen können auf vielfältige Arten gewonnen werden; zum Beispiel aus Interviews und Workshops, durch Ableitung von existierenden Systemen und aus Änderungswünschen, sowie aus sonstigen Rückmeldungen der Benutzer aus dem Anwendungsfeld. Benutzeranforderungen können verschiedene Hintergründe haben, etwa technische, organisatorische oder wirtschaftliche Hintergründe.

Die Klassifizierung der Benutzeranforderungen erfolgt häufig nach verschiedenen Kriterien wie Quelle, Priorität, Dringlichkeit, Stabilität, Testbarkeit, Akzeptanz und dergleichen.

Betrachtet man die Entwicklung in den letzten Jahrzehnten, so nahm die Anzahl der Benutzeranforderungen an die Fahrzeuge mit jeder Fahrzeuggeneration zu. Dazu hat nicht nur die zunehmende Anzahl der Fahrzeugfunktionen beigetragen, sondern auch die Zunahme der Fahrzeugvarianten und gestiegene Kundenerwartungen etwa an Individualisierbarkeit und Skalierbarkeit der Fahrzeuge (Bild 3-24) [9].

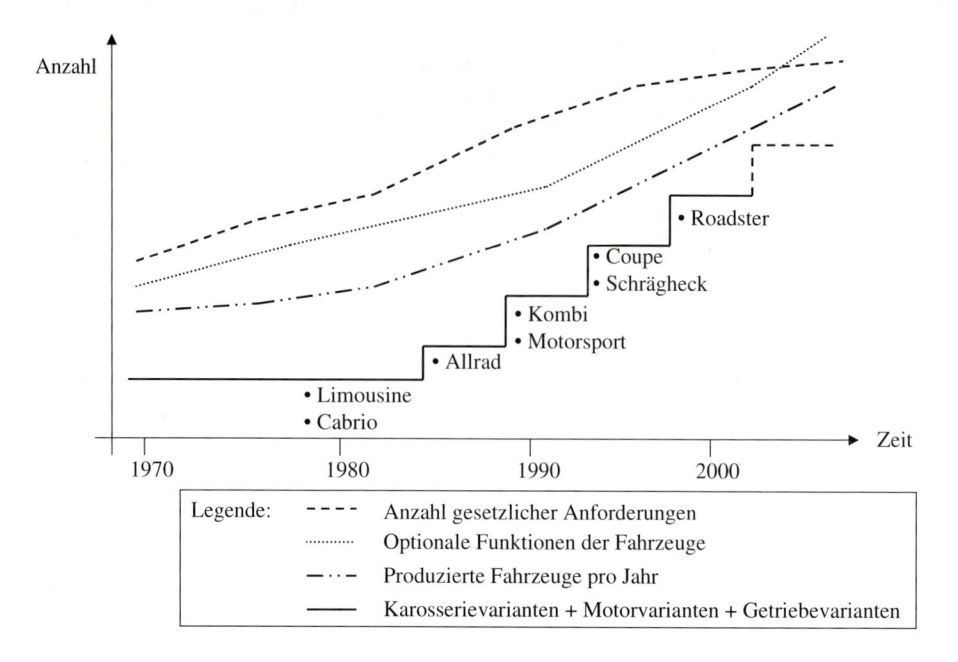

Bild 3-24: Zunahme der Benutzeranforderungen an Fahrzeuge [9]

Neben den Erwartungen der Kundengruppe eines Fahrzeugs müssen beim Entwurf elektronischer Systeme zahlreiche, weitere Randbedingungen, etwa technische oder gesetzliche Vorgaben, berücksichtigt werden.

Beispielhaft zeigt Bild 3-25 die am häufigsten auftretenden Anforderungsklassen, die beim Entwurf elektronischer Systeme berücksichtigt werden müssen.

Zwischen diesen vielfältigen Anforderungen an elektronische Systeme bestehen zahlreiche Abhängigkeiten und Wechselwirkungen. Anforderungen können dabei auch im Widerspruch zueinander stehen. In diesem Fall ergeben sich Zielkonflikte, die vor der technischen Realisierung gelöst werden müssen.

Die **akzeptierten Benutzeranforderungen** stellen die Basis für alle folgenden Entwicklungsschritte dar.

Eine Unterscheidung zwischen den Benutzeranforderungen und Anforderungen, wie sie aus Sicht der Entwicklung an ein System formuliert werden, ist notwendig, da in der Entwicklung die Anforderungen an ein System in der Sprache der beteiligten Fachdisziplinen verfasst werden. In Kapitel 4 wird eine weitere Unterscheidung zwischen der logischen Systemarchitektur, sowie der technischen Systemarchitektur eingeführt. Die Analyse- und Spezifikationsschritte zur Abbildung der Benutzeranforderungen auf eine technische Systemarchitektur werden in Kapitel 4 dargestellt. Für die Planung und die Verfolgung der Umsetzung von Anforderungen

3.6 Anforderungsmanagement

muss im Anforderungsmanagement daher neben einer Sicht auf die Benutzeranforderungen, auch eine Sicht auf die logische und technische Systemarchitektur unterstützt werden (Bild 3-26).

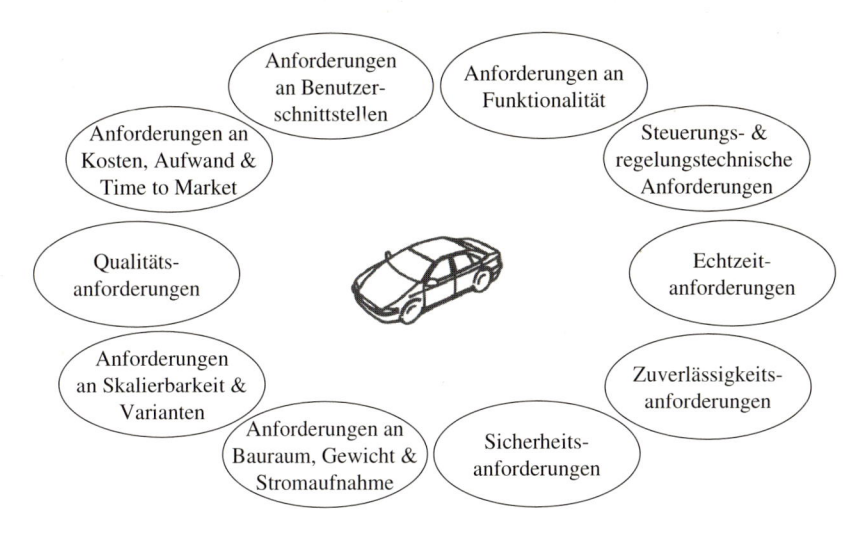

Bild 3-25: Verschiedene Anforderungsklassen bei elektronischen Systemen

Bild 3-26: Benutzeranforderungen, logische und technische Systemarchitektur [12]

140   3 Unterstützungsprozesse zur Entwicklung von elektronischen Systemen und Software

3.6.2 Verfolgen von Anforderungen

Der Umgang mit Systemvarianten, Skalierbarkeit, unterschiedlichen Lebenszyklen der eingesetzten Komponenten und die Wiederverwendung von Komponenten in verschiedenen Fahrzeugen stellen Randbedingungen dar, die bereits beim Systementwurf berücksichtigt werden müssen. Daraus ergeben sich häufig auch Querbeziehungen zwischen verschiedenen Fahrzeugprojekten, die bei der Projektplanung berücksichtigt werden müssen, ebenso wie die zahlreichen Beziehungen zwischen Fahrzeugherstellern und Zulieferern und die simultane Bearbeitung von Entwicklungsaufgaben (Simultaneous Engineering).

Neben der Erfassung von Benutzeranforderungen ist deshalb die Verfolgung der Umsetzung der Anforderungen das zweite wichtige Aufgabengebiet im Anforderungsmanagement.

Nur damit steht allen an der Entwicklung Beteiligten eine gemeinsame Basis zur Verfügung, aus der beispielsweise ersichtlich ist, welche Anforderungen mit welchem Programm- und Datenstand umgesetzt werden und welche nicht. Dies ist insbesondere für die Integration und Qualitätssicherung von Zwischenständen erforderlich. Zur Verfolgung von Anforderungen müssen die Zusammenhänge zwischen den Benutzeranforderungen, sowie der logischen und der technischen Systemarchitektur verwaltet werden. Hierzu müssen alle Systemkomponenten mit den entsprechenden Anforderungen verbunden werden, wie in Bild 3-27 dargestellt.

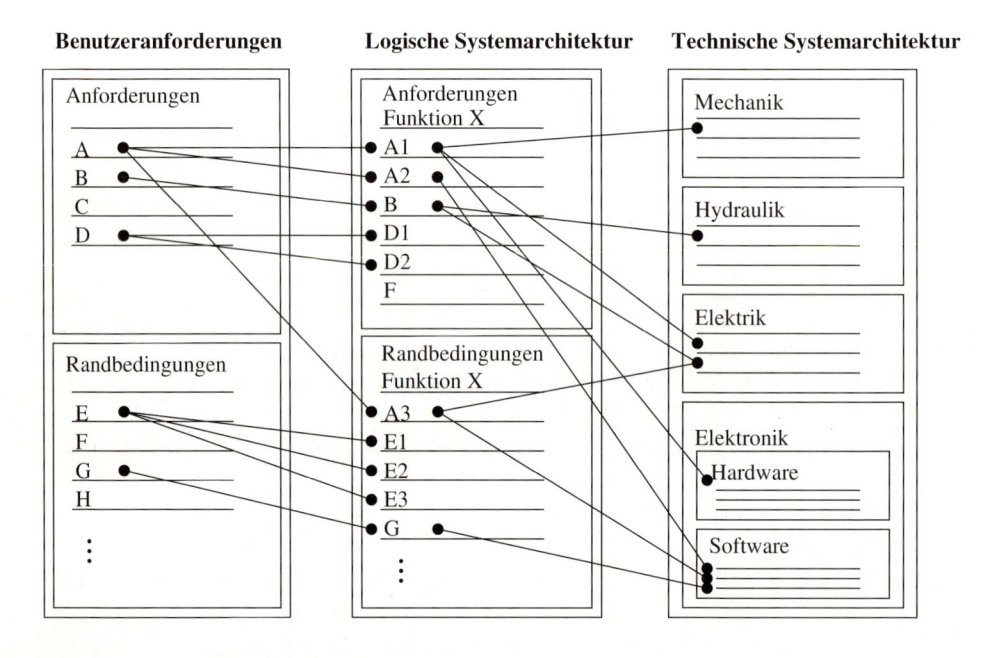

Bild 3-27: Verfolgen von Anforderungen [12]

3.7 Qualitätssicherung

Unter die Qualitätssicherung fallen alle Maßnahmen, die sicherstellen, dass das Produkt die gestellten Anforderungen erfüllt. Qualität kann in ein Produkt „eingebaut" werden, falls Richtlinien zur Qualitätssicherung und Maßnahmen zur Qualitätsprüfung etabliert sind.

Richtlinien zur Qualitätssicherung sind vorbeugende Maßnahmen. Für Software-Produkte fallen darunter Maßnahmen wie:

- Einsatz von entsprechend ausgebildeten, erfahrenen und geschulten Mitarbeitern
- Bereitstellung eines geeigneten Entwicklungsprozesses mit definierten Testschritten
- Bereitstellung von Richtlinien, Maßnahmen und Standards zur Unterstützung des Prozesses
- Bereitstellung einer geeigneten Werkzeugumgebung zur Unterstützung des Prozesses
- Automatisierung manueller und fehlerträchtiger Arbeitsschritte

Maßnahmen zur Qualitätsprüfung zielen auf das Auffinden von Fehlern. Qualitätsprüfungen sollten nach möglichst vielen Schritten im Entwicklungsprozess durchgeführt werden. Verschiedene Maßnahmen zur Qualitätsprüfung sind in das V-Modell integriert und werden deshalb im Rahmen des Kernprozesses in Kapitel 4 ausführlicher behandelt.

Bei Software-Produkten wird allgemein unterschieden zwischen

- Spezifikationsfehlern und
- Implementierungsfehlern.

Untersuchungen haben gezeigt, dass in den meisten Projekten die Spezifikationsfehler überwiegen. Das V-Modell unterscheidet deshalb bei der Qualitätsprüfung zwischen Verifikation und Validation.

3.7.1 Integrations- und Testschritte

Sind die Benutzeranforderungen an das Produkt explizit festgelegt, so kann das Produkt gegen seine Benutzeranforderungen getestet werden. Im V-Modell werden vier verschiedene Testschritte unterschieden (Bild 1-15, Bild 1-20):

- Beim **Komponententest** wird eine Komponente gegen die Spezifikation der Komponente getestet.
- Beim **Integrationstest** wird das System gegen die Spezifikation der technischen Systemarchitektur getestet.
- Beim **Systemtest** wird das System gegen die Spezifikation der logischen Systemarchitektur getestet.
- Beim **Akzeptanztest** wird das System gegen die Benutzeranforderungen getestet.

Komponententest, Integrationstest und Systemtest zählen zu den Verifikationsmaßnahmen. Die Akzeptanztests zählen zu den Validationsmaßnahmen.

Testen ist also eine Methode, mit der Fehler nachgewiesen werden. Tests konzentrieren sich auf die Identifizierung von Fehlern und tragen so zum kontinuierlichen Erreichen der Produktqualität bei. Tests sollten deshalb zum frühestmöglichen Zeitpunkt auf allen Systemebenen durchgeführt werden. Allerdings ist dabei zu beachten, dass falls keine Fehler durch Tests nachgewiesen werden, natürlich nicht auf die Abwesenheit von Fehlern geschlossen werden kann. Tests müssen daher mit weiteren Maßnahmen zur Qualitätssicherung, wie Reviews, ganzheitlich geplant werden.

Die durchzuführenden Tests können z. B. durch Anwendungs- und Testfälle beschrieben werden, die bereits beim Entwurf festgelegt werden können. D. h. die Benutzeranforderungen legen implizit die Akzeptanztests fest, die Anwendungsfälle für den Systemtest werden während der Spezifikation der logischen Systemarchitektur definiert, die Testfälle für den Integrationstest während der Spezifikation der technischen Systemarchitektur, und so weiter.

3.7.2 Maßnahmen zur Qualitätssicherung von Software

Die Maßnahmen zur Qualitätssicherung von Software sind mit den Integrationsmethoden eng verbunden. Insbesondere vor dem Hintergrund der zunehmenden Sicherheitsrelevanz vieler Fahrzeugfunktionen, die durch Software realisiert werden, kommt der Qualitätssicherung von Software eine steigende Bedeutung zu. Dabei müssen alle für eine Fahrzeugfunktion notwendigen Komponenten und die beteiligten Systeme den sicherheitstechnischen Anforderungen genügen.

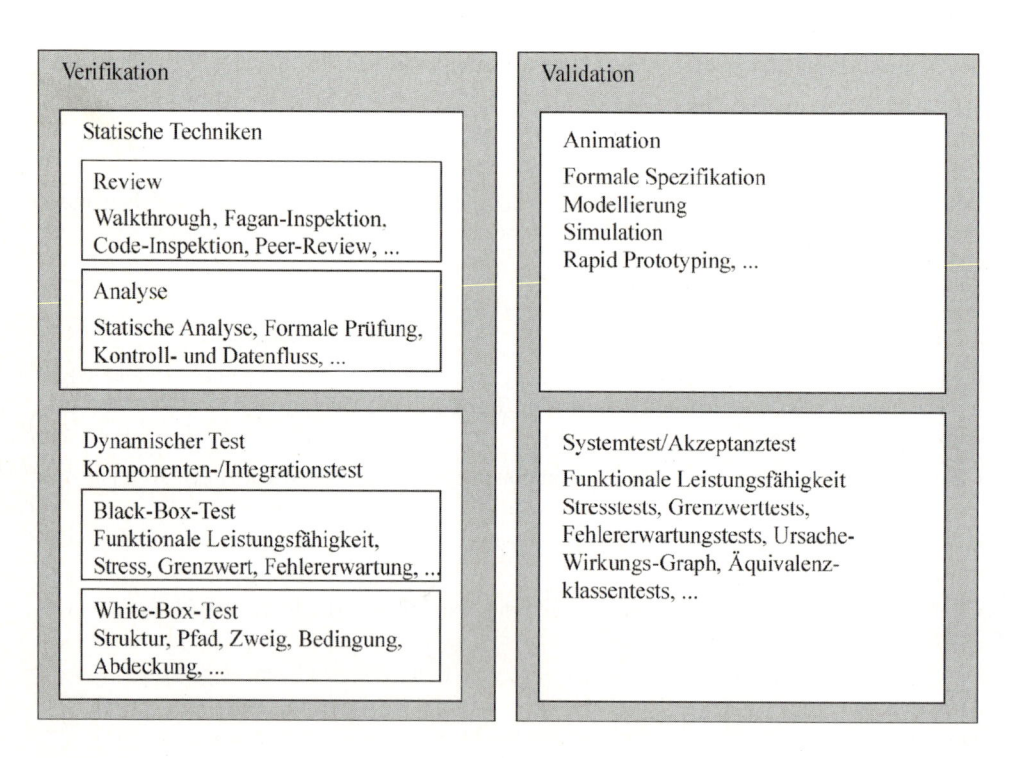

Verifikation	Validation
Statische Techniken Review Walkthrough, Fagan-Inspektion, Code-Inspektion, Peer-Review, ... Analyse Statische Analyse, Formale Prüfung, Kontroll- und Datenfluss, ...	Animation Formale Spezifikation Modellierung Simulation Rapid Prototyping, ...
Dynamischer Test Komponenten-/Integrationstest Black-Box-Test Funktionale Leistungsfähigkeit, Stress, Grenzwert, Fehlererwartung, ... White-Box-Test Struktur, Pfad, Zweig, Bedingung, Abdeckung, ...	Systemtest/Akzeptanztest Funktionale Leistungsfähigkeit Stresstests, Grenzwerttests, Fehlererwartungstests, Ursache-Wirkungs-Graph, Äquivalenzklassentests, ...

Bild 3-28: Übersicht über Maßnahmen zur Qualitätssicherung von Software [71]

3.7 Qualitätssicherung 143

In der Elektronikentwicklung reicht dabei die Betrachtung der Hardware alleine bei weitem nicht aus, um eine hohe Systemsicherheit zu erreichen. Methoden der Software-Qualitätsprüfung müssen parallel zum Einsatz kommen.

Dem Nachweis der Zuverlässigkeit und Sicherheit von Software kommt deshalb eine immer wichtigere Rolle zu. Da es heute praktisch unmöglich ist, die fehlerfreie Umsetzung von der Analyse der Anforderungen bis hin zum fertigen Programm zu garantieren, besteht der einzig gangbare Weg zur Erstellung verlässlicher Software darin, durch Methoden der Software-Qualitätssicherung, durch konsequente organisatorische Maßnahmen, wie Anforderungs- und Konfigurationsmanagement, und durch den Einsatz von Software-Engineering-Methoden, den Entwicklungsprozess beherrschbar zu machen.

Eine Übersicht möglicher Maßnahmen zur Software-Qualitätssicherung mit Zuordnung zu Verifikation und Validation ist in Bild 3-28 dargestellt [71]. Einige dieser Methoden werden in Kapitel 5 ausführlicher dargestellt.

4 Kernprozess zur Entwicklung von elektronischen Systemen und Software

Im Gegensatz zur Komponentenentwicklung zielt die Systementwicklung (engl. Systems Engineering) auf die Analyse und den Entwurf des Systems als Ganzes und nicht auf die Analyse und den Entwurf seiner Komponenten. Als Orientierung soll die folgende Definition für Systems Engineering dienen, die an die Definitionen in [14] und [72] angelehnt ist:

Systems Engineering ist die gezielte Anwendung von wissenschaftlichen und technischen Ressourcen

- zur Transformation eines operationellen Bedürfnisses in die Beschreibung einer Systemkonfiguration unter bestmöglicher Berücksichtigung aller operativen Anforderungen und nach den Maßstäben der gebotenen Effektivität.

- zur Integration aller technischen Parameter und zur Sicherstellung der Kompatibilität aller physikalischen, funktionalen und technischen Schnittstellen in einer Art und Weise, so dass die gesamte Systemdefinition und der Systementwurf möglichst optimal werden.

- zur Integration der Beiträge aller Fachdisziplinen in einen ganzheitlichen Entwicklungsansatz.

Systems Engineering ist also ein interdisziplinärer Ansatz und umfasst Maßnahmen, um die erfolgreiche Realisierung von Systemen zu ermöglichen. Systems Engineering zielt im Entwicklungsprozess auf die frühzeitige Definition von Anforderungen und der benötigten Funktionalität mit der Dokumentation der Anforderungen, anschließend auf den Entwurf, die Verifikation und Validation des Systems. Dabei wird die umfassende Problemstellung eines Systems berücksichtigt – wie Entwicklung, Leistungsumfang, Kosten und Terminplan, Test, Fertigung, Betrieb und Service, sowie Schulung bis hin zur Entsorgung.

Systems Engineering stellt einen strukturierten Entwicklungsprozess zur Verfügung, der von der Konzeptfindung über die Produktion bis zum Betrieb und Service alle Phasen des Produktlebenszyklus berücksichtigt. Dabei müssen sowohl technische als auch organisatorische Aspekte betrachtet werden. Für die Entwicklung von elektronischen Systemen im Kraftfahrzeug müssen beispielsweise die in Kapitel 2 vorgestellten Fachgebiete integriert werden.

Demgegenüber ist die Software-Entwicklung, genauso wie die Entwicklung von Hardware, Sollwertgebern, Sensoren und Aktuatoren eine Fachdisziplin innerhalb der Systementwicklung.

Die eindeutige Festlegung der Spezifikations- und Integrationsschnittstellen zwischen der System- und der Software-Entwicklung ist eine wesentliche Voraussetzung für einen durchgängigen Entwicklungsprozess. Dieser Kernprozess steht in diesem Kapitel im Mittelpunkt. Die folgenden Abschnitte orientieren sich an der Übersicht und den Begriffen nach Bild 4-1.

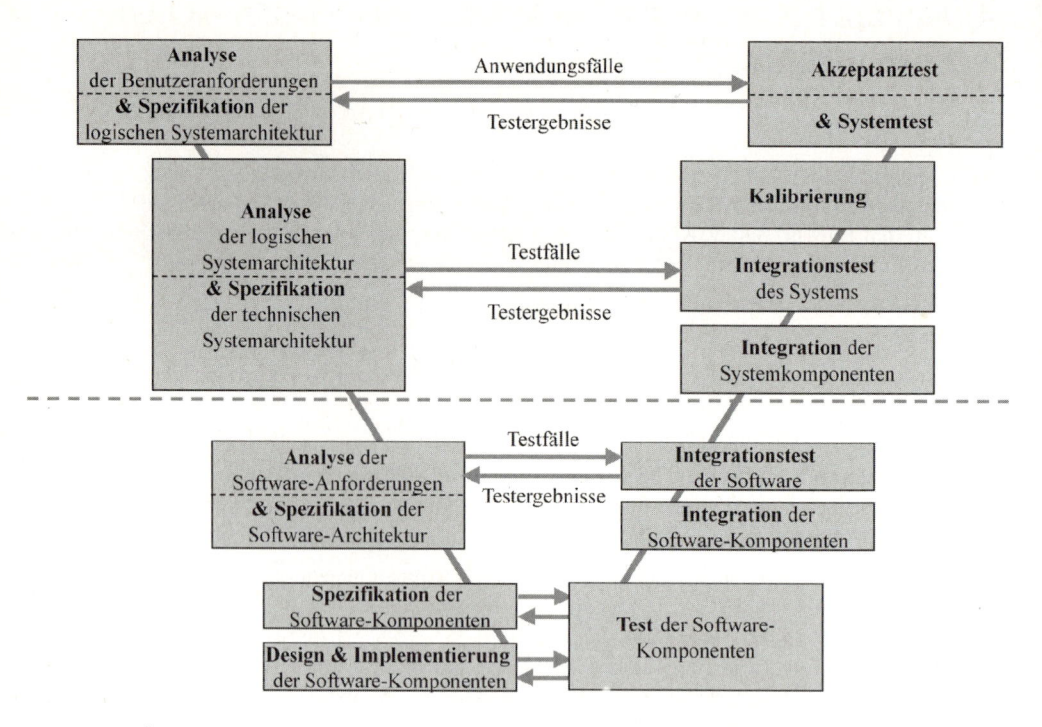

Bild 4-1: Übersicht über den Kernprozess zur System- und Software-Entwicklung

4.1 Anforderungen und Randbedingungen

4.1.1 System- und Komponentenverantwortung

In der Fahrzeugentwicklung ist die Komponentenverantwortung meist auf mehrere Partner, zum Beispiel auf verschiedene Komponentenlieferanten, verteilt. Die Lieferanten können untereinander im Wettbewerb stehen, was natürlich Einfluss auf die Art und Weise der Zusammenarbeit hat. Die Systemverantwortung übernimmt daher in solchen Situationen in der Regel der Fahrzeughersteller. Für Subsysteme liegt die Verantwortung oft bei Systemlieferanten (Bild 4-2).

An der Spezifikation, Integration und Qualitätssicherung von Fahrzeugsystemen sind also in der Regel mehrere Partner beteiligt, die eine der drei Rollen Fahrzeughersteller, Systemlieferant und Komponentenlieferant einnehmen.

4.1 Anforderungen und Randbedingungen   147

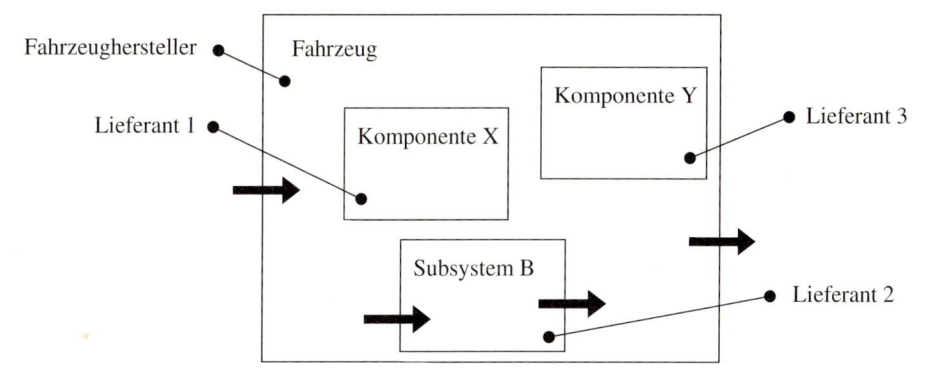

Bild 4-2: Komponenten-, Subsystem- und Systemverantwortung

4.1.2 Abstimmung zwischen System- und Software-Entwicklung

In den frühen und späten Prozessschritten in Bild 4-1 werden die Systemaspekte für Fahrzeugfunktionen betrachtet. Der Schwerpunkt liegt auf dem Zusammenwirken der verschiedenen Komponenten eines Systems, durch das Fahrzeugfunktionen realisiert werden. Die Komponenten können dabei technisch völlig unterschiedlich realisiert sein, z. B. durch mechanische, hydraulische, elektrische oder auch elektronische Bauteile. Erst das Zusammenspiel der Komponenten eines Systems erfüllt die Benutzererwartungen an eine Funktion des Fahrzeugs.

Die elektronischen Steuergeräte im Kraftfahrzeug wirken mit verschiedenartigen Komponenten zusammen. Das Entwurfsproblem für Fahrzeugfunktionen besteht in der Abbildung einer logischen Systemarchitektur auf ein technisches System, das aus elektronischen Steuergeräten, Sollwertgebern, Sensoren und Aktuatoren besteht. Dazu müssen die Schnittstellen der Systeme und ihrer Komponenten festgelegt und Teilfunktionen zugeordnet werden.

Bei der Komponenten- oder Subsystementwicklung beschränkt sich dieses Buch auf Komponenten oder Subsysteme, die durch Software realisiert werden. Da dabei vielfältige Wechselwirkungen zwischen der System- und der Software-Entwicklung berücksichtigt werden müssen, kann die Entwicklung von Software nur mit einer systematischen Entwicklungsmethodik – oft als Software Engineering bezeichnet – beherrscht werden. Software Engineering ist nicht neu. Erfahrene Software-Entwickler verwenden seit langem in allen Anwendungsbereichen bestimmte Prinzipien – häufig intuitiv und ohne diese Prinzipien zu formalisieren.

Für einen durchgängigen Prozess ist die Definition der Schnittstellen zwischen System- und Software-Entwicklung von entscheidender Bedeutung. In den folgenden Abschnitten werden aus diesem Grund die Spezifikations- und Integrationsschnittstellen zwischen System- und Software-Entwicklung besonders berücksichtigt.

In den Abschnitten 4.5 bis 4.10 steht die Software als Komponente oder Subsystem im Vordergrund. Es werden diejenigen Teilfunktionen genauer betrachtet, die von Mikrocontrollern in Steuergeräten ausgeführt und durch Software beschrieben werden. Da Software die beliebige logische und arithmetische Verknüpfung der Eingangssignale zur Berechnung der Ausgangsgrößen einer Funktion ermöglicht, nimmt der Anteil der Software-Funktionen an der gesamten Funktionalität eines Fahrzeugs ständig zu. Damit steigt aber auch die Komplexität der Software. Die sichere Beherrschung dieser Komplexität ist eine Herausforderung, die entsprechende Software-Engineering-Methoden, wie zum Beispiel die Ausdehnung der Vereinbarung und der Standardisierung von Schnittstellen auf die Software notwendig macht.

Bei der Software-Entwicklung steht also die Abbildung der logischen Systemarchitektur auf ein konkretes Software-System, also auf die Gesamtheit der Programme und Daten, die in einem verteilten, prozessorgesteuerten System des Fahrzeugs verarbeitet werden, im Mittelpunkt. Dabei können die in Kapitel 3 beschriebenen allgemeinen Vorgehensweisen der Unterstützungsprozesse sehr vorteilhaft auch in der Software-Entwicklung eingesetzt werden.

In den folgenden Abschnitten werden die besonderen Randbedingungen für Spezifikation, Design, Implementierung, Test und Integration von Software für Steuergeräte von Serienfahrzeugen dargestellt.

Dabei wurde besonderer Wert auf eine klare Trennung zwischen der Spezifikation von Software-Funktionen auf der physikalischen Ebene, sowie dem Design und der Implementierung von Programmen und Daten für einen spezifischen Mikrocontroller gelegt.

Durch eine Trennung von Programm- und Datenstand kann das Variantenmanagement in Entwicklung, Produktion und Service enorm vereinfacht werden, indem Varianten z. B. durch Datenvarianten realisiert werden. Dieser Punkt wurde entsprechend berücksichtigt.

Das V-Modell wurde für eingebettete Systeme entwickelt und behandelt die Software als Komponente eines informationstechnischen Systems. Es berücksichtigt deshalb die Software- und die Hardware-Entwicklung gleichermaßen und integriert die Qualitätsprüfung in die Systemerstellung.

Für Systeme mit hohen Zuverlässigkeits- und Sicherheitsanforderungen, wo entsprechende Prüfschritte vorgeschrieben sind und für Systeme, deren Komponenten verteilt entwickelt werden, wird das V-Modell daher bevorzugt eingesetzt.

Nachteilig sind jedoch fehlende Rückkopplungen zu den frühen Phasen, so dass Fehler bzw. Änderungen in den frühen Phasen erst spät erkannt bzw. berücksichtigt werden können. Neue Anforderungen und Änderungswünsche können oft nur mit hohen Kosten behoben werden und führen zu hohen Projektrisiken bis hin zur Gefährdung des ganzen Projekts. Dies führt dazu, dass das V-Modell in der Praxis während einer Fahrzeugentwicklung mehrmals durchlaufen wird. Verschiedene mögliche Entwicklungsschleifen sind in Bild 4-1 anhand des Flusses der Testergebnisse dargestellt.

Meist wird zunächst ein Prototyp mit eingeschränkter Funktionalität entwickelt, der aber in der realen Umgebung frühzeitig erprobt werden kann. So können Defizite bereits zu einem frühen Zeitpunkt erkannt werden. Dieser Prototyp wird verwendet, um einen verbesserten Prototypen zu entwickeln, der in einer weiteren Iterationsschleife validiert wird. Dieser evolutionäre Prototypenzyklus wird wiederholt bis alle Anforderungen oder Qualitätsziele erfüllt sind – oder es kann bei Erreichen der Zeit- und Kostenschranken zumindest eine Software-Version mit begrenzter Funktionalität ausgeliefert werden. Dieser inkrementelle und iterative Ansatz ermöglicht Entwicklungsrisiken in der Software-Entwicklung frühzeitig zu reduzieren. Dieses iterative Vorgehensmodell wird manchmal auch als Prototypen- oder Spiralmodell bezeichnet.

Es wird auch in der Systementwicklung in der Automobilindustrie verwendet. So werden zunächst Komponenten entwickelt, die in Experimentalfahrzeugen erprobt werden. Danach werden Fahrzeugprototypen aufgebaut und erprobt, schließlich Vorserien- und Serienfahrzeuge. Das Entwicklungsrisiko und der Aufwand pro Iteration nehmen mit zunehmender Anzahl der Iterationen ab. Die für die jeweiligen Integrationsstände entwickelten Prototypen werden auch

Muster genannt. Nach Projektfortschritt wird häufig zwischen A-, B- und C-Mustern unterschieden. Der Serienstand wird auch als D-Muster bezeichnet.

Eine ähnliche Vorgehensweise wird in der Entwicklung von Software-Funktionen durch Simulations- und Rapid-Prototyping-Werkzeuge unterstützt, auf die in Abschnitt 5.3 genauer eingegangen wird.

4.1.3 Modellbasierte Software-Entwicklung

Software-Modelle ermöglichen die Formulierung von Algorithmen ohne Interpretationsspielraum. Dazu wird eine Begriffswelt und eine grafische Notation eingesetzt, die verständlicher als sprachliche Beschreibungen oder Programmcode sind.

Wegen dieser Vorteile hat sich die modellbasierte Software-Entwicklung mit grafischen Notationen in den letzten Jahren in der Automobilindustrie weit verbreitet. Software-Modelle beschreiben verschiedene Sichten auf ein Software-System. Zur Beschreibung der Software-Architektur von Mikrocontrollern sind die Kontext- oder Schnittstellensicht, die Schichtensicht und die Sicht auf die möglichen Betriebszustände besonders vorteilhaft. Für diese Modellsichten werden in den folgenden Abschnitten die wichtigsten Begriffe und Notationen dargestellt.

4.2 Grundbegriffe

Zunächst sollen die Grundbegriffe und grafischen Notationen zur Prozessdarstellung nach dem V-Modell [16] erläutert werden.

4.2.1 Prozesse

Ein **Prozess** im Sinne eines Vorgehensmodells ist eine systematische, wiederkehrende Reihe logisch aufeinander folgender Schritte. Ein Prozess

- dient der Erfüllung einer Anforderung eines unternehmensinternen oder -externen Kunden.
- wird von einem Kunden angestoßen.
- erbringt für diesen Kunden eine Leistung, in Form eines Produkts oder einer Dienstleistung, die von diesem Kunden bezahlt wird (Kunden-Lieferanten-Beziehung).

Ein **Prozessschritt** ist eine in sich abgeschlossene Folge von Tätigkeiten, die als Ergebnis ein **Artefakt** liefert. Die Unterteilung eines Prozessschritts würde kein sinnvolles Artefakt liefern. Ein Artefakt ist ein Zwischenergebnis, das von anderen Prozessschritten weiterverwendet wird. Artefakte elektronischer Systeme des Fahrzeugs sind beispielsweise die Spezifikation oder die Implementierung einer Software-Komponente, aber auch Hardware-Komponenten, Sollwertgeber, Sensoren oder Aktuatoren.

Zwischen den verschiedenen Schritten eines Prozesses bestehen Schnittstellen, über die Artefakte ausgetauscht werden. Prozessschritte und Artefakte werden nach dem V-Modell [16] wie in Bild 4-3 dargestellt.

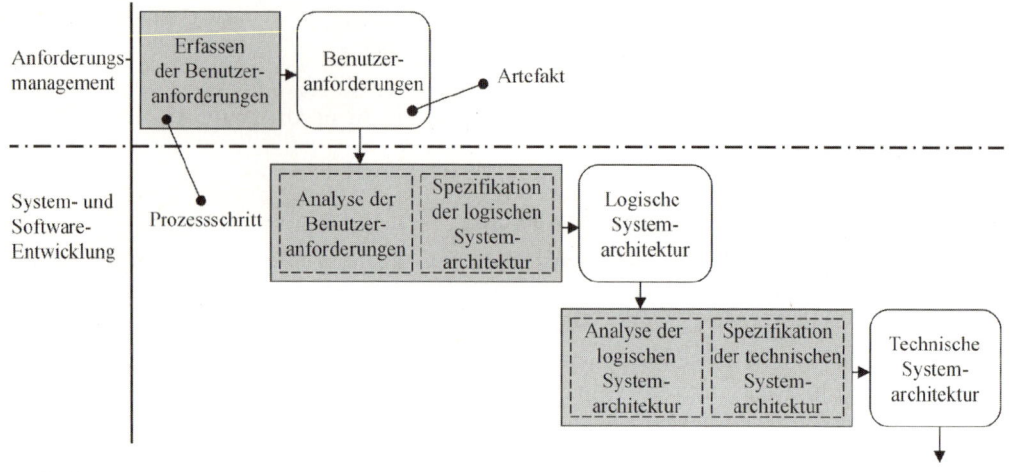

Bild 4-3: Darstellung von Prozessen nach dem V-Modell [16] mit LOV-Diagrammen [13]

Bei der Festlegung von Prozessschritten und Artefakten müssen verschiedene Randbedingungen berücksichtigt werden:

- Beteiligte und Verantwortlichkeiten   oder   Wer leistet was?
- Kompetenz und Qualifikation   oder   Wer kann was beitragen?
- Voraussetzung und Ergebnis   oder   Was wird benötigt und was wird geliefert?

4.2.2 Methoden und Werkzeuge

Für jeden Prozessschritt oder eine Reihe von Prozessschritten muss eine Vorgehensweise, eine so genannte **Methode**, vereinbart werden. Nach [73] ist eine Methode eine planmäßig angewandte, begründete Vorgehensweise zur Erreichung von festgelegten Zielen im Allgemeinen im Rahmen festgelegter Prinzipien.

Beispiel: Simulation und Rapid-Prototyping für eine neue Fahrzeugfunktion

Unter Rapid-Prototyping werden Prozessschritte zur möglichst schnellen und frühzeitigen Validation von Spezifikationen mit festgelegten Methoden verstanden. Diese Methoden können für Software-Funktionen durch Rapid-Prototyping-Werkzeuge (Bild 1-20) unterstützt werden. Typische Prozessschritte sind Spezifikation – z. B. durch Modellierung –, Simulation, sowie Integration und Test des Prototypen im Fahrzeug (Bild 4-4).

Artefakt dieser methodischen Vorgehensweise ist eine Spezifikation, die in Form eines Modells die Anforderungen an eine Funktion möglichst vollständig und widerspruchsfrei erfüllt. Die Spezifikation kann beispielsweise in Form eines ausführbaren und dadurch analytisch und/oder experimentell validierten Modells erfolgen. Diese Vorgehensweise wird deshalb vorteilhaft für Machbarkeitsanalysen von neuen Funktionen eingesetzt. Neben der Reduzierung des Entwicklungsrisikos für Serienentwicklungen kann bei Einsatz dieser Methode auch eine Verkürzung der Entwicklungszeit durch die mögliche, parallele Entwicklung und Erprobung von Software und Hardware erreicht werden.

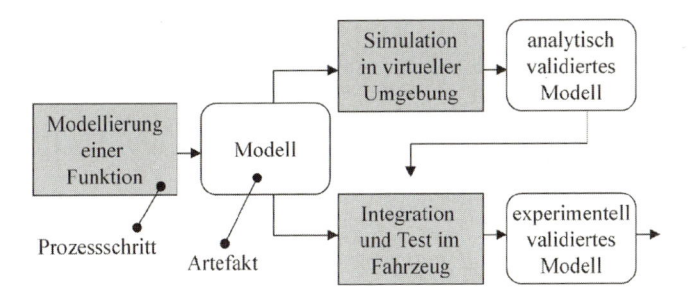

Bild 4-4: Simulations- und Rapid-Prototyping-Schritte im Entwicklungsprozess

Bei Integration und Test des Prototypen im Fahrzeug können mehrere Schritte unterschieden werden, wie Inbetriebnahme des Experimentiersystems oder des Versuchsfahrzeugs und die eigentliche Durchführung von Experimenten (Bild 4-5). Solche Schritte, die alleine kein verwertbares Artefakt für nachfolgende Prozessschritte liefern, werden als **methodische Schritte** bezeichnet.

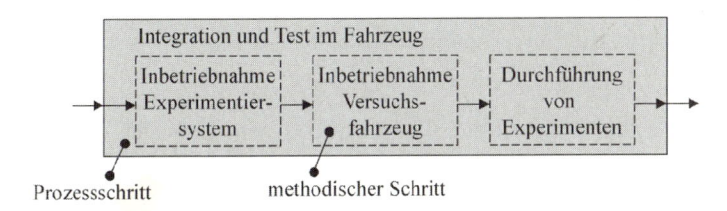

Bild 4-5: Methodische Schritte für die Integration und den Test im Fahrzeug

Werkzeuge dienen der automatisierten Unterstützung von Methoden [73]. Durch Werkzeuge kann die methodische Bearbeitung von Prozessschritten unterstützt und dadurch die Produktivität erhöht werden. Insbesondere können dadurch auch solche methodischen Schritte automatisiert werden, die hohe Präzision erfordern, die oft wiederholt werden müssen oder bei denen eine Überprüfung notwendig ist.

4.3 Analyse der Benutzeranforderungen und Spezifikation der logischen Systemarchitektur

Wie bereits in Abschnitt 3.6 angedeutet, erfolgt die Abbildung der akzeptierten Benutzeranforderungen auf eine konkrete technische Systemarchitektur über den Zwischenschritt der logischen Systemarchitektur [12]. Diese Unterscheidung hat sich bei komplexen Systemen und Entwicklungsprojekten mit langen Laufzeiten besonders bewährt.

Unter der Analyse der Benutzeranforderungen wird der Strukturierungsprozess für die Anforderungen und Randbedingungen aus Sicht der Benutzer eines Systems in der frühen Phase der Systementwicklung verstanden. Ziel ist die Spezifikation einer logischen Systemarchitektur. Dabei werden logische Komponenten und Subsysteme eines Systems definiert, sowie deren Funktionen, Anforderungen und Schnittstellen festgelegt. Parallel dazu werden

Funktionen, Anforderungen und Schnittstellen festgelegt. Parallel dazu werden Anwendungsfälle für die Funktionen festgelegt, die die Basis für den späteren Systemtest bilden.

Dieser Schritt kann gegebenenfalls mehrmals durchlaufen werden bis eine logische Systemarchitektur vorliegt, die alle Benutzeranforderungen erfüllt und die Ergebnisse der Systemtests positiv sind (Bild 4-6).

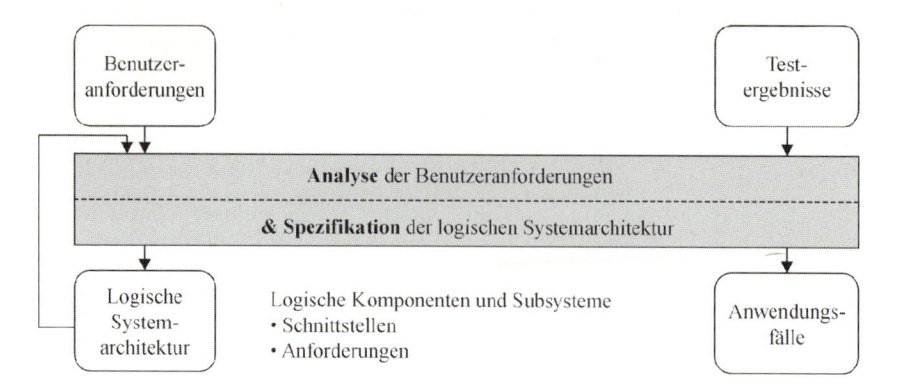

Bild 4-6: Analyse der Benutzeranforderungen und Spezifikation der logischen Systemarchitektur

Die logische Systemarchitektur beschreibt eine abstrakte Lösung, vermeidet aber eine Festlegung auf eine konkrete technische Systemarchitektur. Es wird festgelegt, was das System leisten wird, aber nicht, wie es konkret realisiert wird. Es entsteht sozusagen ein abstraktes, logisches Modell des Systems und seiner Funktionen. Dieses Modell stellt das Bindeglied zwischen den Benutzeranforderungen und dem Entwurf der technischen Systemarchitektur [12], der im nächsten Schritt erfolgt, dar. Die Definition der logischen Systemarchitektur ist ein kreativer Ordnungs- und Entwurfsprozess, der von den akzeptierten Benutzeranforderungen ausgeht. Im Gegensatz zu den Benutzeranforderungen werden die Anforderungen in der logischen Systemarchitektur in der Sprache der an der Entwicklung beteiligten Fachdisziplinen verfasst. Grafische Notationen, wie Blockdiagramme oder Zustandsautomaten, eignen sich für eine modellbasierte Darstellung.

Logische Systemanforderungen können aus zweierlei Perspektiven formuliert werden:

- Anforderungen, die beschreiben, welche Eigenschaften das System haben soll und
- Anforderungen, die beschreiben, welche Eigenschaften das System nicht haben darf.

Ein weiteres Kriterium ist die Unterscheidung zwischen funktionalen und nichtfunktionalen logischen Systemanforderungen.

Die funktionalen Anforderungen beschreiben die Normal- und die Fehlfunktionen des Systems. Unter Normalfunktionen wird das Verhalten im Normalfall verstanden. Fehlfunktionen beschreiben das Verhalten beim Auftreten von Fehlern, Störungen und Ausfällen.

Nichtfunktionale Anforderungen sind alle weiteren Anforderungen, die gestellt werden und oft auch als Randbedingungen bezeichnet werden. Dazu gehören beispielsweise Varianten- und Skalierbarkeitsanforderungen oder Anforderungen, die vom Gesetzgeber gestellt werden, wie etwa Zuverlässigkeits- und Sicherheitsanforderungen. Auch viele Anforderungen die seitens

4.3 Analyse der Benutzeranforderungen und Spezifikation der logischen Systemarchitektur

Produktion und Service formuliert werden, gehören dazu. Anforderungen, wie der Einsatz unter rauen Betriebsbedingungen, die im Fahrzeug verfügbare Versorgungsspannung, Einschränkungen des Bauraums und Kostenschranken sind weitere nichtfunktionale Anforderungen, die bei elektronischen Systemen direkt zwar vor allem die Hardware betreffen, indirekt aber auch Einfluss auf die Software haben. Beispielsweise ist der maximal zulässige Ressourcenbedarf, also Speicher- und Laufzeitbedarf, eine solche Anforderung an die Hardware, die sich auf die Software auswirkt. Gerade in logischen System- und Software-Anforderungen dieser Kategorie unterscheidet sich die Fahrzeugentwicklung vielfach stark von anderen Branchen.

Eine verbreitete Technik für diesen Prozessschritt ist die schrittweise Zerlegung der Funktionen eines Systems, um Komponenten, sowie deren Schnittstellen und Funktionen zu bestimmen. Das Ergebnis dieses Prozessschritts ist ein logisch strukturiertes, formales Architekturmodell, das alle Benutzeranforderungen abdeckt und alle Funktionen enthält. Die logische Systemarchitektur wird manchmal auch als Funktionsnetzwerk bezeichnet. Bezieht sich die logische Systemarchitektur nur auf eine bestimmte Version oder Variante des Systems, so deckt sie nur Teile der Benutzeranforderungen ab.

Beispiel: Akzeptierte Benutzeranforderungen und logische Systemarchitektur für das Kombiinstrument

In Bild 4-7 sind einige der akzeptierten Benutzeranforderungen an das Kombiinstrument eines Fahrzeugs dargestellt. Zur Erläuterung der einzelnen Schritte des Kernprozesses wird dieses fiktive Kombiinstrument in diesem Kapitel durchgängig verwendet.

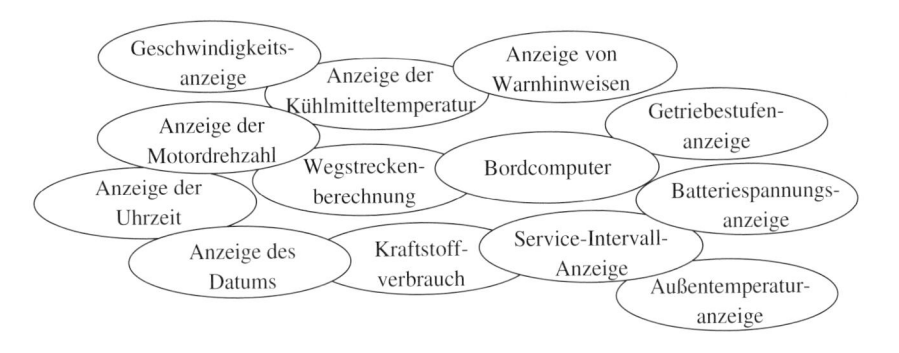

Bild 4-7: Einige Benutzeranforderungen an das Kombiinstrument

In Bild 4-8 zeigt die Abbildung der Benutzeranforderungen auf eine logische Systemarchitektur. Unter Berücksichtigung von Entwurfsstandards wurde eine Strukturierung in Form eines hierarchischen Blockdiagramms vorgenommen. Eine Randbedingung ist etwa die Forderung, dass die Art der Darstellung wahlweise mit Displays oder Zeigerinstrumenten erfolgen soll. Deshalb wurde bereits bei der logischen Systemarchitektur die Aufbereitung der Anzeigedaten, etwa durch eine Filterung oder Dämpfung, von der eigentlichen Darstellung, etwa durch ein Display oder Zeigerinstrument, getrennt.

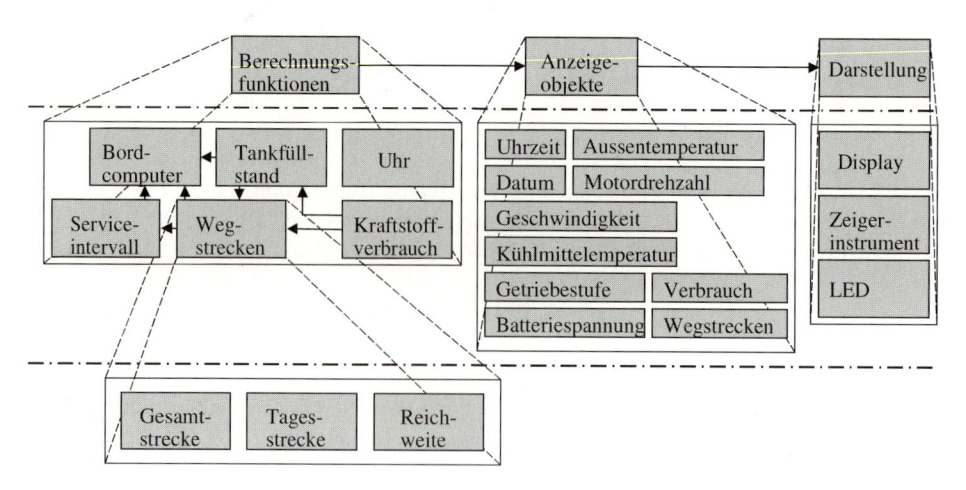

Bild 4-8: Logische Systemarchitektur des Kombiinstruments

Erfolgt keine Trennung zwischen Benutzeranforderungen und logischer Systemarchitektur, so ist mit zunehmendem Projektfortschritt oft nicht mehr erkennbar, was die Benutzer ursprünglich eigentlich erwartet haben. Es kann auch nicht mehr nachvollzogen werden, welche Benutzeranforderungen akzeptiert wurden und welche nicht.

Eine Unterscheidung zwischen den Benutzeranforderungen und der logischen Systemarchitektur, welche teilweise aus technischen Randbedingungen und Einschränkungen in der Realisierung hervorgegangen sind, ist dann zu einem späteren Zeitpunkt nicht mehr möglich.

Das Ziel dieses Entwicklungsschritts ist die Erarbeitung einer eindeutigen, widerspruchsfreien und möglichst vollständigen logischen Architektur des Systems. Dieser Prozessschritt überführt informal – häufig umgangssprachlich, unvollständig und unstrukturiert – beschriebenen Benutzeranforderungen in erste funktionale, strukturierte Modelle.

Strukturierungsregeln wie Überschaubarkeit, Separierbarkeit und Nachvollziehbarkeit sind dabei eine wichtige Orientierungshilfe. Die entstandenen logischen Modelle legen Funktionen und Funktionsschnittstellen fest.

4.4 Analyse der logischen Systemarchitektur und Spezifikation der technischen Systemarchitektur

Ausgehend von der logischen Systemarchitektur werden bei der Spezifikation der technischen Systemarchitektur konkrete Realisierungsentscheidungen getroffen.

Nach einer Zuordnung der logischen Systemanforderungen zu technischen Komponenten und Subsystemen, können erste Analysen, beispielsweise steuerungs- und regelungstechnische Analysen, Echtzeitanalysen, die Analyse verteilter und vernetzter Systeme, sowie Sicherheits- und Zuverlässigkeitsanalysen durchgeführt werden (Bild 4-9). Im Vordergrund steht dabei die Bewertung verschiedener technischer Realisierungsalternativen basierend auf einer einheitlichen logischen Systemarchitektur. Nach der Änderung von Realisierungsentscheidungen muss dieser Schritt gegebenenfalls wiederholt werden.

4.4 Analyse der logischen Systemarchitektur

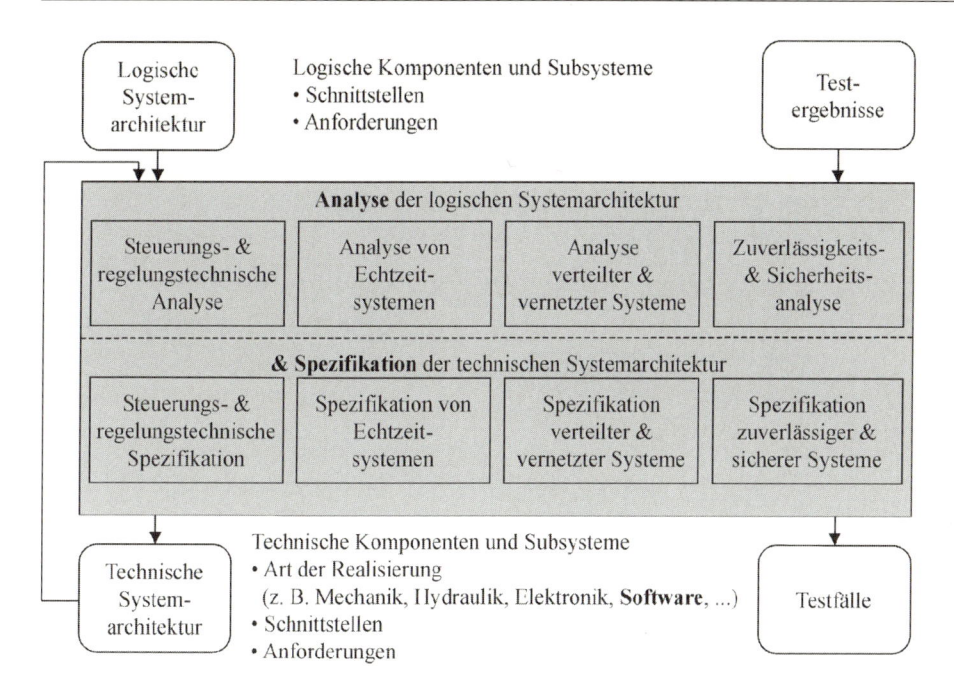

Bild 4-9: Analyse der logischen Systemarchitektur und Spezifikation der technischen Systemarchitektur

Die technischen Komponenten und Subsysteme werden schrittweise über alle Systemebenen festgelegt. Nach Realisierungsentscheidungen auf den oberen Systemebenen kann zum Beispiel bei den Elektronikanforderungen eine Zuordnung zu Hardware- und Software-Anforderungen vorgenommen werden (Bild 4-10).

In der technischen Systemarchitektur müssen alle Randbedingungen technischer und wirtschaftlicher, aber auch organisatorischer und fertigungstechnischer Art berücksichtigt werden.

Solche Randbedingungen sind beispielsweise:

- Standards und Entwurfsmuster
- Abhängigkeiten zwischen verschiedenen Systemen und Komponenten
- Ergebnisse von Machbarkeitsanalysen
- Produktions- und Serviceanforderungen
- Änderbarkeits- und Testbarkeitsanforderungen
- Aufwands-, Kosten- und Risikoabschätzungen.

Die Expertise der beteiligten Fachdisziplinen ist deshalb eine Voraussetzung für die Spezifikation der technischen Systemarchitektur. In der Regel müssen dabei auch Zielkonflikte aufgelöst werden.

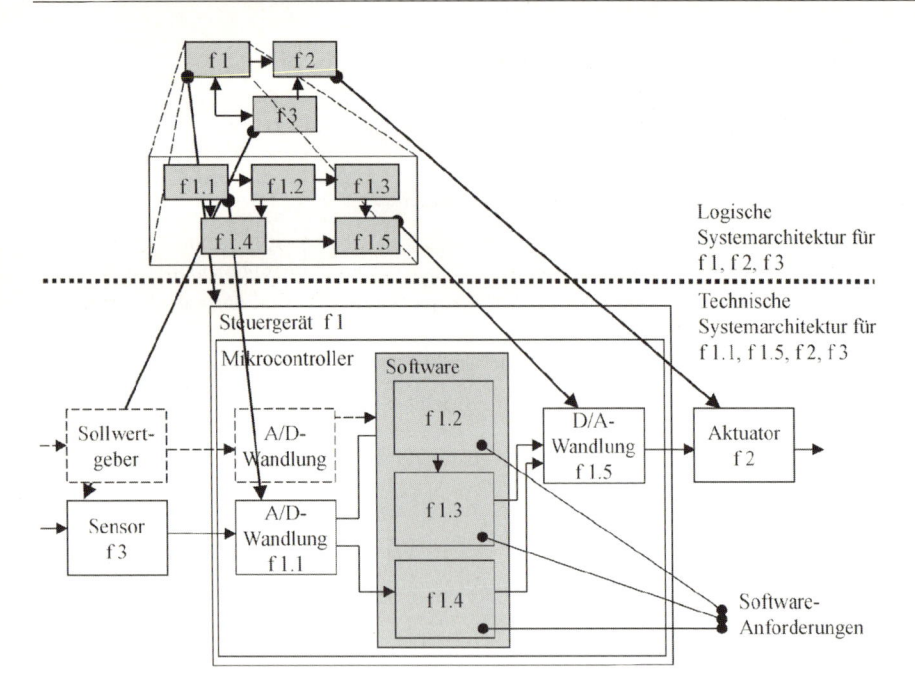

Bild 4-10: Spezifikation der technischen Systemarchitektur

Beispiel: Randbedingungen und Zielkonflikte bei der Spezifikation der technischen Systemarchitektur

- **Wiederverwendung von technischen Komponenten in verschiedenen Fahrzeugbaureihen**

  Die Verwendung von Motoren und Getrieben in mehreren Fahrzeugbaureihen ist aus Kostengründen vorgegeben. Dies hat auch Einfluss auf die Elektronik-Architektur und führt beispielsweise häufig zu einheitlichen Motor- und Getriebesteuergeräten, die sich nur durch Programm- oder Datenstand unterscheiden.

- **Verschiedene Fahrzeugvarianten innerhalb einer Fahrzeugbaureihe**

  Der Käufer eines Fahrzeugs kann zwischen Schaltgetriebe oder Automatikgetriebe auswählen. Diese Option führt beispielsweise in vielen Fällen zu einer Trennung von Motor- und Getriebesteuergerät.

- **Sonderausstattung versus Serienausstattung**

  Regensensor, Einparkhilfe oder elektrische Sitzverstellung werden als Sonderausstattung angeboten und deshalb durch separate Steuergeräte realisiert. Verschiedene Funktionen, die zur Serienausstattung zählen, können dagegen in einem Steuergerät realisiert werden.

4.4 Analyse der logischen Systemarchitektur

- **Länderspezifische Ausstattungsvarianten**

  Unterschiede in der Ausstattung für warme und kalte Länder oder etwa zwischen der USA-Version und Europa-Version beeinflussen die technische Systemarchitektur.

- **Komponentenorientierte Wiederverwendung**

  Häufig wird die marken- und herstellerübergreifende Verwendung gleicher Komponenten angestrebt. In solchen Fällen hat daher die komponentenorientierte Wiederverwendung Vorrang vor der funktionalen Zerlegung. In Bild 4-11 ist die Wiederverwendung des Steuergeräts SG 1 vorgegeben, das die Funktionen f 1, f 2 und f 3 abdeckt. Die Funktion f 4 kann dagegen einem Steuergerät frei zugeordnet werden – in diesem Fall dem Steuergerät SG 3.

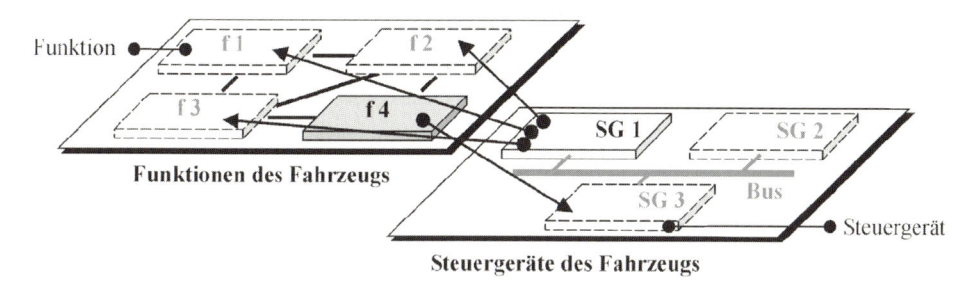

Bild 4-11: Komponentenorientierte Wiederverwendung versus funktionale Zerlegung

Beispiel: Entwurf der technischen Systemarchitektur des Kombiinstruments

Geht man von der obersten Hierarchieebene aus, so muss das Kombiinstrument zunächst als Komponente im Steuergerätenetzwerk des Fahrzeugs definiert werden.

Die Motordrehzahl und Kühlmitteltemperatur werden vom Motorsteuergerät über CAN bereitgestellt. Die Fahrgeschwindigkeit wird vom ABS über CAN empfangen. Hinweise an den Fahrer sollen teilweise im Kombiinstrument und teilweise in einem separaten, zentralen Bedien- und Anzeigesystem (engl. Man Machine Interface, MMI) angezeigt werden. Warnungen und Fehlermeldungen sollen zusätzlich akustisch durch das Audiosystem signalisiert werden. Video- und Audiosignale werden über MOST übertragen. Das Kombiinstrument wird deshalb als Teilnehmer am CAN-Bus und am MOST-Ring konzipiert (Bild 4-12).

Die Tankfüllstandsgeber werden als Sensoren dem Kombiinstrument zugeordnet. Die Zeigerinstrumente und Displays entsprechend als „Aktuatoren". Für die Hardware wird deshalb die in Bild 4-13 dargestellte Architektur festgelegt.

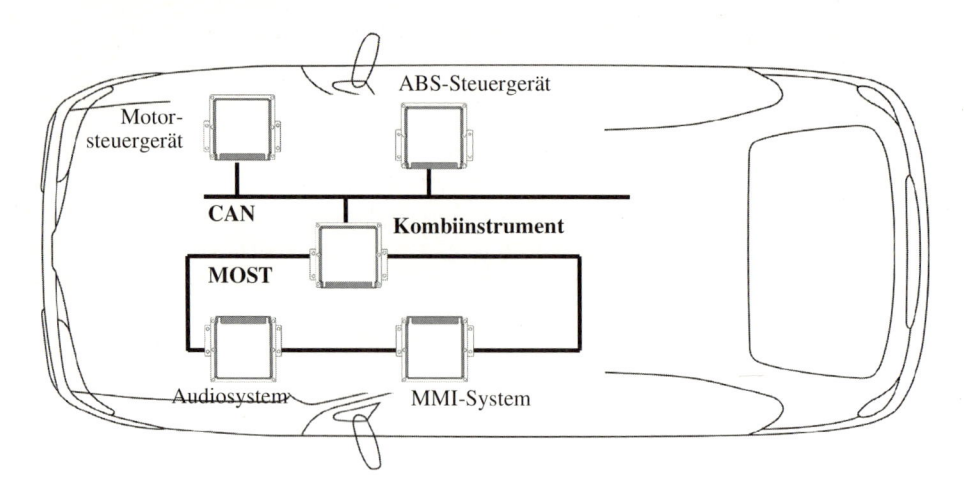

Bild 4-12: Technische Systemarchitektur für das Steuergerätenetzwerk des Fahrzeugs

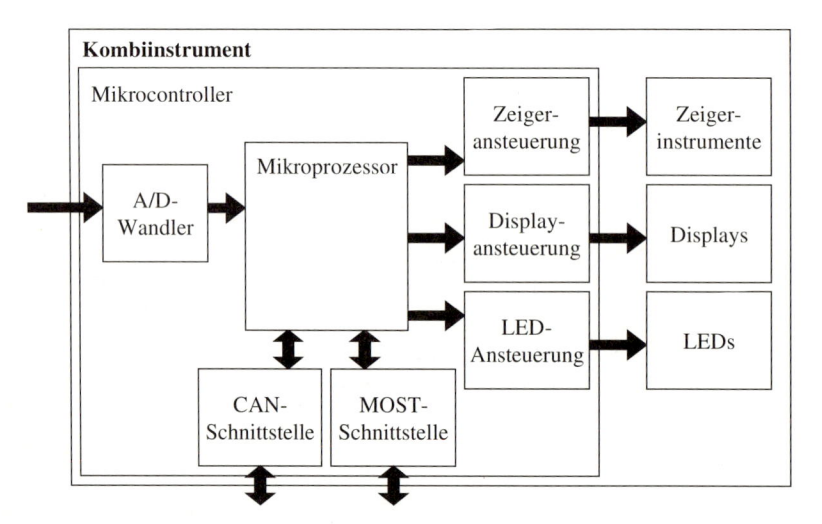

Bild 4-13: Technische Systemarchitektur für die Hardware des Kombiinstruments

4.4.1 Analyse und Spezifikation steuerungs- und regelungstechnischer Systeme

Alle steuerungs- und regelungstechnischen Analysemethoden gehen von der logischen Systemarchitektur, wie in Bild 4-14 dargestellt, aus.

Bei der Spezifikation der technischen Systemarchitektur für steuerungs- und regelungstechnischer Systeme muss die konkrete Realisierung der Sollwertgeber, Sensoren, Aktuatoren und des Netzwerks elektronischer Steuergeräte festgelegt werden. Dazu muss die logische System-

4.4 Analyse der logischen Systemarchitektur

architektur auf eine konkrete technische Systemarchitektur, wie in Bild 4-15 dargestellt, abgebildet werden.

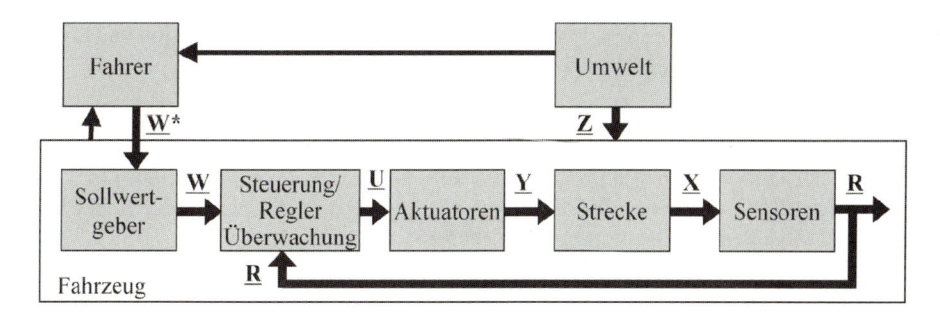

Bild 4-14: Logische Systemarchitektur in der Steuerungs- und Regelungstechnik

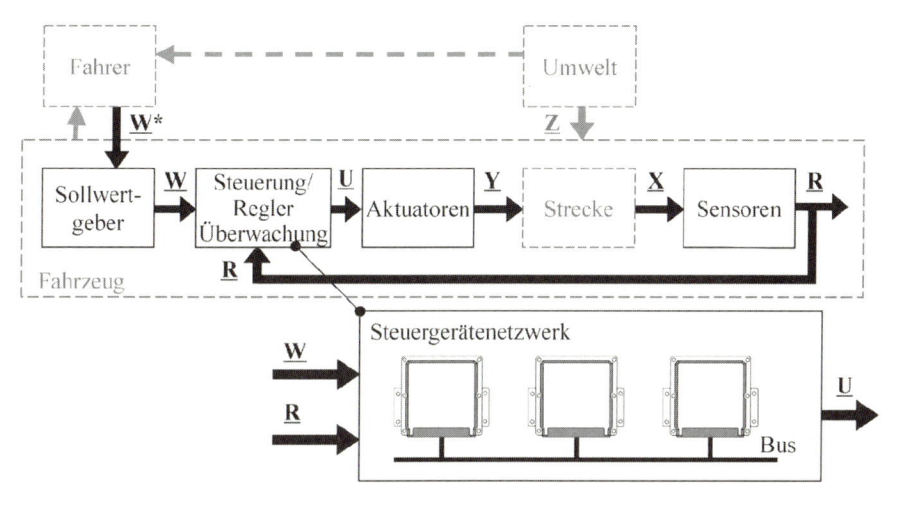

Bild 4-15: Technische Systemarchitektur in der Steuerungs- und Regelungstechnik

4.4.2 Analyse und Spezifikation von Echtzeitsystemen

Bei der Analyse und Spezifikation steuerungs- und regelungstechnischer Systeme werden auch Anforderungen bezüglich der notwendigen zeitlichen Abtastrate für die verschiedenen Steuerungs- und Regelungsfunktionen festgelegt.

Die Abtastrate bildet die Basis für die Festlegung der Echtzeitanforderungen an Software-Funktionen, die auf einem Mikrocontroller des Steuergeräts ausgeführt werden. Bei Realisierung durch ein verteiltes und vernetztes System ergeben sich aus der Abtastrate auch die Echtzeitanforderungen für die Datenübertragung zwischen Steuergeräten durch das Kommunikationssystem.

Methoden für die Analyse der Zuteilbarkeit bei gegebenen Echtzeitanforderungen werden in Kapitel 5.2 anhand des Echtzeitbetriebssystems eines Mikrocontrollers dargestellt. Die Ergebnisse dieser Analyse bilden die Basis für die Bewertung von technischen Realisierungsalternativen und die eventuelle Korrektur der Konfiguration des Echtzeitbetriebssystems. Die dargestellte Vorgehensweise kann prinzipiell auch auf die Analyse und Spezifikation des Echtzeitverhaltens des Kommunikationssystems ausgeweitet werden.

4.4.3 Analyse und Spezifikation verteilter und vernetzter Systeme

Die Zuordnung der logischen Software-Funktionen auf ein Netzwerk von Mikrocontrollern ist ein Entwicklungsschritt, bei dem vielfältige Anforderungen, wie beispielsweise Echtzeit-, Sicherheits- und Zuverlässigkeitsanforderungen, berücksichtigt werden müssen (Bild 4-16). Bei der Verteilung der Software-Funktionen auf die verschiedenen Mikrocontroller müssen auch Randbedingungen, wie Bauraumeinschränkungen oder die benötigte Rechen- und Kommunikationsleistung, beachtet werden. Die Bewertung unterschiedlicher Realisierungsalternativen in der Analysephase spielt deshalb eine wichtige Rolle.

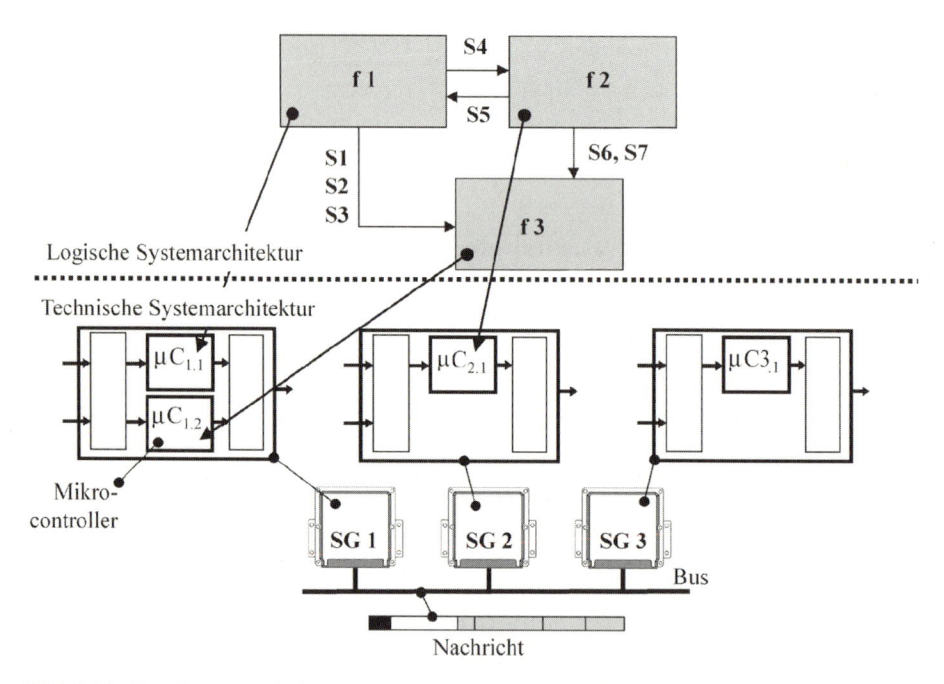

Bild 4-16: Zuordnung von Software-Funktionen zu Mikrocontrollern

Steht die Zuordnung der Software-Funktionen zu den Mikrocontrollern fest, so muss in einem weiteren Schritt die Zuordnung der Signale zu Nachrichten festgelegt werden. Während auf der Ebene der logischen Systemarchitektur die Signale interessieren, die zwischen den Software-Funktionen übertragen werden müssen, müssen auf der Ebene der technischen Systemarchitektur die Nachrichten gebildet werden, die zwischen den Mikrocontrollern übertragen werden (Bild 4-17).

4.4 Analyse der logischen Systemarchitektur

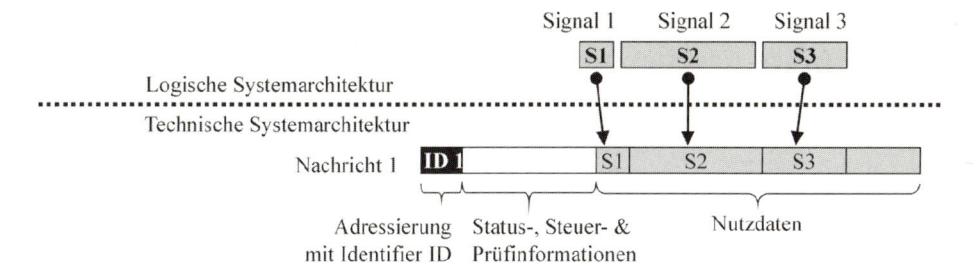

Bild 4-17: Zuordnung von Signalen zu Nachrichten

4.4.4 Analyse und Spezifikation zuverlässiger und sicherer Systeme

Der Nachweis der geforderten Zuverlässigkeit und Sicherheit ist für viele Fahrzeugfunktionen vorgeschrieben. Die Analyse der Zuverlässigkeit und Sicherheit muss deshalb frühzeitig berücksichtigt werden. Eine mögliche Vorgehensweise zur Zuverlässigkeits- und Sicherheitsanalyse zeigt Bild 4-18 [71].

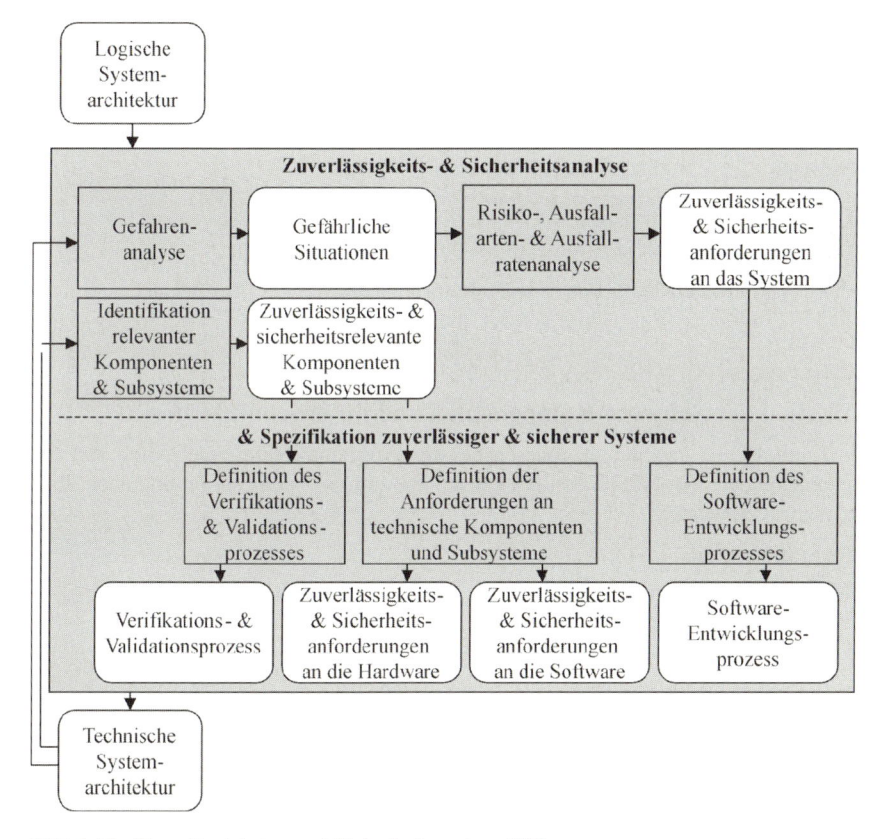

Bild 4-18: Zuverlässigkeits- und Sicherheitsanalyse [71]

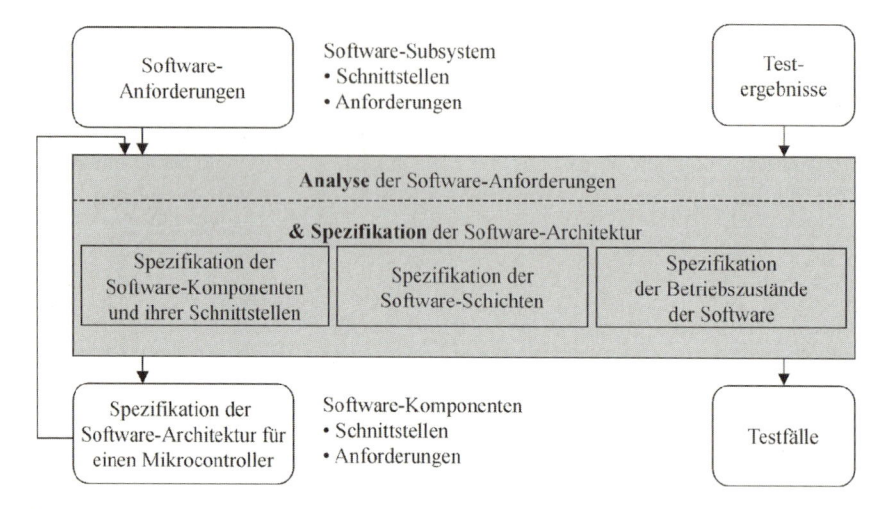

4.5 Analyse der Software-Anforderungen und Spezifikation der Software-Architektur

Nach der Festlegung der technischen Systemarchitektur kann die Realisierung der Komponenten und Subsysteme erfolgen. Ausgehend von den Software-Anforderungen (Bild 4-10) beginnt die Software-Entwicklung mit deren Analyse und der Spezifikation der Software-Architektur (Bild 4-19). Dieser Schritt umfasst beispielsweise die Spezifikation der Grenzen des Software-Systems, der Software-Komponenten und deren Schnittstellen, sowie die Festlegung von Software-Schichten und Betriebszuständen. Dies erfolgt wiederum schrittweise über alle Systemebenen der Software.

Bild 4-19: Analyse der Software-Anforderungen und Spezifikation der Software-Architektur

4.5.1 Spezifikation der Software-Komponenten und ihrer Schnittstellen

Wie bereits in Kapitel 2.3.3 angedeutet, müssen bei der Programmierung zwei Arten von Informationen unterschieden werden, die den Ablauf des Programms beeinflussen und auch über Schnittstellen übertragen werden:

- **Dateninformationen** und
- **Kontroll- oder Steuerinformationen**.

Entsprechend wird bei den Software-Schnittstellen zwischen

- **Datenschnittstellen** und
- **Kontroll- oder Steuerschnittstellen**

unterschieden.

Der Verarbeitungsfluss dieser Informationen in einem Software-System wird als Datenfluss bzw. Kontrollfluss bezeichnet.

4.5 Analyse der Software-Anforderungen und Spezifikation der Software-Architektur 163

Beispielsweise ist ein Interrupt, den ein CAN-Modul beim Eintreffen einer CAN-Nachricht am Mikroprozessor auslöst, eine Kontrollinformation. Der Inhalt der CAN-Nachricht, etwa der Wert eines übertragenen Signals, kann dagegen eine Dateninformation sein.

Diese Unterscheidung gilt sowohl für die Ein- und Ausgabeschnittstellen eines Mikrocontrollers, als auch für die Schnittstellen der internen Komponenten eines Software-Systems.

Beim Entwurf der Software-Architektur für Mikrocontroller von Steuergeräten kann desweiteren zwischen On-Board- und Off-Board-Schnittstellen unterschieden werden (Bild 1-3).

4.5.1.1 Spezifikation der On-Board-Schnittstellen

Zunächst müssen die Grenzen des Software-Systems genau festgelegt werden. Dies erfordert die Zusammenarbeit aller Projektbeteiligten, um zu entscheiden, was zum Software-System gehört und was zur Umgebung oder zum Kontext des Software-Systems gehört. Erst danach kann festgelegt werden, welche Ein- und Ausgangsschnittstellen es gibt. Auf diese Art können auch die On-Board-Schnittstellen des Steuergeräts festgelegt werden, also die Schnittstellen zu den Sollwertgebern, Sensoren und Aktuatoren, sowie die Schnittstellen für die On-Board-Kommunikation mit anderen elektronischen Systemen des Fahrzeugs.

Beispiel: Kontext- und Schnittstellenmodell der Software des Kombiinstruments

In Bild 4-20 ist das Kontext- und Schnittstellenmodell für die On-Board-Schnittstellen der Software des Kombiinstruments (Bild 4-13) dargestellt.

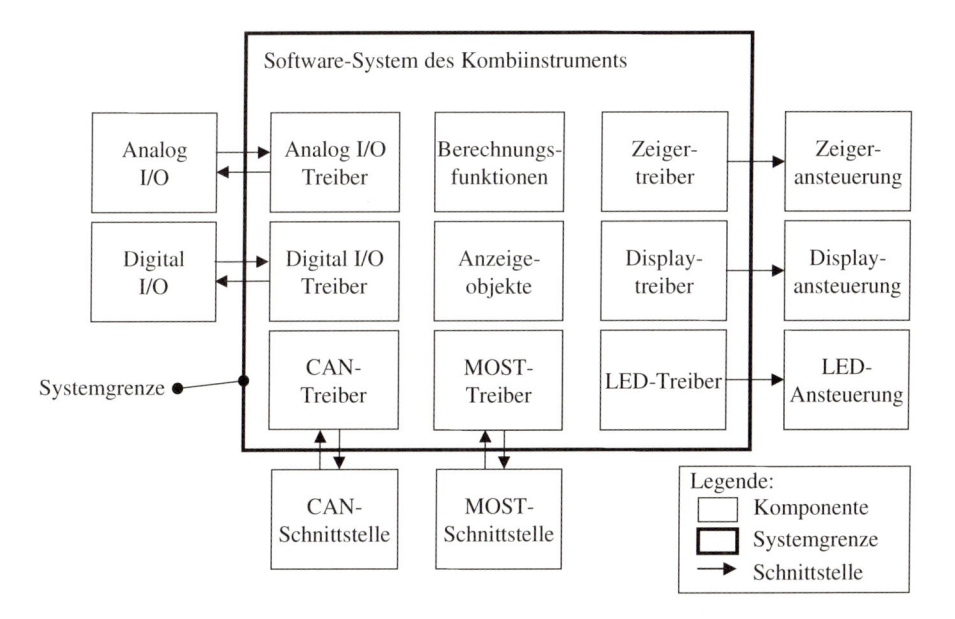

Bild 4-20: Kontext- und Schnittstellenmodell der Software des Kombiinstruments

4.5.1.2 Spezifikation der Off-Board-Schnittstellen

Auch die Schnittstellen für die Off-Board-Kommunikation können festgelegt werden. Das bedeutet, die Software-Architektur für Steuergeräte, die in Serienfahrzeugen verbaut werden, so genannte Seriensteuergeräte, muss neben dem vollständigen Funktionsumfang für den On-Board-Betrieb auch alle Steuergeräteschnittstellen unterstützen, die im Verlauf der Entwicklung, in der Produktion oder im Service für die Off-Board-Kommunikation notwendig sind.

Da nicht alle Entwicklungsschnittstellen für Produktion oder Service benötigt werden, kommen während der Entwicklung häufig verschiedene Hardware- und Software-Varianten der Steuergeräte zum Einsatz, die oft auch als Entwicklungs-, Prototyp-, Muster- oder Applikationssteuergeräte bezeichnet werden. Diese Steuergeräte unterscheiden sich von Seriensteuergeräten in der Regel u. a. durch eine für die jeweilige Entwicklungsanwendung modifizierte Off-Board-Schnittstelle, was zu Hardware- und Software-Anpassungen führen kann.

Die Kommunikation zwischen Werkzeug und einem Mikrocontroller des Steuergeräts erfolgt dann über verschiedenartige Schnittstellen. Für die Funktionen Messen, Kalibrieren, Diagnose und Flash-Programmierung sind Verfahren in ASAM [18] standardisiert. Für eine ausführliche Darstellung wird auf die ASAM-Spezifikationen verwiesen. Die notwendigen Software-Komponenten für die Off-Board-Kommunikation müssen beim Entwurf der Software-Architektur berücksichtigt werden. Eine Übersicht der häufig eingesetzten Werkzeuge mit Schnittstellen zum Steuergerät ist in Bild 4-21 dargestellt.

Jedes Werkzeug benötigt eine Beschreibung der Off-Board-Schnittstelle. Diese Beschreibung wird meist in Form einer Datei, der so genannten Beschreibungsdatei, abgelegt. Darin müssen einerseits Hardware- und Software-Aspekte der Off-Board-Schnittstelle beschrieben werden, andererseits sind Informationen für den Zugriff des Werkzeugs auf die Daten des Steuergeräts, etwa die Speicheradressen von Signalen und Parametern, erforderlich.

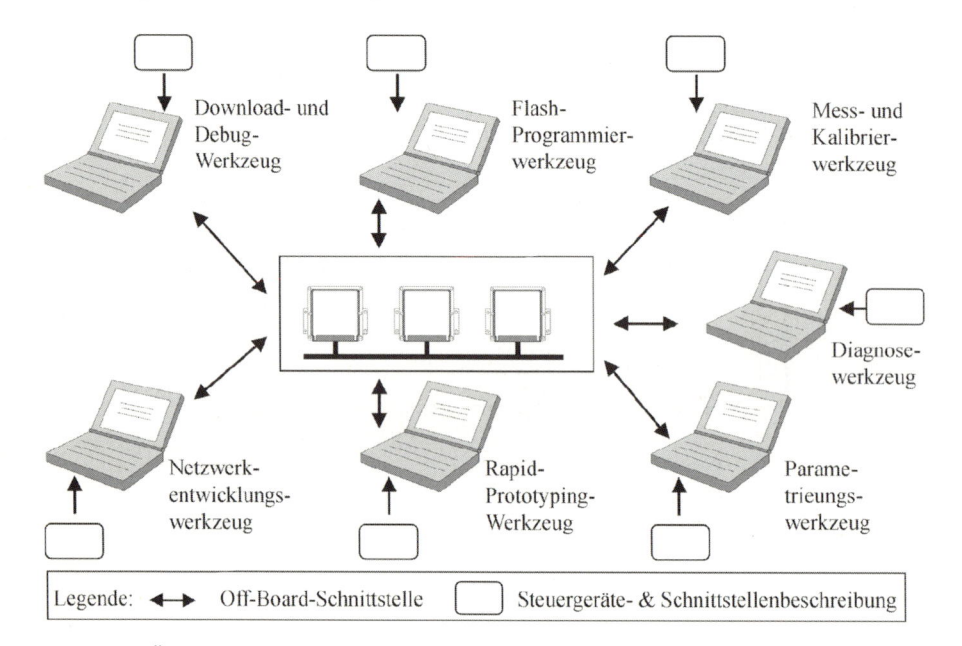

Bild 4-21: Übersicht über die möglichen Off-Board-Schnittstellen eines Steuergeräts

4.5.2 Spezifikation der Software-Schichten

Eine häufig verwendete Strukturierungsform für die Beziehungen zwischen Software-Komponenten ist die Zuordnung der Software-Komponenten zu verschiedenen Schichten (engl. Layers). Es entsteht ein Schichtenmodell. Schichten sind dadurch gekennzeichnet, dass Software-Komponenten innerhalb einer Schicht beliebig aufeinander zugreifen können. Zwischen verschiedenen Schichten gelten jedoch strengere Regeln.

Die Schichten werden entsprechend ihrem Abstraktionsniveau angeordnet. Von Schichten mit höherem Abstraktionsniveau kann auf Schichten mit niedrigerem Niveau zugegriffen werden. Der Zugriff von niedrigeren Schichten auf höhere Schichten ist dagegen in der Regel stark eingeschränkt oder unzulässig. Kann von einer höheren Schicht auf alle niedrigeren Schichten zugegriffen werden, wird dies als **Schichtenmodell mit strikter Ordnung** bezeichnet. Ist dagegen nur ein Zugriff auf die nächstniedrigere Schicht zulässig, handelt es sich um ein **Schichtenmodell mit linearer Ordnung** [73].

Ein Beispiel für ein Schichtenmodell mit linearer Ordnung ist das 7-Schichtenmodell nach ISO/OSI (Bild 2-50), an dem sich auch der Aufbau des Kommunikationsmodells nach OSEK-COM orientiert. Eine Schichtenarchitektur wird häufig auch für andere I/O-Schnittstellen in der Plattform-Software und innerhalb der Anwendungs-Software eingeführt. Durch die Einführung von Abstraktionsebenen kann die Erstellung, Wartung und Wiederverwendung der Software-Komponenten erleichtert werden.

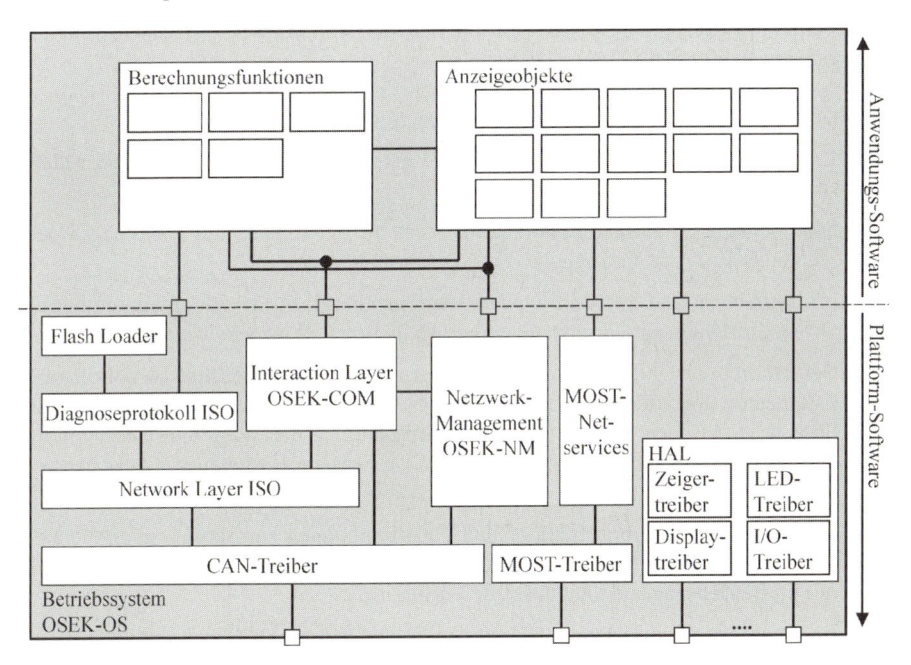

Bild 4-22: Software-Architektur des Kombiinstruments

Beispiel: Software-Architektur des Kombiinstruments
    In Bild 4-22 ist der Entwurf für die Software-Architektur für das Kombiinstrument unter Berücksichtigung von Standards und Entwurfsmustern dargestellt.

In den folgenden Kapiteln wird dieses kombinierte Schichten- und Kontextmodell zur Darstellung der Software-Architektur verwendet.

4.5.3 Spezifikation der Betriebszustände

Die Parametrierung von Software-Varianten und das Software-Update erfolgen in der Produktion und im Service meist in einem besonderen so genannten Betriebszustand der Software, in dem die Steuerungs-/Regelungs- und Überwachungsfunktionen aus Sicherheitsgründen nur teilweise oder gar nicht ausgeführt werden dürfen.

Die Software-Architektur für die Mikrocontroller des Steuergeräts muss deshalb so entworfen werden, dass verschiedene Betriebszustände unterstützt werden. Neben dem Normalbetrieb, in dem die Steuerungs-/Regelungs- und Überwachungsfunktionen – das so genannte Fahrprogramm – ausgeführt werden, sind häufig verschiedene weitere Betriebszustände notwendig, bei denen das Fahrprogramm nicht ausgeführt werden darf. Beispielsweise ist dies für die Diagnose der Aktuatoren erforderlich (Bild 2-64), aber auch, wie angesprochen, für die Software-Parametrierung oder das Software-Update. Auch der Notlauf (s. Abschnitt 2.6.4.4), der etwa nach einem Ausfall von sicherheitsrelevanten Komponenten einen Betrieb des Systems mit eingeschränkter Funktionsfähigkeit ermöglicht, kann als eigenständiger Betriebszustand aufgefasst werden.

Neben den Betriebszuständen müssen auch die zulässigen Übergänge zwischen ihnen und die Übergangsbedingungen festgelegt werden. Für die Spezifikation der Betriebszustände und der Übergänge eigenen sich deshalb Zustandsautomaten.

Beispiel: Betriebszustände der Software des Kombiinstruments

Für das Kombiinstrument sind die in Bild 4-23 dargestellten Software-Betriebszustände und Übergänge nötig:

- Die vollständige Anzeigefunktionalität steht im Betriebszustand Klemme 15 oder „Zündung Ein" zur Verfügung.

- Im Betriebszustand Software-Update wird nur die Flash-Programmierung über die Off-Board-Diagnoseschnittstelle in der Produktion und im Service unterstützt.

- Der Betriebszustand Software-Parametrierung ist für Einstellung von Software-Parametern über die Off-Board-Diagnoseschnittstelle in der Produktion oder im Service vorgesehen. Beispiele sind die Umschaltung der Weg- und Geschwindigkeitsanzeigen zwischen Kilometer und Meilen oder die Umschaltung zwischen verschiedenen Sprachvarianten.

- Die eigentliche Diagnosefunktionalität, wie Funktionen zur Sensor- und Aktuatordiagnose (Bild 2-64), sowie das Auslesen und Löschen des Fehlerspeichers, steht nur im Betriebszustand Diagnose zur Verfügung.

- Im Betriebszustand Klemme R werden nach Drehen des Zündschlüssels in die Zündschlossposition „Radio Ein" eine Reihe von Überwachungsfunktionen durchgeführt. Erst danach erfolgt der Übergang in den Zustand Klemme 15.

- Nach dem Abstellen des Motors wird der Betriebszustand Nachlauf eingenommen. Hier wird beispielsweise die Gesamtwegstrecke des Fahrzeugs dauerhaft und manipulationssicher abgespeichert. Außerdem werden zeitaufwändigere Überwachungsfunktionen des Kombiinstruments hier durchgeführt.

4.6 Spezifikation der Software-Komponenten   167

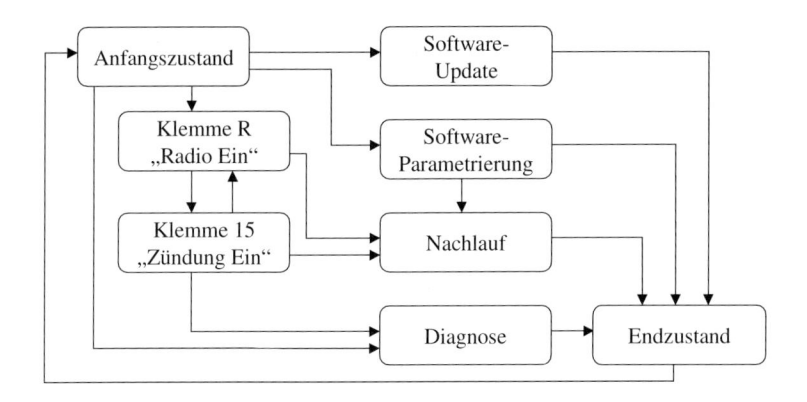

Bild 4-23: Betriebszustände und Übergänge für das Kombiinstrument

4.6 Spezifikation der Software-Komponenten

Nachdem bei der Spezifikation der Software-Architektur alle Software-Komponenten, sowie deren Anforderungen und Schnittstellen festgelegt wurden, erfolgt im nächsten Schritt die Spezifikation der Software-Komponenten. Dabei kann zwischen einer Spezifikation des Datenmodells, des Verhaltensmodells und des Echtzeitmodells einer Software-Komponente unterschieden werden (Bild 4-24).

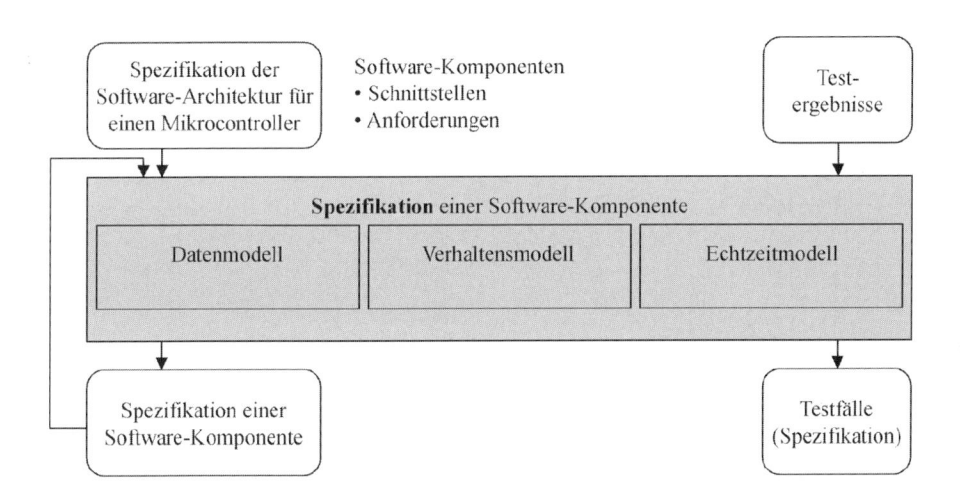

Bild 4-24: Spezifikation einer Software-Komponente

4.6.1 Spezifikation des Datenmodells

Ein Teil der Spezifikation einer Software-Komponente ist die Festlegung der von der Software-Komponente verarbeiteten Daten, die Spezifikation des Datenmodells. Dabei wird zunächst eine abstrakte Form der Daten festgelegt, die von der konkreten Implementierung der Daten abstrahiert, so dass die Verarbeitung der Daten in Form physikalischer Zusammenhänge spezifiziert werden kann.

Für viele Anwendungsbereiche im Fahrzeug werden verschiedene Strukturen von Daten benötigt. Häufig verwendet werden:

- **skalare Größen**
- **Vektoren** oder Felder (engl. Arrays) und
- **Matrizen** (Bild 4-25).

Skalar

x

Vektor

x_1	x_2	x_3	x_4	x_5

Matrix

x_{11}	x_{12}	x_{13}	x_{14}	x_{15}
x_{21}	x_{22}	x_{23}	x_{24}	x_{25}
x_{31}	x_{32}	x_{33}	x_{34}	x_{35}

Bild 4-25: Einfache Datenstrukturen

Auch zwischen Daten können Beziehungen bestehen. Es entstehen zusammengesetzte Datenstrukturen. Weit verbreitet sind beispielsweise Datenstrukturen für **Kennlinien und Kennfelder** (Bild 4-26). Während bei der abstrakten Spezifikation einer Kennlinie oder eines Kennfeldes nur der Zusammenhang zwischen Eingangs- und Ausgangsgrößen interessiert, muss bei Design und Implementierung zum Beispiel das konkrete tabellarische Ablageschema und die Interpolationsmethode festgelegt werden. Verschiedene Ablageschemata und Interpolationsmethoden für Kennlinien und Kennfelder werden in Abschnitt 5.4.1.5 ausführlicher behandelt.

Grafische Darstellung:

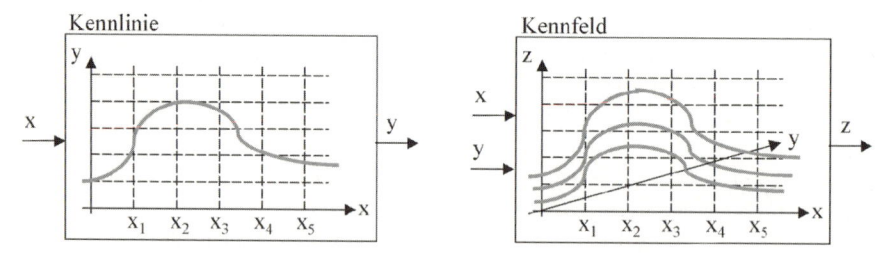

Tabellarische Darstellung:

x_1	x_2	x_3	x_4	x_5
y_1	y_2	y_3	y_4	y_5

	x_1	x_2	x_3	x_4	x_5
y_1	z_{11}	z_{12}	z_{13}	z_{14}	z_{15}
y_2	z_{21}	z_{22}	z_{23}	z_{24}	z_{25}
y_3	z_{31}	z_{32}	z_{33}	z_{34}	z_{35}

Bild 4-26: Komplexere Datenstrukturen

4.6 Spezifikation der Software-Komponenten

4.6.2 Spezifikation des Verhaltensmodells

Nachdem bisher verschiedene Methoden zur Spezifikation der statischen Struktur von Software-Komponenten vorgestellt wurden, soll in diesem Abschnitt die Spezifikation des Verhaltens oder der Verarbeitungsschritte von Software-Komponenten, also der dynamischen Struktur von Software-Komponenten, dargestellt werden.

Dabei wird zwischen der Spezifikation von **Datenfluss und Kontrollfluss** unterschieden.

4.6.2.1 Spezifikation des Datenflusses

Datenflussdiagramme beschreiben die Wege von Dateninformationen zwischen Software-Komponenten und den Verarbeitungsfluss der Daten in Software-Komponenten.

Es gibt verschiedene Darstellungsweisen und Symbole für Datenflussdiagramme. Für viele Funktionen des Fahrzeugs ist die in Kapitel 2.1 eingeführte steuerungs- und regelungstechnische Modellierungsmethode mit Blockschaltbildern und Zustandsautomaten geeignet. Die folgenden Beispiele orientieren sich deshalb an Blockdiagrammen.

Eingänge, Ausgänge, Daten, sowie arithmetische und Boolesche Operationen einer Software-Komponente werden durch Blöcke dargestellt. Datenflüsse werden mit Pfeilen gezeichnet.

Beispiel: Datenfluss für eine Boolesche und arithmetische Anweisung

Bild 4-27 zeigt die Boolesche Anweisung

$Y = X1 \ \& \ (X2 \ || \ X3)$

mit „&" als Darstellung für eine Konjunktion oder logische UND-Verknüpfung

und "||" als Darstellung für eine Disjunktion oder logische ODER-Verknüpfung

und die arithmetische Anweisung

$c = a + b$

als Datenfluss in einem Blockdiagramm des Werkzeugs ASCET-SD [74].

Arithmetische Datenflüsse werden mit durchgezogenen Pfeilen dargestellt; Boolesche Datenflüsse mit gestrichelten Pfeilen.

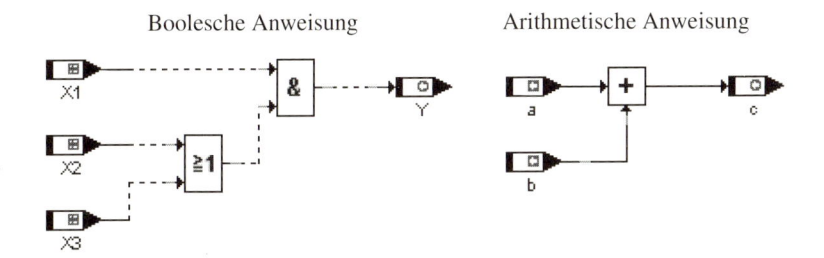

Bild 4-27: Datenfluss zur Darstellung Boolescher und arithmetischer Anweisungen in ASCET-SD [74]

Datenflussdiagramme können leicht erstellt werden und sind einfach verständlich. Jedoch wird das Verhalten einer Software-Komponente damit nicht vollständig festgelegt.

Aus Bild 4-27 ist beispielsweise nicht ersichtlich, ob die Boolesche oder die arithmetische Anweisung zuerst ausgeführt wird. In diesem einfachen Beispiel ändert sich das Ergebnis der Software-Komponente durch eine geänderte Ausführungsreihenfolge zwar nicht. Würden aber die Ergebnisse **Y** und **c** derart voneinander abhängen, dass etwa der Wert von **c** in die Berechnung von **Y** eingine, so würde sich das Verhalten der Software-Komponente ändern, wenn die Ausführungsreihenfolge geändert würde. Die Ausführungsreihenfolge wird durch den Kontrollfluss für eine Software-Komponente festgelegt.

4.6.2.2 Spezifikation des Kontrollflusses

Kontrollflüsse steuern die Ausführung von Anweisungen. Mit Hilfe der Kontrollstrukturen

- **Folge oder Sequenz** zur Festlegung der Abarbeitungsreihenfolge,
- **Auswahl oder Selektion** für Verzweigungen,
- **Wiederholung oder Iteration** zur Spezifikation von Schleifen und
- **Aufruf** von Diensten anderer Software-Komponenten

kann die Verarbeitung der Anweisungen in einer Software-Komponente gesteuert werden. Kontrollflussstrukturen dieser Art finden sich in jeder höheren Programmiersprache und können auch grafisch dargestellt werden. Eine bekannte Notation zur Darstellung von Kontrollfluss sind Struktogramme nach Nassi-Shneiderman (Bild 4-28) [73].

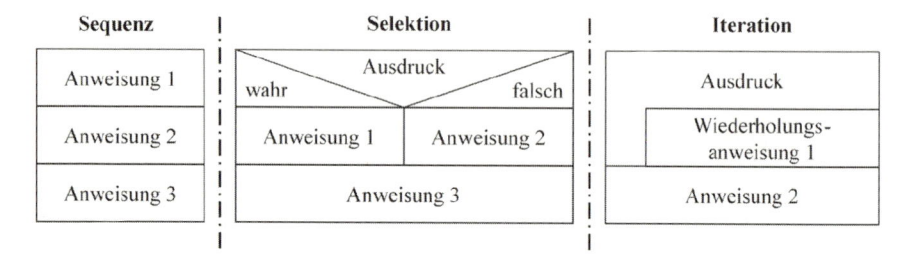

Bild 4-28: Grafische Darstellung von Kontrollflusskonstrukten mit Struktogrammen [73]

Für viele Software-Funktionen ist jedoch eine reine Darstellung des Kontrollflusses genauso wenig ausreichend, wie eine reine Darstellung des Datenflusses. Eine kombinierte Darstellung ist erforderlich.

Beispiel: Kontrollfluss für eine Boolesche und arithmetische Anweisung

In Bild 4-29 ist die fehlende Sequenzinformation im Blockdiagramm eingetragen. Mit diesem Kontrollflusskonstrukt wird festgelegt, dass der arithmetischen Anweisung

c = a + b

die Sequenzinformation **/1/** des Prozesses 1 zugeordnet ist und sie damit vor der Booleschen Anweisung

Y = X1 & (X2 || X3)

mit der Sequenzinformation **/2/** des Prozesses 1 ausgeführt wird.

4.6 Spezifikation der Software-Komponenten   171

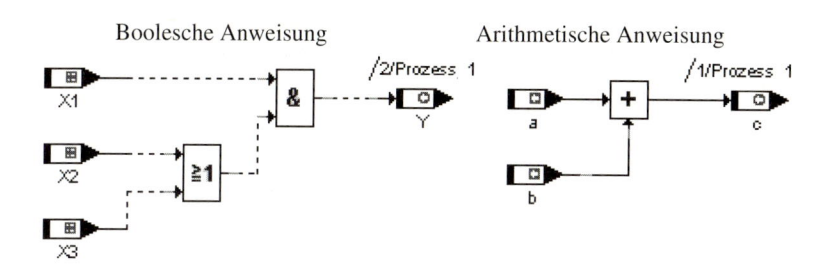

Bild 4-29: Kontrollfluss zur Festlegung der Ausführungsreihenfolge in ASCET-SD [74]

4.6.3 Spezifikation des Echtzeitmodells

Neben dem Daten- und Verhaltensmodell muss das Echtzeitmodell einer Software-Komponente festgelegt werden, damit die Spezifikation vollständig ist.

D. h. die Anweisungen einer Software-Komponente müssen Prozessen zugeordnet werden. Die Prozesse wiederum müssen Tasks zugeordnet werden. Für die Tasks werden die Echtzeitanforderungen festgelegt.

Beispiel: Festlegung der Echtzeitanforderungen

Im Einführungsbeispiel in Bild 4-29 sind die beiden Anweisungen dem Prozess 1 bereits zugeordnet. Um das Echtzeitverhalten vollständig zu spezifizieren, muss der Prozess 1 noch einer Task zugeordnet werden. Dies ist in Bild 4-30 dargestellt. Der Prozess 1 ist wie die Prozesse 2 und 3 der Task A zugeordnet.

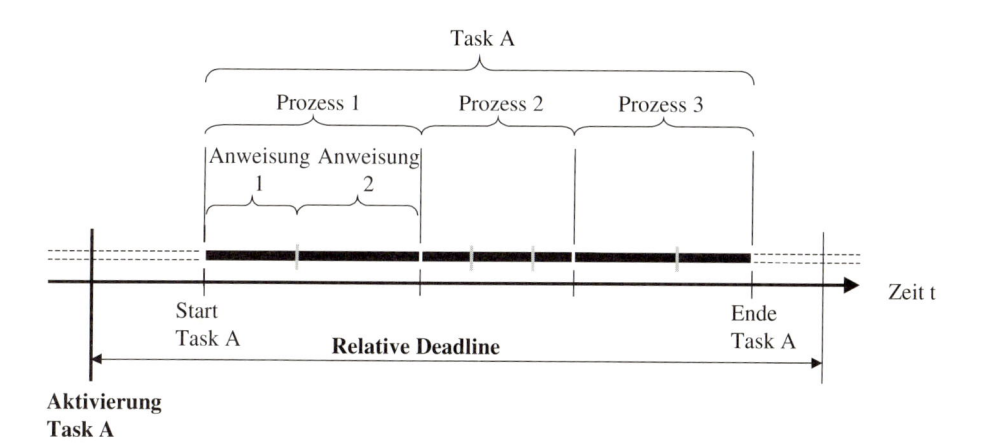

Bild 4-30: Zuordnung von Berechnungen zu Prozessen und Tasks

4.6.3.1 Zustandsabhängiges, reaktives Ausführungsmodell

Für steuerungs- und regelungstechnische Software-Funktionen kann häufig ein allgemeines Ausführungsmodell zugrunde gelegt werden, wie es in Bild 4-31 dargestellt ist.

Die Software-Funktion unterscheidet zwischen einer Initialisierungsberechnung, die einmalig nach dem Systemstart ausgeführt wird, und einer Berechnung, die wiederholt wird. Der Initialisierungsanteil, der Prozess a_{Init}, wird durch die Initialisierungs-Task zum Zeitpunkt t_{Init} aktiviert. Der wiederkehrende Anteil, der Prozess a_P, wird von einer zyklischen Task A in einem festen oder variablen zeitlichen Abstand dT_A aktiviert. Bei der ersten Ausführung des Prozesses a_P werden Zustandsinformationen des Initialisierungsprozesses a_{Init} verwendet. Bei den weiteren Ausführungen werden Zustandsinformationen der jeweils vorangegangenen Ausführung des Prozesses a_P verwendet, etwa Ergebnisse der vorangegangenen Berechnung oder auch der zeitliche Abstand dT_A zur vorangegangenen Ausführung. Software-Funktionen mit diesen Merkmalen werden auch als zustandsabhängige, reaktive Systeme bezeichnet [75].

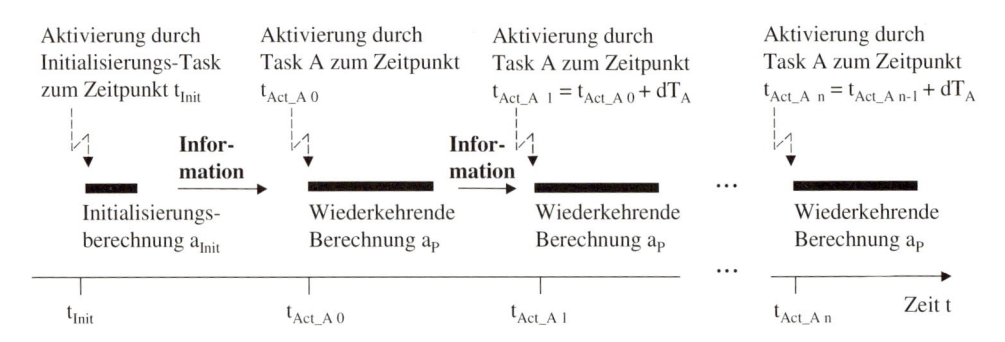

Bild 4-31: Zustandsabhängiges, reaktives Ausführungsmodell für Software-Funktionen

Es ist also eine Aufteilung der Software-Funktion in mindestens zwei Prozesse a_{Init} und a_P notwendig. Häufig werden Software-Funktionen auch in mehr als zwei Prozesse aufgeteilt, die dann von verschiedenen Tasks aktiviert werden. So können etwa die wiederkehrenden Berechnungen einer Funktion auf mehrere Prozesse aufgeteilt und von unterschiedlichen Tasks mit verschiedenen Echtzeitanforderungen quasiparallel aktiviert werden.

4.6.3.2 Zustandsunabhängiges, reaktives Ausführungsmodell

In manchen Fällen ist die Annahme zulässig und vorteilhaft, dass nach durchgeführter Initialisierung ein Prozess nur dann ausgeführt werden soll, wenn ein bestimmtes Ereignis eintritt, ohne dass die Vorgeschichte eine Rolle spielt. In diesem Fall kann ein anderes Ausführungsmodell, wie es in Bild 4-32 dargestellt ist, zugrunde gelegt werden. Wieder ist eine Aufteilung der Software-Funktion in zwei Prozesse b_{Init} und b_E erforderlich. Jedoch wird der Prozess b_E nur bei Eintreten des Ereignisses E von Task B aktiviert. Ein solches Ereignis E könnte beispielsweise die Betätigung eines Schalters zur Steuerung der Software-Funktion durch den Fahrer sein.

Auch der Prozess b_E kann wiederholt ausgeführt werden. Jedoch werden bei der Ausführung des Prozesses b_E keinerlei Zustandsinformationen der vorangegangenen Ausführung von b_E verwendet. Solche Software-Funktionen werden auch als zustandsunabhängige, reaktive Systeme bezeichnet [75].

4.7 Design und Implementierung der Software-Komponenten 173

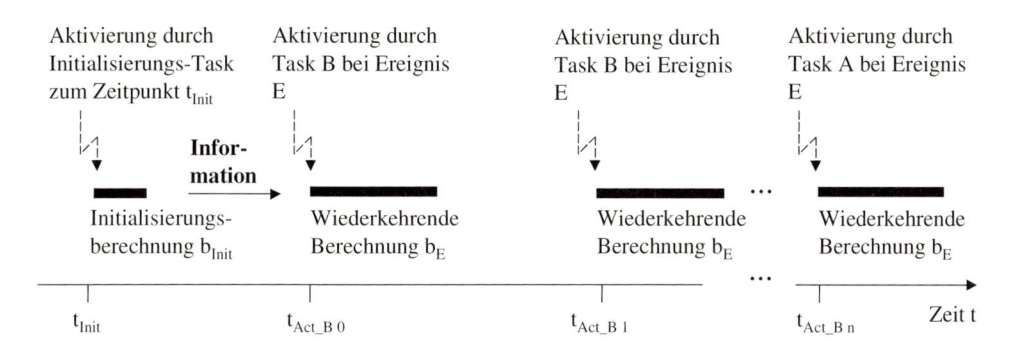

Bild 4-32: Zustandsunabhängiges, reaktives Ausführungsmodell für Software-Funktionen

Häufig treten Mischformen dieser beiden Ausführungsmodelle auf.

Für die Modellierung der Interaktion zwischen den Prozessen unterschiedlicher Tasks müssen in Echtzeitsystemen die in Abschnitt 2.4.6 dargestellten Mechanismen des Echtzeitbetriebssystems berücksichtigt werden. Es kann also zu Rückwirkungen des Echtzeitmodells auf das Datenmodell kommen.

4.7 Design und Implementierung der Software-Komponenten

In der Designphase müssen alle Details der konkreten Implementierung für das Daten-, Verhaltens- und Echtzeitmodell einer Software-Komponente festgelegt werden (Bild 4-33). Bei den Daten ist jetzt auch zwischen Variablen und unveränderlichen Parametern zu unterscheiden.

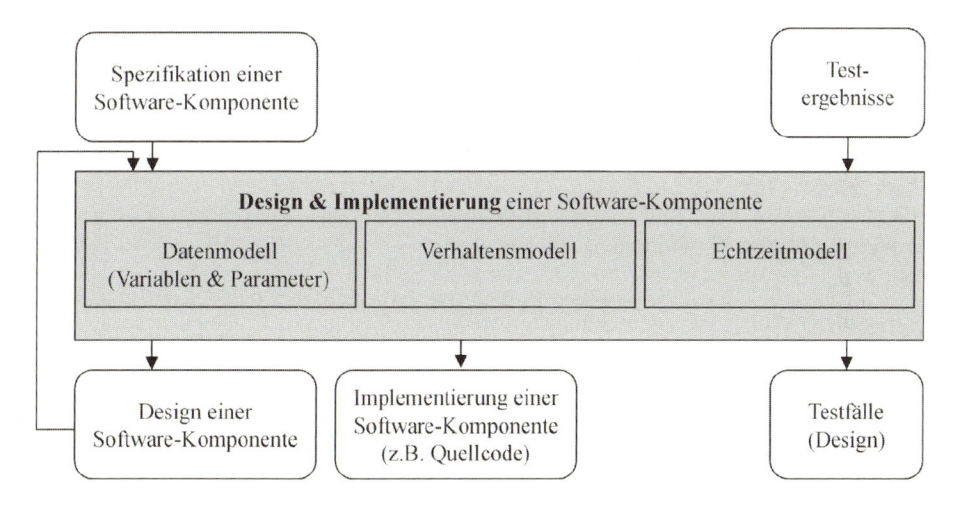

Bild 4-33: Design und Implementierung der Software-Komponenten

4.7.1 Berücksichtigung der geforderten nichtfunktionalen Produkteigenschaften

Beim Design und der Implementierung von Software-Komponenten für Seriensteuergeräte muss neben der Umsetzung der spezifizierten Software-Funktionen eine Reihe weiterer Randbedingungen berücksichtigt werden, die sich aus den geforderten nichtfunktionalen Produkteigenschaften ergeben. Dazu gehören beispielsweise die Trennung von Programm- und Datenstand oder Kostenschranken, die häufig zu einer Beschränkung der verfügbaren Hardware-Ressourcen führen.

4.7.1.1 Unterscheidung zwischen Programm- und Datenstand

Die Trennung von Programm- und Datenstand wird häufig eingesetzt, da damit die Handhabung von Software-Varianten in der Entwicklung, aber auch in Produktion und Service erleichtert wird.

In anderen Anwendungsbereichen erfolgt die Entwicklung von Programm- und Datenstand gemeinsam. In der Automobilindustrie ist bei Steuergeräten die Unterscheidung zwischen der Entwicklung von Programm- und Datenstand aus verschiedenen Gründen vorteilhaft. Der Datenstand umfasst dabei alle durch das Programm nicht veränderbaren Daten, etwa die Parameter von Steuerungs- und Regelungsfunktionen.

So kann ein einheitlicher Programmstand durch unterschiedliche Datenstände an verschiedene Anwendungen, beispielsweise an verschiedene Fahrzeugvarianten, angepasst werden. Dies führt zu Kosten- und Zeiteinsparungen in der Entwicklung – beispielsweise in der Qualitätssicherung, die für den Programmstand nur einmalig notwendig ist.

Weitere Merkmale, die zu dieser Vorgehensweise führen, sind:

- Die Erstellungszeitpunkte für Programm- und Datenstand sind unter Umständen unterschiedlich. So muss häufig der Datenstand, beispielsweise im Rahmen der fahrzeugindividuellen Kalibrierung von Software-Funktionen, auch noch zu sehr späten Zeitpunkten unabhängig vom Programmstand geändert werden.
- Die Erstellung von Programm- und Datenstand erfolgt häufig in unterschiedlichen Entwicklungsumgebungen und von verschiedenen Mitarbeitern – oft sogar über Unternehmensgrenzen hinweg.
- Die Trennung von Programm- und Datenstand ist nicht nur in der Entwicklung sinnvoll, sondern führt auch zu Vorteilen beim Variantenmanagement in Produktion und Service.

4.7.1.2 Beschränkung der Hardware-Ressourcen

Beim Design und der Implementierung der Software-Komponenten müssen vielfach auch Optimierungsmaßnahmen wegen beschränkter Hardware-Ressourcen beachtet werden. Eine Ursache dafür sind die häufig bestehenden Kostenschranken bei elektronischen Steuergeräten, die bei hohen Stückzahlen zu begrenzten Hardware-Ressourcen führen.

Beispiel: Kostenschranken bei Steuergeräten

> Stark vereinfacht ergeben sich die Kosten eines Steuergeräts als die Summe der Entwicklungskosten und der Herstellungskosten dividiert durch Anzahl n der produzierten Steuergeräte:

4.7 Design und Implementierung der Software-Komponenten

Gesamtkosten pro Steuergerät ≈ (Entwicklungskosten + Herstellungskosten)/n

Bei hohen Stückzahlen führt dies dazu, dass die zu den Stückzahlen proportionalen Herstellkosten die Kosten eines Steuergeräts dominant beeinflussen (Bild 4-34).

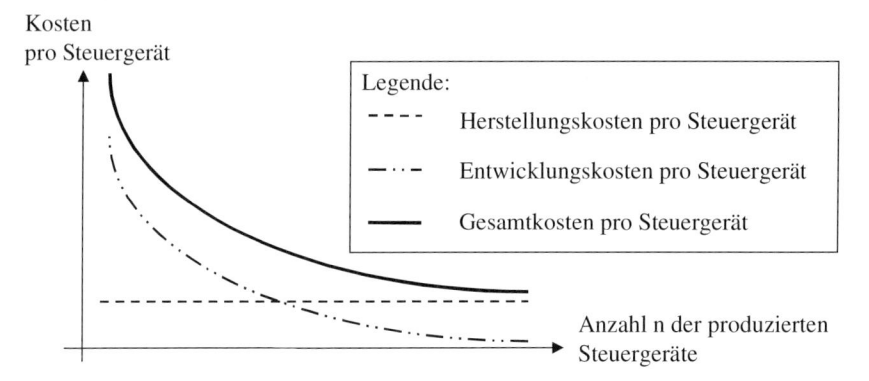

Bild 4-34: Abhängigkeit der Kosten pro Steuergerät von der produzierten Stückzahl

Dabei sind die Kostenstrukturen für Hardware und Software sehr unterschiedlich. Unter der Annahme, dass für die Vervielfältigung der Software nahezu keine Kosten anfallen, werden die Produktionskosten hauptsächlich durch die zu den Stückzahlen proportionalen Hardware-Kosten beeinflusst.

Bei hohen Produktionsstückzahlen ist deshalb der Druck zur Reduzierung der zu den Stückzahlen proportionalen Hardware-Herstellungskosten in vielen Fällen sehr groß. Dies wirkt sich dann in begrenzten Hardware-Ressourcen aus, da häufig preiswerte Mikrocontroller in Seriensteuergeräten eingesetzt werden, die nur Integerarithmetik unterstützen und deren Rechenleistung und Speicherplatz sehr begrenzt ist.

Um möglichst viele Software-Funktionen mit einem Mikrocontroller darstellen zu können, sind in der Software-Entwicklung in diesen Fällen Optimierungsanstrengungen notwendig, so dass die verfügbaren Hardware-Ressourcen möglichst effektiv genutzt werden. Je nach den Randbedingungen der Anwendung ist dann ein Ziel bei der Software-Entwicklung, RAM-Bedarf, ROM-Bedarf oder Programmlaufzeit zu reduzieren. Als Grundregel bei vielen eingesetzten Mikrocontrollern kann dabei dienen, dass der RAM-Bedarf sehr viel stärker als der ROM-Bedarf zu berücksichtigen ist, da RAM-Speicher ungefähr die 10fache Fläche von ROM-Speicher auf dem Chip benötigt und deshalb auch etwa das 10fache von ROM-Speicher kostet.

Dabei dürfen der dadurch steigende Aufwand für Entwicklung und Absicherung, sowie die bei begrenzten Ressourcen in der Entwicklung zunehmenden Qualitätsrisiken nicht übersehen werden.

In der Praxis hat sich deshalb der Ansatz als vorteilhaft erwiesen, die Optimierung der zu den Stückzahlen proportionalen Herstellkosten mit einer Plattformstrategie für Hardware- und Software-Komponenten zu kombinieren. Über verschiedene Konfigurationsparameter können beispielsweise standardisierte Software-Komponenten an die jeweiligen Anforderungen der konkreten Anwendung angepasst werden.

Zwischen den verschiedenen Projektzielen, also Qualitäts-, Kosten- und Terminzielen, bestehen also viele Abhängigkeiten und Zielkonflikte. Dabei muss beachtet werden, dass eine Optimierungsmaßnahme nicht durch dadurch entstehende zusätzliche Aufwände überkompensiert wird.

Von den zahlreichen Optimierungsmaßnahmen, die in der Praxis zum Einsatz kommen, werden in Abschnitt 5.4.1 einige anhand von Beispielen dargestellt. Viele Optimierungsmaßnahmen haben auch Rückwirkungen auf die Spezifikation der Software-Architektur und der Software-Komponenten.

4.7.2 Design und Implementierung des Datenmodells

Beim Design und der Implementierung des Datenmodells einer Software-Komponente muss zwischen Variablen und durch das Programm nicht veränderbaren Parametern unterschieden werden. Für jede Software-Komponente müssen für alle Daten Design-Entscheidungen bezüglich der prozessorinternen Darstellung und des Speichersegments des Mikrocontrollers für die Ablage getroffen werden. So müssen Variablen in einem Schreib-/Lesespeicher, etwa im RAM, abgelegt werden, während Parameter in einem Lesespeicher, etwa im ROM, gespeichert werden können.

Beispiel: Abbildung zwischen der physikalischen Spezifikation und der Implementierung

Die Darstellung des Signals Motortemperatur auf der physikalischen Spezifikationsebene und der konkreten Implementierungsebene ist in Bild 4-35 dargestellt.

Diese Abbildung muss beispielsweise bei Mess- und Kalibrierwerkzeugen in umgekehrter Richtung durchgeführt werden. Im Mess- und Kalibrierwerkzeug sollen die Implementierungsgrößen in den spezifizierten, physikalischen Einheiten dargestellt werden. Dazu benötigen die Mess- und Kalibrierwerkzeuge Informationen zu dieser Abbildungsvorschrift für alle relevanten Daten. Diese Informationen werden in der Beschreibungsdatei abgelegt. Im Standard ASAM-MCD 2 [18] sind Beschreibungsformate für die Funktionsumfänge **M**essen, **K**alibrieren (engl. **C**alibration) und **D**iagnose festgelegt.

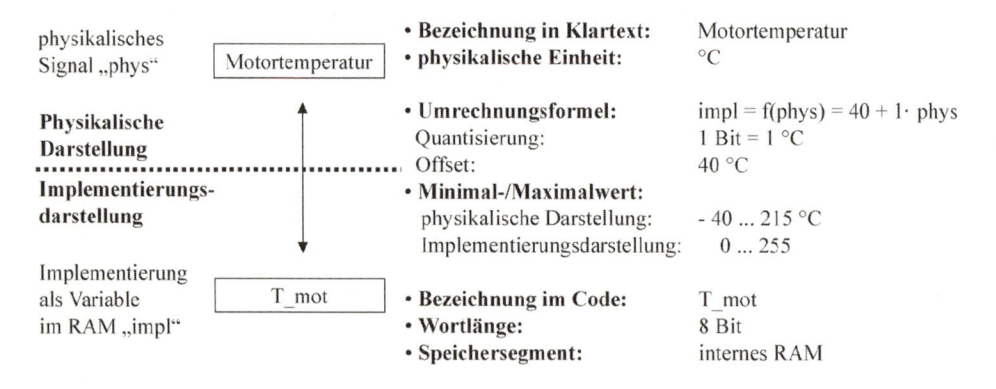

physikalisches Signal „phys" [Motortemperatur]	• Bezeichnung in Klartext: • physikalische Einheit:	Motortemperatur °C
Physikalische Darstellung .... **Implementierungs-darstellung**	• Umrechnungsformel: Quantisierung: Offset: • Minimal-/Maximalwert: physikalische Darstellung: Implementierungsdarstellung:	impl = f(phys) = 40 + 1· phys 1 Bit = 1 °C 40 °C - 40 ... 215 °C 0 ... 255
Implementierung als Variable im RAM „impl" [T_mot]	• Bezeichnung im Code: • Wortlänge: • Speichersegment:	T_mot 8 Bit internes RAM

Bild 4-35: Abbildung der physikalischen Spezifikation auf die Implementierung

4.7.3 Design und Implementierung des Verhaltensmodells

Zusätzlich zur Spezifikation muss beim Design des Verhaltensmodells der Einfluss der prozessorinternen Darstellung und der Verarbeitung von Zahlen auf die Genauigkeit arithmetischer Ausdrücke beachtet werden. Die Genauigkeit eines durch digitale Prozessoren berechneten Ergebnisses wird durch verschiedene Arten von Fehlern begrenzt. Es wird unterschieden zwischen [76]:

- **Fehlern in den Eingabedaten der Rechnung**
- **Rundungsfehlern**
- **Approximationsfehlern**

Fehler in den Eingabedaten einer Berechnung lassen sich nicht vermeiden, wenn beispielsweise die Eingangsdaten Messgrößen mit nur beschränkter Genauigkeit oder Auflösung sind. Dies ist bei den Sensoren und Mikrocontrollern, wie sie im Fahrzeug verwendet werden, eigentlich immer der Fall. Diese Fehler werden auch Quantisierungsfehler genannt (s. Abschnitt 2.2.2).

Rundungsfehler entstehen, wenn nur mit einer endlichen Stellenzahl gerechnet wird, was bei den eingesetzten Mikrocontrollern auch der Fall ist. So sind beispielsweise bei Festpunktarithmetik Rundungsfehler unvermeidbar, etwa bei der Division oder der notwendigen Skalierung von Ergebnissen auf Grund der begrenzten Stellenanzahl.

Approximationsfehler hängen von den Rechenmethoden ab. Viele Rechenmethoden liefern selbst bei rundungsfehlerfreier Rechnung nicht die eigentlich gesuchte Lösung eines Problems P, sondern nur die Lösung eines einfacheren Problems P^*, welches das eigentliche Problem P approximiert. Häufig erhält man das approximierende Problem P^* durch Diskretisierung des ursprünglichen Problems P. So werden beispielsweise Differentiale durch Differenzenquotienten oder Integrale durch endliche Summen approximiert. Approximationsfehler sind bei Festpunkt- und Gleitpunktarithmetik unvermeidbar.

Beispiel: Integrationsverfahren nach Euler

Ein Beispiel ist das Integrationsverfahren nach Euler. Es ist in Bild 4-36 dargestellt und wird häufig in Steuergeräten eingesetzt, beispielsweise zur Realisierung des I-Anteils des PI-Reglers in Bild 2-2. Das Integral der Funktion f(t) wird dabei durch die Fläche $F^*(t)$ der grau dargestellten Rechtecke näherungsweise berechnet.

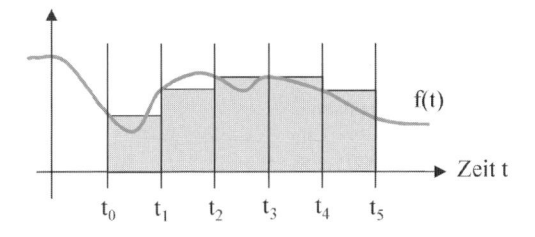

Bild 4-36: Integrationsverfahren nach Euler

Die Berechnung des bestimmten Integrals der Funktion f(t)

$$F(t_n) = \int_{t_0}^{t_n} f(t)dt \quad \text{wird durch die Summe}$$

$$F^*(t_n) = \sum_{i=0}^{n-1} (t_{i+1} - t_i) \cdot f(t_i) \quad \text{approximiert.}$$

Der Abstand (t_{i+1} − t_i) wird Schrittweite dT_i genannt. Je nachdem, ob eine Task mit einer äquidistanten oder variablen Aktivierungsrate aktiviert wird, ist dT_i in erster Näherung konstant oder variabel. $F^*(t_{i+1})$ kann inkrementell berechnet werden mit der Gleichung

$$F^*(t_{i+1}) = F^*(t_i) + dT_i \cdot f(t_i)$$

Neben den Approximationsfehlern und Fehlern in den Eingabedaten müssen beim Design und der Implementierung von Software-Komponenten insbesondere auch die Rundungsfehler beachtet werden. In Abschnitt 5.4.2 werden die prozessorinterne Darstellung von Zahlen und die Rundungsfehler, die bei der Verarbeitung der Zahlen auftreten können, ausführlich dargestellt.

4.7.4 Design und Implementierung des Echtzeitmodells

Der Design- und Implementierungsschritt des Echtzeitmodells setzt das genaue Verständnis des Hardware- und Software-Interrupt-Systems des Mikrocontrollers voraus. Bei Einsatz eines Echtzeitbetriebssystems muss dessen Konfiguration festgelegt werden. Die wichtigsten Konfigurationseinstellungen für Echtzeitbetriebssysteme nach OSEK wurden in Kapitel 2.4 bereits dargestellt.

4.8 Test der Software-Komponenten

Ein Überblick über verschiedene Methoden zur Qualitätssicherung bei Software ist in Bild 3-29 dargestellt. Ausgehend von den Testfällen der Spezifikations- und Designphase können für Software-Komponenten verschiedene statische Tests durchgeführt werden (Bild 3-28).

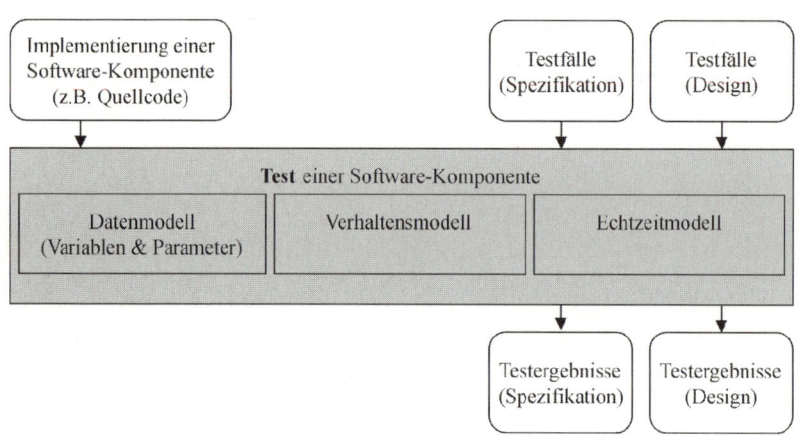

Bild 4-37: Test der Software-Komponenten

4.9 Integration der Software-Komponenten

Die Zusammenführung der Software-Komponenten, die unter Umständen von verschiedenen Partnern entwickelt wurden, wird als Integration bezeichnet. Dabei muss ein Programm- und Datenstand in einem für den Mikroprozessor ausführbaren Format erzeugt und dokumentiert werden. Für die eingesetzten Werkzeuge, die über Off-Board-Schnittstellen angeschlossen werden, müssen entsprechende Beschreibungsdateien erzeugt werden (Bild 4-38).

Ein Software-Stand für ein Seriensteuergerät umfasst also in der Regel:
- **Programm- und Datenstände** für alle Mikrocontroller des Steuergeräts
- **Dokumentation**
- **Beschreibungsdateien** für Produktions- und Servicewerkzeuge, wie z. B. Diagnose-, Software-Parametrierungs- oder Flash-Programmierwerkzeuge.

Für Entwicklungssteuergeräte sind eventuell weitere Beschreibungsdateien für die Entwicklungswerkzeuge notwendig, wie:
- Beschreibungsdateien für die Mess- und Kalibrierwerkzeuge
- Beschreibungsdateien der On-Board-Kommunikation für Werkzeuge zur Netzwerkentwicklung
- **Beschreibungsdateien** der so genannten Bypass-Schnittstelle, falls Rapid-Prototyping-Werkzeuge eingesetzt werden. Rapid-Prototyping-Werkzeuge werden in Abschnitt 5.3.8 ausführlich behandelt.

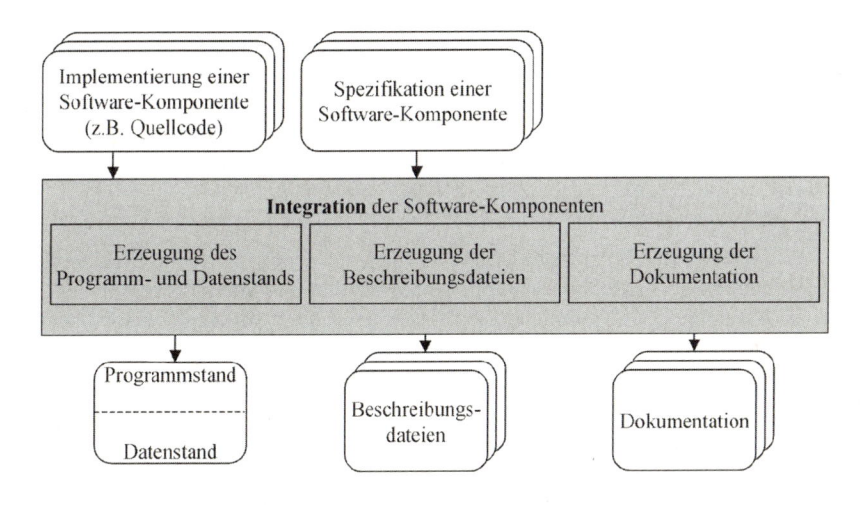

Bild 4-38: Integration der Software-Komponenten

4.9.1 Erzeugung des Programm- und Datenstands

Die Prozessschritte zur Erzeugung eines Programm- und Datenstandes sind in Bild 4-39 dargestellt.

Jeder durch einen Mikroprozessor ausführbare Befehl, ein so genannter Maschinenbefehl, ist durch einen Zahlencode in Binärdarstellung gegeben. Dieser Zahlencode, auch **Maschinencode** genannt, wird von der Steuerlogik analysiert (Bild 2-14) und führt zur Aktivierung z. B. der arithmetisch-logischen Einheit. Das ausführbare Programm muss deshalb in binärer Form, z. B. in einer Binärdatei vorliegen, in der das Programm in Maschinencode abgelegt ist. Da diese Befehlsform jedoch für einen Programmierer aufwändig, unübersichtlich und daher fehlerträchtig ist, gibt es einprägsame Abkürzungen, so genannte Mnemonics, für jeden Maschinenbefehl. Diese werden mit einem Übersetzungsprogramm, dem so genannten **Assembler**, in den für den Mikroprozessor notwendigen Maschinencode übersetzt. Das Programm in Assemblercode wird mit einem Editor erstellt, z. B. auf einem PC, und anschließend in Maschinencode übersetzt. Einfachere, sehr hardware-nahe oder sehr zeitkritische Anwendungen werden auch heute noch häufig – zumindest teilweise – im prozessorspezifischen Assemblercode programmiert.

Für komplexere Programme werden Hochsprachen, wie die Sprache C [84], eingesetzt, da umfangreiche Programme sonst nicht mehr zu überschauen, fehlerfrei zu erstellen und zu warten wären. Diese weitgehend prozessorunabhängigen Hochsprachen benötigen Übersetzungsprogramme, so genannte **Compiler**, die das in der Hochsprache erstellte Programm, den so genannten **Quellcode**, in den prozessorspezifischen **Assemblercode** übersetzen. Jede Anweisung in der Hochsprache muss dabei auf eine Sequenz von Maschinenbefehlen abgebildet werden. Hierzu werden die folgenden Klassen von Maschinenbefehlen benötigt:

- **Befehle zur Verarbeitung von Daten**
  Arithmetische, logische und konvertierende Befehle
- **Steuerbefehle**
  Sprung- und Vergleichsbefehle
- **Ein- und Ausgabebefehle**
  Befehle zum Einlesen und Ausgeben von Daten
- **Speicherbefehle**
  Befehle zum Lesen und Schreiben des Speichers

Der Quellcode in der Hochsprache kann modular und weitgehend unabhängig vom Mikroprozessor implementiert werden. Die Quellcode-Komponenten werden mit einem prozessorspezifischen Compiler in Assemblercode-Komponenten für den jeweiligen Mikroprozessor übersetzt.

Um das Zusammenarbeiten unterschiedlicher Programmkomponenten, die in Maschinencode vorliegen, zu erreichen, müssen diese Komponenten zu einem **Programm- und Datenstand** integriert oder „zusammengebunden" werden. Diese Aufgabe übernimmt der **Linker**, der für alle Komponenten die Speicheradressen ermittelt und alle Zugriffsadressen in den Maschinencode-Komponenten anpasst. Diese Adressinformationen legt der Linker zusätzlich in einer Datei ab.

Compiler, Assembler und Linker werden häufig mit weiteren Werkzeugen zu einem Compiler-Tool-Set zusammengefasst. Für eine ausführliche Darstellung wird auf die weiterführende Literatur, z. B. [68, 77], verwiesen.

4.9 Integration der Software-Komponenten

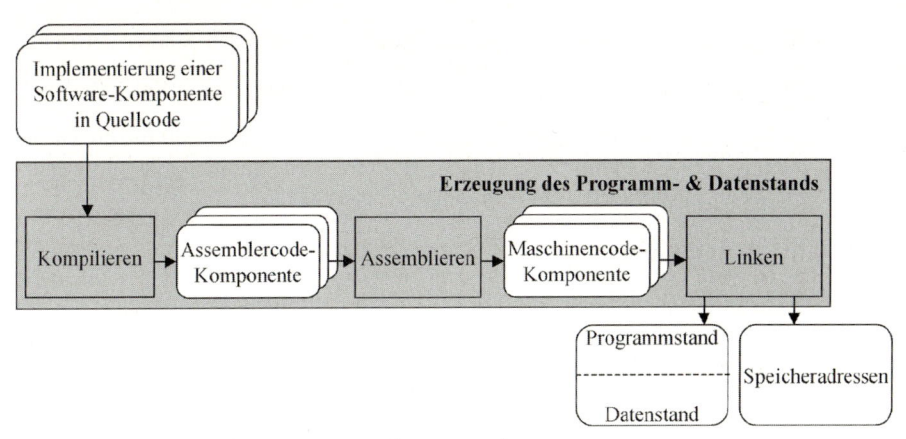

Bild 4-39: Erzeugung des Programm- und Datenstands

4.9.2 Erzeugung der Beschreibungsdateien

Die Konsistenz zwischen dem Programm- und Datenstand, sowie den Beschreibungsdateien für die Off-Board-Werkzeuge stellt eine grundsätzliche Anforderung dar. Die Erstellung der software-spezifischen Teile der Beschreibungsdateien ist daher eine Aufgabe, die im Rahmen der Software-Integration geleistet werden muss.

In Bild 4-40 ist ein möglicher Ablauf zur Erzeugung einer Beschreibungsdatei für Mess-, Kalibrier- und Diagnosewerkzeuge nach dem Standard ASAM-MCD 2 dargestellt.

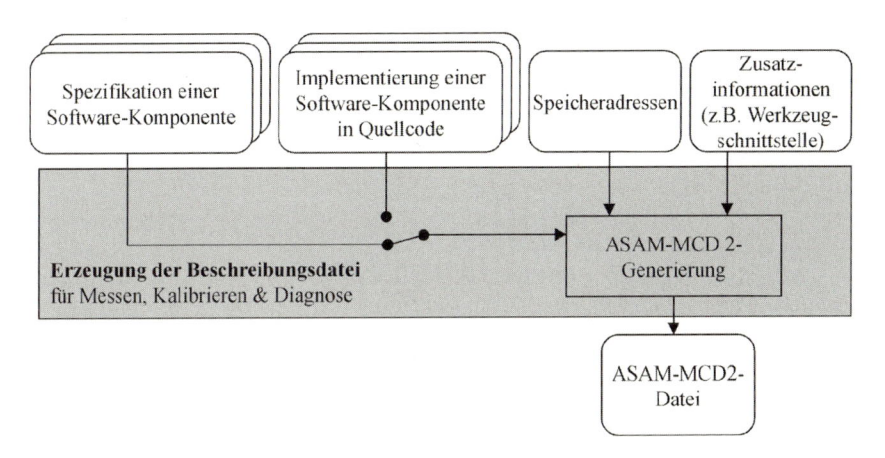

Bild 4-40: Erzeugung der Beschreibungsdateien für Mess-, Kalibrier- und Diagnosewerkzeuge

Dadurch, dass die Spezifikation einer Software-Komponente als Grundlage für das Design und die Implementierung, sowie für die Erzeugung der Beschreibungsdatei verwendet wird, kann die Konsistenz zwischen Programm- und Datenstand, sowie der Beschreibungsdatei gewährleistet werden.

Die für die Beschreibungsdatei notwendigen Spezifikationsinformationen können alternativ auch in der Implementierung, etwa als Kommentare im Quellcode, abgelegt werden. Auch dieser zweite Pfad ist in Bild 4-40 eingezeichnet.

Die ASAM-MCD 2-Generierung verwendet die Spezifikations- und Designinformationen für alle Daten und benötigt keine weiteren Eingaben. Beide Verfahren extrahieren die notwendigen Adressinformationen aus der Datei, die vom Linker erzeugt wurde.

4.9.3 Erzeugung der Dokumentation

Eine Dokumentation der durch Software realisierten Fahrzeugfunktionen ist aus verschiedenen Gründen erforderlich:

- Die Dokumentation stellt ein Artefakt dar, das für alle Unterstützungsprozesse in der Software-Entwicklung selbst benötigt wird. Auch die ausgeprägte und oft firmenübergreifende Arbeitsteilung, die langen Produktlebenszyklen, sowie die damit verbundene lange Wartungsphase für die Software erfordern eine ausführliche Dokumentation.
- Alle folgenden Entwicklungsschritte – wie Integration, Test und Kalibrierung des Systems – benötigen eine Dokumentation.
- Eine Dokumentation ist für die Fahrzeugproduktion und im weltweiten Service notwendig.
- Für den Gesetzgeber ist eine Dokumentation notwendig, etwa als Bestandteil für die Beantragung der Zulassung eines Fahrzeugs zum Straßenverkehr.

Die Erwartungen, die diese verschiedene Benutzergruppen (Bild 4-41) an eine Dokumentation haben, fallen erwartungsgemäß sehr unterschiedlich aus. Allein wegen des Umfangs, des unterschiedlich ausgeprägtem technischen Grundlagen- und Detailverständnisses, verschiedener Sprachvarianten und Änderungszyklen ist eine einheitliche Dokumentation für alle Gruppen nicht zielführend.

Einheitlich ist jedoch die funktionsorientierte Sicht auf das Fahrzeug. Die Dokumentation kann deshalb funktionsorientiert aufgebaut werden. Die modellbasierte Spezifikation kann als Grundlage für die Dokumentation von Software-Funktionen verwendet werden.

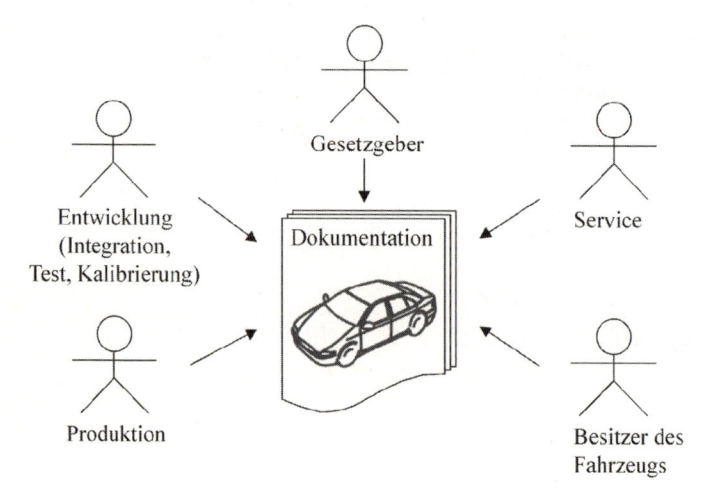

Bild 4-41: Benutzergruppen einer Dokumentation für Software-Funktionen

Die Software-Dokumentation stellt nur einen Teil der Funktionsdokumentation dar, die über ein geeignetes Zwischenformat in die Dokumentationserstellung für die verschiedenen Benutzergruppen einfließen kann.

Anstrengungen zur Standardisierung eines solchen Zwischenformats wurden im Rahmen des Projektes MSR-MEDOC [78] unternommen. Damit kann ein Dokumentationsprozess, wie in Bild 4-42 dargestellt, aufgebaut und von den Entwicklungswerkzeugen unterstützt werden.

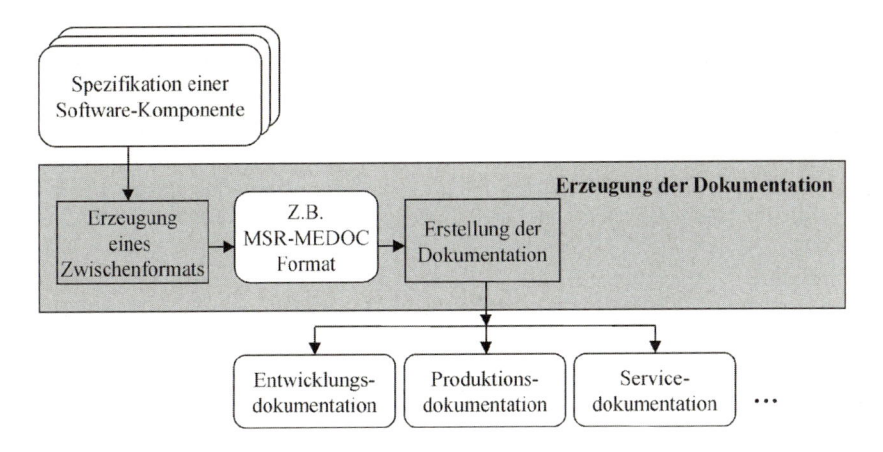

Bild 4-42: Erzeugung der Dokumentation

4.10 Integrationstest der Software

Die Zusammenführung von Software-Komponenten zu einem Software-Stand wird in der Regel von einer Reihe von Prüfungen begleitet (Bild 4-43). Diese werden manuell, aber auch automatisiert durch entsprechende Werkzeuge, etwa vom Compiler-Tool-Set vor der Übersetzung, durchgeführt. Dazu zählen Prüfungen, ob Schnittstellenspezifikationen oder der Namensraum für Variablen eingehalten wurden, oder ob ein einheitliches Speicherlayout verwendet wurde. Bei allen diesen Prüfschritten handelt es sich um statische Prüfungen gegenüber Implementierungsrichtlinien, da das Programm selbst dabei nicht ausgeführt wird.

Bild 4-43: Integrationstest der Software

4.11 Integration der Systemkomponenten

Nach der arbeitsteiligen, parallelen Entwicklung der Systemkomponenten erfolgt deren Prüfung durch Komponententests, anschließend die Integration der Komponenten zum System und die Prüfung des Systems durch Integrationstests, Systemtests und Akzeptanztests. Diese Schritte erfolgen stufenweise über alle Systemebenen des Fahrzeugs; d. h. von Komponenten über Subsysteme bis hin zum Gesamtsystem (Bild 3-4). Integration und Test sind deshalb eng miteinander verbunden.

Für die Software bedeutet dies, dass zunächst eine Integration mit der Hardware, beispielsweise dem Mikrocontroller, dem Steuergerät oder dem Experimentiersystem, erfolgen muss.

Anschließend muss die Integration der verschiedenen Steuergeräte oder Experimentiersysteme und der Sollwertgeber, Sensoren und Aktuatoren erfolgen, so dass das Zusammenwirken mit der Strecke geprüft werden kann. Alle weiteren Integrationsebenen sind höhere Integrationsebenen, wie etwa die Fahrzeugsubsystem- oder die Fahrzeug-Ebene (Bild 4-44).

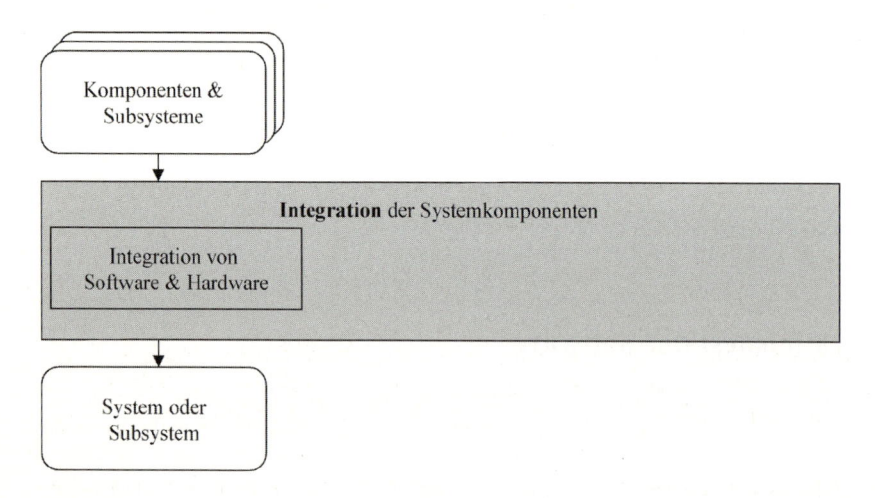

Bild 4-44: Integration der Systemkomponenten

4.11.1 Integration von Software und Hardware

Die Ausführung des Programms und damit der Einsatz von dynamischen Prüfmethoden ist erst nach dem Integrationsschritt der Software mit der Hardware möglich. Um diese dynamischen Prüfungen frühzeitig durchführen zu können, werden verschiedene Methoden eingesetzt, etwa Rapid-Prototyping mit Experimentiersystemen. Ein Überblick der Vorgehensweisen für die Software-Hardware-Integration zeigt Bild 4-45.

4.11.1.1 Download

Das Laden und die Inbetriebnahme des Programmcodes auf dem Mikrocontroller wird durch Download- und Debug-Werkzeuge unterstützt. Dabei wird im Mikrocontroller ein festes Lade- und Monitorprogramm (engl. Boot Loader) ausgeführt, das die vom Werkzeug meist über eine serielle Download-Schnittstelle übertragene Binärdatei, im RAM oder Flash des Mikrocontrollers ablegt. Das Monitorprogramm kann auf Anforderung des Werkzeugs auch Daten zurückschicken.

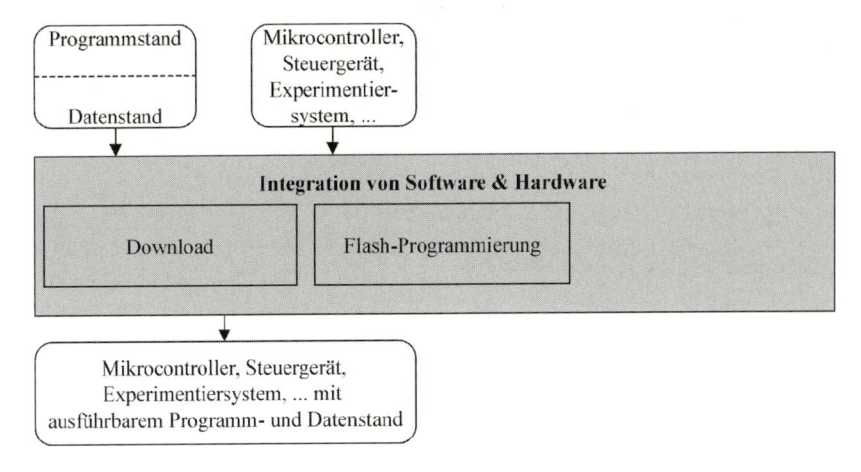

Bild 4-45: Software-Hardware-Integration

4.11.1.2 Flash-Programmierung

Zur Programmierung des Flash-Speichers sind Programmierroutinen im Mikrocontroller notwendig, die vom Flash-Programmierwerkzeug mit Daten versorgt werden. Mit Hilfe dieser Technologie ist beispielsweise ein Software-Update bei im Fahrzeug verbautem Steuergerät möglich. Hierbei ist jedoch darauf zu achten, dass der Speicherbereich, in dem die Flash-Programmierroutinen selbst liegen, nicht gelöscht wird. Auf die Flash-Programmierung von Steuergeräten wird in den Abschnitten 5.6 und 6.3 ausführlicher eingegangen.

4.11.2 Integration von Steuergeräten, Sollwertgebern, Sensoren und Aktuatoren

Aus der arbeitsteiligen, firmenübergreifenden Entwicklung der Komponenten – wie Steuergeräten, Sollwertgebern, Sensoren und Aktuatoren – ergeben sich eine Reihe von besonderen Anforderungen an geeignete Integrations- und Testwerkzeuge für elektronische Systeme des Fahrzeugs:

- Einer der in Bild 4-1 dargestellten Testschritte stellt meist auch den **Abnahmetest** des Fahrzeugherstellers für die vom Zulieferer gelieferte Komponente oder das gelieferte Subsystem dar.
- Während der Entwicklung sind die zur Verfügung stehenden Prototypenfahrzeuge nur in begrenzter Anzahl vorhanden. Die Komponentenlieferanten verfügen meist nicht über eine komplette oder aktuelle Umgebung für die zu liefernde Komponente. Diese Umgebung ist für jede Komponente unterschiedlich (Bild 4-46). Diese Einschränkungen in der Testumgebung schränken die möglichen Testschritte auf Lieferantenseite unter Umständen ein.
- Die Komponentenintegration ist ein Synchronisationspunkt für alle beteiligten Komponentenentwicklungen. Integrationstest, Systemtest und Akzeptanztest können erst durch-

geführt werden, nachdem alle Komponenten vorhanden sind. Da Verzögerungen einzelner Komponenten meist nicht ausgeschlossen werden können, verzögern sie die Integration des Systems und damit alle folgenden Testschritte (Bild 4-47).

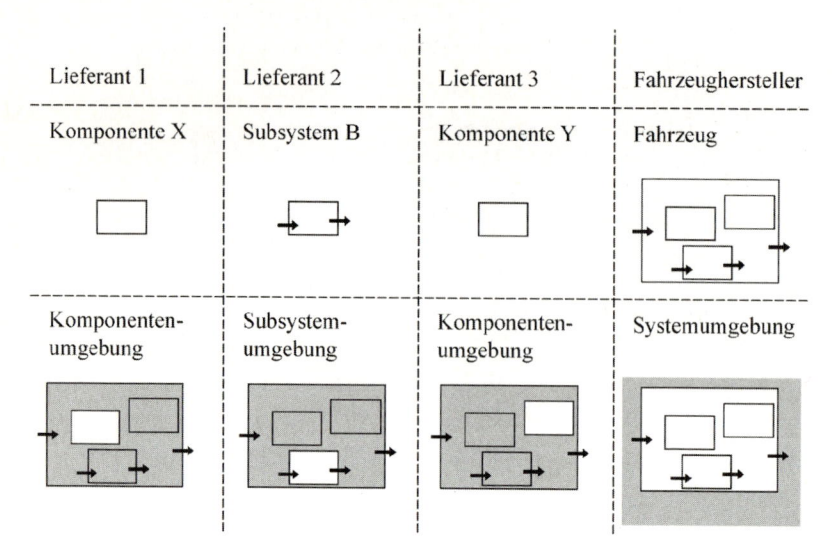

Bild 4-46: Unterschiedliche Umgebungen für Komponenten, Subsysteme und Systeme

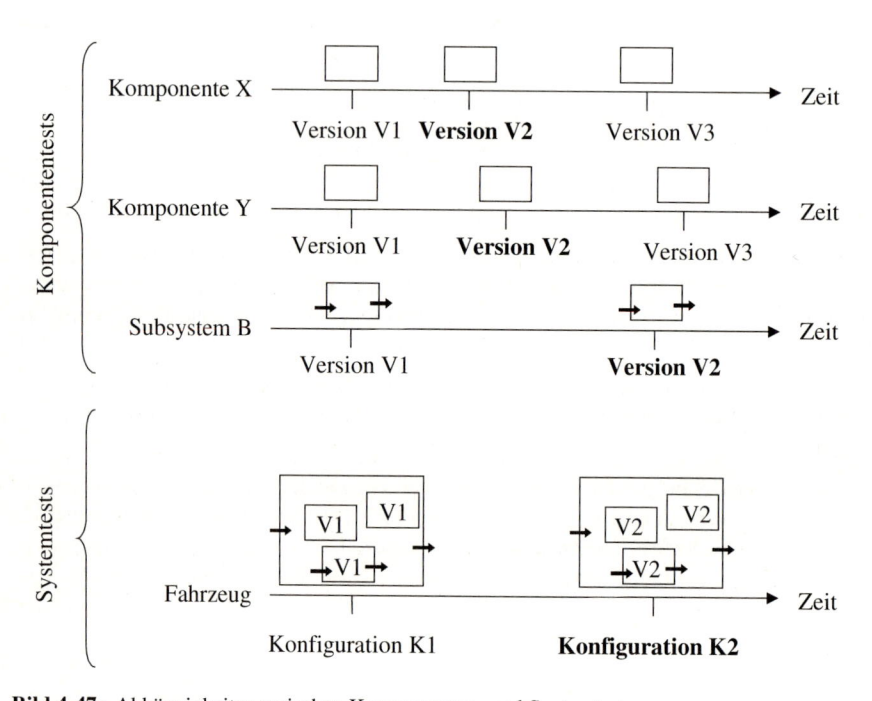

Bild 4-47: Abhängigkeiten zwischen Komponenten- und Systemtest

4.12 Integrationstest des Systems

Integrations- und Testwerkzeuge für Fahrzeugsysteme berücksichtigen die im letzten Abschnitt dargestellten besonderen Randbedingungen und verringern die bestehenden Abhängigkeiten und damit das Entwicklungsrisiko. Die Durchführung von Tests kann durch Werkzeuge automatisiert unterstützt werden. In Bild 4-48 sind die Artefakte für den Integrationstest dargestellt.

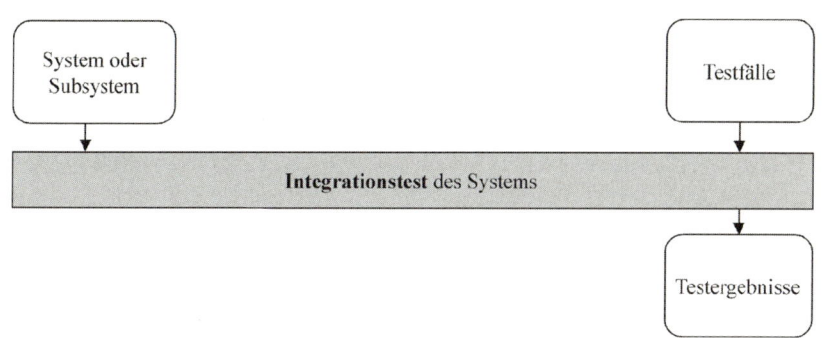

Bild 4-48: Integrationstest des Systems

Vorhandene Komponenten, Subsysteme und Komponenten der Systemumgebung werden als reale Komponenten integriert. Nicht vorhandene Komponenten, Subsysteme und Komponenten der Systemumgebung werden durch Modellierung und Simulation, also durch **virtuelle Komponenten**, nachgebildet.

Die Testumgebung für eine reale Komponente ist mit einer virtuellen Integrationsplattform verbunden, die die in Bild 4-49 grau gezeichneten Komponenten nachbildet. Hierbei sind alle Kombinationen denkbar. Beispielsweise können Komponenten des Systems oder der Systemumgebung virtuell sein. Damit können die bestehenden Anforderungen an Integrations- und Testwerkzeuge erfüllt werden:

- Die virtuelle Testumgebung steht allen beteiligten Partnern zur Verfügung. Als Abnahmetest kann einer der in Bild 4-1 dargestellten Testschritte frei gewählt werden. Der Abnahmetest kann beim Lieferanten und beim Fahrzeughersteller mit der gleichen virtuellen Testumgebung durchgeführt werden.

- Alle Partner verfügen über alle und die gleichen virtuellen Komponenten. Angepasst an die jeweilige Situation können daraus Testumgebungen aufgebaut werden (Bild 4-49a/b).

- Das Risiko von Verzögerungen der Integration durch Verzögerungen bei einzelnen Komponenten kann verringert werden, da auch beim Systemtest nicht vorhandene reale Komponenten zunächst durch virtuelle Komponenten nachgebildet werden können (Bild 4-49c/d). Auch eine Kombination aus realen und virtuellen Komponenten ist möglich.

- Die zunächst vollständige virtuelle Umgebung wird schrittweise durch reale Komponenten ersetzt. Dies erfolgt auf allen Ebenen des Systems.

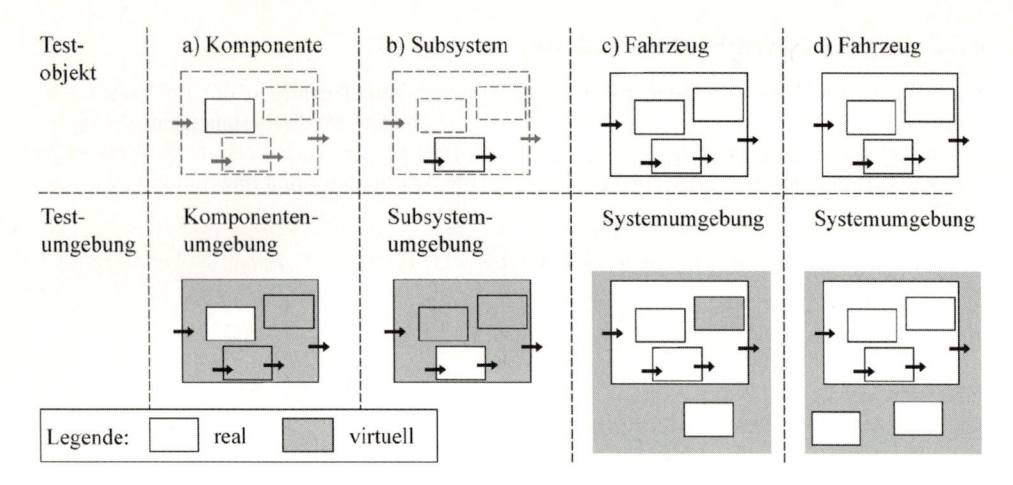

Test-objekt	a) Komponente	b) Subsystem	c) Fahrzeug	d) Fahrzeug
Test-umgebung	Komponenten-umgebung	Subsystem-umgebung	Systemumgebung	Systemumgebung

Legende: □ real ▨ virtuell

Bild 4-49: Testobjekt und Testumgebung

Beispiel: Virtuelle Netzwerkumgebung für das Kombiinstrument

In Bild 4-50 sind die Komponenten einer virtuellen Netzwerkumgebung für das Kombiinstrument dargestellt. Eine Testumgebung dieser Art wird auch als Restbus-Simulation bezeichnet. Die Funktionsmodelle können als Basis für die Nachbildung nicht vorhandener Systemkomponenten verwendet werden.

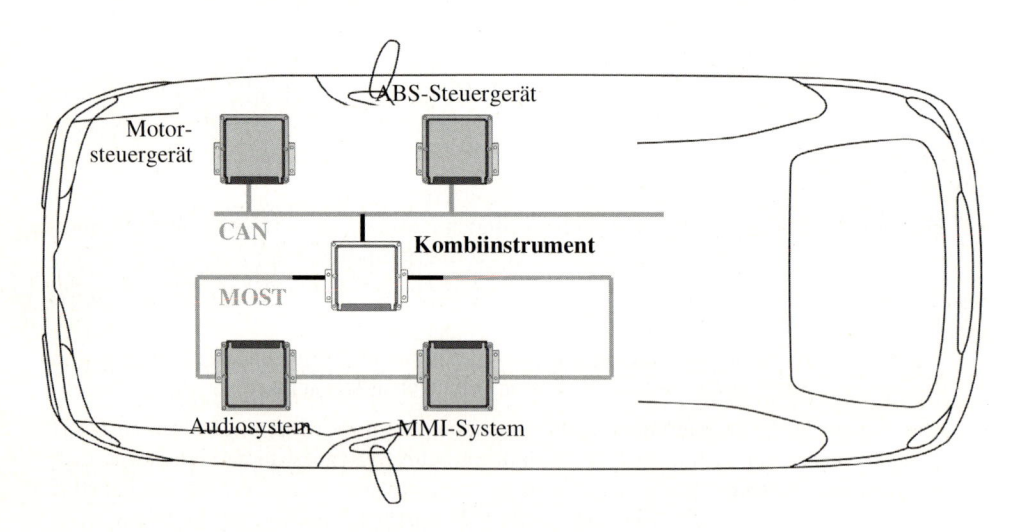

Bild 4-50: Virtuelle Netzwerkumgebung für das Kombiinstrument

4.12 Integrationstest des Systems

Integrations- und Testverfahren dieser Art bieten weitere Vorteile:

- Viele Prüfschritte, die ohne Testumgebung nur im Fahrzeug durchgeführt werden können, können damit ins Labor oder an den Prüfstand verlagert werden.
- Gegenüber Fahrversuchen wird dadurch die Reproduzierbarkeit der Test- und Anwendungsfälle verbessert oder überhaupt erst möglich. Zudem können die Tests automatisiert werden.
- Extremsituationen können ohne Gefährdung von Testfahrern oder Prototypen getestet werden.

Ein durchgängiger Integrations- und Testprozess von virtuellen Schritten, wie einer Simulation, über Zwischenstufen im Labor und Prüfstand bis ins Fahrzeug ist damit möglich (Bild 4-51).

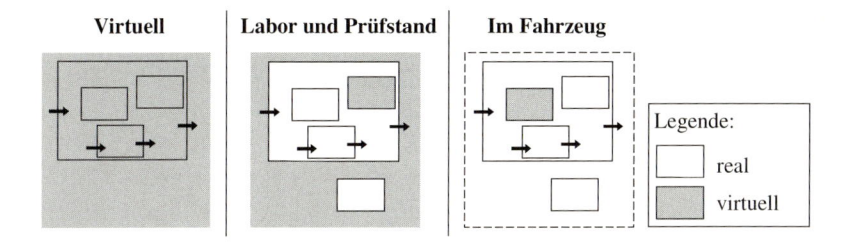

Bild 4-51: Durchgängiger Integrations- und Testprozess

Bei allen in Bild 4-51 dargestellten Szenarien werden reale durch virtuelle Komponenten ersetzt. Auf der Systemebene der Steuergeräte können die Komponenten Steuergeräte (Software und Hardware), Sollwertgeber, Sensoren, Aktuatoren und die Umgebung unterschieden werden.

In Zusammenhang mit der Hardware wird der Begriff „virtuelle Hardware" folgendermaßen verwendet: Wird das Zielsystem durch eine Entwicklungsplattform, etwa einen PC oder ein Experimentiersystem, ersetzt, so wird diese Entwicklungsplattform als virtuelle Hardware-Plattform bezeichnet. In ähnlicher Weise gilt diese Definition auch für Sensoren und Aktuatoren.

Bei vorhandener realer Software und Hardware kann das Programm zwar ausgeführt werden. Viele Prüfschritte sind jedoch erst nach Integration mit den Sensoren, Aktuatoren und der Umgebung möglich. Integrations- und Testwerkzeuge werden in Kapitel 5.5 dargestellt.

Werden diese Testschritte erfolgreich abgeschlossen, so kann eine Freigabe des Programm- und Datenstands für die folgenden Schritte erfolgen. Muss dagegen der Datenstand noch in sehr späten Entwicklungsphasen im Rahmen einer Kalibrierung angepasst werden, so erfolgt nur die Freigabe des Programmstands für die folgenden Schritte.

4.13 Kalibrierung

Die Abstimmung der Software-Funktionen, die durch ein Steuergerät oder ein Netzwerk von Steuergeräten realisiert werden, also die fahrzeugindividuelle Einstellung der Parameter der Software-Funktionen, kann oft erst zu einem späten Zeitpunkt, häufig nur direkt im Fahrzeug bei laufenden Systemen erfolgen. Der Datenstand vieler elektronischer Steuergeräte muss deshalb bis in sehr späte Phasen der Entwicklung geändert werden können. Dieser Schritt wird als Kalibrierung bezeichnet.

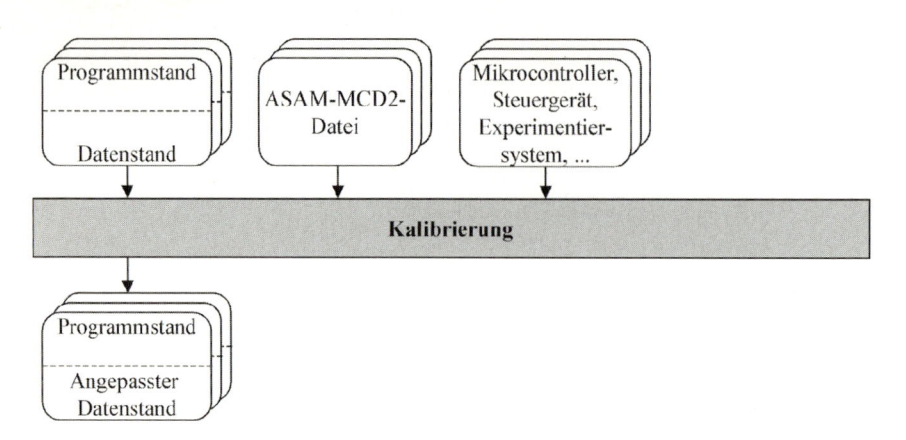

Bild 4-52: Kalibrierung

Dazu werden in den späten Phasen der Entwicklung Kalibriersysteme eingesetzt. Die Datenstände, die letztendlich in einem Festwertspeicher – wie ROM, EEPROM oder Flash – unveränderbar abgelegt werden, müssen damit geändert werden können. Ein Kalibriersystem besteht deshalb aus einem Steuergerät mit einer geeigneten Off-Board-Schnittstelle zu einem Mess- und Kalibrierwerkzeug. Die verschiedenen Kalibrierverfahren werden in Abschnitt 5.6 ausführlich behandelt. Am Ende der Kalibrierphase werden auch die Datenstände für die folgenden Schritte freigegeben.

4.14 System- und Akzeptanztest

Eine Modellierung ist immer unvollständig. Sie reduziert die modellierten Komponenten auf bestimmte Aspekte und vernachlässigt andere. Die Simulation nicht vorhandener Komponenten auf Basis von Modellen ist deshalb mit Unsicherheiten behaftet. Es werden bestimmte Situationen und Szenarien herausgegriffen und andere nicht. Eine Simulation beantwortet deshalb nur die Fragen, die zuvor auch gestellt wurden. Es bleibt bei den Ergebnissen immer ein Restrisiko durch Ungenauigkeiten der Simulationsmodelle und durch nicht berücksichtigte Situationen.

Prüfschritte in der realen Betriebsumgebung des Systems – für Fahrzeugsysteme also Prüfschritte im Fahrzeug – beantworten hingegen auch Fragen, die so vorab nicht gestellt waren. Risiken durch Vernachlässigungen in der Modellbildung sind beim Systemtest im Fahrversuch

4.14 System- und Akzeptanztest

nicht mehr vorhanden. Fahrversuche bleiben aus diesem Grund unverzichtbar. Die Validation der elektronischen Systeme des Fahrzeugs kann letztendlich nur durch einen Akzeptanztest in ihrer realen Betriebsumgebung, also im Fahrzeug, aus der Benutzerperspektive erfolgen.

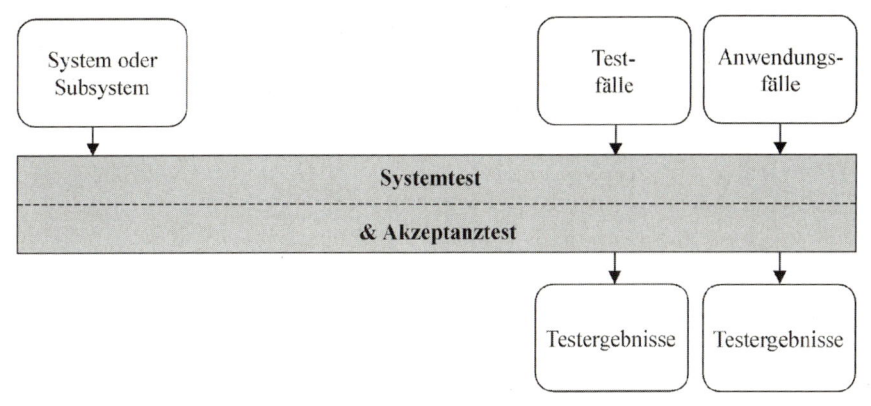

Bild 4-53: System- und Akzeptanztest

Diese Vorgehensweise stellt besondere Anforderungen an die Entwicklungsmethodik und an die Werkzeuge – wie die Unterstützung eines fahrzeugtauglichen Zugangs zu den Steuergeräten und Netzwerken des Fahrzeugs, eine mobile Messtechnik für den Einsatz unter rauen Umgebungsbedingungen und eine fahrzeugtaugliche Bedienung und Visualisierung.

Letztendlich muss die Freigabe des kompletten Systems im Fahrzeug erfolgen. Dazu gehört ein System- und Akzeptanztest für das elektronische System einschließlich aller Off-Board-Schnittstellen und Werkzeuge, die in der Produktion und im Service notwendig sind. Bild 4-54 zeigt die Komponenten und Schnittstellen, die beim System- und Akzeptanztest des Kombiinstruments zu prüfen sind.

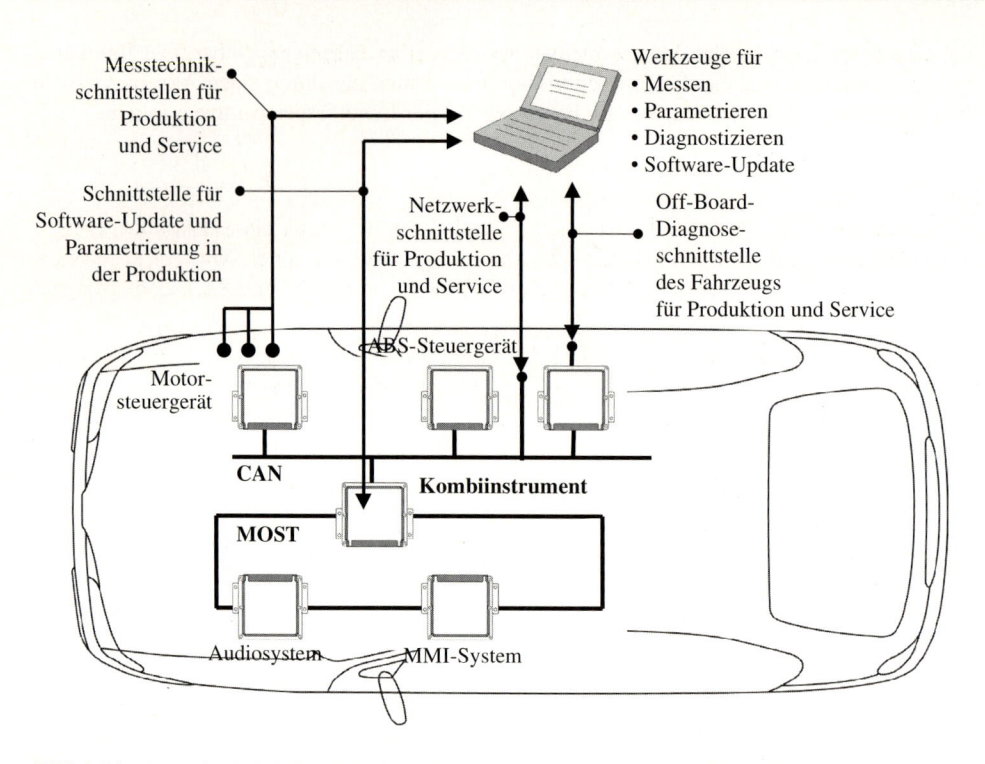

Bild 4-54: Zu prüfende Schnittstellen beim System- und Akzeptanztest des Kombiinstruments

5 Methoden und Werkzeuge in der Entwicklung

In diesem Kapitel werden Methoden und Werkzeuge zur durchgängigen Entwicklung von Fahrzeugfunktionen dargestellt, die durch Software realisiert werden. Dieses Kapitel orientiert sich an ausgewählten Prozessschritten nach Kapitel 4. Die Auswahl umfasst Prozessschritte, die in der Entwicklung von Funktionen der Anwendungs-Software für elektronische Steuergeräte große Bedeutung haben oder Prozessschritte, welche die besonderen Anforderungen und Randbedingungen in der Fahrzeugentwicklung unterstützen.

In Abschnitt 5.1 erfolgt zunächst ein Überblick über die unterschiedlichen Anforderungen und Möglichkeiten zur Realisierung der **Off-Board-Schnittstellen zwischen Entwicklungswerkzeugen und Steuergeräten**. In den folgenden Abschnitten werden verschiedene Methoden und Werkzeuge dargestellt. Manche Methoden unterstützen mehrere Prozessschritte.

In der Entwicklung von Systemen und Software für Anwendungen mit hohen Sicherheits- und Zuverlässigkeitsanforderungen, wie sie im Fahrzeug häufig vorkommen, müssen in allen Phasen Maßnahmen zur Qualitätssicherung von Systemen und Software eingesetzt werden. Diese Anforderung wurde deshalb in diesem Kapitel besonders berücksichtigt.

In der **Analyse der logischen Systemarchitektur und der Spezifikation der technischen Systemarchitektur** können die in Abschnitt 5.2 dargestellten Methoden eingesetzt werden:

- Steuerungs- und regelungstechnische Analyse- und Entwurfsverfahren
- Analyse der Zuteilbarkeit und Spezifikation der Ablaufplanung bei Echtzeit- und Kommunikationssystemen
- Analyse und Spezifikation der Kommunikation bei verteilten und vernetzten Systemen
- Zuverlässigkeits- und Sicherheitsanalysen, sowie Spezifikation von Zuverlässigkeits- und Sicherheitskonzepten

Zur **Spezifikation von Software-Funktionen** und zur **Validation der Spezifikation** können modellbasierte Methoden eingesetzt werden, die neben der eindeutigen und interpretationsfreien Formulierung der Anforderungen auch die frühzeitige Validation einer Software-Funktion ermöglichen. In Abschnitt 5.3 werden geeignete Methoden dafür behandelt, wie

- Formale Spezifikation und Modellierung
- Simulation und Rapid-Prototyping

Der Schwerpunkt von Abschnitt 5.4 liegt auf Methoden und Werkzeugen zur Unterstützung von **Design und Implementierung von Software-Funktionen**. Bei dieser Abbildung der Spezifikation auf konkrete Algorithmen müssen auch die geforderten nichtfunktionalen Produkteigenschaften berücksichtigt werden. Dazu gehören beispielsweise

- Optimierungsmaßnahmen in der Software-Entwicklung bezüglich der notwendigen Hardware-Ressourcen
- Verwendung eingeschränkter Teilmengen von Programmiersprachen bei hohen Zuverlässigkeits- und Sicherheitsanforderungen. Ein Beispiel sind die MISRA-C-Richtlinien [88].
- Standardisierung und Wiederverwendung von Software-Komponenten zur Verringerung von Qualitätsrisiken.

Integration und Test von Software-Funktionen werden unterstützt durch ausgewählte Verfahren, die in Abschnitt 5.5 beschrieben werden. Dazu gehören

- Entwicklungsbegleitende Tests wie Komponententest, Integrationstest oder Systemtest auf verschiedenen Systemebenen
- Integrations-, System- und Akzeptanztests im Labor, an Prüfständen und im Fahrzeug

Die **Kalibrierung von Software-Funktionen** erfordert häufig eine

- Schnittstelle zwischen Mikrocontroller und Werkzeugen für die so genannte Online-Kalibrierung
- Fahrzeugtaugliche Kalibrier- und Messverfahren für Software-Funktionen

Auf dafür geeignete Methoden und Werkzeuge wird in Abschnitt 5.6 eingegangen.

Die praktische Bedeutung der vorgestellten Vorgehensweisen wird anhand von Beispielen aus den Anwendungsbereichen Antriebsstrang, Fahrwerk und Karosserie verdeutlicht.

5.1 Off-Board-Schnittstelle zwischen Steuergerät und Werkzeug

In den verschiedenen Entwicklungsphasen werden zahlreiche Werkzeuge eingesetzt, die eine Off-Board-Schnittstelle zu einem Mikrocontroller des Steuergeräts benötigen. Dies sind beispielsweise:

- Werkzeuge für das Laden und Testen des Programms (engl. Download und Debugging)
- Werkzeuge für das Software-Update durch Flash-Programmierung
- Werkzeuge für Entwicklung und Test der Netzwerkschnittstellen von Steuergeräten
- Rapid-Prototyping-Werkzeuge
- Mess- und Kalibrierwerkzeuge für den Einsatz in der Entwicklung
- Werkzeuge zur Parametrierung der Software-Funktionen
- Off-Board-Diagnosewerkzeuge

An die Schnittstellen zwischen Werkzeug und Steuergerät, die auf Werkzeug- und Steuergeräteseite durch Hardware- und Software-Komponenten unterstützt werden müssen, werden in den einzelnen Entwicklungsphasen unterschiedliche Anforderungen gestellt.

Anforderungsmerkmale an Off-Board-Schnittstellen sind beispielsweise:

- Einsatzfähigkeit im Labor und/oder unter rauen Bedingungen im Fahrzeug
- Zugriff des Werkzeugs auf den Mikrocontroller mit oder ohne Unterbrechung der Programmausführung durch den Mikrocontroller
- Unterschiedliche Anforderungen an die Höhe der Übertragungsleistung der Schnittstelle
- Einsatz nur während der Entwicklung oder auch in der Produktion und im Service
- Zugriff des Werkzeugs mit oder ohne Ausbau des Steuergeräts aus dem Fahrzeug

Die Entwicklung eines elektronischen Systems des Fahrzeugs endet mit der Produktions- und Servicefreigabe. Für die Steuergeräteentwicklung bedeutet dies, dass der Akzeptanztest am Ende der Entwicklung mit den Off-Board-Schnittstellen und Werkzeugen erfolgen muss, die auch in der Produktion und im Service eingesetzt werden.

5.1 Off-Board-Schnittstelle zwischen Steuergerät und Werkzeug

Die für den Einsatz im Fahrzeug gestellten Anforderungen an die Off-Board-Schnittstelle unterscheiden sich in vielen Punkten grundsätzlich von Laborbedingungen. Für den Fahrzeugeinsatz werden etwa bezüglich Temperaturbereich, Erschütterungen, Versorgungsspannung oder EMV höhere Anforderungen gestellt. Der Einbauort des Steuergeräts im Fahrzeug führt zu Einschränkungen des Bauraums für die Off-Board-Schnittstelle und außerdem zu einer größeren, räumlichen Distanz zwischen Steuergerät und Werkzeug.

Aus diesem Grund werden im Verlauf der Entwicklung meist verschiedene Schnittstellentechnologien eingesetzt. Eine Übersicht über die Komponenten eines Mikrocontrollers, die für die Auslegung einer Off-Board-Schnittstelle relevant sind, zeigt Bild 5-1. Dies sind der Mikroprozessor, internes und externes ROM bzw. Flash und RAM, der interne und ggfs. externe Bus des Mikrocontrollers, sowie die verschiedenen seriellen Schnittstellen des Mikrocontrollers.

Auf die besonderen Anforderungen und den Aufbau von Off-Board-Schnittstellen für die Kalibrierung von Software-Funktionen wird in Kapitel 5.6 eingegangen. Die Off-Board-Schnittstellen für den Einsatz in Produktion und Service werden in Kapitel 6 behandelt.

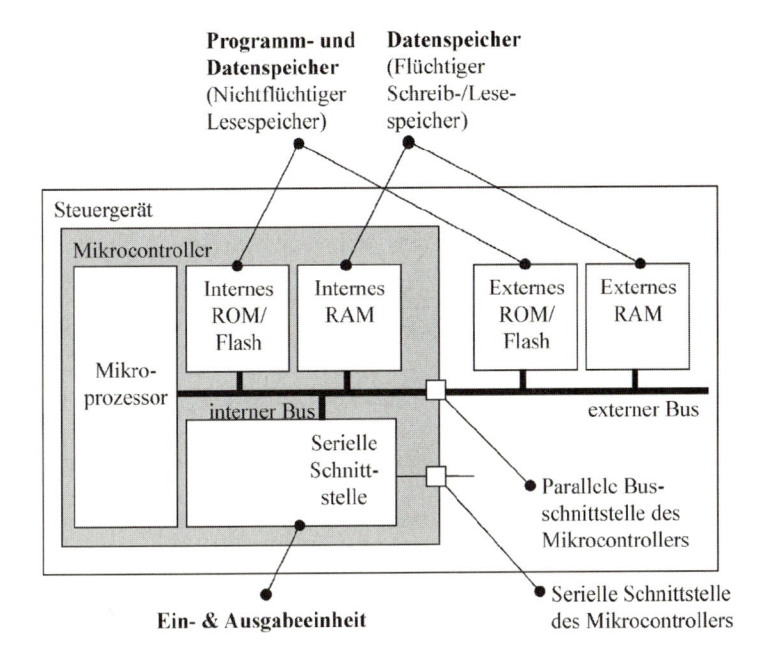

Bild 5-1: Schnittstellen des Mikrocontrollers

5.2 Analyse der logischen Systemarchitektur und Spezifikation der technischen Systemarchitektur

Der erste Entwurfsschritt ist die Festlegung der logischen Systemarchitektur, d. h. des Funktionsnetzwerks, der Schnittstellen der Funktionen in Form von Signalen und der Kommunikation zwischen den Funktionen für das gesamte Fahrzeug oder ein Subsystem des Fahrzeugs.

Im nächsten Schritt erfolgt die Abbildung dieser abstrakten, logischen Funktionen auf eine konkrete, technische Systemarchitektur. Dies wird durch Analyse- und Spezifikationsmethoden der an der Entwicklung beteiligten Fachdisziplinen unterstützt. Damit kann einerseits frühzeitig die technische Umsetzbarkeit beurteilt werden, andererseits können verschiedene Realisierungsalternativen einander gegenübergestellt und bewertet werden. In den folgenden Abschnitten werden einige Analyse- und Spezifikationsmethoden vorgestellt, welche Einfluss auf die Realisierung von Software-Funktionen haben.

5.2.1 Analyse und Spezifikation steuerungs- und regelungstechnischer Systeme

Viele Funktionen des Fahrzeugs haben steuerungs- oder regelungstechnischen Charakter. Da die Umsetzung von Steuerungs- oder Regelungsfunktionen zunehmend durch Software erfolgt, haben die Analyse- und Entwurfsverfahren der Steuerungs- und Regelungstechnik, die von Werkzeugen beispielsweise mit numerischen Simulationsverfahren unterstützt werden, großen Einfluss auf die Entwicklung vieler Software-Funktionen.

In diesem Abschnitt soll nicht auf die zahlreichen Analyse- und Entwurfsmethoden eingegangen werden. Dazu wird auf die Literatur, beispielsweise [34, 35], verwiesen. Dieser Abschnitt konzentriert sich auf Kriterien, die bei der Analyse und beim Entwurf von steuerungs- und regelungstechnischen Fahrzeugfunktionen frühzeitig beachtet werden müssen, falls die Funktionen durch elektronische Systeme und Software realisiert werden sollen.

Die Lösung von Steuerungs- und Regelungsaufgaben ist von den konstruktiven Gesichtspunkten der Steuer- oder Regelstrecke unabhängig. Entscheidend ist in erster Linie das statische und dynamische Verhalten der Strecke. Steuerungs- und regelungstechnische Analyseverfahren konzentrieren sich deshalb im ersten Schritt auf die Untersuchung der Strecke. Nach der Festlegung der Systemgrenze für die Strecke werden die Ein- und Ausgangsgrößen, sowie die Komponenten der Strecke bestimmt. Mit Hilfe von Identifikationsverfahren erfolgt die Aufstellung der statischen und dynamischen Beziehungen zwischen den Komponenten in Form von physikalischen Modellgleichungen. Diese Modellsicht auf die Strecke stellt die Basis für alle Entwurfsverfahren dar.

Alle Komponenten eines elektronischen Systems, die zur Lösung einer Steuerungs- oder Regelungsaufgabe notwendig sind – wie Sollwertgeber, Sensoren, Aktuatoren und Steuergeräte – werden dabei zunächst der zu entwerfenden Steuerung oder dem zu entwerfenden Regler zugeordnet. Dies vereinfacht die Systemsicht während in dieser Phase auf die in Bild 5-2 dargestellten Komponenten, Schnittstellen und Beziehungen. Erst beim Entwurf der technischen Systemarchitektur wird die konkrete technische Struktur der Steuerung oder des Reglers festgelegt.

5.2 Analyse der logischen Systemarchitektur

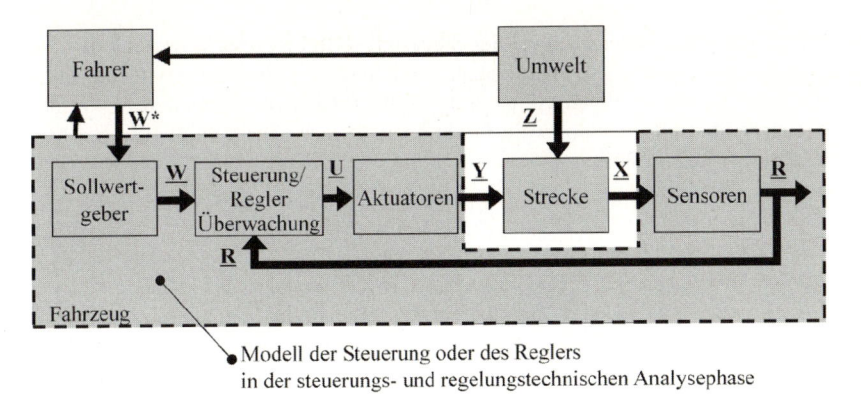

Bild 5-2: Sicht auf die logische Systemarchitektur in der steuerungs- und regelungstechnischen Analysephase

Betrachtet man z. B. einen Ottomotor auf diese Art und Weise als Strecke, so erkennt man rasch die Stellgrößen $\underline{Y}$ – wie Einspritzmenge, Zündzeitpunkt, Drosselklappenstellung und so fort. Die interne Struktur der Strecke ist häufig komplex, da zwischen den verschiedenen Komponenten meist zahlreiche Wechselwirkungen bestehen. Ein vergleichsweise einfacher Fall für eine Strecke ist in Bild 5-3 dargestellt. Die Strecke besteht hier aus sieben Komponenten, die mit „Strecke 1" ... „Strecke 7" bezeichnet sind. Auf dieser Basis wird die logische Architektur des Steuerungs- und Regelungssystems entworfen. Im Entwurf von Bild 5-3 sind vier Reglerkomponenten „Regler 1" ... „Regler 4" und drei Steuerungskomponenten „Steuerung 5" ... „Steuerung 7" vorgesehen.

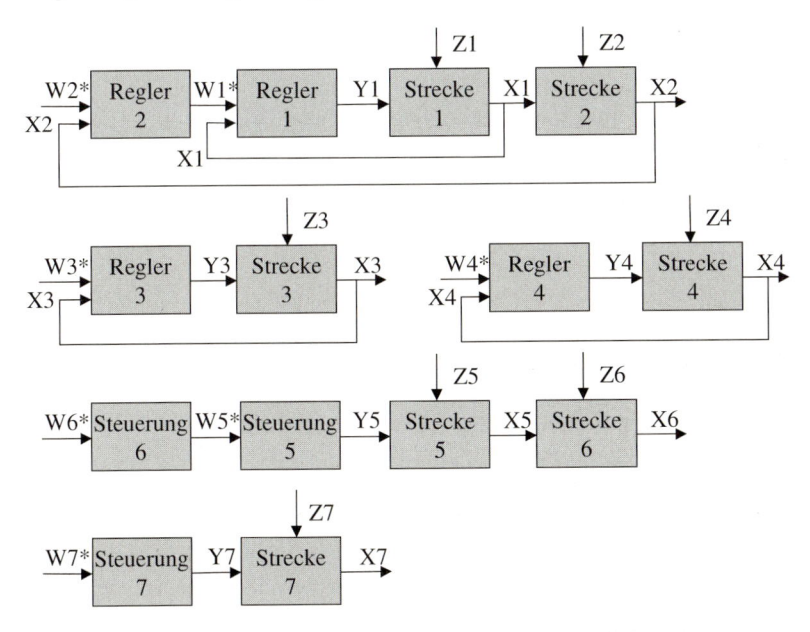

Bild 5-3: Logische Systemarchitektur des Steuerungs- und Regelungssystems

Anschließend erfolgt schrittweise der Entwurf der Steuerungs- und Regelungsstrategie für die einzelnen Steuerungs- und Regelungskomponenten, schließlich der Entwurf der technischen Systemarchitektur, also der notwendigen Aktuatoren, Sollwertgeber und Sensoren, sowie der elektronischen Steuergeräte und ihrer Software-Funktionen. Dieser Schritt ist in Bild 5-4 beispielhaft für den „Regler 3" dargestellt.

Methoden zur Spezifikation von Software-Funktionen werden in Abschnitt 5.3 behandelt.

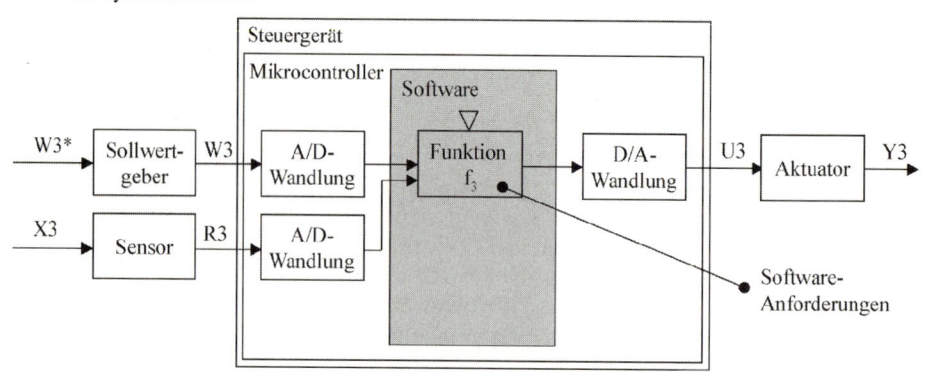

Bild 5-4: Entwurf der technischen Systemarchitektur des Reglers 3

Bei diesem Entwurfsschritt muss beachtet werden, dass das Übertragungsverhalten der verwendeten Komponenten eines elektronischen Systems in vielen Anwendungsfällen im Kraftfahrzeug nicht als „ideal" angenommen werden darf. Aus Kostengründen werden meist Sollwertgeber, Sensoren, Aktuatoren und Hardware-Bausteine mit begrenzter Auflösung und Dynamik verwendet. Außerdem muss die zeit- und wertdiskrete Arbeitsweise der Mikrocontroller berücksichtigt werden. Das bedeutet, dass bereits frühzeitig in der Entwurfsphase eines Steuerungs- und Regelungssystems

- Effekte durch die wertdiskrete Arbeitsweise – etwa durch die begrenzte Auflösung –
- Nichtlinearitäten – etwa durch Begrenzungen –
- Verzögerungs- oder Totzeiten – durch die begrenzte Dynamik –

der eingesetzten Sollwertgeber, Sensoren, Aktuatoren, sowie der A/D- und D/A-Wandler der Mikrocontroller berücksichtigt werden müssen.

Die Realisierung der Software-Funktionen wird vielfach durch die begrenzten Hardware-Ressourcen der eingesetzten Mikrocontroller beeinflusst. Die folgende Punkte müssen dabei beachtet werden:

5.2 Analyse der logischen Systemarchitektur

- Fehler durch Rundung und die Behandlung von Über- und Unterläufen – etwa bei Einsatz von Integerarithmetik –
- Approximationsfehler – durch die eingeschränkte Genauigkeit der Algorithmen –
- Effekte durch die zeitdiskrete Arbeitsweise der Mikrocontroller.

Die Zeitkonstanten der Strecke bestimmen die notwendige Abtastrate dT der Steuerung oder Regelung, und dadurch auch die Abtastrate dT_n für eine Software-Funktion f_n.
Bild 5-5 zeigt die Außenansicht einer Software-Funktion in dieser Entwicklungsphase.

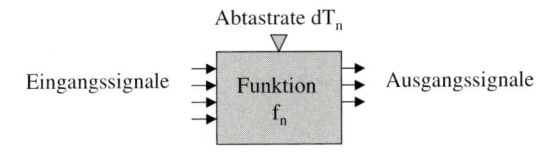

Bild 5-5: Außenansicht einer Software-Funktion f_n

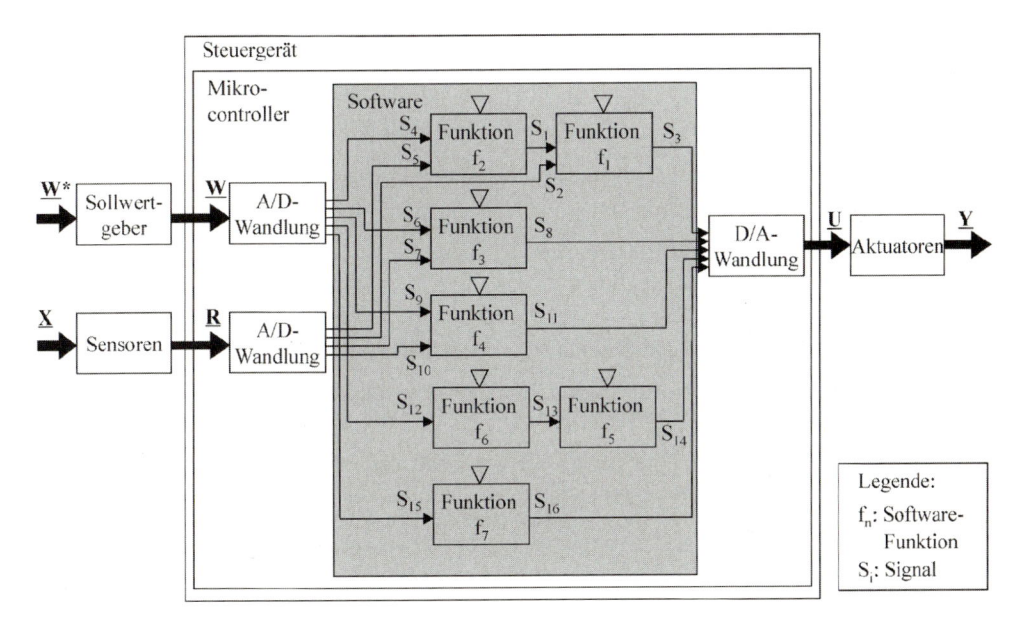

Bild 5-6: Entwurf der technischen Systemarchitektur des Steuerungs- und Regelungssystems

Die in Bild 5-3 dargestellten Steuerungs- und Regelungskomponenten können auch gemeinsam durch ein Steuergerät realisiert werden, wie in Bild 5-6 dargestellt. Die Regelungs- und Steuerungskomponenten 1 ... 7 sollen durch Sollwertgeber, Sensoren, Aktuatoren, A/D-Wandler, D/A-Wandler und die Software-Funktionen f_1 ... f_7 realisiert werden.

Wie in Bild 2-60 dargestellt, kann diese Vorgehensweise auch für die Spezifikation der Überwachungs- und Diagnosefunktionen eingesetzt werden.

Als Ergebnis liegt für alle Software-Funktionen f_n eine **Spezifikation der Steuerungs-, Regelungs- und Überwachungsstrategie, der Ein- und Ausgangssignale und der notwendigen Abtastrate dT_n** vor. Die in den folgenden Abschnitten dargestellten Verfahren gehen von diesen Informationen aus.

5.2.2 Analyse und Spezifikation von Echtzeitsystemen

Sollen mehrere Software-Funktionen mit unterschiedlichen Abtastraten durch ein Steuergerät oder ein Steuergerätenetzwerk realisiert werden, so erfolgt die Aktivierung der Software-Funktionen durch verschiedene Tasks, an die unterschiedliche Echtzeitanforderungen gestellt werden.

Die Einhaltung der Echtzeitanforderung einer Task ist bei vielen Anwendungen im Fahrzeug von großer Bedeutung. Bei der Analyse und Spezifikation des Echtzeitsystems müssen in diesem Fall die Auswirkungen, die sich aus der Zuteilungsstrategie des Betriebs- und Kommunikationssystems ergeben, genau berücksichtigt werden.

Mit Verfahren zur Zuteilbarkeitsanalyse (engl. Schedulability Analysis) ist es möglich, die Einhaltung der Echtzeitanforderungen, wie sie in Bild 2-18 definiert wurden, frühzeitig abzuschätzen und zu bewerten, also schon bevor das Echtzeitsystem zum Einsatz kommt.

Dabei kann zwischen einer Analyse der Zuteilbarkeit eines Prozessors an verschiedene Tasks und einer Analyse der Zuteilbarkeit eines Busses an verschiedene Teilnehmer eines Kommunikationssystems unterschieden werden. Die für beide Aufgabengebiete verwendeten Methoden sind recht ähnlich. In diesem Abschnitt wird eine mögliche Vorgehensweise anhand der Prozessorzuteilung behandelt. In praktischen Anwendungen werden diese Analyseverfahren durch geeignete Entwurfs-, Verifikations- und Überwachungsprinzipien ergänzt.

Als Ergebnis liegt eine **Spezifikation des Echtzeitsystems** vor, bei dem alle Software-Funktionen ggf. in Prozesse aufgeteilt und die Prozesse Tasks zugeordnet wurden.

Ohne Einschränkung der Allgemeingültigkeit wird zunächst angenommen, dass für alle Tasks des Echtzeitsystems die Echtzeitanforderungen in einheitlicher Weise definiert werden durch:

- die konstante oder variable Zeitspanne zwischen zwei Aktivierungen einer Task, in Bild 5-7 als Aktivierungsrate bezeichnet, und

- eine zum Aktivierungszeitpunkt relativ vorgegebene Zeitschranke bis zu der die Ausführung einer Task abgeschlossen sein soll. Diese Zeitschranke wird als relative Deadline bezeichnet.

5.2 Analyse der logischen Systemarchitektur

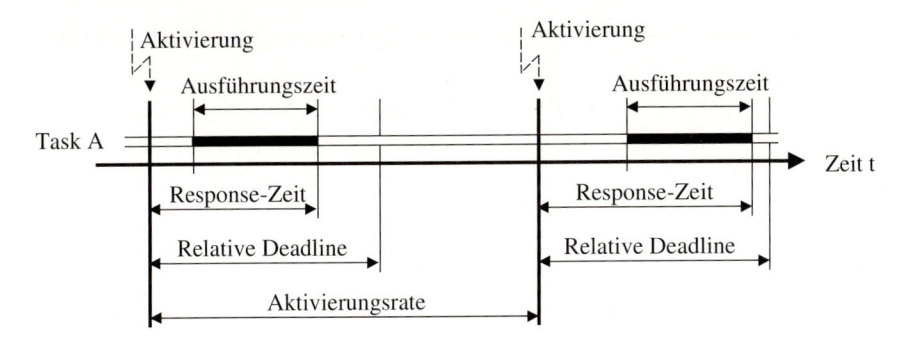

Bild 5-7: Definition der Echtzeitanforderungen für die Zuteilbarkeitsanalyse am Beispiel der Task A

Eine Verletzung der Echtzeitanforderung für eine Task liegt dann vor, falls die Ausführung der Task nicht innerhalb dieser vorgegebenen Zeitschranke abgeschlossen wird – also falls:

Response-Zeit > relative Deadline (5.1)

Die Response-Zeit ist keine konstante Größe; sie wird durch verschiedene Faktoren beeinflusst. Eine typische Verteilung der Response-Zeit einer Task ist in Bild 5-8 dargestellt. Kritisch für die Verletzung der Echtzeitanforderung ist der größte auftretende Wert der Response-Zeit (engl. **Worst Case Response Time**, kurz **WCRT**).

Der Nachweis, dass die Echtzeitanforderungen eingehalten werden, ist durch Tests unter verschiedenen Randbedingungen und gleichzeitiger Messung der Response-Zeit mit einem ausreichend hohen Vertrauensniveau häufig nicht möglich. Mit zunehmender Anzahl von Tasks und komplexeren Echtzeitanforderungen und Zuteilungsstrategien ist dieser Nachweis durch Tests oft sogar unmöglich. Auch nach „erfolgreich" abgeschlossenen Tests kann es möglich sein, dass die Ausführung einer Task in kritischen Situationen erst nach der Deadline abgeschlossen wird. In diesen Fällen wird dann die Echtzeitanforderung verletzt, da der in den Tests beobachtete und gemessene größte Wert der Response-Zeit nicht mit dem größten auftretenden Wert identisch ist.

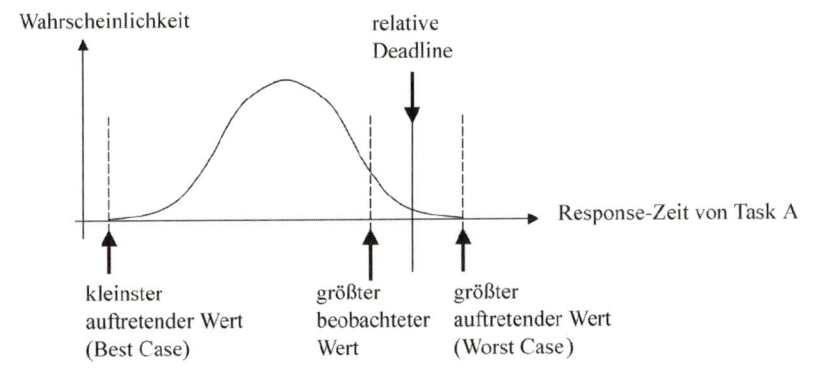

Bild 5-8: Wahrscheinlichkeitsverteilung der Response-Zeit für die Task A

Typischerweise wird deshalb in der Praxis eine Kombination aus dreierlei Maßnahmen eingesetzt:

- Zuteilbarkeitsanalyse zur Bewertung von Realisierungsalternativen
- Verifikation der Ergebnisse der Zuteilbarkeitsanalyse durch Messungen nach der Realisierung
- Online-Überwachung der Deadline durch das Echtzeitbetriebssystem (Deadline-Monitoring) und anwendungsspezifische Reaktion auf Deadline-Verletzungen

5.2.2.1 Zuteilbarkeitsanalyse

Das Ziel der Zuteilbarkeitsanalyse ist, unter Verwendung aller bekannten Parameter die Einhaltung der Echtzeitanforderungen in allen Fällen vorab abzuschätzen.

Für ein Echtzeitsystem ergibt sich also die Anforderung:

$$\text{Worst Case Response Time} \leq \text{relative Deadline} \tag{5.2}$$

Dazu muss also die Worst Case Response Time (WCRT) bestimmt oder abgeschätzt werden.

Im einfachen Fall, wie in Bild 5-7 dargestellt, wird die Response-Zeit zum einen durch die Zeitspanne zwischen Aktivierung und Start der Ausführung einer Task bestimmt, zum anderen durch die Ausführungszeit (engl. Execution Time) der Task.

Der allgemeine Fall ist schwieriger, da die Ausführung einer Task z. B. durch die Ausführung einer oder mehrerer anderer Tasks mit höherer Priorität, die zudem zeit- oder ereignisgesteuert aktiviert werden können, unterbrochen werden kann. Auch die dabei entstehenden Unterbrechungszeiten und die Ausführungszeit, die das Betriebssystem beispielsweise für einen Task-Übergang selbst benötigt, beeinflussen die WCRT.

Allgemein kann die WCRT einer Task in zwei Schritten bestimmt oder abgeschätzt werden.

- Im ersten Schritt erfolgt eine Bestimmung oder Abschätzung der maximal notwendigen Ausführungszeit für jede Task (engl. Worst Case Execution Time, WCET). Außerdem müssen die Ausführungszeiten, die das Betriebssystem selbst benötigt, bestimmt oder abgeschätzt werden.
- Im zweiten Schritt kann unter Berücksichtigung der Echtzeitanforderungen und der Zuteilungsstrategie eine Abschätzung erfolgen, ob die Bedingung (5.2) für alle Aktivierungen der entsprechenden Tasks erfüllt werden kann oder nicht.

Beispiel: Zuteilbarkeitsanalyse

Der geplante Tagesablauf eines Managers soll auf Zuteilbarkeit untersucht werden. Der Manager schläft alle 24 Stunden 8 Stunden lang. Er isst alle 8 Stunden für 30 Minuten. Alle 1,5 Stunden trinkt er 15 Minuten und alle 2 Stunden telefoniert er 30 Minuten.

Dabei darf das Essen um maximal 30 Minuten verzögert werden, das Trinken ebenfalls um 30 Minuten, Telefonieren dagegen nur um 15 Minuten. Das Schlafen soll innerhalb von 24 Stunden abgeschlossen sein. Daraus ergeben sich die Deadlines für Schlafen 24 Stunden, für Essen 1 Stunde, für Trinken 45 Minuten und für Telefonieren 45 Minuten.

Unter der Annahme einer präemptiven Zuteilungsstrategie nach dem Basis-Zustandsmodell für Tasks nach OSEK-OS (Bild 2-20) soll geprüft werden, ob der Manager ne-

5.2 Analyse der logischen Systemarchitektur

ben diesen Tätigkeiten weitere Termine wahrnehmen kann. Insgesamt muss der Manager bisher also 4 Tasks ausführen:

- Task A: „Schlafen"
- Task C: „Trinken"
- Task B: „Essen"
- Task D: „Telefonieren"

Die Prioritäten sind Telefonieren vor Essen vor Trinken vor Schlafen. Der geplante Tagesablauf kann in tabellarischer Darstellung mit den Prioritäten, Aktivierungs-, Deadline- und Ausführungszeiten zusammengefasst werden:

Tabelle 5-1: Task-Liste des Managers

	Aktivierungszeit	Deadline	Ausführungszeit	Priorität
Task A	alle 24 h	24 h	8 h	1
Task B	alle 8 h	60 min	30 min	3
Task C	alle 1,5 h	45 min	15 min	2
Task D	alle 2 h	45 min	30 min	4

Die Zuteilbarkeit kann anhand des folgenden Ausführungsszenarios untersucht werden:

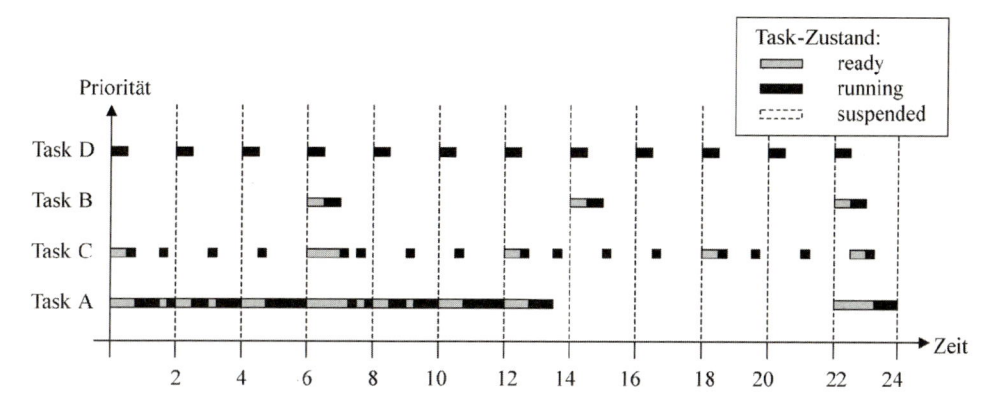

Bild 5-9: Zuteilungsdiagramm vor der Optimierung

- Task D – „Telefonieren" – mit der höchsten Priorität wird – wie erwartet – ohne Verletzung der Echtzeitanforderungen alle 2 Stunden ausgeführt.
- Task B – „Essen" – wird um 6, 14 und 22 Uhr gleichzeitig mit Task D aktiviert, wegen geringerer Priorität aber erst nach Task D, also mit einer Verzögerung von 30 Minuten, ausgeführt. Die Deadline wird gerade noch eingehalten.
- Task C – „Trinken" – wird alle 90 Minuten aktiviert, wegen geringer Priorität kann die Ausführung jedoch durch Task B und Task D unterbrochen oder verzögert werden. In vier Fällen wird die Deadline von 45 Minuten gerade noch eingehalten. Der Worst Case tritt um 6 Uhr ein. Die Response-Zeit ist hier 75 Minuten und die Deadline wird verletzt. Bereits 15 Minuten nach Abschluss der Ausführung, wird die Task C erneut aktiviert.

- Task A – „Schlafen" – hat die geringste Priorität und wird erst mit einer Verzögerung von 75 Minuten gestartet und wie erwartet häufig unterbrochen. Von der Aktivierung bis zum Ende der Ausführung vergehen über 15 Stunden.

Die kritische Situation um 6 Uhr bei Task C, sowie die Grenzsituationen bei Task B zur Verletzung der Echtzeitanforderungen können durch verschiedene Maßnahmen entschärft werden. In Bild 5-10 ist ein Szenario dargestellt, bei dem Task B nicht zeitgleich mit Task D aktiviert wird, sondern jeweils um eine Stunde versetzt, also um 7, 15 und 23 Uhr. Dadurch können die Echtzeitanforderungen von Task B immer sicher erfüllt werden. Auch die kritische Situation von Task C um 6 Uhr wird so entschärft. Allerdings wird weiterhin in fünf Fällen die Deadline gerade noch eingehalten. Eine Erhöhung der Deadline von Task C auf beispielsweise 60 Minuten oder die Erhöhung der Priorität wären – falls möglich – weitere Maßnahmen zur Reduzierung kritischer Situationen. Wie erwartet wirken sich die getroffenen Maßnahmen nicht auf Task A mit der geringsten Priorität aus.

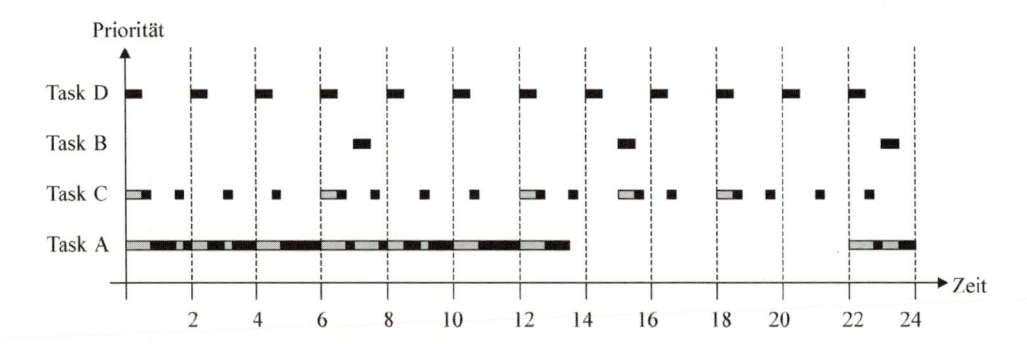

Bild 5-10: Zuteilungsdiagramm nach der Optimierung

Auch die Lösung der eigentlichen Aufgabe, die Einplanung weiterer Termine in Form der Task E ist nun möglich. Wie Bild 5-10 zeigt, lässt die Auslastungssituation die Einplanung weiterer täglicher Tasks zwischen 14 und 22 Uhr zu. Um eine gleichmäßigere Auslastung des Managers zu erreichen, könnte die Task „Schlafen" auch auf zwei Tasks „Nachtschlaf" und „Nachmittagsschlaf" aufgeteilt werden. Es kann auch abgeschätzt werden, wie sich unvorhergesehene Unterbrechungen mit höherer Priorität, beispielsweise ein Anruf eines Kunden beim Manager, auswirken.

Dieses fiktive Beispiel wurde bewusst sehr abstrakt gewählt, verdeutlicht aber die möglichen Auslegungsfehler bei Echtzeitsystemen und die Auswirkungen von Optimierungsmaßnahmen.

Neben Aussagen zur Zuteilbarkeit für alle Tasks sind Aussagen zur Auslastung, also zu Überlast- und Unterlastsituationen, möglich, die für eine verbesserte Vorgabe der Echtzeitanforderungen genutzt werden können. Dadurch wird das Echtzeitsystem gleichmäßiger ausgelastet. Unter Umständen können bei gleichmäßigerer Auslastungssituation dann sogar die notwendigen Hardware-Ressourcen, wie etwa der Prozessortakt, reduziert werden.

5.2 Analyse der logischen Systemarchitektur

- Eine Idealisierung ist die Annahme, dass Tasks geringerer Priorität an jeder beliebigen Stelle durch Tasks höherer Priorität unterbrochen werden können. In praktischen Anwendungen treten hier häufig Einschränkungen auf – auf das Beispiel übertragen etwa in der Form, dass die Task „Schlafen" nur alle zwei Stunden unterbrochen werden kann.

- Eine weitere Idealisierung ist die Annahme, dass der Wechsel von einer Task zu einer anderen Task verzögerungsfrei erfolgt. Auch hier bestehen in realen Anwendungen Einschränkungen – im Beispiel wäre etwa beim Task-Übergang von „Schlafen" zu „Telefonieren" eine Verzögerungs- oder Aufwachphase vorzusehen.

Bei der Übertragung dieser Vorgehensweise auf eine praktische Fahrzeuganwendung müssen zusätzlich die Ausführungszeiten berücksichtigt werden, die das Echtzeitbetriebssystem selbst benötigt. Diese können beträchtlich sein und von vielen Parametern abhängen, insbesondere auch von der gewählten Zuteilungsstrategie.

Eine weitere Aufgabe ist die Abschätzung der maximal notwendigen Ausführungszeit WCET für eine Task. Auch diese hängt in der Regel von vielen Parametern ab.

Verfahren zur Berechnung oder Abschätzung der Ausführungszeiten, beispielsweise auf Basis der vom Compiler generierten Befehle, sind aufwändig und nur möglich, wenn sie auf einzelne Situationen zugeschnitten werden. Dieses Themengebiet ist Gegenstand vielfältiger Forschungsaktivitäten.

Generell muss die Verwendung aller Programmkonstruktionen, deren Bearbeitung beliebig lange dauern kann, wie etwa Wiederholungsschleifen oder Wartezustände, dabei stark eingeschränkt werden. Iterative Algorithmen sollten deshalb in einer Form realisiert werden, so dass pro Task-Aktivierung nur ein oder nur endlich viele Iterationsschritte berechnet werden [54]. Ist dies nicht möglich, kann eine Worst-Case-Abschätzung für die Ausführungszeit iterativer Algorithmen nicht erfolgen.

5.2.2.2 Verifikation der Zuteilbarkeit durch Messungen

Durch die Messung der Aktivierungs- und Ausführungszeiten am realen System und eine Darstellung in Form eines Zuteilungsdiagramms ist die Verifikation des Echtzeitverhaltens möglich. Damit können grobe Auslegungsfehler erkannt und die Einstellungen des Echtzeitsystems iterativ verbessert werden.

Trotzdem muss, wie in Bild 5-8 dargestellt, beachtet werden, dass die gemessenen oder beobachteten Ausführungszeiten nur einen ungefähren Anhaltswert für die maximale Ausführungszeit und die Response-Zeit liefern.

Außerdem kann bei ereignisgesteuerten Systemen, bei denen beispielsweise variable Task-Aktivierungszeiten und Ereignisse – wie Interrupts – vorkommen können, meist nicht sichergestellt werden, dass das System sich während der Messung überhaupt in der kritischen Auslastungssituation befindet.

5.2.2.3 Überwachung und Behandlung von Deadline-Verletzungen im Betriebssystem

Die Gefahr von Deadline-Verletzungen kann für eine Task durch Änderung verschiedener Attribute reduziert werden, etwa der Priorität, der Deadline oder durch Einstellen eines Aktivierungsverzugs. Über Ausnahmebehandlungen kann das Verhalten in Überlastsituationen festgelegt werden. Dazu zählen beispielsweise „Entprellungsmaßnahmen", wie die Definition einer maximalen Anzahl von Mehrfachaktivierungen für eine Task oder die Vorgabe einer minimalen Zeitspanne zwischen zwei Aktivierungen einer Task.

Um derartige Ausnahmesituationen möglichst während der Entwicklungsphase erkennen zu können, werden die Ausnahmebedingungen während der Entwicklungsphase häufig schärfer gewählt als später in der Serienproduktion.

Trotzdem kann auch im für die Serienproduktion freigegebenen Software-Stand bei Tasks, an die harte Echtzeitanforderungen gestellt werden, in vielen Fällen auf eine Online-Überwachung der Deadline durch das Echtzeitbetriebssystem und die anwendungsspezifische Behandlung von Deadline-Verletzungen nicht verzichtet werden.

Dies kann etwa durch funktionsspezifische Fehlerbehandlungsroutinen (engl. Error Hooks) realisiert werden, die vom Echtzeitbetriebssystem bei erkannten Deadline-Verletzungen aufgerufen werden. Diese Software-Überwachungsmaßnahmen ergänzen dann die durch die Hardware realisierten Überwachungsmaßnahmen, etwa die Überwachung der Programmausführung mit einer Watchdog-Schaltung.

5.2.3 Analyse und Spezifikation verteilter und vernetzter Systeme

Die Erfassung der Eingangsgrößen der Software-Funktionen eines Steuergeräts kann durch Sensoren, die dem Steuergerät direkt zugeordnet werden, erfolgen. Alternativ können auch Signale von Sensoren, die anderen Steuergeräten zugeordnet sind, über das Kommunikationsnetzwerk des Fahrzeugs übertragen und gewissermaßen indirekt verwendet werden. Entsprechende Freiheitsgrade bestehen auch bei den Aktuatoren. Auch alle in den Steuergeräten intern berechneten Signale und Zustände können über das Kommunikationsnetzwerk übertragen werden.

Dadurch werden einerseits große Freiheitsgrade beim Funktionsentwurf ermöglicht, andererseits entstehen neue Entwurfsprobleme, nämlich die möglichst geschickte Verteilung von Software-Funktionen auf ein Netzwerk von Steuergeräten bzw. Mikrocontrollern und die Abstraktion beispielsweise von Sensoren und Aktuatoren. In diesem Abschnitt steht deshalb die analytische Bewertung verschiedener Verteilungs- und Vernetzungsalternativen im Mittelpunkt. Einige Freiheitsgrade, die durch die flexible direkte und indirekte Realisierung logischer Kommunikationsverbindungen zwischen den Komponenten elektronischer Systeme möglich werden, sind in Bild 5-11 dargestellt. In der grafischen Darstellung wird zwischen Sensoren und intelligenten Sensoren und entsprechend auch zwischen Aktuatoren und intelligenten Aktuatoren unterschieden.

Auch die Einflüsse des Kommunikationssystems, wie die Wertediskretisierung der Signale bei der Übertragung durch Nachrichten oder die Übertragungszeiten des Kommunikationssystems, haben weitreichende Konsequenzen und sollten bei der Auslegung eines verteilten und vernetzten Systems bereits zu einem möglichst frühen Zeitpunkt berücksichtigt werden.

Methoden zur Analyse verteilter und vernetzter Systeme ermöglichen die Beurteilung dieser Einflussfaktoren. Dabei müssen zahlreiche Anforderungen und Randbedingungen – z. B. Bauraum-, Echtzeit-, Sicherheits- und Zuverlässigkeitsanforderungen – berücksichtigt werden.

5.2 Analyse der logischen Systemarchitektur

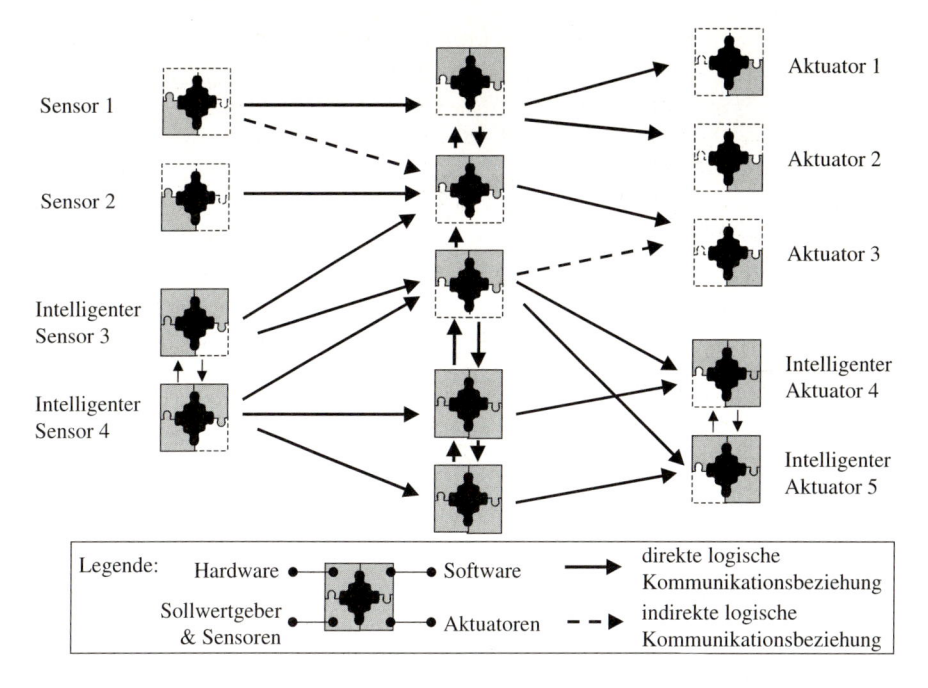

Bild 5-11: Analyse der logischen Architektur verteilter und vernetzter Systeme

Als einführendes Beispiel wird angenommen, dass die Software-Funktionen des in Bild 5-6 dargestellten Steuerungs- und Regelungssystems auf verschiedene Mikrocontroller verteilt werden sollen. Zunächst soll festgehalten werden, welche Anforderungen bisher schon für die Software-Funktionen feststehen. Dies sind zum einen die Eingangs- und Ausgangssignale, zum anderen auch die Abtastrate dT. Eine tabellarische Darstellung dieser Anforderungen zeigt Bild 5-12.

Zur Zuordnung dieser Software-Funktionen auf verschiedene Mikrocontroller wird in dieser Tabelle, wie in Bild 5-13 dargestellt, eine neue Spalte eingeführt, in der vermerkt wird, wo welche Funktionen realisiert werden sollen. Funktion f_1 wird auf Mikrocontroller $\mu C_{1.1}$ berechnet, Funktion f_2 auf Mikrocontroller $\mu C_{2.1}$ und Funktion f_3 auf Mikrocontroller $\mu C_{1.2}$. Bei dieser Verteilung sind Randbedingungen der gegebenen Hardware-Architektur zu berücksichtigen – etwa in der Form, dass die Verteilung der Funktionen durch die bereits feststehende Zuordnung der Sensoren und Aktuatoren zu bestimmten Mikrocontrollern eingeschränkt wird. So wird man beispielsweise eine Funktion, die Sensorsignale vorverarbeitet, direkt dem Mikrocontroller zuordnen, dem auch der entsprechende Sensor zugeordnet ist.

Im Folgenden sind zwei Fälle zu unterscheiden:

- Treten in der Tabelle in Bild 5-13 Signale mehrfach und bei verschiedenen Mikrocontrollern auf, so müssen diese über das Netzwerk kommuniziert werden. Auf diese Weise erhält man die Menge aller Signale, die vom Kommunikationssystem zu übertragen sind. Im einfachen Beispiel von Bild 5-13 ist das nur für Signal S_1 der Fall, das von Mikrocontroller $\mu C_{2.1}$ an Mikrocontroller $\mu C_{1.1}$ gesendet werden muss.

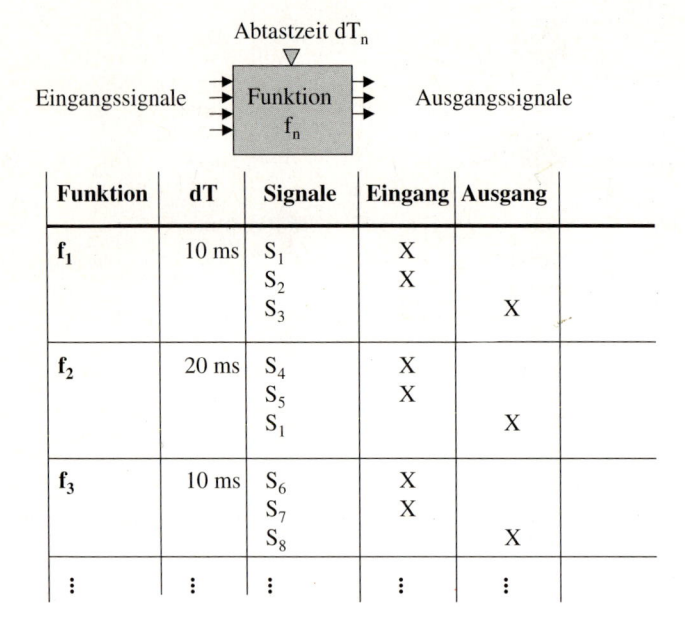

```
                    Abtastzeit dT_n
                         ▽
Eingangssignale  →  ┌─────────┐  →  Ausgangssignale
                 →  │ Funktion│  →
                    │   f_n   │
                    └─────────┘
```

Funktion	dT	Signale	Eingang	Ausgang
f_1	10 ms	S_1	X	
		S_2	X	
		S_3		X
f_2	20 ms	S_4	X	
		S_5	X	
		S_1		X
f_3	10 ms	S_6	X	
		S_7	X	
		S_8		X
⋮	⋮	⋮	⋮	⋮

Bild 5-12: Tabellarische Darstellung der Software-Funktionen mit Abtastrate und Signalen

- Treten dagegen in der Tabelle von Bild 5-13 Signale beim gleichen Mikrocontroller mehrfach bei verschiedenen Funktionen auf, für die unterschiedliche Abtastraten vorgegeben sind, so sind diese über Task-Grenzen zu kommunizieren. Auf diese Weise erhält man die Menge aller Signale, die die Inter-Task-Kommunikation übertragen muss.

Im erstgenannten Fall stellt sich sofort die Frage, mit welchen zeitlichen Anforderungen, beispielsweise mit welcher Zykluszeit, die Übertragung der Signale über das Netzwerk erfolgen soll. Im vorliegenden Beispiel, wo Funktion f_2 das Signal S_1 mit einer Zeitrate von 20 ms berechnet, macht es natürlich wenig Sinn das Signal S_1 mit einer schnelleren Rate zu übertragen – auch wenn, wie in Bild 5-13, die empfangende Funktion f_1 mit der schnelleren Zeitrate von 10 ms berechnet wird. Man wird in diesem Fall deshalb festlegen, Signal S_1 mit der Rate von 20 ms zu übertragen.

Würde dagegen die empfangende Funktion f_1 mit einer langsameren Zeitrate berechnet, kann das Kommunikationssystem entlastet werden, indem das Signal mit der Zeitrate der empfangenden Funktion übertragen wird. In jedem Fall ist also zwischen der Zeitrate der Signalübertragung, der notwendigen Übertragungszeit für die Signalübertragung und der Zeitrate dT für die Berechnung der sendenden und empfangenen Funktionen zu unterscheiden.

Eine zweite Festlegung betrifft die Auflösung und den Wertebereich der Signale bei der Übertragung. Auch hier muss die Auflösung, die der Empfänger einer Nachricht erwartet, berücksichtigt werden.

Bereits mit diesen Festlegungen auf der Signalebene können die Kommunikationslast abgeschätzt und Verteilungsalternativen bewertet werden.

5.2 Analyse der logischen Systemarchitektur

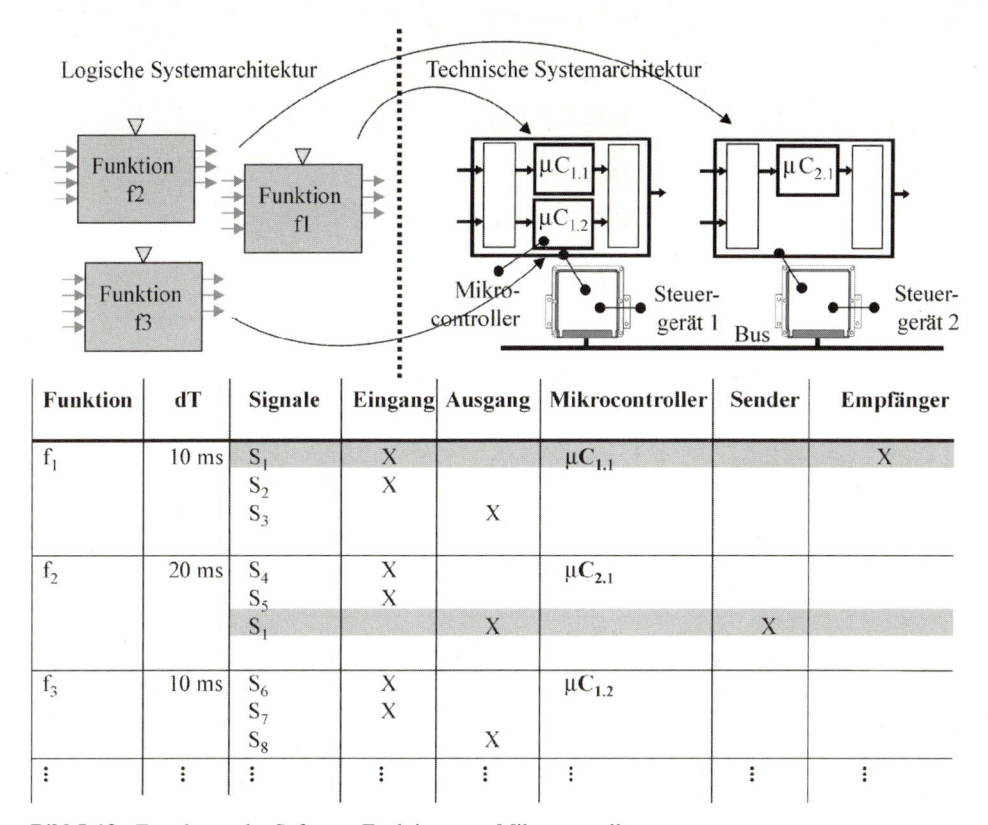

Bild 5-13: Zuordnung der Software-Funktionen zu Mikrocontrollern

Funktion	dT	Signale	Eingang	Ausgang	Mikrocontroller	Sender	Empfänger
f_1	10 ms	S_1	X		$\mu C_{1.1}$		X
		S_2	X				
		S_3		X			
f_2	20 ms	S_4	X		$\mu C_{2.1}$		
		S_5	X				
		S_1		X		X	
f_3	10 ms	S_6	X		$\mu C_{1.2}$		
		S_7	X				
		S_8		X			
⋮	⋮	⋮	⋮	⋮	⋮	⋮	⋮

Im nächsten Schritt muss das Kommunikationssystem festgelegt werden. Dabei müssen auch die Nachrichten, die vom Kommunikationssystem übertragen werden, gebildet werden. Das bedeutet, es muss festgelegt werden, mit welcher Nachricht ein Signal übertragen wird.

Aus Effizienzgründen wird man versuchen, verschiedene Signale, die ein Mikrocontroller mit gleichen Zeitanforderungen an den gleichen Empfängerkreis senden muss, gemeinsam mit einer einzigen oder möglichst wenigen Nachrichten zu übertragen.

Dazu ist es zweckmäßig, die Tabelle in Bild 5-13 spalten- und zeilenweise umzusortieren und zur Kommunikationsmatrix zu erweitern. Dann steht in der ersten Spalte der Mikrocontroller, der die Signale versendet. Die Signale sind nach aufsteigender Zeitrate für die Signalübertragung (Zykluszeit) und nach Empfängern geordnet.

Nach der Bildung der Nachrichten erhält man die Kommunikationsmatrix, wie sie in Bild 5-14 dargestellt ist. Signal S_1 wird mit der Nachricht N_3 übertragen. In Bild 5-14 sind einige weitere Signale und Nachrichten dargestellt, die sich etwa aus weiteren Funktionen ergeben könnten, welche bisher nicht betrachtet wurden.

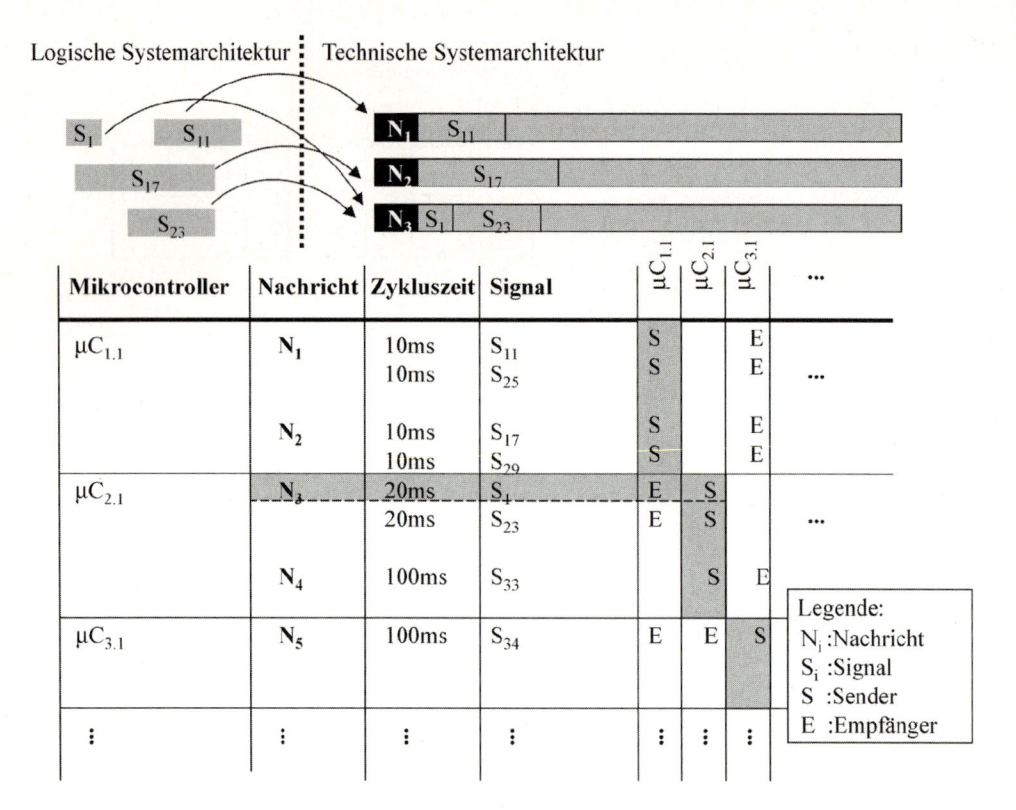

Logische Systemarchitektur : Technische Systemarchitektur

Mikrocontroller	Nachricht	Zykluszeit	Signal	$\mu C_{1.1}$	$\mu C_{2.1}$	$\mu C_{3.1}$	...
$\mu C_{1.1}$	N_1	10ms	S_{11}	S		E	
		10ms	S_{25}	S		E	...
	N_2	10ms	S_{17}	S		E	
		10ms	S_{29}	S		E	
$\mu C_{2.1}$	N_3	20ms	S_1	E	S		
		20ms	S_{23}	E	S		...
	N_4	100ms	S_{33}			S	E
$\mu C_{3.1}$	N_5	100ms	S_{34}	E	E	S	
⋮	⋮	⋮	⋮	⋮	⋮	⋮	

Legende:
N_i : Nachricht
S_i : Signal
S : Sender
E : Empfänger

Bild 5-14: Kommunikationsmatrix

Bei der Analyse des Netzwerks eines realen Fahrzeugs sind viele weitere Aspekte zu berücksichtigen. Neben einer deutlich höheren Anzahl an Signalen, Nachrichten, Sendern und Empfängern als hier dargestellt, werden beispielsweise Signale eines Senders in der Regel von mehreren Empfängern mit unterschiedlichen Zeitraten verarbeitet. Auch der Spielraum zur Verteilung der Funktionen ist in der Regel durch zahlreiche weitere Randbedingungen eingeschränkt.

Umso wichtiger ist deshalb die frühzeitige Analyse der Anforderungen, eine Bewertung von Realisierungsalternativen und die iterative Verbesserung des Netzwerkentwurfs.

Liegen das Kommunikationssystem, die Nachrichten und die Netzwerktopologie fest, so können die Angaben in der Kommunikationsmatrix soweit erweitert werden, dass mit Hilfe von Simulationen erste Aussagen, beispielsweise über die Buslast oder die zu erwartenden Kommunikationslatenzzeiten, gemacht werden können.

Als Ergebnis liegt eine **Spezifikation des verteilten und vernetzten Systems** vor, bei dem alle Software-Funktionen einem Mikrocontroller zugewiesen sind und die Kommunikationsmatrix vollständig definiert ist.

5.2.4 Analyse und Spezifikation zuverlässiger und sicherer Systeme

Zuverlässigkeits- und Sicherheitsanforderungen an Fahrzeugfunktionen ergeben sich aus den Kundenwünschen unter Berücksichtigung der technischen, gesetzlichen und finanziellen Randbedingungen. Zuverlässigkeitsanforderungen werden beispielsweise in Form von kurzen Reparaturzeiten oder langen Serviceintervallen vorgegeben. Sicherheitsanforderungen legen dagegen das sichere Verhalten des Fahrzeugs im Falle von Ausfällen und Störungen von Komponenten fest. Die an Fahrzeugfunktionen gestellten Zuverlässigkeits- und Sicherheitsanforderungen legen von Anfang an auch Anforderungen an die technische Realisierung und Nachweispflichten fest.

Systematische Methoden zur Zuverlässigkeits- und Sicherheitsanalyse haben deshalb zunehmenden Einfluss auf die Software-Entwicklung, etwa auf die Realisierung der Überwachungs-, Diagnose- und Sicherheitskonzepten. Für komplexe elektronische Systeme müssen die Aktivitäten zur Absicherung der Zuverlässigkeit und Sicherheit frühzeitig geplant und in den gesamten Projektplan integriert werden.

Zuverlässigkeits- und Sicherheitsanalysen umfassen Ausfallraten- und Ausfallartenanalysen, sowie die Untersuchung und Bewertung von konkreten Möglichkeiten zur Verbesserung der Zuverlässigkeit oder der Sicherheit. Zu den Ausfallartenanalysen gehören die Ausfallarten- und Wirkungsanalyse (engl. FMEA) [62] und die Fehlerbaumanalyse (engl. FTA) [56, 57].

5.2.4.1 Ausfallratenanalyse und Berechnung der Zuverlässigkeitsfunktion

Die systematische Untersuchung der Ausfallrate einer Betrachtungseinheit ermöglicht die Voraussage der Zuverlässigkeit für die Betrachtungseinheit durch Berechnung. Diese Voraussage ist wichtig, um Schwachstellen frühzeitig zu erkennen, Alternativlösungen zu bewerten und Zusammenhänge zwischen Zuverlässigkeit, Sicherheit und Verfügbarkeit quantitativ erfassen zu können. Außerdem sind Untersuchungen dieser Art notwendig, um Zuverlässigkeitsanforderungen etwa an Komponenten stellen zu können.

Infolge von Vernachlässigungen und Vereinfachungen, sowie der Unsicherheit der verwendeten Eingangsdaten kann die berechnete, vorausgesagte Zuverlässigkeit nur ein Schätzwert für die wahre Zuverlässigkeit sein, die nur mit Zuverlässigkeitsprüfungen und Feldbeobachtungen zu ermitteln ist. Im Rahmen von Vergleichsuntersuchungen in der Analysephase spielt jedoch die absolute Genauigkeit keine Rolle, so dass besonders bei der Bewertung von Realisierungsalternativen die Berechnung der vorausgesagten Zuverlässigkeit nützlich ist.

In diesem Abschnitt ist die Betrachtungseinheit immer ein technisches System oder eine Systemkomponente. Im allgemeinen Fall kann die Betrachtungseinheit auch weiter gefasst werden und beispielsweise auch den Fahrer des Fahrzeugs mit einschließen.

Die Ausfallratenanalyse unterscheidet die folgenden Schritte:
- Definition der Grenzen und Komponenten des technischen Systems, der geforderten Funktionen und des Anforderungsprofils
- Aufstellen des Zuverlässigkeitsblockdiagramms (engl. Reliability Block Diagram)
- Bestimmung der Belastungsbedingungen für jede Komponente
- Bestimmung von Zuverlässigkeitsfunktion oder Ausfallrate für jede Komponente
- Berechnung der Zuverlässigkeitsfunktion des Systems
- Behebung der Schwachstellen

Die Ausfallratenanalyse ist ein mehrstufiges Verfahren und wird „top down" von der Systemebene über die verschiedenen Subsystemebenen bis zur Komponentenebene der technischen Systemarchitektur durchgeführt. Die Ausfallratenanalyse muss nach Änderungen der technischen Systemarchitektur wiederholt werden.

Definition der Systemgrenzen, der geforderten Funktionen und des Anforderungsprofils

Für die theoretischen Überlegungen, die zur Voraussage der Zuverlässigkeit notwendig sind, müssen eingehende Kenntnisse des Systems und seiner Funktionen, sowie der konkreten Möglichkeiten zur Verbesserung der Zuverlässigkeit und Sicherheit vorausgesetzt werden.

Zum Systemverständnis zählt die Kenntnis der Architektur des Systems und seiner Wirkungsweise, die Arbeits- und Belastungsbedingungen für alle Systemkomponenten, sowie die gegenseitigen Wechselwirkungen zwischen den Komponenten, etwa in Form von Signalflüssen und der Eingangs- und Ausgangssicht aller Komponenten.

Zu den Verbesserungsmöglichkeiten gehören die Begrenzung oder die Verringerung der Belastung der Komponenten im Betrieb, etwa der statischen oder dynamischen Belastungen, der Belastung der Schnittstellen, der Einsatz besser geeigneter Komponenten, die Vereinfachung des System- oder Komponentenentwurfs, die Vorbehandlung kritischer Komponenten, sowie der Einsatz von Redundanz.

Die geforderte Funktion spezifiziert die Aufgabe des Systems. Die Festlegung der Systemgrenzen und der geforderten Funktionen bildet den Ausgangspunkt jeder Zuverlässigkeits- und Sicherheitsanalyse, weil damit auch der Ausfall definiert wird.

Zusätzlich müssen die Umweltbedingungen für alle Komponenten des Systems definiert werden, da dadurch die Zuverlässigkeit der Komponenten beeinflusst wird. So hat z. B. der Temperaturbereich großen Einfluss auf die Ausfallrate von Hardware-Komponenten. Im Fahrzeug gehören z. B. der geforderte Temperaturbereich, der Einsatz unter Feuchtigkeit, Staub oder korrosiver Atmosphäre, oder Belastungen durch Vibrationen, Schocks oder Schwankungen, wie etwa der Versorgungsspannung zu den Umweltbedingungen. Hängen die geforderten Funktionen und die Umweltbedingungen außerdem von der Zeit ab, muss ein Anforderungsprofil festgelegt werden. Ein Beispiel für gesetzlich vorgeschriebene Anforderungsprofile sind die Fahrzyklen zum Nachweis der Einhaltung der Abgasvorschriften. In diesem Fall spricht man auch von repräsentativen Anforderungsprofilen.

Aufstellen des Zuverlässigkeitsblockdiagramms

Das Zuverlässigkeitsblockdiagramm gibt Antwort auf die Fragen, welche Komponenten eines Systems zur Erfüllung der geforderten Funktion grundsätzlich funktionieren müssen und welche Komponenten im Falle ihres Ausfalls die Funktion nicht grundsätzlich beeinträchtigen, da sie redundant vorhanden sind. Die Aufstellung des Zuverlässigkeitsblockdiagramms erfolgt, indem man die Komponenten der technischen Systemarchitektur betrachtet. Diese Komponenten werden in einem Blockdiagramm so verbunden, dass die zur Funktionserfüllung notwendigen Komponenten in Reihe geschaltet werden und redundante Komponenten in einer Parallelschaltung verbunden werden.

Beispiel: Aufstellen des Zuverlässigkeitsblockdiagramms für ein fiktives Brake-By-Wire-System

Für ein fiktives Brake-By-Wire-System, wie in Bild 5-15 dargestellt, wird zunächst die Systemgrenze festgelegt. Das System besteht aus den Komponenten Bremspedaleinheit

5.2 Analyse der logischen Systemarchitektur

(K_1), Steuergerät (K_2), den Radbremseinheiten (K_5, K_7, K_9, K_{11}) und den elektrischen Verbindungen (K_3, K_4, K_6, K_8, K_{10}).

Bei Brake-By-Wire-Systemen besteht zwischen dem Bremspedal und den Radbremsen keine hydraulische, sondern eine elektrische Verbindung. Beim Bremsen wird der Fahrerbefehl, der durch die Bremspedaleinheit K_1 vorgegeben und im Steuergerät K_2 verarbeitet wird, und die zum Bremsen notwendige Energie „by wire" zu den Radbremseinheiten K_5, K_7, K_9 und K_{11} übertragen. Dabei muss sichergestellt werden, dass die Übernahme der Funktionen „Informations- und Energieübertragung" zwischen Pedaleinheit und Radbremseinheiten, die bei konventionellen Bremssystemen mechanisch-hydraulisch realisiert sind, durch die elektrischen und elektronischen Komponenten K_2, K_3, K_4, K_6, K_8 und K_{10} kein zusätzliches Sicherheitsrisiko, sondern einen Sicherheitsgewinn bringt. Die vorhersagbare Übertragung der Bremsbefehle ist deshalb eine zwingende Voraussetzung. Ebenso muss die Sicherheit auch bei Störungen und Ausfällen von Komponenten gewährleistet sein.

Es soll die Funktion „Bremsen" betrachtet werden. Dafür soll die Gesamtzuverlässigkeit des Systems bestimmt werden. Es wird angenommen, dass die Ausfallraten λ_1 bis λ_{11} der Komponenten K_1 bis K_{11} bekannt sind.

Dieses Beispiel wird im weiteren sehr stark vereinfacht. Es soll nur die prinzipielle Vorgehensweise bei der Zuverlässigkeitsanalyse verdeutlichen. Deshalb wird nur die Informationsübertragung betrachtet, während die Aspekte der Energieversorgung und der Energieübertragung, sowie fahrdynamische Randbedingungen, wie die Bremskraftverteilung auf Vorder- und Hinterachse, die selbstverständlich auch bei der Zuverlässigkeitsanalyse berücksichtigt werden müssen, vernachlässigt werden.

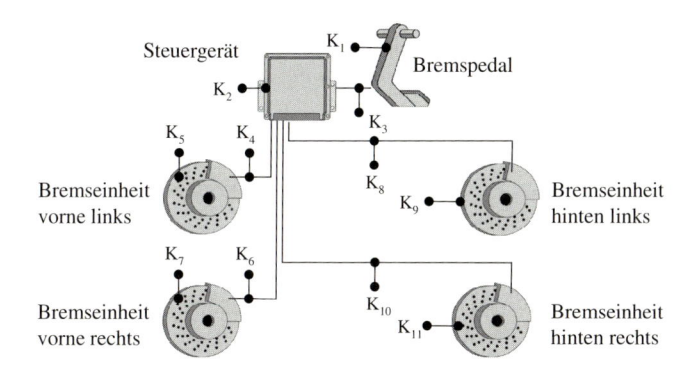

Bild 5-15: Systemsicht für ein Brake-By-Wire-System

Für die Erfüllung der Funktion „Bremsen" sind bei dieser vereinfachten Sicht das Funktionieren der Komponenten Bremspedaleinheit K_1, Steuergerät K_2, sowie der Verbindungen zwischen Bremspedaleinheit und Steuergerät K_3 zwingend notwendig.

Bei den Radbremseinheiten und den Verbindungen zwischen Steuergerät und Radbremseinheiten ist Redundanz vorhanden. Unter der stark vereinfachten Annahme, dass eine ausreichende Hilfsbremswirkung für das Fahrzeug mit nur einer Radbremseinheit erzielt werden kann, sind dann beispielsweise die Komponenten K_4 und K_5 notwendig, während die Komponenten K_6 und K_7, K_8 und K_9 bzw. K_{10} und K_{11} redundant vorhanden sind. Eine derartige Anordnung wird auch als 1-aus-4-Redundanz bezeichnet.

Das Zuverlässigkeitsblockdiagramm für die Funktion „Bremsen" sieht dann wie in Bild 5-16 dargestellt aus.

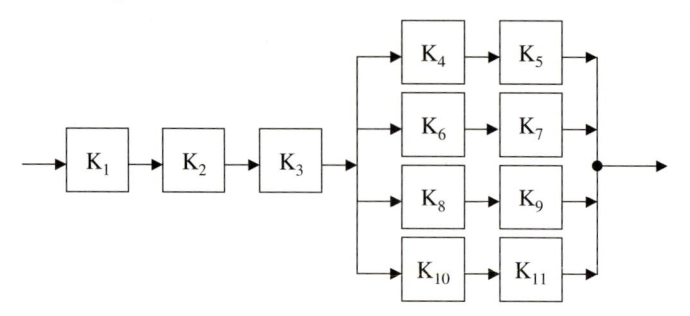

Bild 5-16: Zuverlässigkeitsblockdiagramm für die Funktion „Bremsen" des Brake-By-Wire-Systems

Berechnung der Zuverlässigkeitsfunktion für das System

Nach Festlegung der Belastungsbedingungen und der Bestimmung der Zuverlässigkeitsfunktionen $R_i(t)$ für alle Komponenten K_i, kann unter Berücksichtigung der in Bild 5-17 dargestellten Grundregeln für Zuverlässigkeitsblockdiagramme [57] die Zuverlässigkeitsfunktion des Systems $R_S(t)$ berechnet werden.

Für das Beispiel in Bild 5-16 kann damit die Zuverlässigkeitsfunktion des Systems R_S berechnet werden. Mit den Annahmen $R_4 = R_6 = R_8 = R_{10}$ und $R_5 = R_7 = R_9 = R_{11}$ folgt für R_S:

$$R_S = R_1 R_2 R_3 [1- (1-R_4 R_5)^4] \tag{5.3}$$

Wie dieses vereinfachte Beispiel zeigt, erhöht sich die Systemzuverlässigkeit für eine Funktion durch redundante Komponenten im Zuverlässigkeitsblockdiagramm gegenüber der Komponentenzuverlässigkeit. Dagegen verringert sich bei den seriell dargestellten Komponenten die Systemzuverlässigkeit gegenüber der Komponentenzuverlässigkeit. Man wird daher für die seriellen Komponenten im Zuverlässigkeitsblockdiagramm bereits eine hohe Zuverlässigkeit von den Komponenten fordern müssen oder eine technische Systemarchitektur einführen, die auch hier redundante Strukturen vorsieht.

5.2.4.2 Sicherheits- und Zuverlässigkeitsanalyse für das System

Für die Sicherheitsanalyse ist es unwichtig, ob eine Betrachtungseinheit die von ihr geforderten Funktionen erfüllt oder nicht, sofern damit kein nicht vertretbar hohes Risiko eintritt. Maßnahmen zur Erhöhung der Sicherheit werden als Schutzmaßnahmen bezeichnet und zielen auf die Verringerung des Risikos.

Zuverlässigkeits- und Sicherheitsanalyse sind iterative und zusammenhängende Prozesse mit mehreren Schritten, wie in Bild 4-18 dargestellt [71]. Sie haben Einfluss auf Anforderungen an die Hardware, Software und den Software-Entwicklungsprozess für elektronische Systeme. Auch für die Sicherheitsanalyse eines Systems werden häufig Methoden zur Ausfallartenana-

5.2 Analyse der logischen Systemarchitektur

lyse eingesetzt. Die Ausfallartenanalyse liefert eine Bewertung des Risikos für alle Funktionen des Systems.

Zuverlässigkeits-blockdiagramm	Zuverlässigkeits-funktion $R_S = R_S(t)$, $R_i = R_i(t)$	Ausfallrate λ_S für λ_i = konstant: $R_i(t) = e^{-\lambda_i t}$	Beispiel
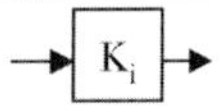 → K_i →	$R_S = R_i$	$\lambda_S = \lambda_i$	
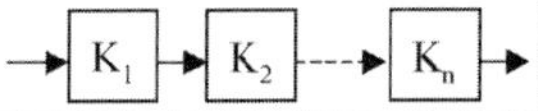 → K_1 → K_2 --→ K_n →	$R_S = \prod_{i=1}^{n} R_i$	$\lambda_S = \sum_{i=1}^{n} \lambda_i$	$R_1 = R_2 = 0{,}9$ $R_S = 0{,}9 \cdot 0{,}9 = 0{,}81$
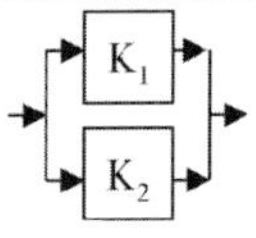 K_1 / K_2 (parallel) 1-aus-2-Redundanz	$R_S = 1-(1-R_1)(1-R_2)$ $= R_1 + R_2 - R_1 * R_2$		$R_1 = R_2 = 0{,}9$ $R_S = 1- (1-0{,}9)(1-0{,}9) = 0{,}99$
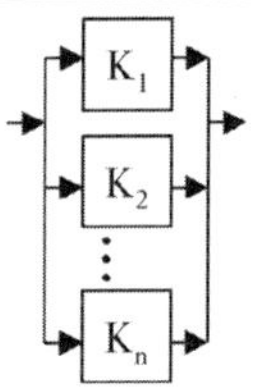 K_1 / K_2 / ... / K_n (parallel) k-aus-n-Redundanz	$R_1 = R_2 = ... = R_n = R$ $R_S = \sum_{i=k}^{n} \binom{n}{i} R^i (1-R)^{n-i}$ Für k = 1 gilt: $R_S = 1- (1-R)^n$		$R_1 = R_2 = R_3 = R_4 = 0{,}9$ bei 1-aus-4-Redundanz: $R_S = 1- (1-0{,}9)^4 = 0{,}9999$

Bild 5-17: Einige Grundregeln zur Berechnung der Zuverlässigkeitsfunktion für das System [57]

Das zulässige Grenzrisiko wird in der Regel durch sicherheitstechnische Festlegungen, wie Gesetze, Normen oder Verordnungen, implizit vorgegeben. Aus dem ermittelten Risiko für die Funktionen des Systems und dem zulässigen Grenzrisiko werden dann – beispielsweise anhand von Normen wie der IEC 61508 [20] – sicherheitstechnische Anforderungen an das System abgeleitet, die oft großen Einfluss auf den System- und Software-Entwurf in der Elektronikentwicklung haben.

Für die durch die Ausfallartenanalyse bestimmten und abgegrenzten, so genannten sicherheitsrelevanten Funktionen des Systems müssen besondere Schutzmaßnahmen getroffen werden, die in Hardware und Software realisiert werden können. Der Nachweis der Sicherheit ist Voraussetzung für die Zulassung von Fahrzeugen zum Straßenverkehr. Entsprechende Verifikations- und Validationsverfahren müssen deshalb schon während der Analysephase geplant werden.

Beispiel: Überwachungskonzept für ein E-Gas-System

In Kapitel 2 wurde bereits die Anforderungsklasse für ein E-Gas-System bestimmt (Bild 2-59). Als mögliche Gefahr wurde ungewolltes Gasgeben und ein daraus folgender Unfall angenommen. Für das Motorsteuergerät bedeutet dies, dass alle diejenigen Steuerungs- und Regelungsfunktionen f_n sicherheitsrelevant sind, die zu einer unbeabsichtigten Erhöhung des Motordrehmoments führen können. Für diese Funktionen ist deshalb ein Überwachungskonzept notwendig.

In diesem Beispiel soll das etwas vereinfachte Überwachungskonzept, wie es seit Jahren in Motorsteuergeräten eingesetzt wird [79], bezüglich der Sicherheit und Zuverlässigkeit untersucht werden. Im Rahmen des Arbeitskreises „E-Gas" des Verbandes der Automobilindustrie (VDA) wird dieses von der Robert Bosch GmbH entwickelte Basiskonzept derzeit zu einem standardisierten Überwachungskonzept für Motorsteuerungen von Otto- und Dieselmotoren weiterentwickelt (Bild 2-62).

In Bild 5-18 ist das Überwachungskonzept für sicherheitsrelevante Steuerungs- und Regelungsfunktionen f_n dargestellt.

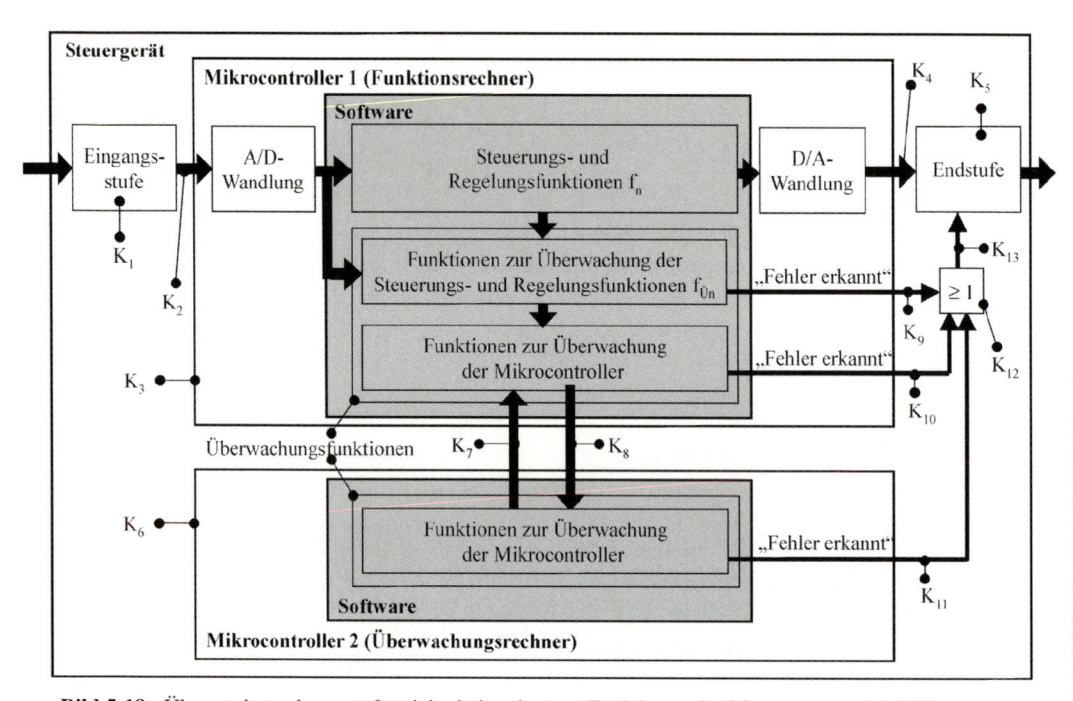

Bild 5-18: Überwachungskonzept für sicherheitsrelevante Funktionen des Motorsteuergeräts [79]

Die sicherheitsrelevanten Steuerungs- und Regelungsfunktionen f_n werden durch die Überwachungsfunktionen $f_{Ün}$ ständig überwacht. Die Überwachungsfunktionen $f_{Ün}$ verwenden die gleichen Eingangsgrößen wie die Steuerungs- und Regelungsfunktionen f_n, arbeiten aber mit unterschiedlichen Daten und mit unterschiedlichen Algorithmen.

Die Funktionen zur Überwachung der Mikrocontroller prüfen neben RAM-, ROM- und Mikroprozessorfunktionen beispielsweise auch, ob die Steuerungs- und Regelungsfunktionen f_n und die Überwachungsfunktionen $f_{Ün}$ überhaupt ausgeführt werden. Dies macht den Einsatz eines zweiten Mikrocontrollers im Motorsteuergerät, eines so genannten Überwachungsrechners, notwendig. Die Funktionen zur Überwachung der Mikrocontroller werden auf den Funktionsrechner und den Überwachungsrechner verteilt. Beide überwachen sich in einem Frage-Antwort-Spiel gegenseitig.

5.2 Analyse der logischen Systemarchitektur

Als sicherer Zustand ist die Stromabschaltung für die elektromechanische Drosselklappe festgelegt. Die Drosselklappe ist so konstruiert, dass sie nach einer Stromabschaltung selbsttätig die Leerlaufposition einnimmt. Der Übergang in den sicheren Zustand kann deshalb dadurch eingeleitet werden, dass eine Abschaltung der Endstufen des Steuergeräts, die die Drosselklappe ansteuern, erfolgt. Der Motor kann so im Notlauf weiterbetrieben werden.

Sowohl die Überwachungsfunktionen $f_{Ün}$, als auch die Funktionen zur Überwachung der Mikrocontroller auf dem Funktions- und auf dem Überwachungsrechner können also die Drosselklappenendstufen des Steuergeräts abschalten.

Im Falle eines erkannten Fehlers wird neben dieser Sicherheitsreaktion auch ein Eintrag im Fehlerspeicher vorgenommen. Außerdem wird meist auch eine Information an den Fahrer etwa über eine Anzeige im Kombiinstrument ausgegeben.

Soll die Zuverlässigkeit dieses Überwachungskonzepts beurteilt werden, so sind zunächst drei Arten von Funktionen zu unterscheiden:

- die Steuerungs- und Regelungsfunktionen f_n
- die Überwachungsfunktionen $f_{Ün}$
- die Funktionen zur Überwachung der Mikrocontroller

Die Zuverlässigkeitsblockdiagramme für diese verschiedenen Funktionen lassen sich dann recht einfach bestimmen (Bild 5-19):

R_A Steuerungs- und Regelungsfunktionen f_n → K_1 → K_2 → K_3 → K_4 → K_5 →

R_B Funktionen zur Überwachung der Steuerungs- und Regelungsfunktionen $f_{Ün}$ → K_1 → K_2 → K_3 → K_9 → K_{12} → K_{13} → K_5 →

R_C Funktionen zur Überwachung der Mikrocontroller → [K_3 → K_{10} / K_6 → K_{11}] → K_{12} → K_{13} → K_5 →

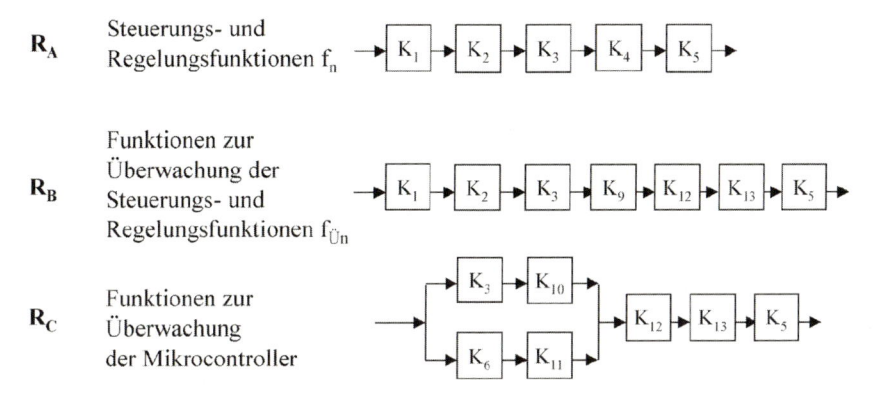

Bild 5-19: Zuverlässigkeitsblockdiagramme für Funktionen der Motorsteuerung

Um die Systemzuverlässigkeit zu bestimmen, wird man alle drei Arten von Funktionen gleichzeitig fordern. Dann ergibt sich die Systemzuverlässigkeit durch eine Reihenschaltung dieser Blockdiagramme. Zusätzlich müssen auch die Komponenten K_7 und K_8, die in den Blockdiagrammen der einzelnen Funktionen nicht vorkommen, in Reihe geschaltet werden.

Die Systemzuverlässigkeit $R_{S\ Zuverlässigkeit}$ ergibt sich durch Multiplikation der Zuverlässigkeit der in Bild 5-19 dargestellten drei Funktionen $R_{x;\ x=A,B,C}$ mit der Zuverlässigkeit der Komponenten K_7 und K_8 und ist wegen $R_x < 1$ in jedem Fall geringer als die jeweilige Zuverlässigkeit der Funktionen R_x. Bei der Berechnung der Systemzuverlässigkeit müssen die Regeln für das Rechnen mit mehrfach auftretenden Elementen im Zuverlässigkeitsblockdiagrammen beachtet werden [57].

Dagegen ist für die Sicherheit lediglich das zuverlässige Erkennen eines Ausfalls und der zuverlässige Übergang in den sicheren Zustand notwendig. Die Zuverlässigkeit $R_{S\,Sicherheit}$ dieser Sicherheitsreaktion wird durch die Zuverlässigkeit der Überwachungsfunktionen $f_{Ün}$ **oder** der Funktionen zur Überwachung der Mikrocontroller vorgegeben und ist deshalb höher als die Zuverlässigkeit der Funktionen R_x. Zudem geht die Zuverlässigkeit der Komponenten K_7 und K_8 in die Berechnung von $R_{S\,Sicherheit}$ nicht ein.

Wie dieses Beispiel zeigt, können Maßnahmen zur Erhöhung der Sicherheit die Zuverlässigkeit des Systems verringern. Außerdem ist ersichtlich, dass Maßnahmen zur Erhöhung der Zuverlässigkeit zu einer Reduzierung der Sicherheit eines Systems führen können.

Obwohl nur Hardware-Komponenten betrachtet werden, haben die Zuverlässigkeits- und Sicherheitsanalysen großen Einfluss auf die Software-Entwicklung. Sie beeinflussen etwa die **Zuordnung der Software-Funktionen zu den Mikrocontrollern** in einem verteilten und vernetzten System oder die notwendigen **Qualitätssicherungsmaßnahmen in der Software-Entwicklung**. Für eine ausführliche Darstellung wird auf die Literatur, wie [53, 54, 80, 81], verwiesen.

5.3 Spezifikation von Software-Funktionen und Validation der Spezifikation

Nach der Festlegung der Schnittstellen und Abtastraten der Software-Funktionen und ihrer Zuordnung zu einem Mikrocontroller stellt sich die Frage, wie die Daten und das Verhalten der Software-Funktionen, wie die Verknüpfung der Eingangssignale in Algorithmen zur Berechnung der Ausgangssignale spezifiziert werden kann. Diese Themen stehen in den folgenden Abschnitten im Mittelpunkt.

Für die Spezifikation von Software-Funktionen können verschiedene Methoden eingesetzt werden. Eine Klassifizierung ist in Bild 5-20 dargestellt. Zunächst kann zwischen formalen und informalen Spezifikationsmethoden unterschieden werden. Unter formalen Methoden werden mathematisch strenge Methoden zur Formulierung von Algorithmen verstanden, also Methoden, die die eindeutige Spezifikation von Algorithmen ohne Interpretationsspielraum erlauben. An informale Methoden werden Anforderungen dieser Art nicht gestellt. So ist beispielsweise die umgangssprachliche Formulierung von Algorithmen eine informale Methode; die Formulierung mit Programmiersprachen dagegen eine formale Methode.

Wie in Abschnitt 4.6.2 bereits angesprochen, kann schon an einfachsten Beispielen erkannt werden, dass die informale Beschreibung von Algorithmen wegen des vorhandenen Interpretationsspielraums zu unterschiedlichen Implementierungen führen kann, die dann bei gleichen Eingangssignalen unterschiedliche Ergebnisse oder Ausgangssignale liefern. Aus diesem Grund werden im Folgenden nur formale Methoden näher betrachtet. Dabei kann zwischen programmiersprachlichen und modellbasierten Spezifikationsmethoden unterschieden werden. Beispiele für modellbasierte Spezifikationsmethoden, die häufig zur Beschreibung von Soft-

5.3 Spezifikation von Software-Funktionen und Validation der Spezifikation

ware-Funktionen in der Fahrzeugentwicklung eingesetzt werden, sind Blockdiagramme, Entscheidungstabellen oder Zustandsautomaten.

Ein drittes Unterscheidungskriterium ist die Abstraktionsebene der Spezifikation. Da Fahrzeugfunktionen in den meisten Fällen durch ein technisches System realisiert werden, das aus technisch völlig verschieden realisierten Komponenten aufgebaut ist, ist für die Spezifikation eine einheitliche Abstraktionsebene notwendig. Wie bei den steuerungs- und regelungstechnischen Modellbildungs- und Entwurfsmethoden ist deshalb im ersten Schritt auch die Spezifikation von Software-Funktionen auf der physikalischen Ebene sinnvoll. Verschiedene Methoden für die modellbasierte Spezifikation von Software-Funktionen werden in den folgenden Abschnitten ausführlich dargestellt. Dabei werden zunächst viele Details der Implementierung vernachlässigt, die erst in einem folgenden Design- und Implementierungsschritt festgelegt werden, auf den in Abschnitt 5.4 näher eingegangen wird.

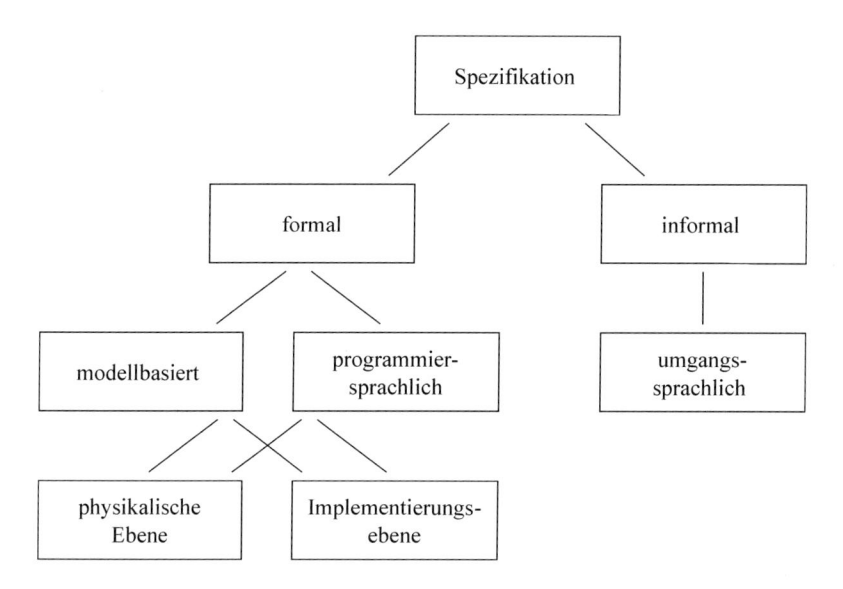

Bild 5-20: Einteilung der Spezifikationsmethoden für Software-Funktionen

Um die Durchgängigkeit in die Design- und Implementierungsphase zu gewährleisten, müssen allerdings bereits bei der Spezifikation von Software-Funktionen einige software-spezifische Anforderungen und Randbedingungen berücksichtigt werden. In den folgenden Abschnitten wird beispielsweise bereits die Software-Architektur, die Festlegung des Echtzeitverhaltens oder die konsequente Unterscheidung zwischen Daten- und Kontrollfluss berücksichtigt.

Die formale Spezifikation von Software-Funktionen bietet weitere Vorteile in der Entwicklung. So kann etwa die Spezifikation in einer Simulationsumgebung bereits frühzeitig ausgeführt werden und ist mit Rapid-Prototyping-Systemen im Fahrzeug erlebbar. Dies ermöglicht die frühzeitige Validation der Spezifikation. Dabei ist ein grafisches Modell einfacher verständlich als eine programmiersprachliche Beschreibung. Es kann als gemeinsame Verständigungsgrundlage für die verschiedenen Fachdisziplinen, die an der Entwicklung von Software-Funktionen beteiligt sind, dienen.

Ziel der Trennung zwischen physikalischer Ebene und Implementierungsebene ist auch die Abstraktion von möglichst vielen, teilweise hardware-abhängigen Implementierungsdetails. Daraus ergibt sich die Möglichkeit, die spezifizierten Software-Funktionen in verschiedenen Fahrzeugprojekten zu verwenden, etwa durch eine Portierung von Software-Funktionen auf Mikrocontroller mit unterschiedlicher Wortlänge.

5.3.1 Spezifikation der Software-Architektur und der Software-Komponenten

Ausgehend von dem erarbeiteten logischen Modell der Software-Funktionen mit definierten Echtzeitanforderungen, sowie Ein- und Ausgangssignalen muss festgelegt werden, wie die Architektur einer Software-Funktion dargestellt werden soll. Dabei wird von einer Software-Architektur für die Mikrocontroller von Steuergeräten, wie in Bild 1-22 dargestellt, ausgegangen. Da man bei umfangreicheren Software-Funktionen nicht ohne ein geeignetes Modularisierungs- und Hierarchiekonzept auskommen wird, ist eine konsequente Anwendung der Komponenten- und Schnittstellensicht auch auf der Software-Ebene notwendig. Die Spezifikation der Schnittstellen für alle Software-Komponenten, die zur Darstellung einer Software-Funktion verwendet werden, ist auch eine zentrale Voraussetzung für die verteilte Entwicklung eines solchen Software-Systems. Diese Anforderung wird bei gleichzeitiger Gewährleistung der Wiederverwendbarkeit der spezifizierten Software-Komponenten beispielsweise durch eine objektbasierte Modellierung erfüllt.

5.3.1.1 Objektbasierte Modellierung der Software-Architektur

An dieser Stelle sollen deshalb die wichtigsten Begriffe objektbasierter Software-Modelle eingeführt werden. Ein Software-System wird dabei in überschaubare, voneinander unabhängige und abgeschlossene Software-Komponenten, so genannte **Objekte** (engl. Objects), gegliedert. Die Objekte interagieren miteinander, um eine bestimmte Aufgabe zu erfüllen. Objekte umfassen sowohl die Struktur als auch das Verhalten der Software [73].

Struktur bedeutet, dass Objekte **Attribute** (engl. Attributes) enthalten können, welche die Daten des Objekts speichern. Attribute sind also die internen Speicher von Objekten. Struktur bedeutet auch, dass Objekte wiederum andere Objekte enthalten können. Eine solche Enthaltensbeziehung zwischen Objekten wird **Aggregation** (engl. Aggregation) genannt. Die Struktur beschreibt also die statischen Eigenschaften eines Objekts.

Demgegenüber beschreibt das Verhalten die dynamischen Eigenschaften eines Objekts. Auf Objekte kann von anderen Objekten nur über Schnittstellen zugegriffen werden. Die Schnittstellen eines Objektes werden durch seine **öffentlichen Methoden** (engl. Public Methods) definiert. Methoden können Eingangsdaten von außerhalb des Objektes übernehmen. Sie können Attribute des Objekts verändern oder Ausgangsdaten des Objekts bereitstellen. Alle Attribute eines Objekts können nur durch Aufrufen einer Methode des Objekts geändert werden. Dadurch werden Modularität, Flexibilität und Wiederverwendbarkeit von Objekten gewährleistet. Objekte können deshalb in verschiedenen Umgebungen ohne Seiteneffekte eingesetzt werden.

Eine **Klasse** (engl. Class) ist die Abstraktion einer Menge von gleichartigen Objekten, welche die gemeinsamen Attribute und Methoden angibt, die von jedem Objekt bereitgestellt werden. Objekte stellen Exemplare oder **Instanzen** (engl. Instance) einer Klasse dar. Eine Klasse ist also die Spezifikation einer Instantiierungsvorschrift für Objekte.

5.3 Spezifikation von Software-Funktionen und Validation der Spezifikation 221

Beispiel: Berechnung von Raddrehzahl und Fahrzeuggeschwindigkeit beim ABS

Zur grafischen Darstellung objektbasierter Software-Modelle sind die Notationen der Unified- Modelling-Language (UML) [82] weit verbreitet. In Bild 5-21 ist die Klasse „Rad" mit dem Attribut „Drehzahl n", sowie mit Methoden zur Initialisierung „init_n()", zur Berechnung „compute_n()" und zur Ausgabe „out_n()" der Raddrehzahl in der Notation eines UML-Klassendiagramms dargestellt. Eine Software-Komponente dieser Art könnte etwa in einem Antiblockiersystem eingesetzt werden.

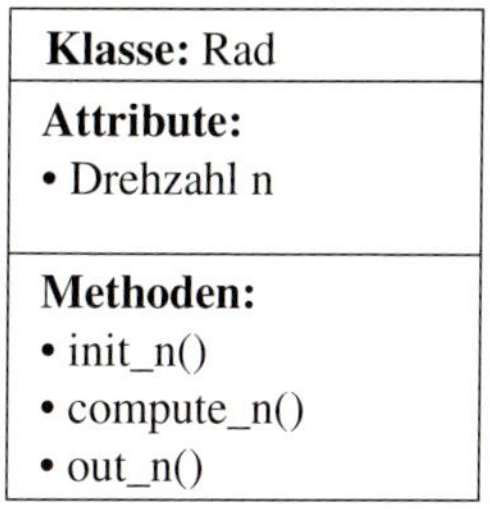

Klasse: Rad
Attribute: • Drehzahl n
Methoden: • init_n() • compute_n() • out_n()

Bild 5-21: Klasse „Rad" mit Methoden zur Berechnung der Raddrehzahl [82]

Zur Berechnung der Fahrzeuggeschwindigkeit wird eine Klasse „Fahrzeug" definiert. In der Klasse „Fahrzeug" müssen die vier Räder des Fahrzeugs repräsentiert werden. Es entsteht eine 1:4-Aggregationsbeziehung zwischen der Klasse „Fahrzeug" und der Klasse „Rad".

In der Klasse „Fahrzeug" soll auch der Motor des Fahrzeugs repräsentiert werden. Dazu wird die Klasse „Motor" spezifiziert. Für die Klasse „Motor" werden das Attribut „Drehzahl n" für die Motordrehzahl, sowie die Methoden zur Initialisierung „init_n()", zur Berechnung „compute_n()" und zur Ausgabe „out_n()" der Motordrehzahl definiert.

In Bild 5-22 ist das Klassenmodell für die Klasse „Fahrzeug" in UML-Notation dargestellt. Für die Klasse „Fahrzeug" werden die Attribute „Geschwindigkeit v" und „Gangstufe g" definiert und Methoden „compute_v()" und „compute_g()" zur Berechnung der Fahrzeuggeschwindigkeit und der eingelegten Gangstufe. Für diese Berechnungen werden die Methoden der Klassen „Rad" und „Motor" verwendet.

Software-Modelle dieser Art werden als Basis zur Darstellung der Zusammenhänge innerhalb von Software-Funktionen verwendet. Eine Software-Funktion f1 kann auf diese Art hierarchisch aus Software-Komponenten aufgebaut werden. Dazu werden die Klassen instantiiert. Durch die Instantiierung der Klasse „Fahrzeug" entsteht das Objekt „Fahrzeug_1". Das Objekt „Fahrzeug_1" enthält vier Instanzen der Klasse „Rad" und eine Instanz der Klasse „Motor". Es entstehen die Objekte „Rad_v_r" für das Rad vorne rechts, „Rad_v_l" für das Rad vorne links, „Rad_h_r" für das Rad hinten rechts, „Rad_h_l" für das Rad hinten links und das Objekt „Motor_1" für den Motor.

In den folgenden Abschnitten wird die grafische Darstellung wie in Bild 5-23 für die Darstellung der Software-Architektur mit Objekten verwendet. Der Klassenname eines Objekts wird nach dem Objektnamen angegeben und durch „:" getrennt.

```
                    ┌─────────────────────┐
                    │ Klasse: Fahrzeug    │
                    ├─────────────────────┤
                    │ Attribute:          │
                    │ • Geschwindigkeit v │
                    │ • Gangstufe g       │
  Aggregations-     ├─────────────────────┤
   beziehung        │ Methoden:           │
        •          │ • compute_v()       │
                    │ • compute_g()       │
                    └─────────────────────┘
```

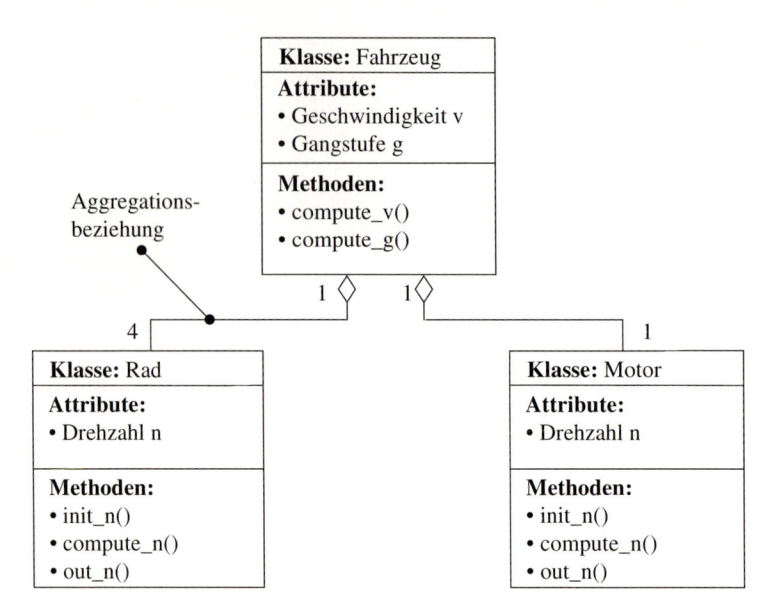

Bild 5-22: Klassendiagramm für die Klasse „Fahrzeug" [82]

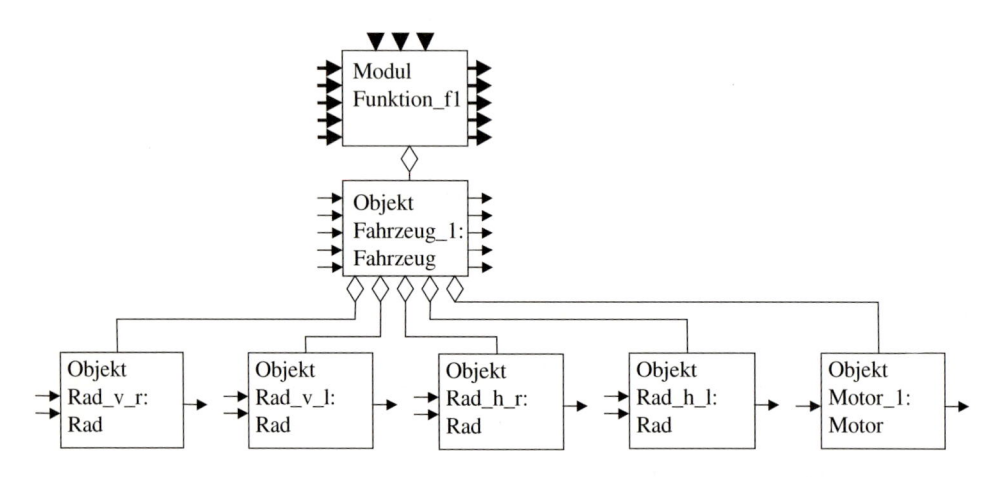

Bild 5-23: Grafische Darstellung der Software-Architektur mit Objektdiagrammen

5.3.1.2 Spezifikation der Schnittstellen zum Echtzeitbetriebssystem mit Modulen

Für die Software-Komponenten auf der obersten Hierarchieebene einer Software-Funktion müssen Schnittstellen zum Echtzeitbetriebssystem in Form von Prozessen und zum Kommunikationssystem in Form von Messages (Bild 2-36) festgelegt werden. Durch Zuordnung der Prozesse zu Tasks ist die Vorgabe der Echtzeitanforderungen möglich. Durch die Abbildung der Ein- und Ausgangssignale der Funktion auf Messages kann die Kommunikation über Task-Grenzen oder auch über Mikrocontroller-Grenzen hinweg unterstützt werden.

5.3 Spezifikation von Software-Funktionen und Validation der Spezifikation

Schnittstellen dieser Art sind für die darunter liegenden Ebenen einer Software-Funktion nicht notwendig. Die Software-Komponenten auf der obersten Ebene einer Funktion werden als **Module** bezeichnet. Module werden im Folgenden grafisch wie in Bild 5-23 und 5-24 dargestellt. Die Prozesse $P_1 \ldots P_m$ werden als Dreiecke dargestellt. Die Messages $M_1 \ldots M_n$ als Pfeile, wobei anhand der Pfeilrichtung zwischen Empfangs- und Sende-Messages unterschieden wird.

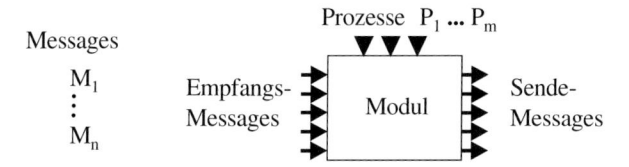

Bild 5-24: Grafische Darstellung von Modulen in der Spezifikation

5.3.1.3 Spezifikation von wiederverwendbaren Software-Komponenten mit Klassen

Auf den darunter liegenden Ebenen werden Objekte definiert, auf die über Methoden zugegriffen werden kann. Einer Methode können Schnittstellen in Form von mehreren Argumenten und eines Rückgabewertes zugeordnet werden. Die Unterscheidung zwischen Modulen und Objekten bei Software-Komponenten ermöglicht die Wiederverwendung von Objekten in unterschiedlichem Kontext durch Instantiierung von Klassen. **Klassen und Objekte** werden im Folgenden grafisch wie in Bild 5-25 dargestellt [74]. Argumente werden als Pfeile dargestellt, die auf die Klasse oder das Objekt zeigen. Rückgabewerte werden als Pfeile dargestellt, die von der Klasse oder dem Objekt wegzeigen.

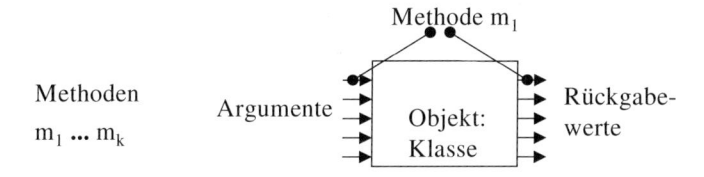

Bild 5-25: Grafische Darstellung von Klassen und Objekten in der Spezifikation

Alternativ zur Darstellung der Funktionsarchitektur nach Bild 5-23 wird im Folgenden auch die Darstellung als Blockdiagramm, wie in Bild 5-26, verwendet. In dieser Form können neben den Enthaltensbeziehungen und Hierarchieebenen zusätzlich die Daten- und Kontrollflüsse – in Bild 5-26 mit Linien dargestellt – zwischen Messages und den Argumenten bzw. Rückgabewerten von Methoden der Objekte eingezeichnet werden.

Abhängig von der Art des zu beschreibenden Zusammenhangs eignen sich verschiedene Modellierungstechniken zur Spezifikation des Verhaltens von Modulen und Klassen. Zu den wichtigsten Techniken gehören Blockdiagramme, Entscheidungstabellen und Zustandsautomaten.

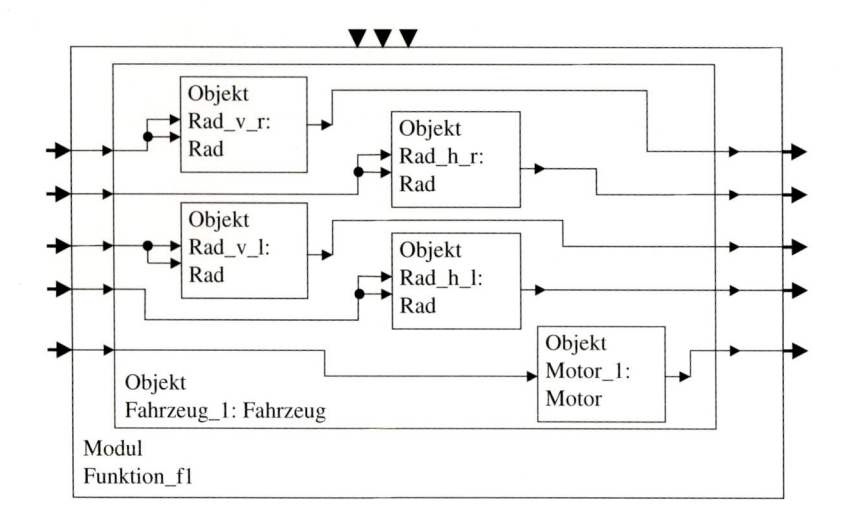

Bild 5-26: Grafische Darstellung der Software-Architektur mit Blockdiagrammen [74]

5.3.2 Spezifikation des Datenmodells

Auch die Spezifikation der Daten einer Software-Komponente erfolgt zunächst auf der physikalischen Ebene. In der objektbasierten Modellierung werden die Daten durch Attribute der Objekte bzw. der Module repräsentiert.

5.3.3 Spezifikation des Verhaltensmodells mit Blockdiagrammen

Steht der Datenfluss bei der Formulierung des Verhaltens einer Software-Komponente im Vordergrund, eignen sich Blockdiagramme zur grafischen Darstellung. Dies ist beispielsweise auf den abstrakten Ebenen häufig der Fall. Zahlreiche Zusammenhänge zwischen Software-Komponenten wurden deshalb schon in den bisherigen Kapiteln dieses Buches in Form von Blockdiagrammen dargestellt.

Mit Blockdiagrammen können auch komplexe Algorithmen innerhalb einer Software-Komponente übersichtlich dargestellt werden. Dabei kann zwischen arithmetischen und Booleschen Funktionen unterschieden werden.

5.3.3.1 Spezifikation arithmetischer Funktionen

Das Integrationsverfahren nach Euler (Bild 4-36) soll als Beispiel für die Spezifikation arithmetischer Algorithmen mit Blockdiagrammen fortgesetzt werden.

Beispiel: Spezifikation der Klasse „Integrator"

Das Integrationsverfahren nach Euler wird häufig als Approximationsverfahren für die Berechnung von Integralen eingesetzt.

Die Berechnung des bestimmten Integrals der Funktion f(t)

5.3 Spezifikation von Software-Funktionen und Validation der Spezifikation

$$F(t_n) = \int_{t_0}^{t_n} f(t)dt \quad \text{wird dabei durch die Summe} \tag{5.4}$$

$$F^*(t_n) = \sum_{i=0}^{n-1} (t_{i+1} - t_i) \cdot f(t_i) \quad \text{approximiert.} \tag{5.5}$$

Der Abstand ($t_{i+1} - t_i$) wird Schrittweite dT_i genannt.

$F^*(t_{i+1})$ kann inkrementell berechnet werden mit der Gleichung:

$$F^*(t_{i+1}) = F^*(t_i) + dT_i \cdot f(t_i) \tag{5.6}$$

Da dieses Integrationsverfahren mehrfach und in unterschiedlichem Zusammenhang eingesetzt wird, soll es als Klasse in Form eines Blockdiagramms spezifiziert werden. Dabei werden eine Reihe zusätzliche Anforderungen an diese Software-Komponente gestellt:

- Die Integration einer Eingangsgröße *in* soll mit eine Konstante *K* gewichtet werden können und der aktuelle Integrationswert soll in der Variable *memory* gespeichert werden.

- Der Integrationswert *memory* soll nach oben mit der Schranke *MX*, nach unten mit der Schranke *MN* begrenzt werden.

- Der Eingangswert *in*, die Integrationskonstante *K*, sowie die Schranken *MN* und *MX* werden als Argumente der Methode „compute()" vorgegeben. Die Methode „compute()" berechnet damit den aktuellen Integrationswert nach der Gleichung:

$$memory(t_{i+1}) = memory(t_i) + K \cdot dT \cdot in(t_i) \tag{5.7}$$

und begrenzt diesen anschließend durch die Schranken MN und MX.

- Die Schrittweite *dT* ist die Zeitspanne, die seit dem Start der letzten Ausführung der Methode „compute()" vergangen ist und in Bild 2-18 auch als Ausführungsrate bezeichnet wurde. dT soll vom Echtzeitbetriebssystem für jede Task berechnet und bereitgestellt werden.

- Über eine zweite Methode „out()" soll der aktuelle Integrationswert *memory* unabhängig von der Integrationsberechnung ausgegeben werden können.

- Eine Methode „init()" ist zur Initialisierung von *memory* mit dem Initialisierungswert *IV*, der als Argument übergeben wird, notwendig.

- Die Methoden „init()" bzw. „compute()" sollen in Abhängigkeit eines Booleschen Ausdrucks *I* bzw. *E*, der jeweils als zusätzliches Argument diesen Methoden übergeben wird, ausgeführt werden.

Eine Darstellung dieses Integrators als Blockdiagramm in ASCET-SD [74] zeigt Bild 5-27. Arithmetische Datenflüsse sind mit durchgezogenen Pfeilen dargestellt; Boolesche Datenflüsse mit gestrichelten Pfeilen; Kontrollflüsse mit strichpunktierten Pfeilen.

Die Außenansicht dieser Software-Komponente zeigt Bild 5-28. Die Zuordnung der Argumente zu den Methoden init(), compute() und out() ist aus Bild 5-27 ersichtlich.

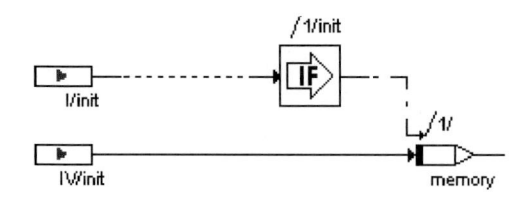

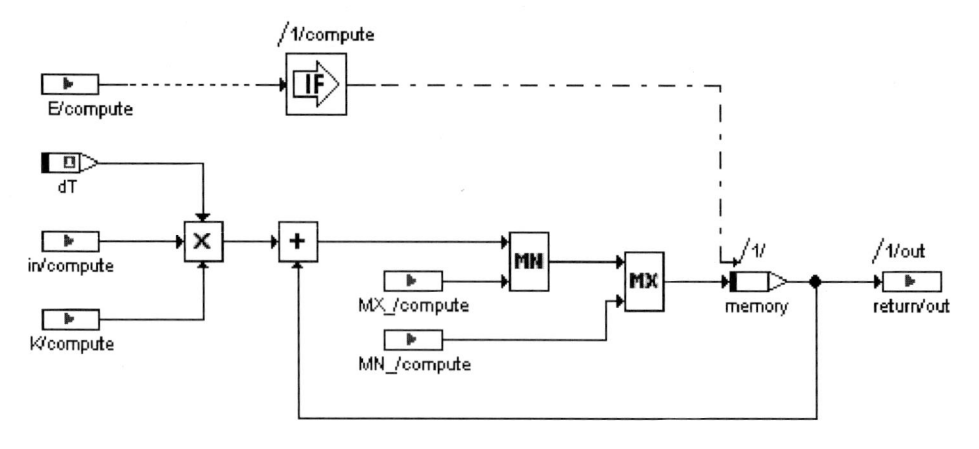

Bild 5-27: Spezifikation der Klasse „Integrator" als Blockdiagramm in ASCET-SD [74]

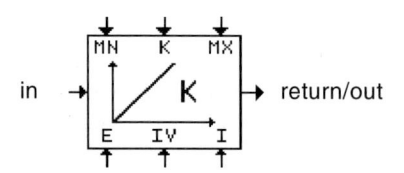

Bild 5-28: Außenansicht der Klasse „Integrator" in ASCET-SD [74]

Zu beachten ist, dass die arithmetischen Algorithmen auf der physikalischen Ebene definiert wurden. So wurden in obigem Beispiel keinerlei Festlegungen über die spätere Implementierung, etwa eine Definition der Wortlänge oder eine Entscheidung bezüglich Festpunkt- oder Gleitpunktarithmetik getroffen. Eine so spezifizierte Software-Komponente kann deshalb auf unterschiedlichste Mikrocontroller portiert werden. Auch die Begrenzung des Integrationswertes erfolgt auf physikalischer Ebene. Sie wird auch bei einer Realisierung in Gleitpunktarithmetik durchgeführt und darf nicht mit eventuellen Begrenzungen in Zusammenhang mit der Realisierung von Über- oder Unterlaufbehandlungen in Integerarithmetik verwechselt werden. Die sequentielle Reihenfolge der einzelnen Rechenoperationen, der Kontrollfluss, wurde dagegen bereits festgelegt.

5.3 Spezifikation von Software-Funktionen und Validation der Spezifikation

5.3.3.2 Spezifikation Boolescher Funktionen

Neben der Spezifikation von arithmetischen Operationen können Blockdiagramme auch zur Festlegung logischer, so genannter Boolescher Verknüpfungen verwendet werden. In vielen Fällen ist eine Kombination aus arithmetischen und Booleschen Verknüpfungen zur Beschreibung einer Funktion notwendig, etwa wenn Aktionen von Booleschen Ausdrücken abhängen in der Form von „Wenn-Dann-Beziehungen".

Eine Boolesche Größe kann nur die Werte der zwei Elemente der Menge B = {TRUE, FALSE} einnehmen. Boolesche Größen können mit Booleschen Operatoren zu Booleschen Ausdrücken verknüpft werden. Für die Booleschen Operatoren **Konjunktion** – die logische UND-Verknüpfung –, **Disjunktion** – die logische ODER-Verknüpfung – und **Negation** – die logische NICHT-Verknüpfung – werden in den folgenden Abschnitten die in Bild 5-29 dargestellten grafischen Symbole, die auch Schaltfunktionen genannt werden, verwendet.

      Konjunktion   „UND"

      Disjunktion   „ODER"

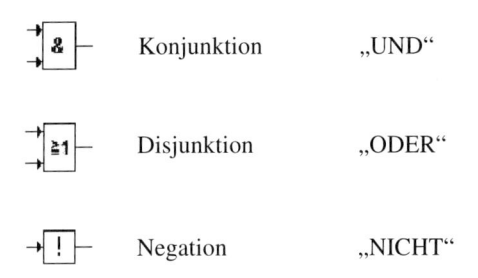

      Negation   „NICHT"

Bild 5-29: Grafische Symbole für Schaltfunktionen in ASCET-SD [74]

Beispiel: Spezifikation Boolescher Ausdrücke mit Blockdiagrammen

    Die Spezifikation Boolescher Ausdrücke unter Verwendung von Symbolen für Schaltfunktionen wird auch Schaltnetz genannt. Bild 5-30 zeigt ein Schaltnetz zur Darstellung von zwei Booleschen Ausdrücken als Blockdiagramm im Werkzeug ASCET-SD [74].

5.3.4 Spezifikation des Verhaltensmodells mit Entscheidungstabellen

Alternativ können Aktionen, deren Ausführung von der Erfüllung oder Nichterfüllung mehrerer Bedingungen abhängt, übersichtlich und kompakt in Form von so genannten Entscheidungstabellen [73, 74] definiert werden. Die Ein- bzw. Ausgangsgrößen einer Entscheidungstabelle sind Boolesche Größen X1 ... Xn bzw. Y1... Ym.

Die Eingangsgrößen X1 ... Xn, auch **Bedingungen** genannt, werden jeweils als Spalten der Entscheidungstabelle dargestellt. Jede Zeile der Eingangsgrößen der Entscheidungstabelle steht für eine Konjunktion oder logische UND-Verknüpfung der Eingangsgrößen in den Spalten. Eine Zeile stellt also einen Booleschen Ausdruck, eine so genannte **Regel** R dar, von deren Wahrheitswert die Ausgangsgrößen Y1 ... Ym, auch **Aktionen** genannt, abhängen. Diese Ausgangsgrößen werden als weitere Spalten in der Entscheidungstabelle dargestellt.

Maximal können 2^n Kombinationen zwischen den n Eingangsgrößen gebildet werden. Die vollständige Entscheidungstabelle hat also 2^n Zeilen oder Regeln. Die Ausgangsgrößen werden einer oder mehreren Regeln zugeordnet. Im Falle, dass eine Ausgangsgröße mehreren Regeln zugeordnet ist, entspricht dies einer Disjunktion oder logischen ODER-Verknüpfung dieser

Regeln. In Bild 5-31 sind die Booleschen Ausdrücke aus Bild 5-30 in Form einer Entscheidungstabelle dargestellt. Die Spezifikationen in Bild 5-30 und 5-31 sind also äquivalent.

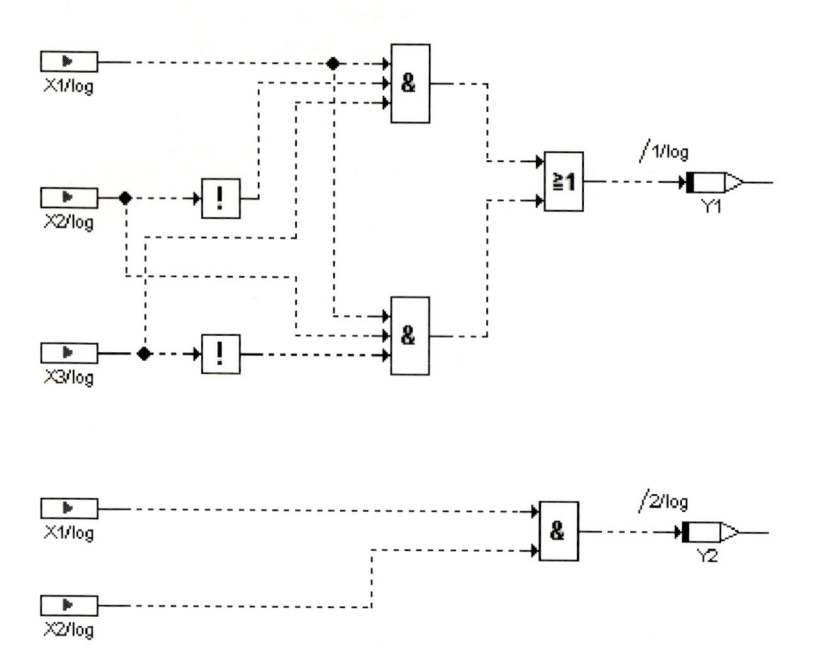

Bild 5-30: Spezifikation Boolescher Ausdrücke als Blockdiagramm in ASCET-SD [74]

		X1	X2	X3	Y1	Y2
	R1	0	0	0	0	0
	R2	0	0	1	0	0
	R3	0	1	0	0	0
Regeln	R4	0	1	1	0	0
	R5	1	0	0	0	0
	R6	1	0	1	1	0
	R7	1	1	0	1	1
	R8	1	1	1	0	1

Bedingungen   Aktionen

Bild 5-31: Spezifikation Boolescher Ausdrücke als Entscheidungstabelle

Wie Boolesche Ausdrücke, können auch Entscheidungstabellen optimiert werden. So sind in Bild 5-31 nur die letzten drei Regeln R6 bis R8 relevant, da nur in Abhängigkeit dieser Regeln eine der Aktionen Y1 oder Y2 ausgeführt werden soll (Bild 5-32).

5.3 Spezifikation von Software-Funktionen und Validation der Spezifikation 229

Relevante Regeln

	X1	X2	X3	Y1	Y2
R6	1	0	1	1	0
R7	1	1	0	1	1
R8	1	1	1	0	1

Bedingungen　　Aktionen

Bild 5-32: Optimierung der Entscheidungstabelle

Tritt eine Aktion mehrfach bei verschiedenen Regeln auf, so kann die Entscheidungstabelle weiter optimiert werden, indem die Regeln dieser Aktion zunächst paarweise betrachtet werden. Beide Regeln können in einer ODER-Verknüpfung zusammengefasst werden. Deshalb können sie, wenn sich die beiden Regeln in nur einer Bedingung unterscheiden, vereinfacht werden, da dann die sich unterscheidende Bedingung irrelevant ist. In Bild 5-32 treten die Aktion Y1 und die Aktion Y2 je zweimal auf. Bei der Aktion Y2 unterscheiden sich die beiden Regeln nur in Bedingung X3, die deshalb irrelevant ist. Hier kann deshalb weiter vereinfacht werden. Irrelevante Bedingungen werden mit * in der Entscheidungstabelle gekennzeichnet (Bild 5-33). Bei Aktion Y1 kann dagegen nicht mehr weiter optimiert werden.

Relevante Regeln

	X1	X2	X3	Y2
R6	1	0	1	0
R7	1	1	*	1
R8	1	1	*	1

Bedingungen　　Aktion

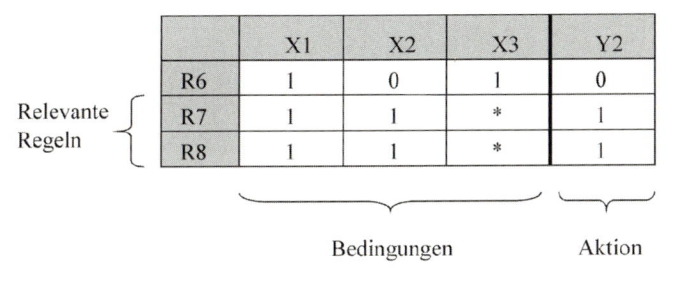

Bild 5-33: Optimierung der Entscheidungstabelle für Aktion Y2

Verschiedene Entscheidungstabellen können auch sequentiell miteinander verknüpft werden, wie beispielsweise in Bild 5-34 dargestellt.

Entscheidungstabellen können vorteilhaft überall dort zur Spezifikation von Funktionen eingesetzt werden, wo eine Reihe von Bedingungskombinationen zur Ausführung einer Reihe von verschiedenen Aktionen führen.

Zusammenhänge dieser Art kommen beispielsweise in Überwachungsfunktionen häufig vor. Für eine ausführliche Darstellung zu Entscheidungstabellen wird auf die Literatur, wie [73, 74], verwiesen.

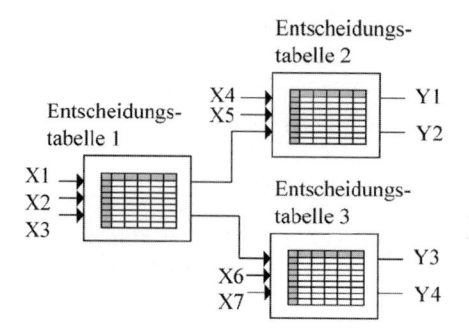

Bild 5-34: Sequentielle Verknüpfung von Entscheidungstabellen

5.3.5 Spezifikation des Verhaltensmodells mit Zustandsautomaten

Bei vielen Software-Funktionen hängt das Ergebnis nicht nur von den Eingängen, sondern auch von einem Ereignis und der Historie, die bis dahin durchlaufen wurde, ab. Zum Beschreiben derartiger Zusammenhänge eignen sich Zustandsautomaten. Die hier behandelten Zustandsautomaten orientieren sich an den Zustandsautomaten nach Moore, Mealy und Harel [73, 74, 83].

Zustandsautomaten können als Zustandsdiagramme gezeichnet werden. Die **Zustände** (engl. States) werden dabei durch beschriftete Rechtecke mit abgerundeten Ecken dargestellt. Die möglichen **Übergänge** (engl. Transitions) werden durch beschriftete Pfeile dargestellt. Ein Übergang wird in Abhängigkeit einer **Bedingung** (engl. Condition) durchgeführt, die dem Übergang zugeordnet ist.

5.3.5.1 Spezifikation flacher Zustandsautomaten

Beispiel: Spezifikation der Ansteuerung der Tankreservelampe mit Zustandsautomaten

Die Ansteuerung der Tankreservelampe (Bild 2-9) soll als Beispiel für die Spezifikation von Software-Funktionen mit Zustandsautomaten fortgesetzt werden. Für die Ansteuerung der Tankreservelampe interessieren nur die Bedingungen „Signalwert > 8,5V" bzw. „Signalwert < 8,0 V" und der bisherige Zustand „Lampe Aus" bzw. „Lampe Ein" (Bild 5-35).

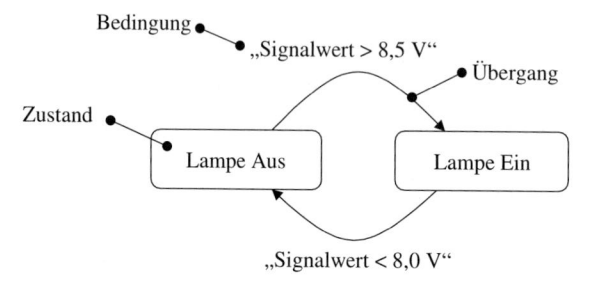

Bild 5-35: Spezifikation von Zuständen, Übergängen und Bedingungen

5.3 Spezifikation von Software-Funktionen und Validation der Spezifikation

- Bisher wurde noch nicht festgelegt, wann die so genannten Aktionen (engl. Actions) „Lampe einschalten" bzw. „Lampe ausschalten" ausgeführt werden sollen. Diese Aktionen können wie die Bedingungen den Übergängen zugeordnet werden. In diesem Fall spricht man von **Übergangsaktionen** (engl. Transistion Actions). Solche Zustandsautomaten werden als Mealy-Automaten bezeichnet. Alternativ können die Aktionen auch den Zuständen zugeordnet werden. Man spricht von **Zustandsaktionen** (engl. State Actions). Solche Zustandsautomaten werden als Moore-Automaten bezeichnet. Moore- und Mealy-Automaten können auch kombiniert werden, d. h. Aktionen können Zuständen und Übergängen zugeordnet werden. Die Aktionen „Lampe einschalten" und „Lampe ausschalten" in diesem Beispiel sollen den Übergängen zugeordnet werden.

- Es muss auch festgelegt werden, in welchem Zustand sich der Zustandsautomat beim Start befindet. Dieser Zustand wird **Startzustand** genannt. Im Fall der Tankreservelampe wird man als Überwachungsmöglichkeit für die Funktionsfähigkeit der Lampe festlegen, dass die Lampe bei jedem Start des Fahrzeugs für eine gewisse Zeitspanne eingeschaltet wird. Unabhängig vom Tankfüllstand kann so bei jedem Start des Fahrzeugs erkannt werden, ob die Lampe noch funktionsfähig ist. Der erste mögliche Zustandsübergang soll erst nach einer Verzögerung von zwei Sekunden erfolgen, d. h. die Lampe soll nach dem Start mindestens zwei Sekunden eingeschaltet bleiben. Deshalb wird ein neuer Zustand „Funktionskontrolle" mit einem Übergang nach „Lampe Ein" als Startzustand eingeführt. Der Startzustand in einem Zustandsautomaten wird mit (S) gekennzeichnet. Im Zustand „Funktionskontrolle" wird die Aktion „Lampe einschalten" durchgeführt.

Der so erweiterte Zustandsautomat ist in Bild 5-36 dargestellt:

C_2: „Signalwert > 8,5 V"
A_2: „Lampe einschalten"

Funktionskontrolle
A_S: „Lampe einschalten"   (S)

C_0: „Zeitspanne > 2 s"

Lampe Aus   Lampe Ein

C_1: „Signalwert < 8,0 V"
A_1: „Lampe ausschalten"

Legende:
C_i: Bedingung (engl. Condition)
A_i: Aktion (engl. Action)
(S): Startzustand (engl. Start State)

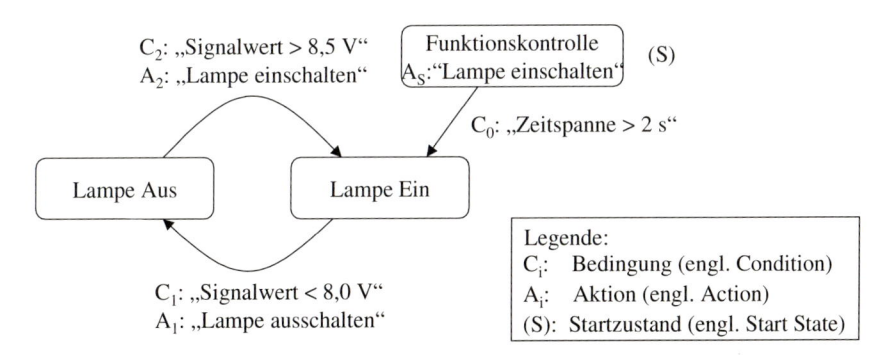

Bild 5-36: Zuordnung der Aktionen und Definition des Startzustands

Bei der Zuordnung von Aktionen zu Zuständen kann unterschieden werden zwischen:

- Aktionen, die nur beim Eintritt in den Zustand ausgeführt werden (**Entry-Aktionen**)
- Aktionen, die beim Verlassen des Zustands ausgeführt werden (**Exit-Aktionen**)
- Aktionen, die beim Verweilen im Zustand ausgeführt werden (**Static-Aktionen**)

Wie in Bild 5-37 dargestellt, ist eine Entry-Aktion eines Zustands äquivalent zu einer Übergangsaktion, die allen zu einem Zustand führenden Übergängen zugeordnet wird. Genauso ist eine Exit-Aktion eines Zustands äquivalent zu einer Übergangsaktion, die allen von einem Zustand wegführenden Übergängen zugeordnet wird.

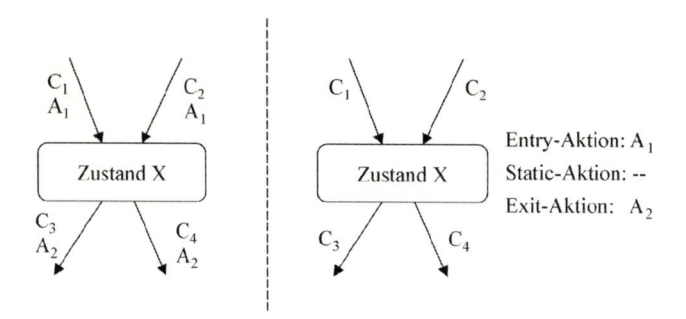

Bild 5-37: Äquivalente Aktionen in Zustandsautomaten

Zustandsautomaten verhalten sich deterministisch, wenn es von jedem Zustand aus zu jeder Eingabe von Eingangsgrößen nur höchstens einen Zustandsübergang gibt.

Nichtdeterministische Situationen könnten z. B. entstehen, falls mehrere Bedingungen verschiedener Übergänge, die von einem Zustand wegführen, gleichzeitig wahr sind. Situationen dieser Art können durch die Vergabe von Prioritäten ausgeschlossen werden, indem jedem von einem Zustand wegführenden Übergang eine unterschiedliche **Priorität** zugeordnet wird. Die Prioritäten werden in der Regel in Form von Zahlen spezifiziert. Im Folgenden definiert eine größere Zahl eine höhere Priorität.

In Bild 5-38 führen drei Übergänge vom Zustand X weg. Im Falle, dass die Bedingung C_2 wahr ist, wäre das Verhalten des im Bild links dargestellten Zustandsautomaten nicht deterministisch, da zwei Übergänge möglich wären. Durch die Einführung einer Priorität, wie auf der rechten Seite im Bild dargestellt, wird festgelegt, dass in diesem Fall der Übergang mit Priorität (3) und die Aktion A_2 ausgeführt werden.

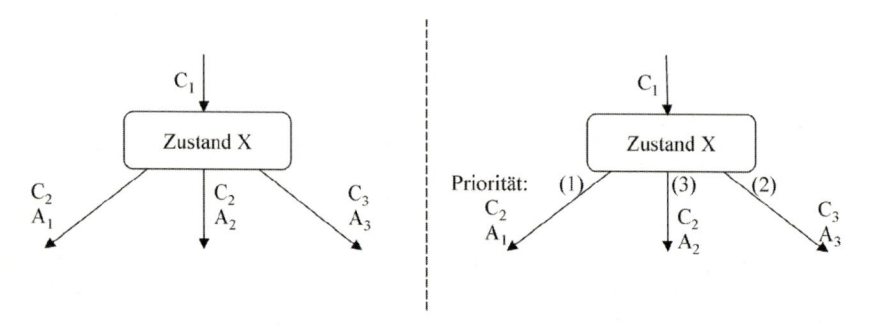

Bild 5-38: Deterministische Zustandsautomaten durch Vergabe von Prioritäten

5.3 Spezifikation von Software-Funktionen und Validation der Spezifikation

Für einen Zustandsautomaten muss außerdem das Ereignis festgelegt werden, bei dem die Bedingungen der vom aktuellen Zustand wegführenden Übergänge geprüft, und ggfs. die entsprechenden Aktionen und Übergänge ausgeführt werden. Dieses **Ereignis** zur Berechnung des Zustandsautomaten wird beispielsweise in Bild 5-39 durch die Methode „trigger()" vorgegeben, die jedem Übergang zugeordnet wird.

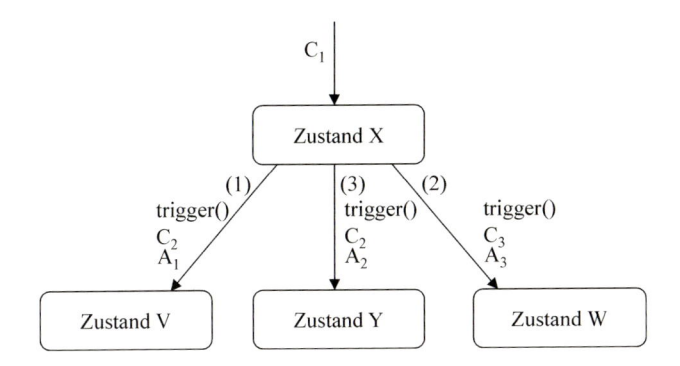

Bild 5-39: Methode „trigger()" zur Berechnung des Zustandsautomaten

Bei jedem Aufruf der Methode „trigger()" werden die folgenden Berechnungen ausgeführt:
- Prüfung der Bedingungen für die vom aktuellen Zustand wegführenden Übergänge nach absteigender Priorität
- Falls eine Bedingung wahr ist
  - Durchführung der Exit-Aktion des aktuellen Zustand
  - Durchführung der Übergangsaktion des Übergangs
  - Durchführung der Entry-Aktion des neuen Zustands
  - Übergang in den neuen Zustand
- Falls keine Bedingung wahr ist
  - Durchführung der Static-Aktion des aktuellen Zustands

Es wird also bei jedem Aufruf der Methode „trigger()" maximal ein Zustandsübergang durchgeführt.

5.3.5.2 Spezifikation von Übergängen mit Verzweigungen

Treten Bedingungen etwa der Form C_1 & C_2 bzw. C_1 & C_3 an Übergängen auf, die vom selben Zustand wegführen, kann dies übersichtlicher mit verzweigten Übergängen dargestellt werden. Die beiden Darstellungen in Bild 5-40 sind äquivalent.

Die Bedingungen und Aktionen in Zustandsautomaten können auf verschiedene Art und Weise spezifiziert werden, z. B. als Blockdiagramm, Entscheidungstabelle oder auch als unterlagerter Zustandsautomat. Alternativ ist auch die Spezifikation in einer Programmiersprache möglich.

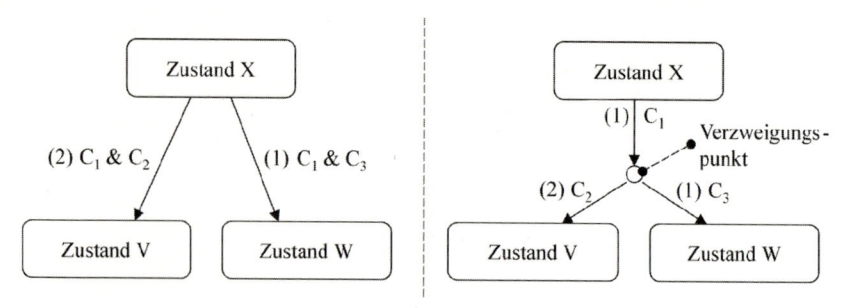

Bild 5-40: Äquivalente Modellierung von Zustandsübergängen

5.3.5.3 Spezifikation hierarchischer Zustandsautomaten

Mit zunehmender Anzahl von Zuständen und Übergängen werden Zustandsdiagramme schnell unübersichtlich. Durch hierarchisch geschachtelte Zustände kann die Übersichtlichkeit erhalten werden. Es entstehen hierarchische Zustandsdiagramme mit **Basiszuständen** und **Hierarchiezuständen**.

- Für jeden Hierarchiezustand wird ein Basiszustand als Startzustand festgelegt. Übergänge, die zu einem Hierarchiezustand führen, bewirken einen Übergang in diesen Startzustand.

- Alternativ kann ein Hierarchiezustand mit Gedächtnis definiert werden. Bei jedem Übergang, der zu einem Hierarchiezustand führt, welcher mit einem „H" für History gekennzeichnet ist, wird der zuletzt eingenommene Basiszustand in diesem Hierarchiezustand wieder eingenommen. Der Startzustand definiert dann den Basiszustand für den ersten Eintritt in den Hierarchiezustand.

Übergänge können auch über Hierarchiegrenzen hinweg festgelegt werden. Daher muss die Priorität von Übergängen, die von einem Basiszustand wegführen, gegenüber Übergängen, die von einem Hierarchiezustand wegführen, eindeutig geregelt werden. Entsprechendes gilt für die Reihenfolge der Durchführung der Aktionen, die für den Hierarchiezustand und den Basiszustand festgelegt sind.

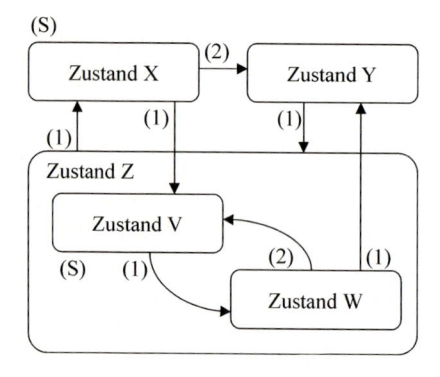

Bild 5-41: Hierarchischer Zustandsautomat

5.3 Spezifikation von Software-Funktionen und Validation der Spezifikation 235

Ein Beispiel für einen hierarchischen Zustandsautomaten ist in Bild 5-41 dargestellt. Auf der obersten Hierarchieebene sind die Zustände X, Y und Z definiert. Der Startzustand ist der Zustand X. Die Zustände V und W sind Basiszustände des Hierarchiezustands Z. Der Basiszustand V ist der Startzustand des Hierarchiezustands Z. Der Übergang vom Zustand Y zum Hierarchiezustand Z führt also zu einem Übergang in diesen Startzustand V, genauso wie der direkte Übergang von Zustand X über die Hierarchiegrenze des Zustands Z zum Zustand V.

Für eine ausführliche Darstellung wird auf die Literatur, z. B. [74], verwiesen.

5.3.6 Spezifikation des Verhaltensmodells mit Programmiersprachen

Die Festlegung des Verhaltens einer Software-Komponente in einer Programmiersprache wird häufig bevorzugt, wenn ein Verhalten zu formulieren ist, das nur umständlich oder unverständlich datenflussorientiert oder zustandsbasiert beschrieben werden kann. Ein Beispiel dafür sind Such- oder Sortieralgorithmen mit zahlreichen Schleifen und Verzweigungen.

Beispiel: Spezifikation der Software-Komponente „Integrator" in der Programmiersprache C

Bild 5-42 zeigt die Methoden der Software-Komponente „Integrator" aus Bild 5-27 in der Sprache C [84].

5.3.7 Spezifikation des Echtzeitmodells

Neben der Spezifikation des Daten- und Verhaltensmodells einer Software-Komponente muss das Echtzeitmodell festgelegt werden (Bild 4-31 und 4-32). Wird ein Echtzeitbetriebssystem eingesetzt, so muss die Konfiguration des Echtzeitbetriebssystems definiert werden. Neben den verschiedenen Betriebszuständen, den Übergängen und Übergangsbedingungen muss die Zuteilungsstrategie, sowie die Task-Prozess-Liste für jeden Betriebszustand spezifiziert werden.

Durch die Prozess- und Message-Schnittstellen der Module und die Berechnung von dT durch das Betriebssystem kann die Spezifikation der Echtzeitanforderungen von der Verhaltensspezifikation der Module und Klassen getrennt werden.

Für die verschiedenen Betriebszustände müssen die Initialisierungs- und die wiederkehrenden Prozesse festgelegt werden.

5.3.8 Validation der Spezifikation durch Simulation und Rapid-Prototyping

Die Analyse der Software-Anforderungen und ihre formale Spezifikation, beispielsweise durch Software-Modelle, reichen oft nicht aus, um eine ausreichend klare Vorstellung von dem zu entwickelnden Software-System zu erhalten oder den Entwicklungsaufwand vorab abzuschätzen. Es werden deshalb häufig Anstrengungen unternommen, Methoden und Werkzeuge einzusetzen, die es erlauben, die formal spezifizierten Software-Funktionen zu animieren, zu simulieren oder auch im Fahrzeug erlebbar zu machen und so eine Software-Funktion frühzeitig zu validieren.

Die Nachbildung und Ausführung einer Software-Funktion auf einem Rechner wird als Simulation bezeichnet. Die Ausführung einer Software-Funktion auf einem Rechner mit Schnittstellen zum Fahrzeug, einem so genannten Experimentiersystem, wird Rapid-Prototyping genannt.

```c
/* Statische Variablen */
extern real64 memory;
extern real64 dT;

/* Methode compute() */
void compute (real64 in, real64 K, real64 MN, real64 MX,
  sint8 E)
{
  real64   temp_1;
  if E {
    temp_1 = memory + in * (K * dT);
    if (temp_1 > MX){
      temp_1  = MX;
    }
    if (temp_1 < MN){
      temp_1  = MN;
    }
    memory = temp_1;
  }
}

/* Methode out() */
real64 out (void)
{
  return (memory);
}

/* Methode init() */
void init (real64 IV, sint8 I)
{
  if I{
    memory = IV;
  }
}
```

Bild 5-42: Spezifikation der Methoden der Klasse „Integrator in der Sprache C [84]

Soll das Modell der Software als Basis für Simulations- und Rapid-Prototyping-Verfahren verwendet werden, dann werden Modell-Compiler benötigt, die es ermöglichen, das Spezifikationsmodell direkt oder indirekt in Maschinencode zu übersetzen, der auf einem Simulations- oder Experimentiersystem ausgeführt werden kann. Die für den Modell-Compiler erforderlichen Designentscheidungen werden dabei entweder implizit im Modell festgelegt oder vom Modell-Compiler zunächst so getroffen, dass das spezifizierte Modell möglichst genau nachgebildet wird.

5.3 Spezifikation von Software-Funktionen und Validation der Spezifikation

In Bild 5-43 ist der Aufbau eines Rapid-Prototyping-Werkzeugs [74] dargestellt. Das mit einem Modellierwerkzeug spezifizierte Modell einer Software-Funktion wird von einem Modell-Compiler zunächst in Quellcode übersetzt. Im zweiten Schritt wird dieser Quellcode mit einem Compiler-Tool-Set in einen Programm- und Datenstand für das Experimentiersystem übersetzt. Mit einem Download- oder Flash-Programmierwerkzeug wird der Programm- und Datenstand auf das Experimentiersystem geladen und kann dann ausgeführt werden. Die Ausführung kann mit einem so genannten Experimentierwerkzeug gesteuert, parametriert, animiert und beobachtet werden.

Neben der Basis für das spätere Design und die Implementierung stellen die Software-Modelle in diesem Fall auch die Grundlage für Simulations- und Rapid-Prototyping-Methoden dar. Bei Verwendung eines Experimentiersystems kann so die Validation der Software-Funktionen frühzeitig und unabhängig vom Steuergerät erfolgen. Darüber hinaus kann das Experimentiersystem später als Referenz für die Steuergeräte-Verifikation verwendet werden.

5.3.8.1 Simulation

In vielen Fällen sollen in der Simulation nicht nur die Software-Funktion an sich nachgebildet werden, sondern es interessiert auch das Zusammenspiel der Software-Funktionen mit der Hardware, mit den Sollwertgebern, Sensoren und Aktuatoren, sowie mit der Strecke.

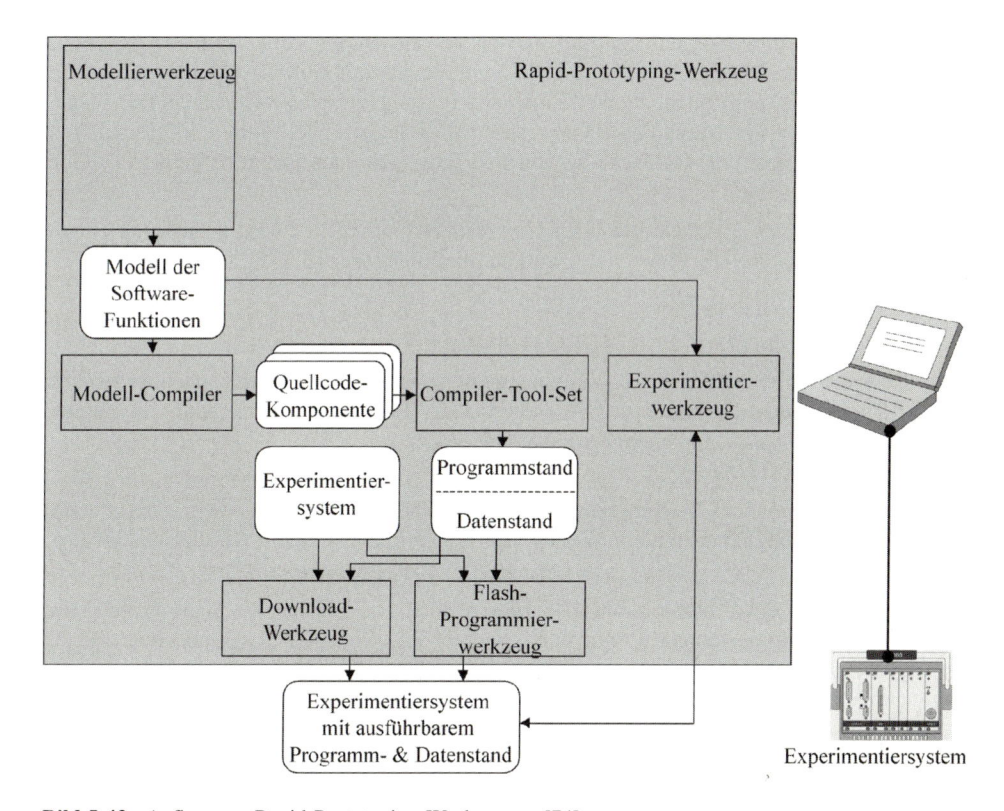

Bild 5-43: Aufbau von Rapid-Prototyping-Werkzeugen [74]

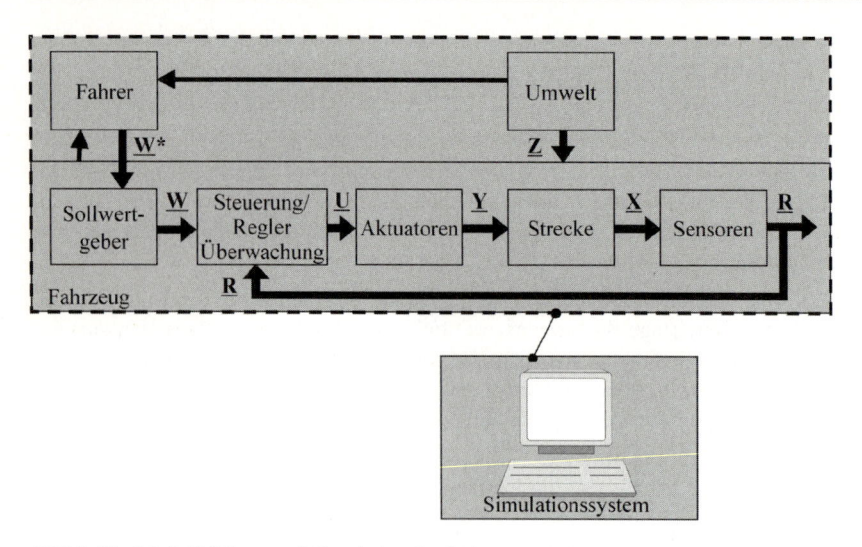

Bild 5-44: Modellbildung und Simulation für Software-Funktionen und Umgebungskomponenten

Dann muss auch für diese aus Sicht der Software-Entwicklung so genannten Umgebungskomponenten eine Modellbildung durchgeführt werden. Es entsteht ein virtuelles Fahrzeug-, Fahrer- und Umweltmodell, das mit dem virtuellen Steuergeräte- und Software-Modell verbunden wird. Dieses Modell kann dann auf einem Simulationssystem, beispielsweise einem PC, ausgeführt werden (Bild 5-44). Diese Vorgehensweise wird auch als Model-in-the-Loop-Simulation bezeichnet und ist auch zur Entwicklung von Fahrzeugfunktionen geeignet, die nicht durch Software realisiert werden.

Auf die Modellbildung und Simulation für Umgebungskomponenten wird nicht näher eingegangen. Für eine ausführliche Darstellung wird auf die Literatur, z. B. [35], verwiesen.

5.3.8.2 Rapid-Prototyping

Da der Begriff Prototyp in der Automobilindustrie in verschiedenen Zusammenhängen benutzt wird, ist eine genauere Definition und Abgrenzung des Begriffs bei Verwendung in Zusammenhang mit der Software-Entwicklung notwendig.

Im allgemeinen wird im Fahrzeugbau unter einem Prototyp ein erstes Muster einer großen Serie von Produkten, eines Massenprodukts, verstanden. Ein Software-Prototyp unterscheidet sich davon, denn die Vervielfältigung eines Software-Produktes stellt kein technisches Problem dar.

Im allgemeinen ist ein Prototyp ein technisches Modell eines neuen Produkts. Dabei kann zwischen nicht funktionsfähigen Prototypen, wie beispielsweise Windkanalmodellen, funktionsfähigen Prototypen, wie Prototypfahrzeugen, oder seriennahen Prototypen, wie Vorserienfahrzeugen, unterschieden werden.

Unter einem **Software-Prototyp** wird in diesem Buch immer ein funktionsfähiger Prototyp verstanden, der Software-Funktionen – durchaus mit unterschiedlichen Zielrichtungen und in unterschiedlicher Konkretisierung – im praktischen Einsatz zeigt. Unter **Rapid-Prototyping**

5.3 Spezifikation von Software-Funktionen und Validation der Spezifikation

werden in diesem Zusammenhang Methoden zur Spezifikation und Ausführung von Software-Funktionen im realen Fahrzeug zusammengefasst, wie in Bild 5-45 in einer Übersicht dargestellt. Verschiedene Methoden unter Verwendung von Entwicklungssteuergeräten, die grau dargestellt werden, und Experimentiersystemen werden in den folgenden Abschnitten behandelt.

Wegen der Schnittstellen zum realen Fahrzeug muss die Ausführung der Software-Funktionen auf dem Experimentiersystem unter Echtzeitanforderungen erfolgen. Als Experimentiersysteme kommen meist Echtzeitrechensysteme mit deutlich höherer Rechenleistung als Steuergeräte zum Einsatz. Damit sind Software-Optimierungen z. B. wegen begrenzter Hardware-Ressourcen zunächst nicht notwendig, so dass der Modell-Compiler das Modell unter der Annahme einheitlicher Design- und Implementierungsentscheidungen so übersetzen kann, dass das spezifizierte Verhalten möglichst genau nachgebildet wird.

Modular aufgebaute Experimentiersysteme können anwendungsspezifisch konfiguriert werden, beispielsweise bezüglich der benötigten Schnittstellen für Eingangs- und Ausgangssignale. Das ganze System ist für den Einsatz im Fahrzeug ausgelegt und wird z. B. über einen PC bedient. Damit können die Spezifikationen von Software-Funktionen direkt im Fahrzeug validiert und ggfs. geändert werden, wobei Änderungen am Programm- und Datenstand möglich sind.

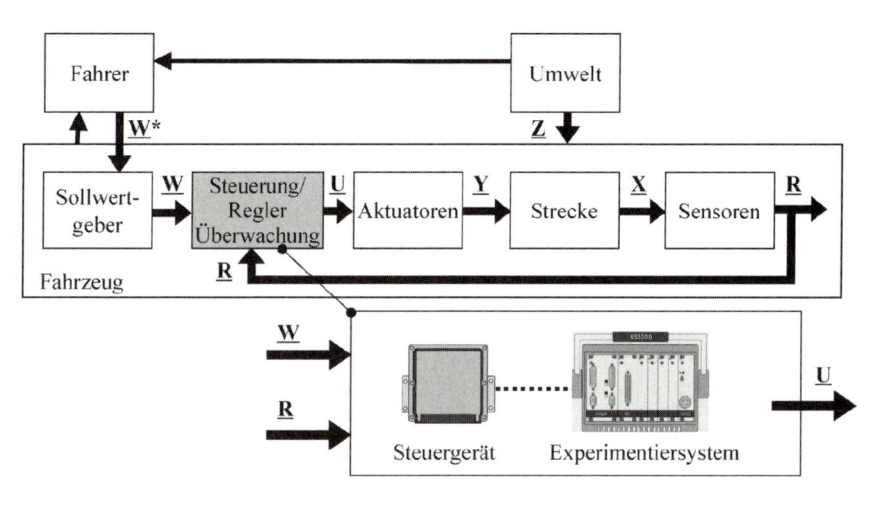

Bild 5-45: Rapid-Prototyping für Software-Funktionen im realen Fahrzeug

5.3.8.3 Horizontale und vertikale Prototypen

Bei der Prototypenentwicklung können zwei verschiedene Zielrichtungen unterschieden werden:

- **Horizontale Prototypen** zielen auf die Darstellung eines breiten Bereichs eines Software-Systems, stellen aber eine abstrakte Sicht dar und vernachlässigen Details.
- **Vertikale Prototypen** stellen dagegen einen eingeschränkten Bereich eines Software-Systems recht detailliert dar.

Bild 5-46 zeigt die Zielrichtungen horizontaler und vertikaler Prototypen anhand eines Ausschnitts aus dem Software-System.

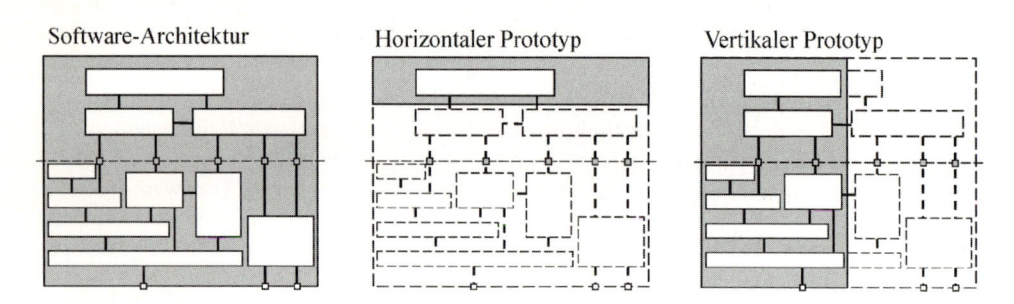

Bild 5-46: Horizontale und vertikale Prototypen eines Software-Systems

Beispiel: Entwicklung eines horizontalen Prototyps mit „Bypass"

Eine neue Software-Funktion soll frühzeitig im Fahrzeug erprobt und validiert werden. Detailfragen der späteren Implementierung im Software-System des Seriensteuergeräts, wie die Software-Architektur des Seriensteuergeräts, interessieren deshalb zunächst nicht.

Diese Aufgabe kann durch die Entwicklung eines horizontalen Prototyps gelöst werden. Die Software-Funktion wird durch ein physikalisches Modell spezifiziert. Viele Aspekte der Prototypimplementierung werden entweder durch das Modell oder durch den Modellcompiler implizit vorgegeben.

Eine solche Vorgehensweise kann durch die so genannte Funktionsentwicklung „im Bypass" unterstützt werden. Vorausgesetzt wird, dass ein Steuergerät eine bereits validierte Basisfunktionalität des Software-Systems zur Verfügung stellt, alle Sensoren und Aktuatoren bedient und eine so genannte **Bypass-Schnittstelle** zu einem Experimentiersystem unterstützt. Die Funktionsidee wird mit einem Rapid-Prototyping-Werkzeug entwickelt und auf dem Experimentiersystem „im Bypass" ausgeführt (Bild 5-47).

Dieser Ansatz eignet sich auch zur Weiterentwicklung von bereits bestehenden Steuergerätefunktionen. In diesem Fall werden die bestehenden Funktionen im Steuergerät häufig noch berechnet, aber so modifiziert, dass die Eingangswerte über die Bypass-Schnittstelle gesendet und die Ausgangswerte der neu entwickelten Bypass-Funktion verwendet werden.

Die notwendigen Software-Modifikationen auf der Steuergeräteseite werden **Bypass-Freischnitt** genannt.

Die Berechnung der Bypass-Funktion wird in vielen Fällen vom Steuergerät über eine Kontrollflussschnittstelle, in Bild 5-47 mit Trigger bezeichnet, angestoßen und die Ausgangswerte der Bypass-Funktion werden im Steuergerät auf Plausibilität überwacht. Steuergerät und Experimentiersystem arbeiten in diesem Fall synchronisiert. Alternativ kann auch eine unsynchronisierte Kommunikation ohne Trigger realisiert werden.

Bei sicherheitsrelevanten Funktionen kann das Steuergerät beim Empfang von unplausiblen Ausgangswerten des Experimentiersystems automatisch auf die bestehende interne Funktion oder auf Ersatzwerte als Rückfallebene umschalten. Dies ist beispielsweise der Fall, falls die Bypass-Funktion unzulässige Ausgangswerte liefert, aber auch falls die Kommunikation zwischen Experimentiersystem und Steuergerät ausfällt oder die Berechnung der Bypass-Funktion unzulässig lange dauert.

Durch ein derartiges Überwachungskonzept kann abgesichert werden, dass selbst bei Ausfall des Experimentiersystems nur eine begrenzte Gefahr für die Verletzung von Personen oder die Beschädigung von Fahrzeugkomponenten bei Versuchsfahrten besteht. Die Funktionsentwicklung im Bypass ist so auch für die Validation von sicherheitsrelevanten Funktionen einsetzbar.

Bei der **Bypass-Kommunikation** muss berücksichtigt werden, dass eine Software-Funktion im Steuergerät häufig auf mehrere Prozesse, die in unterschiedlichen Tasks gerechnet werden, aufgeteilt wird. In solchen Fällen muss die Bypass-Kommunikation die verschiedenen Zeitraten der Tasks unterstützen. Der typische Ablauf der Bypass-Kommunikation zwischen Entwicklungssteuergerät und Experimentiersystem für eine Zeitrate ist in Bild 5-48 dargestellt.

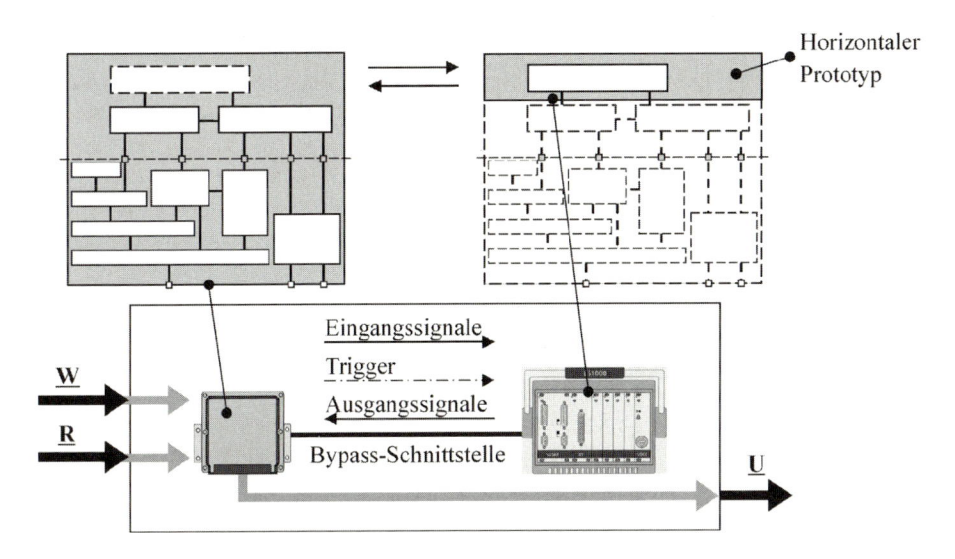

Bild 5-47: Prototypentwicklung mit Bypass-System

Beispiel: Entwicklung eines vertikalen Prototyps mit „**Fullpass**"

Soll eine völlig neue Funktion entwickelt werden oder steht ein Steuergerät mit Bypass-Schnittstelle nicht zur Verfügung, so kann ein vertikaler Prototyp mit dem Experimentiersystem entwickelt werden. In diesem Fall muss das Experimentiersystem alle von der Funktion benötigten Sensor- und Aktuatorschnittstellen unterstützen. Auch das Echtzeitverhalten muss festgelegt und vom Experimentiersystem gewährleistet werden (Bild 5-49).

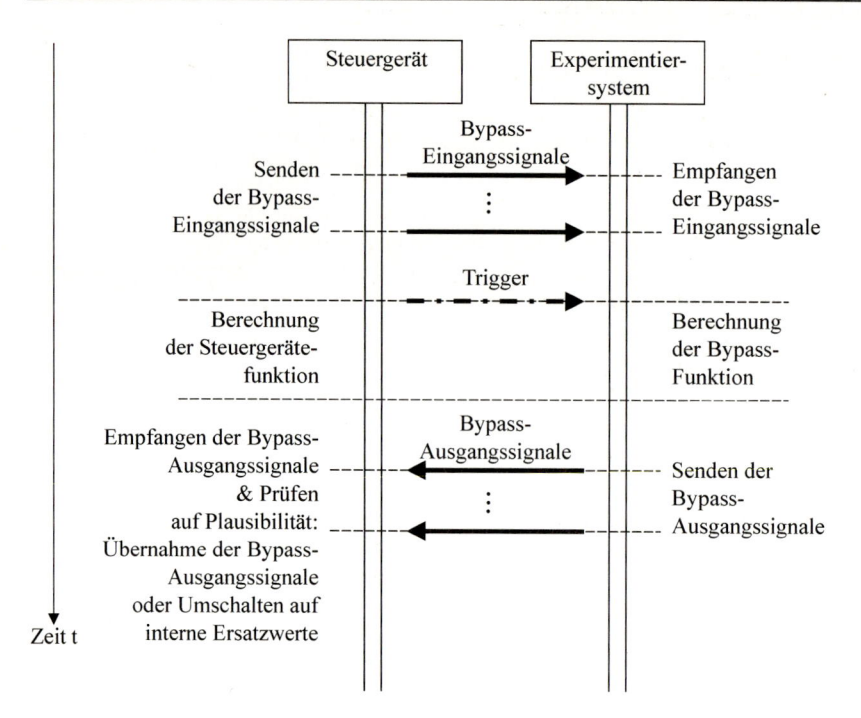

Bild 5-48: Kommunikation zwischen Steuergerät und Experimentiersystem

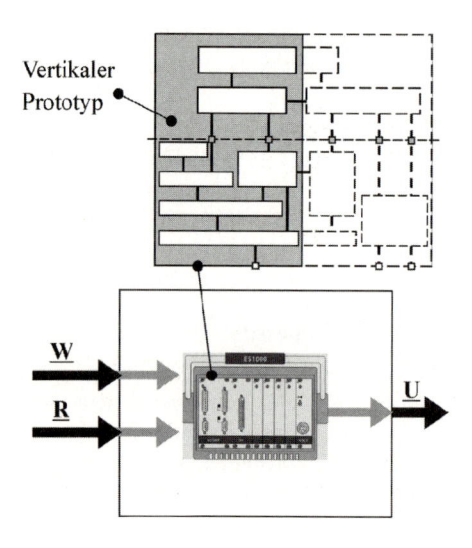

Bild 5-49: Prototypentwicklung mit Fullpass-System

Bypass-Anwendungen werden vorzugsweise dann eingesetzt, wenn nur wenige Software-Funktionen entwickelt werden sollen und bereits ein Steuergerät mit validierten Software-Funktionen – eventuell aus einem Vorgängerprojekt – verfügbar ist. Dieses Steuergerät muss dann soweit modifiziert werden, dass es eine Bypass-Schnittstelle unterstützt. Auch dann, wenn die Sensorik und Aktuatorik eines Steuergeräts sehr umfangreich ist und nur mit hohem Aufwand durch ein Experimentiersystem zur Verfügung gestellt werden kann, wie etwa bei Motorsteuergeräten, eignen sich Bypass-Anwendungen.

Steht ein solches Steuergerät nicht zur Verfügung, sollen zusätzliche Sensoren und Aktuatoren validiert werden und hält sich der Umfang der Sensorik und Aktuatorik in Grenzen, so werden oft Fullpass-Anwendungen bevorzugt. In diesem Fall muss das Echtzeitverhalten vom Fullpass-Rechner des Experimentiersystems gewährleistet und eventuell überwacht werden. In der Regel wird daher ein Echtzeitbetriebssystem auf dem Fullpass-Rechner eingesetzt.

Wegen der höheren Flexibilität werden häufig Mischformen zwischen Bypass und Fullpass eingesetzt (Bild 5-50). Damit können neue oder zusätzliche Sensoren und Aktuatoren eingebunden werden. Neue Software-Funktionen können auf dem Experimentiersystem erprobt und zusammen mit vorhandenen Software-Funktionen des Steuergeräts ausgeführt werden.

Gegenüber einem Entwicklungssteuergerät steht bei einem Experimentiersystem meist eine wesentlich höhere Rechenleistung zur Verfügung. Viele Anforderungen, die bei der Implementierung einer Software-Funktion auf dem Steuergerät berücksichtigt werden müssen, wie Festpunktarithmetik oder die begrenzten Hardware-Ressourcen, können deshalb vernachlässigt werden. Änderungen an den Software-Funktionen sind so einfacher und schneller möglich. Die Einbindung zusätzlicher I/O-Schnittstellen bei Experimentiersystemen ermöglicht die frühzeitige Bewertung verschiedener Realisierungsalternativen etwa bei Sensoren und Aktuatoren.

5.3.8.4 Zielsystemidentische Prototypen

Bei Serienentwicklungen wird in vielen Fällen eine möglichst hohe Übereinstimmung des Verhaltens zwischen Experimentiersystem und Steuergerät angestrebt, da nur dann die Erfahrungen mit dem Prototypen gut mit dem zu erwartenden Verhalten der späteren Realisierung im Steuergerät übereinstimmen. Jede Abweichung zwischen Experimentiersystem und dem Steuergerät als Zielsystem stellt ja ein Entwicklungsrisiko dar.

So kann etwa eine hohe Übereinstimmung des Echtzeitverhaltens zwischen Experimentiersystem und dem Steuergerät dann erreicht werden, wenn auf beiden Plattformen ein Echtzeitbetriebssystem, beispielsweise nach OSEK, eingesetzt wird. In diesem Fall spricht man auch von einem zielsystem-identischen Echtzeitverhalten des Prototypen. Auch die explizite Vorgabe von Designentscheidungen, wie bei der späteren Implementierung im Steuergerät, und ihre Berücksichtigung bei der Prototypimplementierung führen zu einer Reduzierung des Entwicklungsrisikos. Rapid-Prototyping-Methoden mit dieser Zielrichtung werden auch **zielsystemidentisches Prototyping** genannt.

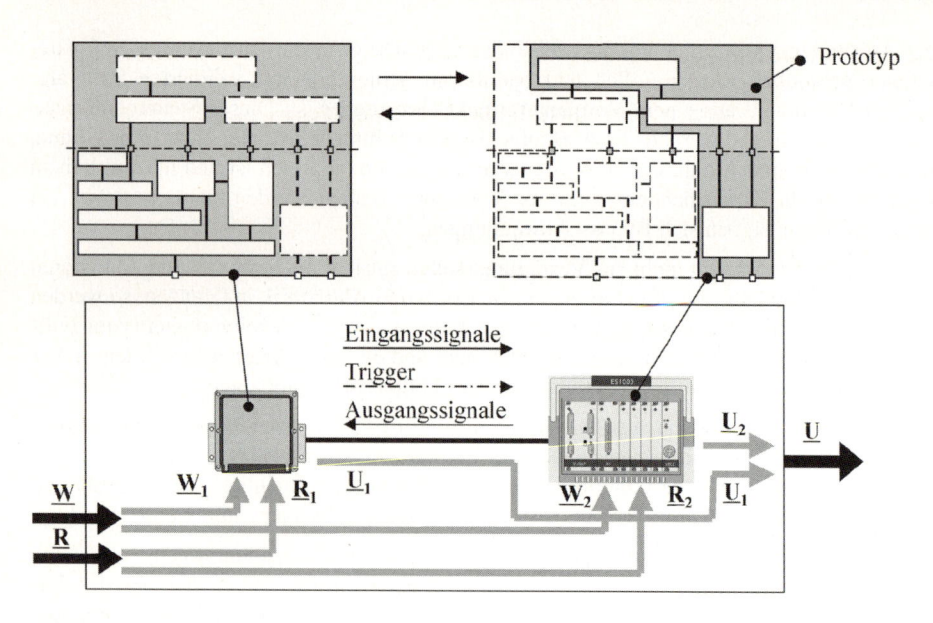

Bild 5-50: Prototypentwicklung mit Experimentiersystem

5.3.8.5 Wegwerf- und evolutionäre Prototypen

Ein weiteres Unterscheidungskriterium ist, ob ein Prototyp als Basis für die Produktentwicklung verwendet werden soll oder nicht. Wird der Prototyp als Basis für das Produkt verwendet, so spricht man auch von einem **evolutionären Prototyp**. Falls nicht, wird der Prototyp als **Wegwerfprototyp** bezeichnet. Auch ein Prototyp, der nur innerhalb der Lasten- oder Pflichtenhefte verwendet wird, ist ein Wegwerfprototyp, da seine Ergebnisse nicht direkt als Teil des Produkts verwendet werden. Beide Vorgehensweisen sind in der Automobilindustrie verbreitet. Das bekannteste Beispiel für eine evolutionäre Entwicklungsweise stellen die A-, B-, C- und D-Muster für Steuergeräte-Hardware und -Software dar (Bild 5-51 und 5-52).

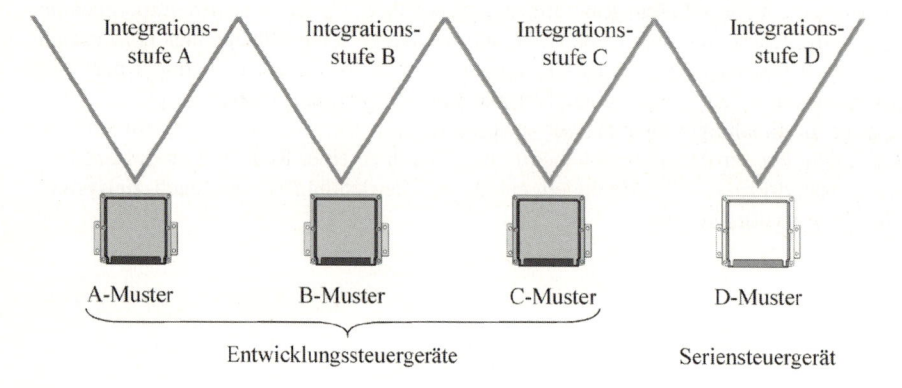

Bild 5-51: Evolutionäre Prototypentwicklung mit Entwicklungssteuergeräten

5.3 Spezifikation von Software-Funktionen und Validation der Spezifikation 245

Auch beim Einsatz von Experimentiersystemen erfolgt mit zunehmendem Entwicklungsfortschritt der Übergang auf ein Entwicklungssteuergerät. Die validierte Spezifikation stellt die Basis für Design und Implementierung unter Berücksichtigung aller Details des Mikrocontrollers dar.

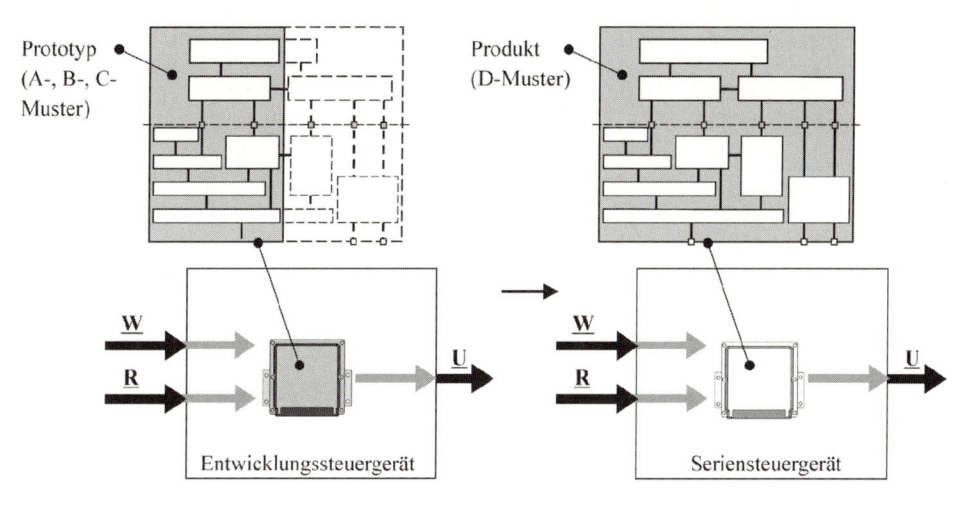

Bild 5-52: Evolutionäre Entwicklung mit Entwicklungssteuergeräten

Dieser Übergang wird zunehmend fließend, da mit Einsatz von Codegenerierungstechnologien aus einem identischen Software-Modell Quellcode für das Experimentiersystem oder das Steuergerät generiert werden kann. Dabei können viele Implementierungsdetails bereits auf dem Experimentiersystem berücksichtigt werden.

5.3.8.6 Verifikation des Steuergeräts mit Referenzprototyp

Bei zielsystem-identischem Prototyping kann die im Bypass validierte Software-Funktion als Testreferenz für die Verifikation der mit Hilfe der automatisierten Codegenerierung implementierten Steuergerätefunktion verwendet werden. Dazu rechnen Steuergerät und Experimentiersystem eine Software-Funktion parallel und synchronisiert. Die im Steuergerät berechneten Zwischen- und Ausgangsgrößen einer Software-Funktion werden auf dem Experimentiersystem mit den Rechenergebnissen der Bypass-Funktion verglichen. Die Bypass-Kommunikation muss dazu wie in Bild 5-53 dargestellt erweitert werden.

Eine hohe Testabdeckung kann bei diesem Verfahren durch den zusätzlichen Einsatz von Werkzeugen zur Abdeckungsanalyse (engl. Coverage Analysis) auf dem Experimentiersystem nachgewiesen werden.

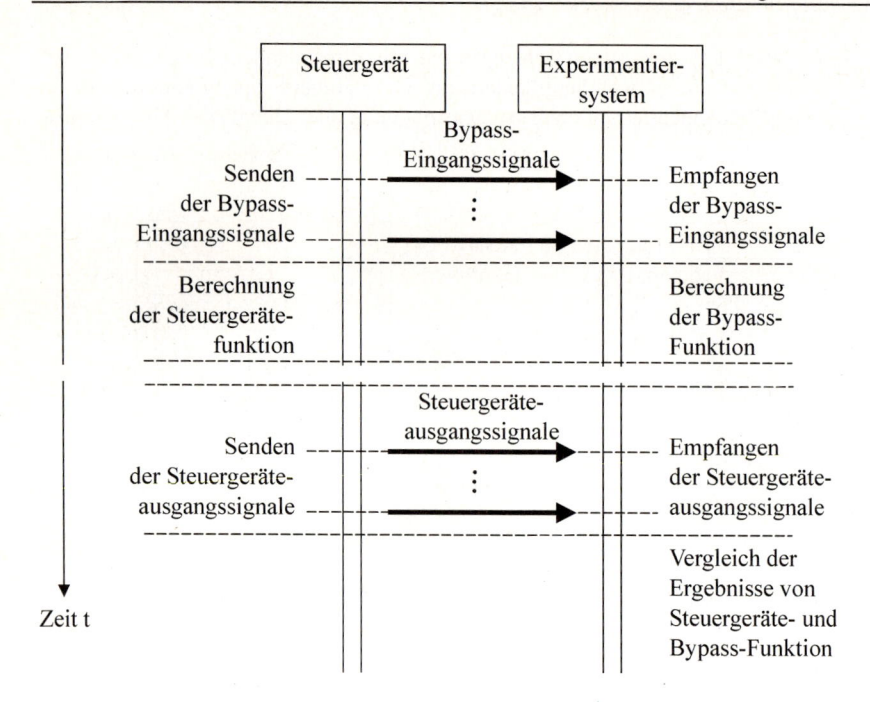

Bild 5-53: Verifikation einer Funktion des Steuergeräts durch Vergleich mit der Bypass-Funktion des Experimentiersystems

5.4 Design und Implementierung von Software-Funktionen

Vor der Implementierung der auf der physikalischen Ebene spezifizierten Software-Funktionen auf einem Mikrocontroller, müssen Designentscheidungen getroffen werden. Dabei sind auch die geforderten nichtfunktionalen Produkteigenschaften für Seriensteuergeräte zu beachten, wie die Trennung von Programm- und Datenstand, die Realisierung von Programm- und Datenvarianten, die Unterstützung der notwendigen Off-Board-Schnittstellen, die Implementierung von Algorithmen in Festpunkt- oder Gleitpunktarithmetik oder die Optimierung der notwendigen Hardware-Ressourcen. Diese nichtfunktionalen Anforderungen haben teilweise auch Rückwirkungen auf die Spezifikation, so dass eine iterative und kooperative Vorgehensweise zwischen Spezifikation und Design erforderlich werden kann. Ein Beispiel dafür wäre das Ziel, dass ressourcenintensive Kennlinien und Kennfelder, wie sie in Abschnitt 5.4.1.5 behandelt werden, möglichst bereits in der Spezifikation zu vermeiden.

In den folgenden Abschnitte werden Methoden und Werkzeuge für Design und Implementierung der Software-Architektur, des Daten- und des Verhaltensmodells von Software-Funktionen behandelt.

5.4.1 Berücksichtigung der geforderten nichtfunktionalen Produkteigenschaften

Als Beispiel für nichtfunktionale Produkteigenschaften werden zunächst ausführlich die Einflüsse von Kostenschranken für elektronische Systeme im Kraftfahrzeug auf die Software-Entwicklung betrachtet. Die daraus häufig folgenden begrenzten Hardware-Ressourcen schränken die möglichen Lösungen bei der Abbildung von physikalisch spezifizierten Software-Funktionen auf numerische Algorithmen vielfach ein. In diesem Abschnitt werden verschiedene Optimierungsmaßnahmen zur Verringerung der notwendigen Hardware-Ressourcen anhand von Beispielen dargestellt. Die Realisierung von Datenvarianten wird bei der Implementierung des Datenmodells behandelt.

5.4.1.1 Laufzeitoptimierung durch Berücksichtigung unterschiedlicher Zugriffszeiten auf verschiedene Speichersegmente

Die Zugriffszeiten auf die verschiedenen Speichersegmente eines Mikrocontrollers, wie auf RAM, ROM oder Flash, sind häufig unterschiedlich. Daraus kann sich ein nicht zu vernachlässigender Einfluss auf die Ausführungszeit eines Programms, kurz Laufzeit, ergeben. Eine laufzeitoptimierte Lösung kann beim Entwurf der Software dadurch erreicht werden, dass häufig ausgeführte Programmteile, etwa Interpolationsroutinen für Kennlinien und Kennfelder, in Speichersegmenten mit kurzer Zugriffszeit abgelegt werden. Bei Software-Komponenten, die für verschiedene Hardware-Plattformen eingesetzt werden, kann diese Anforderung durch entsprechende Konfigurationsmöglichkeiten berücksichtigt werden.

Beispiel: Architektur des Echtzeitbetriebssystems ERCOS[EK] [85]

> Die Architektur des Echtzeitbetriebssystems ERCOS[EK] [85] berücksichtigt unterschiedliche Zugriffszeiten auf verschiedene Speichersegmente durch eine modulare Architektur. Wie in Bild 5-54 dargestellt, können die einzelnen Komponenten des Betriebssystems in verschiedenen Speichersegmenten des Mikrocontrollers abgelegt werden.

ERCOS^{EK} Standard Data	ERCOS^{EK} Standard Code
Externes RAM	*Flash*
ERCOS^{EK} Fast Data	ERCOS^{EK} Fast Code
Internes RAM	*ROM*

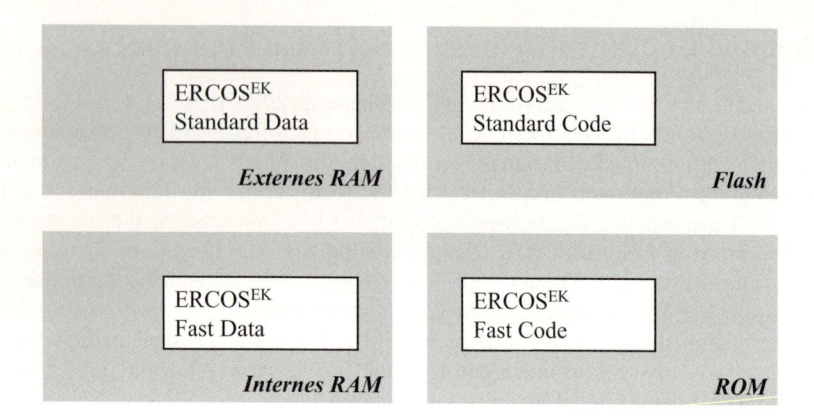

Bild 5-54: Beispiel für Speicherkonfiguration des Echtzeitbetriebssystems ERCOS^{EK} [85]

Da die Ausführung von Programmcode aus dem ROM bei Mikrocontrollern meist schneller ist als die Ausführung aus dem Flash, werden häufig durchlaufene Betriebssystemroutinen in der Komponente ERCOS^{EK} Fast Code zusammengefasst und im ROM abgelegt. Seltener aufgerufene Routinen werden in der Komponente ERCOS^{EK} Standard Code zusammengefasst und können im Flash abgelegt werden. Entsprechend der Zugriffshäufigkeit können auch die Datenstrukturen des Betriebssystems den verschiedenen RAM-Segmenten, wie dem internen oder externen RAM, mit verschieden langen Zugriffszeiten, zugeordnet werden.

5.4.1.2 Laufzeitoptimierung durch Aufteilung einer Software-Funktion auf verschiedene Tasks

Eine Maßnahme zur Laufzeitoptimierung ist auch die Aufteilung einer Software-Funktion auf mehrere Tasks, denen unterschiedliche Echtzeitanforderungen zugeordnet sind. Die notwendige Zeitrate für die Ausführung einer Teilfunktion richtet sich nach dem physikalischen Verhalten der Regel- oder Steuerstrecke. So ändert sich beispielsweise die Temperatur der Umgebungsluft im Allgemeinen recht langsam, interne Systemdrücke dagegen recht schnell. In solchen Fällen können von der Umgebungslufttemperatur abhängige Teilfunktionen daher einer „langsamen" Task zugeordnet werden; von internen Drücken abhängige Teilfunktionen müssen in einer „schnelleren" Task ausgeführt werden.

Beispiel: Aufteilung einer Software-Funktion auf mehrere Tasks

Bild 5-55 zeigt die Aufteilung einer Software-Funktion in drei Teilfunktionen a, b und c, die drei Tasks A, B und C zugeordnet werden. Die Aktivierungszeiten der Tasks sind unterschiedlich. Task A wird alle 100 ms aktiviert, Task B alle 10 ms und Task C alle 20 ms. In Teilfunktion a wird eine Zwischengröße berechnet, die mit Message X zur Task B kommuniziert wird und dort von der Teilfunktion b weiterverwendet wird. In Teilfunktion c wird die Message Y berechnet, die ebenso in Teilfunktion b verwendet wird. Gegenüber der Berechnung aller Teilfunktionen in der „schnellen" Task B, kann damit die für die Ausführung benötigte Laufzeit reduziert werden – unter der Voraussetzung, dass der Einspareffekt nicht durch die notwendige „zusätzliche" Laufzeit für die Inter-Task-Kommunikation überkompensiert wird.

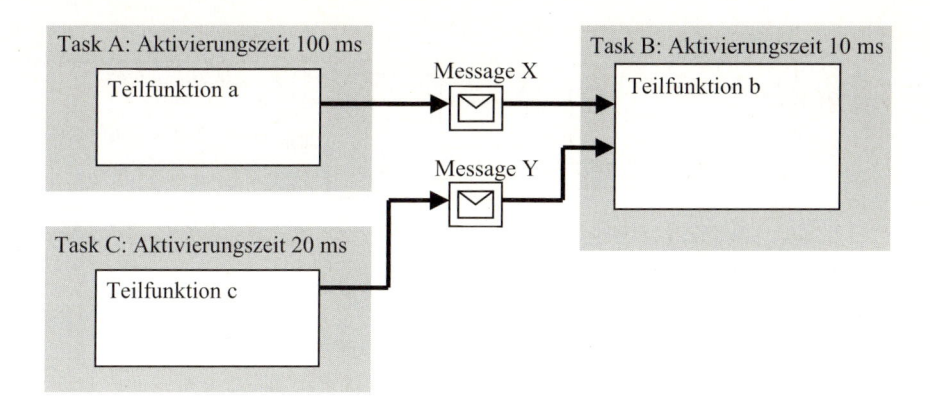

5.4 Design und Implementierung von Software-Funktionen

Bild 5-55: Aufteilung einer Software-Funktion auf verschiedene Tasks und Spezifikation der Inter-Task-Kommunikation mit Messages [85]

Generell gilt bei vielen Optimierungsmaßnahmen, dass sie nur dann erfolgreich sind, wenn die gesamten „Kosten" sinken. So führt beispielsweise eine Verringerung der Laufzeit in vielen Fällen zu einer Erhöhung des Speicherbedarfs und umgekehrt. Dies sollte bei allen folgenden Beispielen ein Hintergedanke sein.

5.4.1.3 Ressourcenoptimierung durch Aufteilung in Online- und Offline-Berechnungen

Für die Optimierung der Laufzeit werden auch viele Optimierungen „offline", also vor der eigentlichen Ausführung, durchgeführt. Eine Unterscheidung zwischen Online- und Offline-Berechnungen ist aus diesem Grund hilfreich. Ein Beispiel aus dem Bereich der Echtzeitbetriebssysteme sind das dynamische „Online-Scheduling" von Tasks gegenüber dem statischen „Offline-Scheduling" von Tasks, wie in Abschnitt 2.4.4.6 gezeigt wurde.

Beispiel: Offline-Optimierung nicht notwendiger Message-Kopien

Ein weiteres Beispiel ist die Offline-Optimierung nicht notwendiger Message-Kopien (Bild 2-36). In Bild 5-56 sind die Prioritäten der Tasks A, B und C eingetragen. Bei einer präemptiven Zuteilungsstrategie kann Task B mit der höheren Priorität 2 Task A mit Priorität 1 unterbrechen. Task B wiederum kann von Task C mit Priorität 3 unterbrochen werden. Da Task C den Wert der Message Y ändern kann, muss Task B beim Start eine lokale Kopie von Message Y anlegen, mit deren konsistentem Wert Task B während der kompletten Ausführung arbeitet. Da Task A infolge geringerer Priorität Task B nicht unterbrechen kann, ist eine Änderung des Werts von Message X während der Ausführung von Task B nicht möglich und eine lokale Kopie für Message X in Task B nicht notwendig. Bei bekannter Zuteilungsstrategie kann deshalb bereits offline entschieden werden, ob eine Message-Kopie notwendig ist oder nicht. Nicht notwendige Message-Kopien können vermieden und so Laufzeit- und Speicherbedarf eingespart werden.

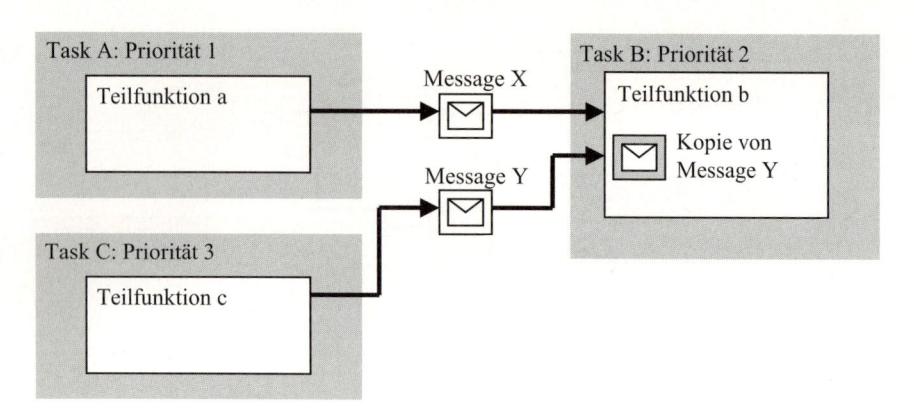

Bild 5-56: Offline-Optimierung nicht notwendiger Message-Kopien [85]

5.4.1.4 Ressourcenoptimierung durch Aufteilung in On-Board- und Off-Board-Berechnungen

Weiteres Optimierungspotential bietet eine Aufteilung in On-Board- und Off-Board-Berechnungen. Größen und Berechnungen, die nur für Off-Board-Werkzeuge, wie für Kalibrier-, Mess- und Diagnosewerkzeuge und nicht on-board im Steuergeräteverbund benötigt werden, können vom Steuergerät in diese Werkzeuge ausgelagert werden. Dies führt zu Ressourceneinsparungen im Steuergerät. Beispiele dafür sind die Spezifikation von **abhängigen Parametern** oder **berechneten Messgrößen**, die nur off-board benötigt werden.

Beispiel: Abhängige Parameter

In Bild 5-57 ist ein Beispiel für Abhängigkeiten zwischen Parametern dargestellt. Die physikalischen Gleichungen werden dabei in On-Board- und Off-Board-Berechnungen aufgeteilt. Dazu werden im Steuergerät die Parameter d und U eingeführt, die von dem Parameter r und dem Festwert π abhängen und im Kalibrierwerkzeug berechnet werden. Dies führt zu einer Reduzierung der notwendigen Berechnungen im Steuergerät und damit zu einer Laufzeitverringerung.

Ein weiterer Vorteil ist, dass im Kalibrierwerkzeug nur der Parameter r angepasst werden muss und die konsistente Verstellung der abhängigen Parameter d und U vom Werkzeug gewährleistet wird.

Beispiel: Berechnete Messgrößen

Ähnliche Optimierungen sind durch die Off-Board-Berechnung von Messgrößen, wie in Bild 5-58 dargestellt, möglich. Die Signale Moment M und Drehzahl n liegen im Steuergerät vor, während die Leistung P off-board im Messwerkzeug berechnet wird.

5.4 Design und Implementierung von Software-Funktionen

Physikalischer Zusammenhang

$d = 2r$ r: Radius
$U = \pi d$ d: Durchmesser
$v = 2\pi r n$ U: Umfang
                n: Drehzahl
                v: Geschwindigkeit

Mess- und Kalibrierwerkzeug — Off-Board

Parameter: r
Festwerte: π

Abhängige Parameter:
Off-Board-Berechnung
$d = 2r$
$U = 2\pi r$

Mikrocontroller — On-Board

Parameter: r
Festwerte: π
Signale: n

Abhängige Parameter: d, U

On-Board-Berechnung:
$v = U * n$

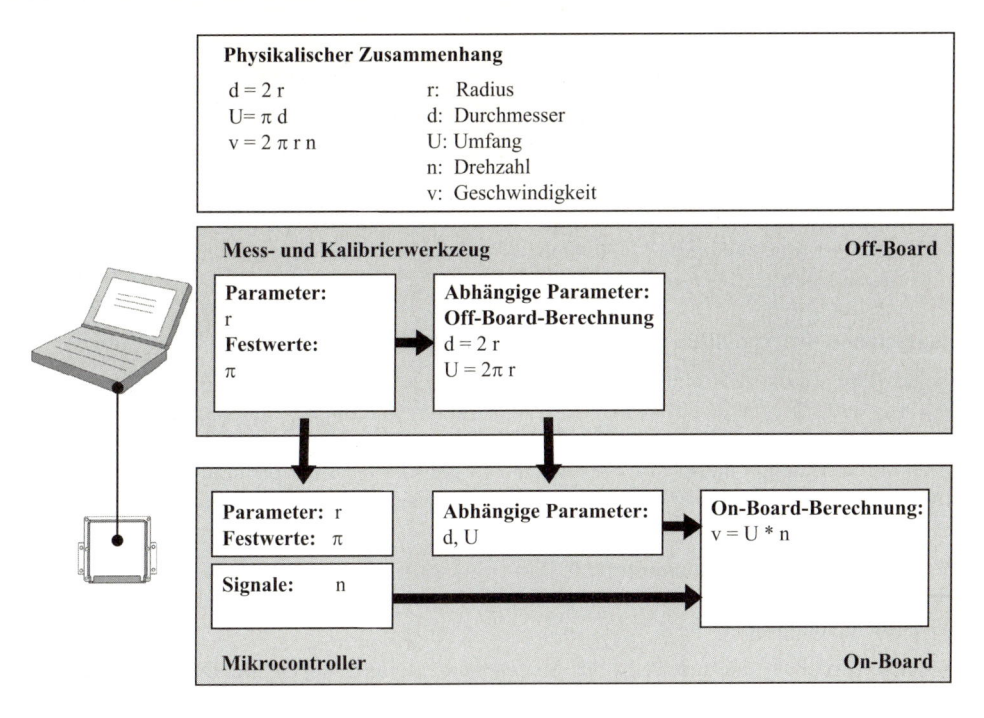

Bild 5-57: Abhängige Parameter [74, 86]

Physikalischer Zusammenhang:

$P = 2\pi n M$ P: Leistung
                M: Moment
                n: Drehzahl

Mess- und Kalibrierwerkzeug — Off-Board

Signale:
M
n

Off-Board-Berechnung:
$P = 2\pi n M$

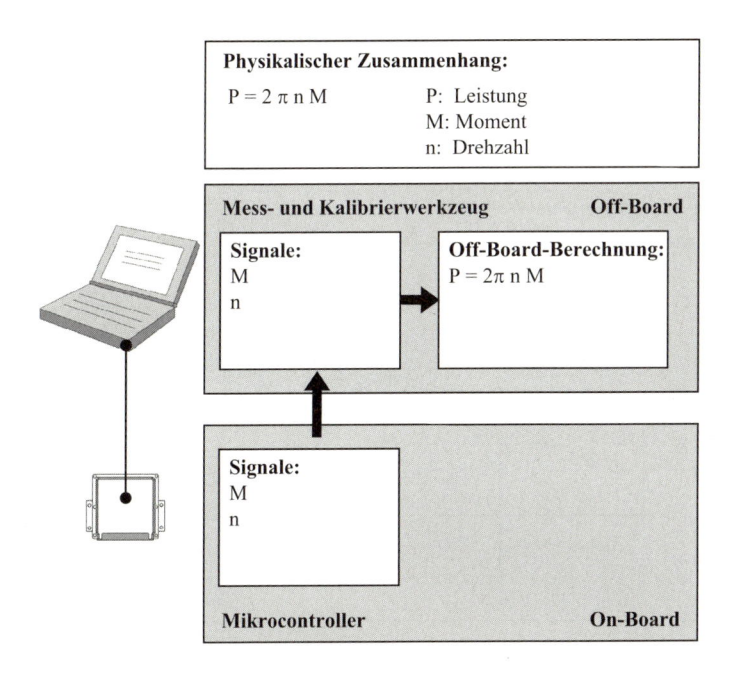

Mikrocontroller — On-Board

Signale:
M
n

Bild 5-58: Berechnete Messgrößen [86]

5.4.1.5 Ressourcenoptimierung bei Kennlinien und Kennfeldern

Im Bereich der Datenstrukturen sind vielfältige Optimierungsmaßnahmen verbreitet. Kennlinien und Kennfelder (Bild 4-26) werden bei vielen Funktionen zahlreich eingesetzt. Entsprechend groß ist das Optimierungspotential zur Reduzierung von Speicher- und Laufzeitbedarf bei Kennlinien und Kennfeldern.

In den folgenden Beispielen werden einige, in der Praxis eingesetzte Möglichkeiten anhand von Kennlinien vorgestellt. Alle Maßnahmen können in ähnlicher Weise auch bei Kennfeldern angewendet werden.

Ablageschema, Interpolation und Extrapolation von Kennlinien

Üblicherweise werden Kennlinien in einer tabellarischen Datenstruktur abgelegt, wie in Bild 5-59 dargestellt. In der ersten Zeile der Datenstruktur werden die Stützstellen für die Eingangsgröße als streng monoton steigende Folge eingetragen. Wie die Kennlinieneingangsgröße werden die Stützstellen meist mit x bezeichnet. In der zweiten Zeile steht zu jeder Stützstelle der Wert der Kennlinie. Dieser wird wie auch die Ausgangsgröße der Kennlinie mit y bezeichnet.

Weitere Elemente der Kennlinienstruktur sind Hilfsgrößen zur Berechnung des Ausgangswertes wie beispielsweise die Anzahl der Stützstellen. Kennlinien werden auch häufig grafisch als x-y-Diagramm dargestellt.

Für Eingangsgrößen, die außerhalb der Stützstellenverteilung liegen, im Bild 5-59 also für Werte von $x < x_{min} = x_1$ oder $x > x_{max} = x_8$ wird in der Regel extrapoliert. In Bild 5-59 ist eine konstante Extrapolation dargestellt, wie sie in vielen Anwendungen zum Einsatz kommt. Für Eingangsgrößen, die zwischen zwei Stützstellen liegen, wird interpoliert. In Bild 5-59 ist die lineare Interpolation dargestellt, die meistens verwendet wird.

Tabellarische Darstellung	Stützstelle x	x_1	x_2	x_3	x_4	x_5	x_6	x_7	x_8
	Wert y	y_1	y_2	y_3	y_4	y_5	y_6	y_7	y_8

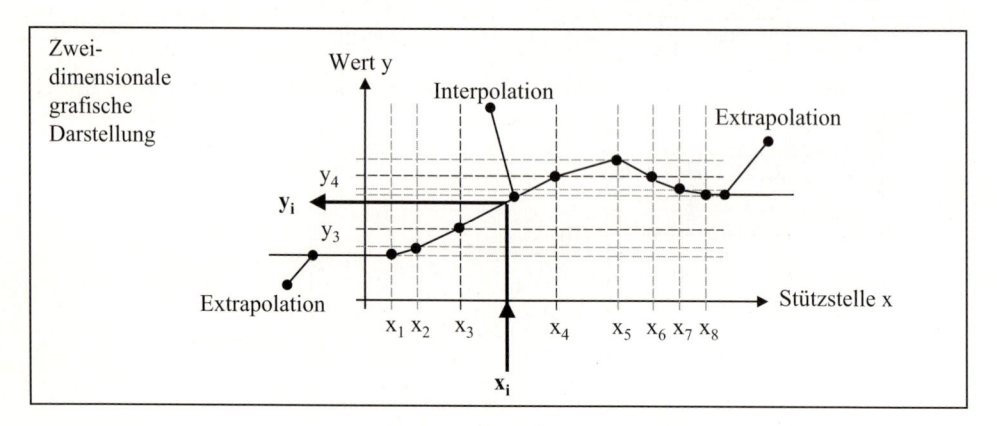

Bild 5-59: Ablageschema, Interpolation und Extrapolation von Kennlinien

5.4 Design und Implementierung von Software-Funktionen

Im Folgenden wird die Extrapolation nicht weiter berücksichtigt, sondern nur die Interpolation betrachtet. Der Interpolationsalgorithmus zur Bestimmung der Ausgangsgröße y_i zu einer Eingangsgröße x_i unterscheidet drei wesentliche Schritte.

- **Schritt 1: Stützstellensuche**

    Es wird eine benachbarte, also die nächstkleinere oder nächstgrößere Stützstelle zur Eingangsgröße x_i bestimmt. Im Beispiel in Bild 5-59 ist die nächstkleinere Stützstelle x_u die Stützstelle x_3. Wegen der streng monotonen Ablage der Stützstellen ist damit auch die nächstgrößere Stützstelle $x_o = x_4$ bekannt.

    Zur Stützstellensuche können verschiedene Suchalgorithmen eingesetzt werden. Beispiele sind „Suchen ausgehend von der letzten, gültigen Stützstelle", „Suchen mit Intervallhalbierung", „Suchen von der größten Stützstelle in Richtung kleinerer Werte" oder umgekehrt (Bild 5-60).

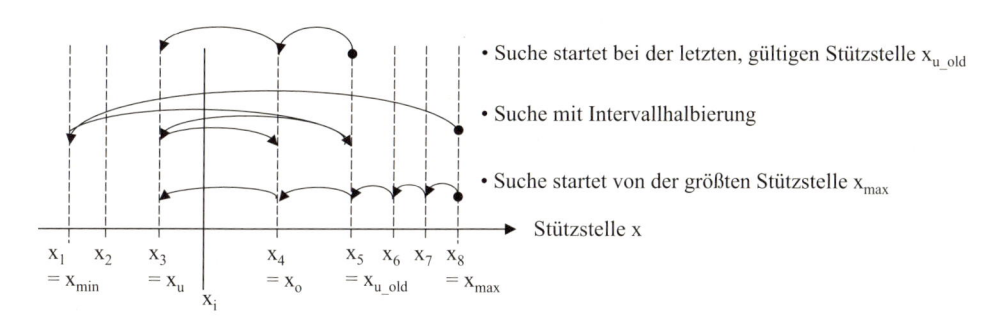

Bild 5-60: Verschiedene Verfahren zur Stützstellensuche

Die Wahl des geeigneten Suchverfahrens hängt u. a. von der Stützstellenverteilung und von der Anwendung ab. Beispielsweise ist bei Motorsteuerungen die Laufzeit bei hohen Motordrehzahlen knapp. Hier bietet es sich deshalb an, bei Kennlinien mit Drehzahleingang von hohen zu niedrigeren Drehzahlen zu suchen. Bei niedrigeren Motordrehzahlen ist die damit in Kauf genommene längere Suchzeit weniger kritisch.

Bei knapper Laufzeit wird in manchen Anwendungsfällen $y_u = y(x_u)$ oder $y_o = y(x_o)$ als Ausgangsgröße der Kennlinie ausgegeben. Einen genaueren Wert erhält man bei Einsatz eines Interpolationsalgorithmus. In der Regel wird linear zwischen zwei Stützstellen interpoliert. Dabei können die Schritte 2 und 3 unterschieden werden.

- **Schritt 2: Berechnung der Steigung a**

    Für die lineare Interpolation müssen folgende Differenzen berechnet werden:

    $$dx = x_i - x_u \quad \text{(in Bild 5-59:} \quad dx = x_i - x_3 \text{)} \tag{5.8}$$

    $$DX = x_o - x_u \quad \text{(in Bild 5-59:} \quad DX = x_4 - x_3 \text{)} \tag{5.9}$$

    $$DY = y_o - y_u \quad \text{(in Bild 5-59:} \quad DY = y_4 - y_3 \text{)} \tag{5.10}$$

    Die Steigung a der Kennlinie wird durch Division berechnet:

    $$a = DY/DX \tag{5.11}$$

- **Schritt 3:** **Berechnung des Kennlinienwerts y_i durch lineare Interpolation**

$$y_i = y_u + a \cdot dx \quad \text{(in Bild 5-59:} \quad y_i = y_3 + a \cdot dx) \tag{5.12}$$

Die Größe dx kann nur online berechnet werden. Werden auch DX, DY und a online berechnet, so müssen bei jeder Interpolation drei Subtraktionen, eine Division, eine Addition und eine Multiplikation online berechnet werden.

Alternativ können DX, DY und a offline und off-board berechnet werden. Dies wird für die Optimierung ausgenützt. Folgende Maßnahmen sind verbreitet:

Ablage der Steigung a in einer erweiterten Kennlinienstruktur

Die Ablage der Steigung a in einer erweiterten Kennlinienstruktur spart Rechenzeit bei der Interpolation. Online muss dann nur eine Subtraktion, eine Addition und eine Multiplikation berechnet werden. Bei zeitkritischen Anwendungen wird der erhöhte Speicherbedarf für die erweiterte Kennlinienstruktur dafür in Kauf genommen (Bild 5-61).

Stützstelle x	x_1	x_2	x_3	x_4	x_5	x_6	x_7	x_8
Wert y	y_1	y_2	y_3	y_4	y_5	y_6	y_7	y_8
Steigung a	a_1	a_2	a_3	a_4	a_5	a_6	a_7	

Bild 5-61: Erweiterte Kennlinienstruktur mit Ablage der Steigung a

Festkennlinien

Der Abstand zwischen den Stützstellen $DX = x_o - x_u$ wird konstant vorgegeben. Dann kann die Stützstelle x_u berechnet werden. Ein Suchverfahren entfällt. Der Kehrwert zu DX kann offline und off-board berechnet und mit der Kennlinie abgelegt werden. Bei der Interpolation ist keine Division mehr notwendig. Online müssen zwei Subtraktionen, eine Addition und zwei Multiplikationen berechnet werden.

Die Stützstellenverteilung kann durch den Wert der minimalen Stützstelle x_{min}, der Stützstellenanzahl n und dem Stützstellenabstand DX abgelegt werden. Dieses Ablageschema bietet sich vor allem bei Kennlinien mit großer Stützstellenanzahl an (Bild 5-62).

Unterste Stützstelle x_{min}	x_{min}							
Stützstellenabstand DX	DX							
1/DX	$1/_{DX}$							
Anzahl der Stützstellen n	n							
Wert y	y_1	y_2	y_3	y_4	y_5	y_6	y_7	y_8

Bild 5-62: Kennlinienstruktur für Festkennlinien

Gruppenkennlinien

Für verschiedene Kennlinien mit gleicher Eingangsgröße wird die Stützstellenverteilung einheitlich vorgegeben. Die Stützstellensuche und die Berechnung der Differenzen auf der x-Achse müssen nur einmalig durchgeführt werden. Die Interpolationsberechnung wird jeweils für jede Ausgangsgröße y_i durchgeführt (Bild 5-63).

5.4 Design und Implementierung von Software-Funktionen

Stützstelle x	x_1	x_2	x_3	x_4	x_5	x_6	x_7	x_8
Wert y_1	y_{11}	y_{12}	y_{13}	y_{14}	y_{15}	y_{16}	y_{17}	y_{18}
Wert y_2	y_{21}	y_{22}	y_{23}	y_{24}	y_{25}	y_{26}	y_{27}	y_{28}
⋮	⋮	⋮	⋮	⋮	⋮	⋮	⋮	⋮
Wert y_n	y_{n1}	y_{n2}	y_{n3}	y_{n4}	y_{n5}	y_{n6}	y_{n7}	y_{n8}

Bild 5-63: Kennlinienstruktur für Gruppenkennlinien

Auch Kombinationen zwischen Fest- und Gruppenkennlinien sind denkbar.

- Weitere Optimierungsmaßnahmen sind die Anpassung bzw. Verringerung der Stützstellenanzahl nach der Kalibrierung. Dies spart Rechenzeit bei der Stützstellensuche und Speicherplatz. Nach der Kalibrierung kann auch der physikalische Wertebereich eventuell verkleinert, die Quantisierung vergrößert oder die Wortlänge für Stützstellen und Werte verringert werden.
- Die zahlreichen Kombinationsmöglichkeiten der möglichen Wortlängen zur prozessorinternen Darstellung von Stützstellen und Werten bei Kennlinien führen zu einer hohen Anzahl von verschiedenen Interpolationsroutinen mit entsprechend hohem Speicherplatzbedarf. Zur Reduzierung der Kombinationsmöglichkeiten werden die zulässigen Ablageschemata für Kennlinien und Kennfelder in der Regel vorab eingeschränkt.

5.4.2 Design und Implementierung von Algorithmen in Festpunkt- und Gleitpunktarithmetik

In diesem Abschnitt steht der Entwurf von Algorithmen in Festpunkt- bzw. Gleitpunktarithmetik (engl. Fixed Point bzw. Floating Point Arithmetics) im Mittelpunkt. Dieser Abschnitt beschränkt sich dabei auf grundlegende Methoden, die heute in der Praxis online – also im Mikrocontroller des Steuergeräts – eingesetzt werden. Neben den arithmetischen Grundoperationen werden online vor allem Interpolationsmethoden für Kennlinien und Kennfelder, numerische Verfahren zur Differentiation und Integration von Signalen, sowie numerische Filterverfahren verwendet. Eine Basisblockbibliothek mit diesem Funktionsumfang wurde zum Beispiel im Rahmen des Projekts MSR-MEGMA [78] standardisiert. Dieser Abschnitt beschränkt sich auf einige grundsätzliche Fragestellungen, die bei Design und Implementierung von Algorithmen in Maschinenarithmetik auftreten.

5.4.2.1 Darstellung von Zahlen in digitalen Prozessoren

Alle digitalen Prozessoren arbeiten mit Zahlen im Binärsystem, in dem die Koeffizienten a_i der Binärzerlegung zur Darstellung einer Zahl x genutzt werden:

$$x = +/- (a_n \cdot 2^n + a_{n-1} \cdot 2^{n-1} + \ldots + a_0 \cdot 2^0 + a_{-1} \cdot 2^{-1} + a_{-2} \cdot 2^{-2} + \ldots) \tag{5.13}$$

Beispiel: Binärdarstellung der Zahl x = 9

Die Zahl x = 9 besitzt nach der Zerlegung

$9 = \mathbf{1} \cdot 2^3 + \mathbf{0} \cdot 2^2 + \mathbf{0} \cdot 2^1 + \mathbf{1} \cdot 2^0$ die Binärdarstellung **1001**.

Zur Unterscheidung zwischen Dezimal- und Binärdarstellungen werden Binärdarstellungen im Folgenden immer fett geschrieben.

Zur internen Darstellung einer Zahl steht bei digitalen Prozessoren nur eine feste endliche Anzahl n von Binärstellen zur Verfügung. Diese Anzahl wird als Wortlänge bezeichnet. Sie ist durch die Konstruktion des Prozessors festgelegt und kann meist auf ganze Vielfache 2n, 3n, ... von n erweitert werden. Entsprechend werden Mikroprozessoren mit der Wortlänge 8 als 8-Bit-Mikroprozessoren bezeichnet, mit einer Wortlänge von 16 als 16-Bit-Mikroprozessoren usw.

Die Wortlänge von n Stellen kann auf verschiedene Weise zur Darstellung einer Zahl verwendet werden.

- Bei der **Festpunktdarstellung** sind zusätzlich zur Zahl n auch die Zahlen n_1 und n_2 der Stellen vor bzw. nach dem Komma oder Punkt fest. Dabei gilt $n = n_1 + n_2$. Meist ist $n_1 = n$ oder $n_1 = 0$.

  Viele Mikroprozessoren, die in Steuergeräten eingesetzt werden, beschränken sich auch heute noch auf die Festpunktdarstellung von Zahlen und ihre Verarbeitung.

  Im Folgenden wird ohne Beschränkung der Allgemeingültigkeit von $n_1 = n$ für die Festpunktdarstellung ausgegangen. Die Zahl n bestimmt dann die Menge der darstellbaren Zahlen.

  Beispielsweise können für n = 8 die Zahlen 0 ... 255 durch die Binärzahlen **0000 0000 ... 1111 1111** dargestellt werden. Entsprechend wird eine solche Zahlendarstellung als 8-Bit-Darstellung ohne Vorzeichen (engl. **8** bit **u**nsigned **int**eger, kurz uint8) bezeichnet.

  Zur Darstellung negativer Zahlen wird ein Bit zur Vorzeichenkodierung verwendet. Dieses Bit wird Vorzeichenbit genannt. Für n = 8 können dann die Zahlen –128 ... 0 ... +127 dargestellt werden. Entsprechend wird diese Zahlendarstellung als 8-Bit-Darstellung mit Vorzeichen (engl. **8** bit **s**igned **int**eger, kurz sint8) bezeichnet.

  In ähnlicher Weise werden 16- und 32-Bit-Darstellungen von Zahlen mit uint16, sint16, uint32 und sint32 bezeichnet. Die darstellbaren Wertebereiche sind in Tabelle 5-2 aufgelistet.

Tabelle 5-2: Festpunktdarstellung von Zahlen und darstellbare Wertebereiche

Anzahl der Binärstellen	Kurzbezeichnung	Darstellbarer Wertebereich
8 Bit ohne Vorzeichen	uint8	0 ... 255
8 Bit mit Vorzeichen	sint8	–128 ... 127
16 Bit ohne Vorzeichen	unit16	0 ... 65 535
16 Bit mit Vorzeichen	sint16	– 32 768 ... 32 767
32 Bit ohne Vorzeichen	unit32	0 ... 4 294 967 295
32 Bit mit Vorzeichen	sint32	– 2 147 483 648 ... 2 147 483 647

- Bei der **Gleitpunktdarstellung** liegt der Punkt nicht für alle Zahlen fest. Dementsprechend muss bei jeder Zahl angegeben werden, an der wievielten Stelle nach der ersten Ziffer der Punkt liegt. Dazu wird der so genannte Exponent verwendet. Dabei wird ausgenutzt, dass sich eine reelle Zahl x in der Form des Produktes

  $$x = a \cdot 2^b \quad \text{mit } |a| < 1 \text{ und b als ganzzahliger Zahl} \tag{5.14}$$

5.4 Design und Implementierung von Software-Funktionen

darstellen lässt. Durch den Exponenten b wird die Lage des Dezimalpunktes in der Mantisse a angegeben.

Beispiel: Binärdarstellung der Zahl x = 9,5

$9,5 = \mathbf{1} \cdot 2^3 + \mathbf{0} \cdot 2^2 + \mathbf{0} \cdot 2^1 + \mathbf{1} \cdot 2^0 + \mathbf{1} \cdot 2^{-1}$ die Binärdarstellung **1001.1** oder $\mathbf{0.10011} \cdot \mathbf{2^{100}}$.

In jedem digitalen Prozessor stehen auch für die Gleitpunktdarstellung von Zahlen nur eine endliche feste Anzahl m bzw. e von Binärstellen für die Darstellung der Mantisse a bzw. des Exponenten b zur Verfügung. Dabei gilt n = m + e.

Abhängig von den Anforderungen der Anwendung kommen in Steuergeräten Mikroprozessoren zum Einsatz, die die Gleitpunktdarstellung von Zahlen und deren Verarbeitung in Gleitpunktarithmetik unterstützen oder nicht.

Die Gleitpunktdarstellung einer Zahl ist im Allgemeinen nicht eindeutig. Im letzten Beispiel hätte man auch die Darstellungsform $\mathbf{0.010011} \cdot \mathbf{2^{101}}$ wählen können. Normalisiert heißt deshalb diejenige Gleitpunktdarstellung einer Zahl, für die die erste Ziffer der Mantisse a von 0 verschieden ist. Im Binärsystem gilt dann $|a| \geq 2^{-1}$. Als wesentliche Stellen einer Zahl werden alle Ziffern der Mantisse a ohne die führenden Nullen bezeichnet.

In den folgenden Abschnitten wird ohne Beschränkung der Allgemeingültigkeit immer von der normalisierten Gleitpunktdarstellung und der zugehörigen Gleitpunktrechnung ausgegangen.

Die Zahlen m und e bestimmen zusammen mit der Basis B = 2 der Zahldarstellung die Menge A der Zahlen, die in der Maschine exakt dargestellt werden können. Diese Menge A ist eine Teilmenge der reellen Zahlen $\mathbb{R}$ ($A \subseteq \mathbb{R}$). Die Elemente der Menge A heißen **Maschinenzahlen**.

Für n = 32 und n = 64 sind Gleitpunktdarstellungen in IEEE standardisiert. Ähnlich zu den Festpunktzahlen werden 32-Bit-Gleitpunktzahlen mit real32 bzw. 64-Bit-Gleitpunktzahlen mit real64 bezeichnet.

Da die Menge A der in einer Maschine darstellbaren Zahlen für Festpunkt- und Gleitpunktzahlen endlich ist, ergibt sich bei Design und Implementierung des Verhaltens einer Software-Komponente sofort das Problem, wie man eine Zahl $x \notin A$, die keine Maschinenzahl ist, durch eine Maschinenzahl approximieren kann. Dieses Problem stellt sich bei der Eingabe von Daten in den Prozessor, aber auch bei der internen Verarbeitung im Prozessor.

Wie anhand einfachster Beispiele gezeigt werden kann, gibt es Fälle, bei denen selbst das Resultat c der einfachen arithmetischen Grundoperationen zweier Zahlen a und b, also der Addition a + b, der Subtraktion a − b, der Multiplikation a · b und der Division a/b nicht zu A gehören, obwohl beide Operanden a und b Maschinenzahlen sind (a, b ∈ A).

Von einer Approximation für eine Zahl x, die keine Maschinenzahl ist ($x \notin A$) durch eine Maschinenzahl rd(x) mit rd(x) ∈ A wird daher verlangt, dass

$$| x - rd(x) | \leq | x - g_k | \quad \text{für alle } g_k \neq rd(x) \in A \text{ (Bild 5-64)}. \tag{5.15}$$

```
    |           |        |      |
    g_{i-1}    rd(x)    x    g_{i+1}
               = g_i
```

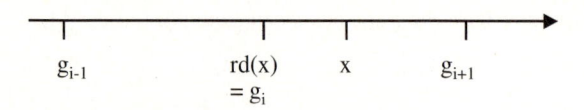

Bild 5-64: Approximation von x durch rd(x)

rd(x) wird gewöhnlich durch **Rundung** oder die Begrenzung des Ergebnisses im Rahmen der so genannten Über- oder Unterlaufbehandlung bestimmt. Die folgenden Abschnitte behandeln Rundungsfehler, sowie die Behandlung von Über- und Unterläufen anhand von einfachen Beispielen. Im Vordergrund steht das Ziel zu einer möglichst hohen Genauigkeit des Ergebnisses zu kommen.

Für alle Zahlen in Festpunktdarstellung treten Rundungsfehler, Überläufe und Unterläufe auf. In den folgenden Beispielen wird zur Vereinfachung des Verständnisses meist von Zahlen in uint8-Darstellung ausgegangen.

5.4.2.2 Rundungsfehler bei der Ganzzahldivision

Für die Ganzzahldivision (engl. integer division) c = a/b ergibt sich ein Rundungsproblem, da es sein kann, dass das exakte Ergebnis der Operation a/b nicht ganzzahlig ist.

Beispiel: Ganzzahldivision und Rundung

Die Variablen a, b und c seien in uint8 dargestellt.
Für die Division   c = a/b   mit a, b, c $\in$ A = {0, 1, 2, ..., 255} ergibt sich im

Testfall 1:   a = 100, b = 50 $\rightarrow$ c = 2 $\in$ A

Testfall 2:   a = 19, b =   2 $\rightarrow$ c = 9,5 $\notin$ A

Testfall 3:   a = 240, b = 161 $\rightarrow$ c = 1,49... $\notin$ A

Testfall 4:   a = 100, b = 201 $\rightarrow$ c = 0,49... $\notin$ A

Testfall 5:   a = 100, b =   1 $\rightarrow$ c = 100 $\in$ A (trivial)

Testfall 6:   a = 100, b =   0   Division durch 0 ist nicht definiert!

- In Testfall 1 ist das Ergebnis ganzzahlig. Es kann in einer uint8-Zahl dargestellt werden. Es tritt kein Rundungsfehler auf.

- Im Testfall 2 ist das Ergebnis nicht ganzzahlig. Es muss gerundet werden.
  Man bildet dabei zur Darstellung von c = 9,5
  in allgemeiner Binärdarstellung c = ($a_n \cdot 2^n + a_{n-1} \cdot 2^{n-1} + ... + a_0 \cdot 2^0 + a_{-1} \cdot 2^{-1} + a_{-2} \cdot 2^{-2} + ...$)
  im vorliegenden Testfall also

  c = 9,5 = $\mathbf{1} \cdot 2^3 + \mathbf{0} \cdot 2^2 + \mathbf{0} \cdot 2^1 + \mathbf{1} \cdot 2^0 + \mathbf{1} \cdot 2^{-1}$ oder **1001.1**

  also $a_3 = \mathbf{1}$, $a_2 = \mathbf{0}$, $a_1 = \mathbf{0}$, $a_0 = \mathbf{1}$, $a_{-1} = \mathbf{1}$

  den gerundeten Wert rd(c) durch

  rd(c) = $a_n\, a_{n-1}\, ...\, a_0$ falls $a_{-1} = 0$ (5.16)

  rd(c) = $a_n\, a_{n-1}\, ...\, a_0$ +1   falls $a_{-1} = 1$ (5.17)

Im vorliegenden Testfall würde also rd(c) = 10 oder **1010** gerundet berechnet.

Bei vielen Mikroprozessoren werden bei der Ganzzahldivision anstatt der Rundung die Nachkommastellen einfach abgeschnitten (engl. truncated). Dabei wird betragsmäßig immer abgerundet:

$$\text{rd}(c) = a_n\, a_{n-1}\, ...\, a_0 \qquad \text{für alle Werte von } a_{-1} \tag{5.18}$$

Im vorliegenden Testfall würde also rd(c) = 9 oder **1001** berechnet.

- Im Testfall 3 wird rd(c) = 1 für Rundung und Abschneiden der Nachkommastellen bei der Integerdivision berechnet. Jedoch ist der für die Güte des Ergebnisses entscheidende, so genannte **relative Rundungsfehler** ε = (rd(c) − c)/c = (1 − 1,49)/1,49 ≈ −1/3 hier schon beträchtlich groß.
- Im Testfall 4 wird rd(c) = 0 berechnet. Der relative Rundungsfehler ist (0 − 0,49)/0,49 = −1 ist hier besonders groß. Wie später deutlich werden wird, ist dieser Testfall für die Fehlerfortpflanzung, z. B. bei einer Weiterverarbeitung des Zwischenergebnisses in einer Multiplikation, deshalb besonders kritisch.
- Die Division durch 1 im Testfall 5 ist trivial.
- Die Division durch 0, wie im Testfall 6 ist nicht definiert und muss durch eine **Ausnahmebehandlung** im Algorithmus ausgeschlossen werden.

Für c > 1 ist der relative Fehler ε bei der Rundung

$$|\varepsilon| = \left|\frac{\text{rd}(c) - c}{c}\right| \leq \frac{1}{3} \tag{5.19}$$

Für c > 1 gilt für den relativen Fehler ε beim Abschneiden

$$|\varepsilon| = \left|\frac{\text{rd}(c) - c}{c}\right| \leq \frac{1}{2} \tag{5.20}$$

Für c > 1 ergibt sich damit rd (c) = c (1 + ε) mit |ε| ≤ 1/3 bei Rundung bzw. |ε| ≤ 1/2 beim Abschneiden der Nachkommastellen. D. h. der relative Fehler bei Rundung ist etwas geringer als beim Abschneiden der Nachkommastellen. In beiden Fällen wird der relative Fehler mit zunehmender Größe des Ergebnisses c kleiner.

5.4.2.3 Über- und Unterlauf bei der Addition, Subtraktion und Multiplikation

Liegen die Operanden a, b $\in$ A als Maschinenzahlen in ganzzahliger Festpunktdarstellung vor, so sind auch die Resultate der Grundoperationen Addition a + b, Subtraktion a − b und Multiplikation a · b ganzzahlige Werte. Ein Rundungsfehler entsteht dabei nicht. Wegen der endlichen Anzahl n der Stellen gibt es aber immer Zahlen x $\notin$ A, die nicht Maschinenzahlen sind.

Beispiel: Addition, Subtraktion und Multiplikation

Die Variablen a, b und c seien in uint8 dargestellt.
Für die Addition   c = a + b   mit a, b, c $\in$ A = {0, 1, 2, ..., 255}   ergibt sich im

Testfall 1:   a = 100, b = 100 → c = 200 $\in$ A
Testfall 2:   a = 100, b = 157 → c = 257 $\notin$ A

Für die Subtraktion c = a − b mit a, b, c ∈ A = {0, 1, 2, ..., 255} ergibt sich im

Testfall 3:   a = 100, b = 100 → c = 0   ∈ A
Testfall 4:   a = 100, b = 102 → c = −2   ∉ A

- In Testfall 2 ist das Ergebnis für c zu groß, um mit einer uint8-Zahl dargestellt werden zu können. Man bezeichnet dies als **Überlauf**.
- In Testfall 4 ist das Ergebnis für c für eine uint8-Darstellung zu klein. Dies wird als **Unterlauf** bezeichnet.

Ähnliche Situationen können auch bei Multiplikationen auftreten.

Auch bei Implementierung in Gleitpunktarithmetik wirken sich Fehler in den Eingangsdaten einer Rechnung, sowie Approximationsfehler durch die gewählten Rechenmethoden unverändert aus. Verglichen mit der Festpunktarithmetik, sind allerdings die Rundungsfehler bei Verwendung von Gleitpunktzahlen und Gleitpunktarithmetik um Größenordnungen geringer.

5.4.2.4 Schiebeoperationen

Wegen der prozessorinternen Binärdarstellung können Multiplikationen der Form a · b und Divisionen der Form a/b, im Falle, dass der Operand b einen Wert aus der Menge $\{2^1, 2^2, ..., 2^n\}$ annimmt, besonders effizient durch **Schiebeoperationen** (engl. Shift Operations) durchgeführt werden.

Beispiel: Schiebeoperationen

Die Zahl x = 9 besitzt nach der Zerlegung

$9 = \mathbf{0} \cdot 2^4 + \mathbf{1} \cdot 2^3 + \mathbf{0} \cdot 2^2 + \mathbf{0} \cdot 2^1 + \mathbf{1} \cdot 2^0$ die Binärdarstellung **01001**

Das Produkt 9 · 2 kann durch die Schiebeoperation nach links **01001<<1** dargestellt werden. Man erhält das Ergebnis **10010** oder **18.**

Die Division 9/2 kann entsprechend durch die Schiebeoperation nach rechts **01001>>1** berechnet werden. Das Ergebnis ist **00100** oder 4. Bei Schiebeoperationen nach rechts werden also die Nachkommastellen immer abgeschnitten.

Bei vorzeichenbehafteten Größen, wie sint8, sint16 oder sint32, muss beachtet werden, dass das Vorzeichenbit bei Rechts-Schiebeoperationen >> unter Umständen eine normale Stelle für die Zahldarstellung werden kann. Deshalb sollte in diesem Fall genau geprüft werden, ob stattdessen besser eine normale Division durchgeführt werden sollte.

5.4.2.5 Behandlung von Überläufen und Unterläufen

Die Aktionen beim Verlassen des Wertebereichs infolge Überlauf oder Unterlauf hängen vom Prozessor ab. Im Algorithmus kann darauf verschieden reagiert werden. Anhand des Beispiels für die Addition werden einige häufig eingesetzten Möglichkeiten für die Überlaufbehandlung dargestellt.

5.4 Design und Implementierung von Software-Funktionen

Beispiel: Überlaufbehandlung

Die Variablen a, b und c seien in uint8 dargestellt.
Für die Addition   c = a + b   mit a, b, c $\in$ A = {0, 1, 2, ..., 255} ergibt sich im

Testfall 1:   a = 100, b = 100 $\to$ c = 200 $\in$ A
Testfall 2:   a = 100, b = 157 $\to$ c = 257 $\notin$ A

Auf den Überlauf im Testfall 2 kann mit folgenden Möglichkeiten reagiert werden:

- **Überlauf mit/ohne Überlauferkennung**

  Der Überlauf wird zugelassen. Bei den meisten Mikroprozessoren wird c = a + b − 256 = 1 ausgegeben. Anhand eines Vergleichs (c < a) && (c < b) kann ein Überlauf bei einer Addition von nicht vorzeichenbehafteten Größen im Algorithmus erkannt und behandelt werden.

- **Begrenzung des Ergebnisses**

  Der Überlauf wird im Algorithmus erkannt und das Ergebnis c wird auf den maximal darstellbaren Wert c = 255 begrenzt.

- **Erweiterung des Wertebereichs des Ergebnisses**

  Das Ergebnis c wird in einer Variable mit größerem Wertebereich, beispielsweise in einer uint16- oder sint16-Variable, dargestellt. Es ergibt sich

  c = a + b mit   a, b $\in$ A_{uint8} = {0, 1, 2, ..., 255}

  und   c $\in$ A_{uint16} = {0, 1, 2, ..., 65535}

  oder   c $\in$ A_{sint16} = {−32768, ..., 0, 1, 2, ..., 32767}

  Ein Überlauf kann nicht mehr eintreten. Im Fall, dass c als Größe vom Typ sint16 dargestellt wird, kann bei einer Subtraktion auch ein Unterlauf nicht mehr eintreten.

- **Umskalierung des Ergebnisses**

  Der Überlauf wird erkannt und das Ergebnis c wird umskaliert zu rd(c). Dazu wird eine Quantisierung oder Auflösung q für c mit |q| > 1 eingeführt. Mit der Umskalierung des Ergebnisses c nach der Gleichung c = q · rd(c) kann der Wertebereich von c erweitert werden und es tritt kein Überlauf mehr auf. Umskalierungen mit Faktoren q aus der Menge $\{2^1, 2^2, ..., 2^n\}$ können durch Schiebeoperationen realisiert werden. So ergibt sich etwa für

  rd(c) = (a + b)/q mit a, b, rd(c) $\in$ A_{uint8} = {0, 1, 2, ..., 255} und   q = 2

  c $\in$ A_c = {0, 2, 4, ..., 510}

  Ein Überlauf kann nicht mehr eintreten. Allerdings ist die Genauigkeit des Ergebnisses rd(c) = 256 reduziert. Der relative Fehler ε ist

  $$|\varepsilon| = \left|\frac{rd(c) - c}{c}\right| \leq \frac{q-1}{c} \tag{5.21}$$

  Der relative Fehler nimmt wieder mit zunehmender Größe des Ergebnisses c ab.

5.4.2.6 Fehlerfortpflanzung bei Algorithmen in Festpunktarithmetik

Nun soll untersucht werden, wie sich Fehler innerhalb eines Algorithmus fortsetzen. Der Begriff Algorithmus wird dazu zunächst genauer definiert. Als Algorithmus wird im Folgenden eine der Reihenfolge nach eindeutig festgelegte Sequenz von endlich vielen „einfachen" Operationen bezeichnet, mit denen aus gewissen Eingangsdaten die Lösung eines Problems berechnet werden kann.

Beispiel: Zur Definition des Algorithmusbegriffs

Als Beispiel wird der Ausdruck d = a + b + c verwendet.

Obwohl die Methoden d = (a+b) + c und d = a + (b+c) mathematisch äquivalent sind, können sie aus numerischen Gründen bei Festpunktrechnung zu unterschiedlichen Ergebnissen führen.

Der **Algorithmus 1** unterscheidet folgende Schritte

- Schritt 1.1: $\eta_1 = a + b$
- Schritt 1.2: $d = \eta_1 + c$

Der **Algorithmus 2** unterscheidet folgende Schritte

- Schritt 2.1: $\eta_2 = b + c$
- Schritt 2.2: $d = a + \eta_2$

a, b, c und d seien als sint8-Zahlen dargestellt. Es gilt also a, b, c, d $\in$ A = {−128 ... +127}

Überläufe und Unterläufe werden erkannt und auf die Werte −128 ... +127 begrenzt.

Im Testfalle von a = 101, b = −51 und c = −100 ergibt sich bei

Algorithmus 1: $\eta_1 = a + b$ = 101 − 51 = 50
$d = \eta_1 + c$ = 50 − 100 = − 50

Algorithmus 2: $\eta_2 = b + c$ = −51 − 100 = − 128 (Unterlaufbegrenzung)
$d = a + \eta_2$ = 101 − 128 = − 27

Untersucht man die Gründe, warum verschiedene Algorithmen im allgemeinen unterschiedliche Resultate liefern, erkennt man schnell, dass die Fehlerfortpflanzung der Rundungs- und Begrenzungsfehler eine wichtige Rolle spielt. Deshalb sollen im Folgenden einige Kriterien für die Beurteilung der Güte von Algorithmen aufgestellt werden.

Bei der Festpunktrechnung erhält man statt d einen Näherungswert rd(d). Für Algorithmus 1 kann $rd_1(d)$ bestimmt werden:

$$rd(\eta_1) = (a+b)(1+\varepsilon_{1.1}) \tag{5.22}$$

$$rd(d_1) = (rd(\eta_1) + c)(1+\varepsilon_{1.2}) = \left[(a+b)(1+\varepsilon_{1.1}) + c\right](1+\varepsilon_{1.2})$$
$$= (a+b+c)\left[1 + \frac{a+b}{a+b+c}(1+\varepsilon_{1.2})\varepsilon_{1.1} + \varepsilon_{1.2}\right] \tag{5.23}$$

5.4 Design und Implementierung von Software-Funktionen

Für den relativen Fehler ε_{d1} gilt damit

$$\varepsilon_{d1} = \frac{rd(d_1) - d}{d} = \frac{rd(d_1)}{d} - 1 = \frac{a+b}{a+b+c}(1+\varepsilon_{1.2})\varepsilon_{1.1} + \varepsilon_{1.2} \tag{5.24}$$

In erster Näherung bei Vernachlässigung von Termen höherer Ordnung wie $\varepsilon_{1.1}\varepsilon_{1.2}$ gilt für ε_d

$$\varepsilon_{d1} \approx \frac{a+b}{a+b+c}\varepsilon_{1.1} + 1 \cdot \varepsilon_{1.2} \tag{5.25}$$

Entsprechend erhält man für Algorithmus 2

$$\varepsilon_{d2} \approx \frac{b+c}{a+b+c}\varepsilon_{2.1} + 1 \cdot \varepsilon_{2.2} \tag{5.26}$$

Die Verstärkungsfaktoren (a+b)/(a+b+c) und 1 bzw. (b+c)/(a+b+c) und 1 geben an, wie stark sich die Rundungsfehler der Zwischenergebnisse im relativen Fehler ε_d des Resultats auswirken. Der kritische Faktor ist (a+b)/(a+b+c) bzw. (b+c)/(a+b+c). Je nachdem ob (a+b) oder (b+c) kleiner ist, ist es günstiger, „numerisch stabiler", die Summe a+b+c nach der Formel (a+b)+c bzw. a+(b+c) zu berechnen.

Im obigen Testfall ist a + b = 50 und b + c = – 151. Wegen der Begrenzung ist $\varepsilon_{2.1}$ besonders groß, im obigen Testfall $\varepsilon_{2.1}$ = (–128 + 151)/(–151) ≈ – 0,15. $\varepsilon_{1.1}$, $\varepsilon_{1.2}$ und $\varepsilon_{2.2}$ sind dagegen 0. Damit erhält man für den Fehler ε_{d2}= [(– 151)/(– 50)] · (– 0,15) = – 0,45

Der relative Fehler $\varepsilon_{2.1}$ von Rechenschritt 1 geht also mit dem Verstärkungsfaktor von ≈ 3 in das Endergebnis bei Algorithmus 2 ein, obwohl Rechenschritt 2 ohne einen relativen Fehler ausgeführt wird! Dies erklärt, warum Algorithmus 1 bei den Eingangswerten dieses Testfalls numerisch günstiger ist.

Diese Methode kann systematisch ausgebaut werden, wird aber rasch aufwändig. Man kann damit den Einfluss weniger Rundungsfehler noch abschätzen. Bei einem typischen Algorithmus ist jedoch die Anzahl der arithmetischen Operationen und damit die Anzahl der einzelnen Rundungsfehler zu groß, um auf diese Weise den Einfluss aller Rundungsfehler bestimmen zu können. In solchen Fällen bieten sich andere Techniken, beispielsweise die Intervallrechnung an [76]. Im Rahmen dieses Abschnitts soll darauf nicht näher eingegangen werden. In den folgenden Beispielen wird nur noch der relative Fehler ε_i eines Rechenschritts i eines Algorithmus angegeben.

Beispiel: Algorithmus 3

Würde das Zwischenergebnis in Algorithmus 2 des letzten Beispiels dagegen um den Faktor 2 umskaliert und nicht begrenzt, so ergibt sich der folgende **Algorithmus 3**:

- Schritt 3.1: b_1 = b/2 = –51/2 = –25 $\varepsilon_{3.1}$ = [–50 – (–51)]/(–51)   = – 1/51
- Schritt 3.2: c_1 = c/2 = –100/2 = –50 $\varepsilon_{3.2}$ = 0
- Schritt 3.3: η_2 = b_1 + c_1 = –75 $\varepsilon_{3.3}$ = 0
- Schritt 3.4: a_1 = a/2 = 101/2 = 50 $\varepsilon_{3.4}$ = [100 – 101]/(101) = – 1/101
- Schritt 3.5: d_1 = a_1 + η_2 = 50 – 75 = –25 $\varepsilon_{3.5}$ = 0
- Schritt 3.6: d = d_1 · 2   = –25 · 2 = –50 $\varepsilon_{3.6}$ = 0

Die gewählte Umskalierung liefert bei diesen Eingangswerten ein wesentlich genaueres Ergebnis als Algorithmus 2 mit Begrenzung des Zwischenergebnisses. Diese Art von Begrenzungen muss beachtet werden. Solche Begrenzungen können in Algorithmen beispielsweise durch die Übergabe von Argumenten bei Unterprogrammaufrufen implizit auftreten.

5.4.2.7 Physikalischer Zusammenhang und Festpunktarithmetik

Häufig tritt der Anwendungsfall auf, dass zwei physikalische Signale miteinander verrechnet werden sollen, die im Mikroprozessor als Größen mit unterschiedlicher Skalierung vorliegen. Im folgenden Beispiel wird die Addition zweier Signale behandelt. Operationen mit mehr als zwei Operanden, können in mehrere Operationen mit je zwei Operanden zerlegt werden.

Beispiel: Addition zweier Signale mit unterschiedlicher Skalierung

Ein einfaches Beispiel ist die Addition zweier Signale a und b. Es soll der physikalische Zusammenhang $c_{phys} = a_{phys} + b_{phys}$ implementiert werden.

Im Mikroprozessor liegen die Signale a, b und c in Form der Festpunktgrößen a_{impl}, b_{impl} und c_{impl} in uint8-Darstellung vor.

Der Zusammenhang zwischen den physikalischen, kontinuierlichen Größen und der Implementierungsgrößen im diskreten Festpunktformat ist durch eine lineare Formel und die unteren und oberen Grenzwerte vorgegeben. In Bild 5-65 ist dieser Zusammenhang für die Größe a dargestellt.

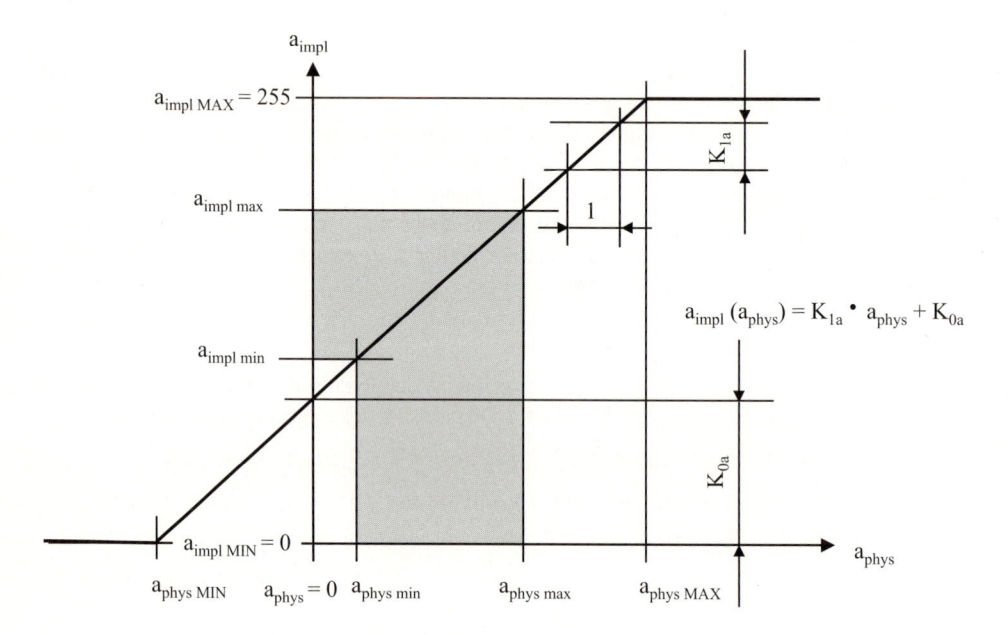

Bild 5-65: Zusammenhang zwischen physikalischer Größe und Implementierung

5.4 Design und Implementierung von Software-Funktionen

Bei den Grenzwerten ist zum einen der Wertebereich, der sich aus der Darstellung auf der Implementierungsebene ergibt, zu beachten. Im Bild 5-65 hat a_{impl} die Darstellung uint8 mit dem Wertebereich $\{0, 1, 2, ..., 255\}$ oder allgemein mit dem Wertebereich $\{a_{impl\ MIN}, ..., a_{impl\ MAX}\}$. Entsprechend erhält man für dieses Beispiel für den physikalisch darstellbaren Wertebereich die oberen und unteren Grenzen:

$$a_{phys\ MIN} = (a_{impl\ MIN} - K_{0a})/K_{1a} = (-K_{0a})/K_{1a} \tag{5.27}$$

$$a_{phys\ MAX} = (a_{impl\ MAX} - K_{0a})/K_{1a} = (255 - K_{0a})/K_{1a} \tag{5.28}$$

Dieser Wertebereich darf nicht mit dem Bereich der physikalisch auftretenden Werte mit den Grenzen $a_{phys\ min}$ und $a_{phys\ max}$ verwechselt werden, dem auf der Implementierungsebene der Wertebereich $\{a_{impl\ min} ... a_{impl\ max}\}$ zugeordnet werden kann.

Für die Größen b und c gelten ähnliche Beziehungen. Im linearen Bereich gilt:

$$a_{impl}(a_{phys}) = K_{1a} \cdot a_{phys} + K_{0a} \tag{5.29}$$

$$b_{impl}(b_{phys}) = K_{1b} \cdot b_{phys} + K_{0b} \tag{5.30}$$

$$c_{impl}(c_{phys}) = K_{1c} \cdot c_{phys} + K_{0c} \tag{5.31}$$

Da auf der Implementierungsebene nur Festpunktwerte dargestellt werden können, muss in jedem Fall noch eine Rundung durchgeführt werden, die in der Darstellung in Bild 5-65 weggelassen wurde. $1/K_{1i}$ wird auch als **Quantisierung oder Auflösung** und K_{0i} als **Versatz oder Offset** bezeichnet.

Die Addition der physikalischen Größen auf der Implementierungsebene kann nach dem folgendem Algorithmus erfolgen:

- Schritt 1: Entfernen der Offsets von a_{impl} und b_{impl}

$$a_{impl\_1} = a_{impl} - K_{0a} \tag{5.32}$$

$$b_{impl\_1} = b_{impl} - K_{0b} \tag{5.33}$$

- Schritt 2: Angleichen der Quantisierung von a_{impl_1} und b_{impl_1}

$$a_{impl\_2} = a_{impl\_1} \cdot K_{1b}/K_{1a} \tag{5.34}$$

- Schritt 3: Addition

$$c_{impl\_1} = a_{impl\_2} + b_{impl\_1} \tag{5.35}$$

- Schritt 4: Angleichen an die Quantisierung von c_{impl}

$$c_{impl\_2} = c_{impl\_1} \cdot K_{1c}/K_{1b} \tag{5.36}$$

- Schritt 5: Einrechnen des Offsets von c_{impl}

$$c_{impl} = c_{impl\_2} + K_{0c} \tag{5.37}$$

Alternativ kann ab Schritt 2 auch mit der Quantisierung von a_{impl} gerechnet werden. In diesem Fall muss b_{impl} an die Quantisierung von a_{impl} angeglichen werden. Schritt 4 ändert sich dann entsprechend. In der Regel wird man wegen der höheren Genauigkeit auf die feinere Quantisierung angleichen.

Eine dritte Alternative wäre, ab Schritt 2 direkt mit der Quantisierung des Ergebnisses c_{impl} zu rechnen.

Bei geschickter Auswahl einer dieser Alternativen kann die Anzahl der notwendigen Umquantisierungen gering gehalten werden.

Bei geschickter Wahl der Quantisierungen durch K_{1a}, K_{1b} und K_{1c} können die notwendigen Umrechnungen durch Schiebeoperationen ausgeführt werden. Dazu empfiehlt es sich, die Quantisierungen so zu wählen, dass die Verhältnisse K_{1b}/K_{1a}, K_{1c}/K_{1b}, ... Werte aus der Menge $\{2^1, 2^2, ..., 2^n\}$ annehmen. Bei identisch gewählten Quantisierungen entfallen die Schritte 2 und/oder 4 vollständig.

Durch Intervallarithmetik mit den Schranken $a_{impl\ min}$ und $a_{impl\ max}$ kann vorab geprüft werden, ob die Zwischenergebnisse mit dem Wertebereich $a_{impl\ MIN}$ und $a_{impl\ MAX}$ der gewählten Darstellung des Operanden a ohne Überlaufbehandlung dargestellt werden können oder nicht. Durch Korrekturen der Parameter K_{1i} und K_{0i} können numerisch günstigere Intervalle vorgegeben werden, so dass die Genauigkeit der berechneten Ergebnisse höher ist.

Begrenzungen und Überlaufbehandlungen können vermieden werden, wenn die Zwischenrechnungen mit einer Darstellung größeren Wertebereichs ausgeführt werden.

Weitere Optimierungen sind durch eine Aufteilung in Online- und Offline-Berechnungen möglich. So können etwa die Divisionen in (5.34) und (5.35) offline berechnet werden. Optimierungen dieser Art wurden im letzten Beispiel zur Erleichterung des Verständnisses bewusst vernachlässigt.

5.4.2.8 Physikalische Modellebene und Implementierungsebene

Wie das letzte Beispiel zeigt, macht eine Unterscheidung zwischen der physikalischen und der Implementierungsebene für Algorithmen Sinn, da so physikalische Zusammenhänge und mikroprozessorspezifische Details der Implementierung, etwa die Wahl der Quantisierung, der Wortlänge und der Strategie für die Integerarithmetik getrennt betrachtet werden können.

Auf der physikalischen Ebene eines Modells kann zwischen wertkontinuierlichen, wertdiskreten und Booleschen Größen unterschieden werden:

- Wertkontinuierliche Größen repräsentieren meist wertkontinuierliche, physikalische Signale – wie beispielsweise Temperaturen, Drehzahlen oder Drücke.
- Wertdiskrete Größen repräsentieren natürliche Größen – wie die Anzahl der Zylinder in einem Motor oder die Anzahl der Gangstufen in einem Getriebe.
- Boolesche Größen beschreiben Zustandspaare – wie etwa eine Schalterstellung, der ein Zustand des Paares {„Ein", „Aus"}, { „Wahr", „Falsch"}, {„1", „0"} oder allgemein {TRUE, FALSE} zugeordnet werden kann.

Soll eine wertkontinuierliche Größe in Festpunktdarstellung implementiert werden, muss sie dazu diskretisiert werden. Dieser Aspekt der Wertediskretisierung gewinnt bei der Datenmodellierung deshalb häufig zentrale Bedeutung.

Das bedeutet, dass jedem physikalischen Wert X_{phys} genau ein diskreter Implementierungswert X_{impl} der Menge $\{X_1, X_2, X_3, ... ,X_n\}$ mit $X_{impl\ min} \leq X_{impl} \leq X_{impl\ max}$ (5.38)
eindeutig zugeordnet werden muss.

5.4 Design und Implementierung von Software-Funktionen

Diese Abbildung wird in der Regel durch eine Umrechnungsformel und die Angabe von Minimal- und Maximalwerten auf physikalischer Modellebene oder Implementierungsebene beschrieben.

Während beim Design der Software-Komponenten die Transformation von der physikalischen Modellebene in die Implementierungsebene durchgeführt werden muss, ist beim Messen steuergeräteinterner Größen in späteren Entwicklungsphasen, aber auch in Produktion und Service die Umrechnung von Implementierungsgrößen in physikalische Einheiten notwendig.

5.4.2.9 Einige Hinweise zur Implementierung in Festpunktarithmetik

Entscheidend für die Güte des Resultats eines Algorithmus ist der relative Fehler. Wie in den letzten Abschnitten gezeigt, wird die numerische Genauigkeit durch Ganzzahldivisionen, sowie durch Überlauf- und Unterlaufbehandlungen begrenzt. Für die Implementierung können davon eine Reihe von Hinweisen und Richtlinien abgeleitet werden:

Hinweise für Ganzzahldivisionen

- Der relative Fehler von Ganzzahldivisionen ist groß. Ganzzahldivisionen sollten deshalb möglichst vermieden werden.

- Divisionen durch 0 sind nicht definiert und müssen als Ausnahme behandelt werden. Eine Möglichkeit ist der Ausschluss über Begrenzungen oder Abfragen.

- Divisionen durch 1 und –1 sind trivial und können mit einer ähnlichen Strategie vermieden werden.

- Divisionen durch Werte aus der Menge $\{2^1, 2^2, ..., 2^n\}$ können bei nicht vorzeichenbehafteten Größen effektiv durch Schiebeoperationen ausgeführt werden.

- Können Divisionen nicht vermieden werden, so sollte möglichst am Ende eines Algorithmus dividiert werden, damit der relative Fehler erst spät in das Resultat eingeht.

- Der relative Fehler ist umso geringer je größer das Ergebnis der Integerdivision ist. Deshalb sollte der Zähler nach Möglichkeit wertmäßig wesentlich größer als der Nenner gewählt werden. Dies kann beispielsweise durch Vorgabe eines Offsets oder eine Umquantisierung mittels Schiebeoperation vor der eigentlichen Division erreicht werden. Nach der Division muss im Verlauf des Algorithmus der ursprüngliche Offset oder die ursprüngliche Quantisierung natürlich wieder hergestellt werden.

Beispiel: Berechnung der Division $c_{phys} = a_{phys}/b_{phys}$

Die Variablen a_{impl} und temp liegen in uint16-Darstellung vor; die Variablen b_{impl} und c_{impl} in uint8-Darstellung.

Die physikalischen Werte sind gegeben mit

$a_{phys} = 79$, $b_{phys} = 5$. Der exakte Wert von c_{phys} wäre $79/5 = 15{,}8$.

Die Umrechnungsformeln sind gegeben mit

$$a_{impl}(a_{phys}) = K_{1a} \cdot a_{phys} + K_{0a} = 1 \cdot a_{phys} + 0 \qquad (5.39)$$

$$b_{impl}(b_{phys}) = K_{1b} \cdot b_{phys} + K_{0b} = 1 \cdot b_{phys} + 0 \qquad (5.40)$$

$$c_{impl}(c_{phys}) = K_{1c} \cdot c_{phys} + K_{0c} = 1 \cdot c_{phys} + 0 \qquad (5.41)$$

Der Wertebereich ist gegeben mit

$a_{impl\ min} = 0$ und $a_{impl\ max} = 255$

$b_{impl\ min} = 2$ und $b_{impl\ max} = 10$

Für die Berechnung von $c_{phys} = a_{phys}/b_{phys}$ wird folgender Algorithmus gewählt:

- Schritt 1: Schiebeoperation um 8 Stellen für a_{impl}, um den vollen 16 Bit-Wertebereich auszunützen

  $a_{impl} = a_{impl} << 8 = a_{impl} \cdot 2^8$ Für $a_{phys} = 79$ erhält man $a_{impl} = 79 \cdot 2^8 = 20\ 224$

- Schritt 2: Durchführen der eigentlichen Ganzzahldivision

  temp = a_{impl} / b_{impl} Für $b_{phys} = 5$ erhält man temp = 20 224 /5 = 4 044

  Dies entspricht $15,7968... \cdot 2^8$

  Gegenüber der Integerdivision 79/5 = 15 kann durch die Umskalierung in der Größe temp eine wesentlich höhere Genauigkeit erreicht werden.

- Schritt 3: Rückskalierung des Ergebnisses um 8 Stellen

  Die Größe temp muss im weiteren Verlauf des Algorithmus wieder auf die Skalierung von c_{impl} gebracht werden:

  c_{impl} = temp >>8

  Dabei entsteht ein relativer Fehler und Genauigkeit geht verloren. Dieser Schritt sollte deshalb möglichst spät im Algorithmus durchgeführt werden. Weitere Rechenschritte sollten die genauere Zwischengröße temp verwenden.

Hinweise für Additionen, Subtraktionen und Multiplikationen

- Für Additionen, Subtraktionen und Multiplikationen wird die Genauigkeit durch Überlauf- und Unterlaufbehandlungen begrenzt.
- Es können verschiedene Strategien zur Über- und Unterlaufbehandlung gewählt werden. Möglich sind beispielsweise Umskalierung, Begrenzung, Erweiterung des Wertebereichs durch Typkonvertierung oder Zulassen des Überlaufs/Unterlaufs mit oder ohne Erkennung und Reaktion im Algorithmus.
- Bei einer Umskalierung des Wertebereichs nimmt die relative Genauigkeit über den ganzen Wertebereich ab, auch wenn kein Über- oder Unterlauf auftritt.
- Bei einer Begrenzung des Wertebereichs nimmt die relative Genauigkeit nur im Falle des Auftretens einer Über- oder Unterlaufsituation ab.
- Über die Umrechnungsbeziehung von physikalischen Signalen in Implementierungsgrößen kann der Offset so eingestellt werden, dass die Berechnungen auf der Implementierungsebene überwiegend „in der Mitte" des gewählten Wertebereichs stattfinden. Dies ermöglicht auch die prozessorinterne Darstellung mit geringerer Wortlänge. Dieser Vorteil schlägt sich besonders bei großen Datenstrukturen, wie offsetbehafteten Kennlinien und Kennfeldern, in geringerem Speicherbedarf nieder. Offsets führen u. U. aber zu zusätzlichen Umrechnungsoperationen bei der Verknüpfung verschiedener Signale. Von Kennlinien und Kennfeldern und einigen anderen Ausnahmen abgesehen, empfiehlt es sich daher meist, Offsets in Umrechnungsformeln möglichst zu vermeiden.

5.4 Design und Implementierung von Software-Funktionen

- Multiplikationen und Divisionen mit Werten aus der Menge $\{2^1, 2^2, ..., 2^n\}$ können effektiv durch Schiebeoperationen ausgeführt werden. Rechts-Schiebeoperationen sollten bei vorzeichenbehafteten Größen unter Umständen vermieden werden. Stattdessen sollte u. U. mit der normalen Division gearbeitet werden.

Hinweise zur Fehlerfortpflanzung

- Selbst durch exakt ausgeführte Operationen, wie Additionen, Subtraktionen oder Multiplikationen, kann ein relativer Fehler der Eingangsgrößen rasch verstärkt werden.
- In diesem Zusammenhang sollten insbesondere auch Begrenzungen, die etwa durch die Argumentübergabe bei Unterprogrammaufrufen implizit wirksam werden können, beachtet und ihr Einfluss auf Zwischenergebnisse abgeschätzt werden.

5.4.2.10 Einige Hinweise zur Implementierung in Gleitpunktarithmetik

Auch bei der Implementierung in Gleitpunktarithmetik muss beachtet werden, dass die Menge A der Maschinenzahlen für Gleitpunktzahlen endlich ist. Dies führt unvermeidlich zu Rundungsfehlern bei den arithmetischen Operationen. Genauso wie für die Festpunktarithmetik gelten auch hier die Assoziativ- und Distributivgesetze nicht, da die exakten arithmetischen Operationen durch Gleitpunktoperationen approximiert werden.

Wenn auch nicht alle numerischen Probleme durch Gleitpunktarithmetik gelöst werden, so bietet der größere numerische Wertebereich doch den Vorteil, dass die Einflüsse von numerische Rundungsfehler, Über- und Unterläufe wesentlich geringer sind und häufig vernachlässigt werden können. Die Skalierung von physikalischen Größen – eine häufige Fehlerquelle bei der Implementierung in Integerarithmetik – ist nicht notwendig.

Allerdings führt die höhere numerische Genauigkeit auch zu einer größeren Wortlänge und damit zu einem erhöhten Speicher- und Laufzeitbedarf. So kann etwa die Sicherung und Wiederherstellung von Gleitpunktdaten bei präemptiver Zuteilungsstrategie in Echtzeitbetriebssystemen zu beträchtlichen Laufzeiteinflüssen führen.

Für viele Anwendungen wird daher eine Lösung gewählt, bei der Festpunkt- und Gleitpunktarithmetik kombiniert werden. Das Bewusstsein und Verständnis der allgemeinen numerischen Methoden bleibt deshalb essentiell wichtig, um Probleme zu lösen wie [87]:

- Konvertierung von Festpunktzahlen in Gleitpunktzahlen und umgekehrt
- Umgang mit „Division-durch-Null"-Bedingungen
- Fortpflanzung von Approximationsfehlern, die zum Beispiel durch Filter- und Integrationsalgorithmen entstehen können
- Fortpflanzung von Rundungsfehlern

Hinweise für Vergleiche und Divisionen

- Sind Vergleiche von Festpunktzahlen unkritisch, so sollten Vergleiche zweier Gleitpunktzahlen a und b auf Gleichheit in vielen Fällen vermieden werden. Stattdessen wird empfohlen, die Differenz delta = |a − b| gegenüber einer Schranke eps zu vergleichen, wobei auch die relative Genauigkeit berücksichtigt werden muss, etwa in der Form delta < |a · eps| oder delta < |b · eps|.
- Divisionen durch 0 müssen durch Bedingungen oder Abfragen ausgeschlossen werden.

5.4.2.11 Modellierungs- und Implementierungsrichtlinien

Die Optimierungen für Seriensteuergeräte hängen zum einen von der Anwendung, zum anderen von der Hardware-Plattform ab. Deshalb ist eine enge Zusammenarbeit zwischen dem für die modellbasierte, physikalische Spezifikation verantwortlichen Funktionsentwickler und dem für das Design und die Implementierung zuständigen Software-Entwickler notwendig.

Eine wichtige Voraussetzung für zielführende Optimierungsmaßnahmen sind Modellierungs- und Implementierungsrichtlinien. Das Funktionsmodell muss die explizite Spezifikation aller software-relevanten Informationen ermöglichen, ohne dass das physikalische Verständnis unnötig erschwert wird. Ein Beispiel für Modellierrichtlinien sind die MSR-Standards [78], ein Beispiel für Implementierungsrichtlinien sind die MISRA-Richtlinien [88].

Durch eine Trennung von Spezifikation und Design wird auch eine später eventuell notwendige Portierung auf neue Hardware-Plattformen ermöglicht. Dazu müssen dann im Idealfall nur die hardware-spezifischen Design-Entscheidungen angepasst werden.

Die Konsistenz von Spezifikation und Design stellt ein grundsätzliches Problem bei der Funktionsentwicklung dar. Verschiedene Werkzeuge zur Daten- und Verhaltensmodellierung unterstützen diese Entwurfsschritte. Werkzeuge ermöglichen auch die Festlegung von Richtlinien in Form von Basisblockbibliotheken, Skalierungsempfehlungen und Namensbezeichnungen für Variablen, sowie von Formelbibliotheken, Ablageschemata und Interpolationsroutinen für Kennlinien und Kennfelder, die Speicheraufteilung, und so weiter.

5.4.3 Design und Implementierung der Software-Architektur

Auch die Software-Architektur muss unter Berücksichtigung der Merkmale des ausgewählten Mikrocontrollers und des Steuergeräts konkretisiert werden, so dass alle Anforderungen, die an das Seriensteuergerät gestellt werden, berücksichtigt werden. Wegen der oft unterschiedlichen Randbedingungen ist eine einheitliche Software-Architektur erst in Ansätzen erkennbar.

5.4.3.1 Plattform- und Anwendungs-Software

Die Unterscheidung zwischen zwei Software-Schichten, der Plattform- und der Anwendungs-Software, ist recht weit verbreitet. Bei der Spezifikation in Abschnitt 5.3 wurde eine Architektur für die Software-Funktionen festgelegt. Die dort spezifizierten Software-Komponenten, die zur Darstellung einer Software-Funktion notwendig sind, können in der Design-Phase als Komponenten der Anwendungs-Software in die in Kapitel 1 und 2 eingeführte Software-Architektur integriert werden. Bild 5-66 zeigt beispielhaft einen Architekturentwurf, bei dem die Software-Funktionen durch Module realisiert wurden und über Messages kommunizieren. Für die Module wurde die in Bild 5-24 eingeführte Darstellung verwendet.

In den folgenden Abschnitten werden Methoden zur Implementierung und Konfiguration von Software-Komponenten behandelt – insbesondere solche Methoden, die durch Werkzeuge automatisiert unterstützt werden können. Die dadurch mögliche Gewährleistung der Übereinstimmung zwischen Spezifikation und Implementierung einer Software-Komponente trägt entscheidend zu einer Verbesserung der Software-Qualität bei.

5.4 Design und Implementierung von Software-Funktionen

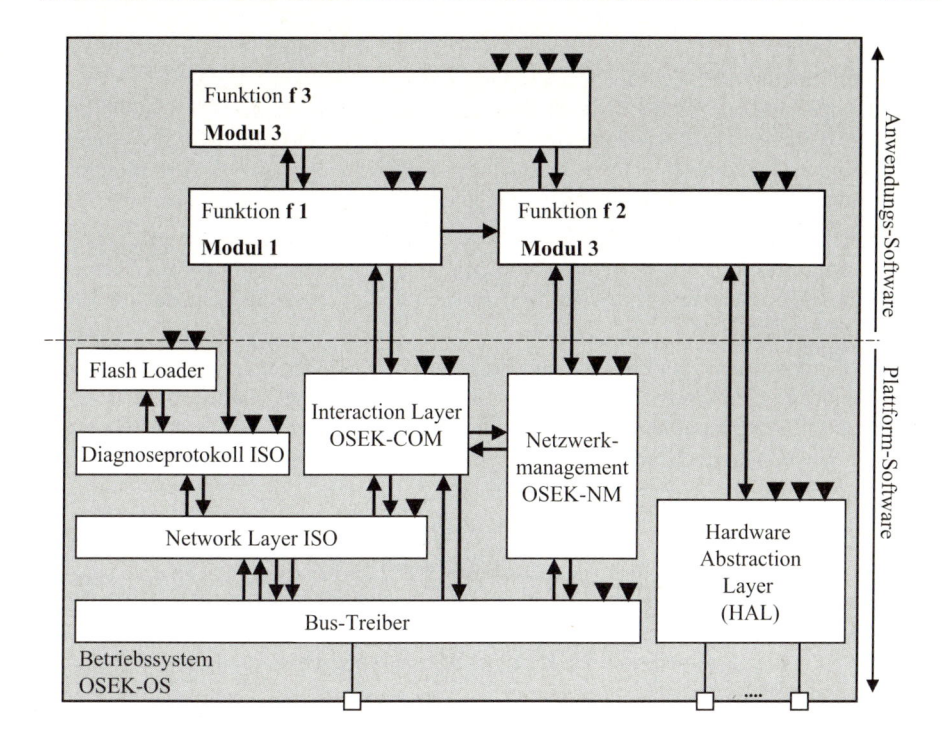

Bild 5-66: Software-Architektur mit Verwendung von standardisierten Software-Komponenten

5.4.3.2 Standardisierung von Software-Komponenten der Plattform-Software

In der Plattform-Software bietet die Standardisierung der Software-Komponenten viele Vorteile. Diese Software-Komponenten sind aus Sicht des Fahrzeugherstellers nicht wettbewerbsrelevant, so dass durch eine Standardisierung die Integration der von verschiedenen Lieferanten entwickelten Steuergeräte im Fahrzeug erleichtert wird und die Qualitätssicherung zentral durchgeführt werden kann. Bereits standardisierte Software-Komponenten sind beispielsweise

- Betriebssysteme, Kommunikation und Netzwerkmanagement nach OSEK [17]
- Diagnoseprotokolle nach ISO [24, 25]

Die Anpassung dieser Software-Komponenten an verschiedene Anwendungen erfolgt durch Konfigurationsparameter.

Weiteres Potential bietet die Standardisierung der Flash-Programmierung einschließlich der notwendigen Sicherheitsmechanismen zum Schutz vor unbefugtem Zugriff. Damit sind die Software-Komponenten, die zur Unterstützung der Off-Board-Schnittstellen eines Seriensteuergeräts für

- Diagnose
- Software-Parametrierung
- Software-Update

in der Produktions- und Servicephase notwendig sind, standardisiert.

Während der Entwicklung müssen oft weitere Schnittstellen unterstützt werden, etwa für das Messen und Kalibrieren oder auch für Bypass-Anwendungen. Protokolle für Mess- und Kalibrieranwendungen sind in ASAM [18] standardisiert, beispielsweise das CAN Calibration Protocol, kurz CCP oder das Extended Calibration Protocol, kurz XCP. Die dafür notwendigen Software-Komponenten müssen nur während der Entwicklungsphase in die Software-Architektur integriert werden. Sie entfallen wieder in der Produktions- und Servicephase.

Auch Komponenten der Anwendungs-Software bieten Potential zur Standardisierung, etwa die Interpolationsroutinen und Ablageschemata für Kennlinien und Kennfelder oder die Elemente einer steuerungs- und regelungstechnischen System-Bibliothek, wie sie im Rahmen von MSR-MEGMA [78] festgelegt sind.

Die Software-Komponenten zum Einlesen und Ansteuern der Peripheriemodule des Mikrocontrollers werden häufig zu einer Hardware-Abstraktionsschicht (engl. Hardware Abstraction Layer, HAL) zusammengefasst und können für einen Mikrocontroller oder eine Mikrocontrollerfamilie einheitlich realisiert werden.

5.4.3.3 Konfiguration von standardisierten Software-Komponenten

Über Konfigurationsparameter können standardisierte Software-Komponenten an eine spezifische Anwendung angepasst werden. Dieser Konfigurationsschritt kann durch Konfigurationswerkzeuge automatisiert werden. Beispiele sind die Konfiguration des Echtzeitbetriebssystems, oder auch die Konfiguration der Kommunikations- und Diagnose-Software-Komponenten der Plattform-Software.

In Bild 5-67 ist die automatisierte Generierung der Konfiguration für die Software-Komponenten zur Kommunikation im Steuergerätenetzwerk dargestellt. Die Kommunikationsmatrix des Steuergerätenetzwerks wird dazu in einer zentralen Datenbank abgelegt. Editoren ermöglichen die Bearbeitung der kommunikationsrelevanten Parameter durch verschiedene Sichtweisen auf die Kommunikationsmatrix - wie die Signalsicht, die Nachrichtensicht, die Bussicht, die Teilnehmersicht oder auch die Funktionssicht. Export-Schnittstellen unterstützen verschiedene Austauschformate – etwa in Form von Beschreibungsformaten für Entwicklungs- oder Messwerkzeuge – zur Verteilung der Kommunikationsmatrix an die verschiedenen Entwicklungspartner. Über Import-Schnittstellen können Teilumfänge zusammengeführt und auf Konsistenz geprüft werden. Die automatisierte Übernahme der Daten in Lasten- und Pflichtenhefte ist über eine Dokumentationsschnittstelle möglich.

Dadurch kann die Konsistenz zwischen Implementierung, Dokumentation und Beschreibungsformaten für alle relevanten Daten zur Beschreibung der Kommunikation im Steuergerätenetzwerk sichergestellt werden. Übertragungsfehler, etwa durch die manuelle Konfiguration von Software-Komponenten, können vermieden werden.

Ähnliche Anforderungen bestehen im Bereich der Diagnosedaten (Bild 5-68). Die zentrale Verwaltung der Diagnosedaten in einer Datenbank ermöglicht die automatisierte Konfiguration der Software-Komponenten für die Diagnose und gewährleistet beispielsweise die Konsistenz zwischen Fehlerspeicherbeschreibung für den Diagnosetester, etwa im Format ASAM-MCD 2D, und der Implementierung im Steuergerät. Eine weitere Aufgabe, die automatisiert werden kann, ist die Integration der Diagnosedaten verschiedener Steuergeräte zu einem Datenstand für das Fahrzeug und deren Prüfung auf Konsistenz.

5.4 Design und Implementierung von Software-Funktionen

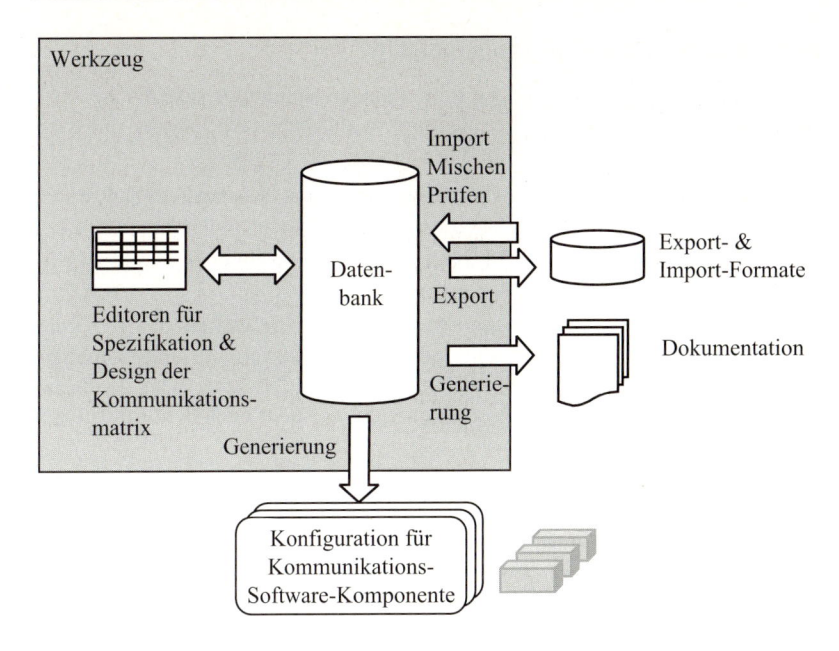

Bild 5-67: Automatisierte Konfiguration der Kommunikationsschicht

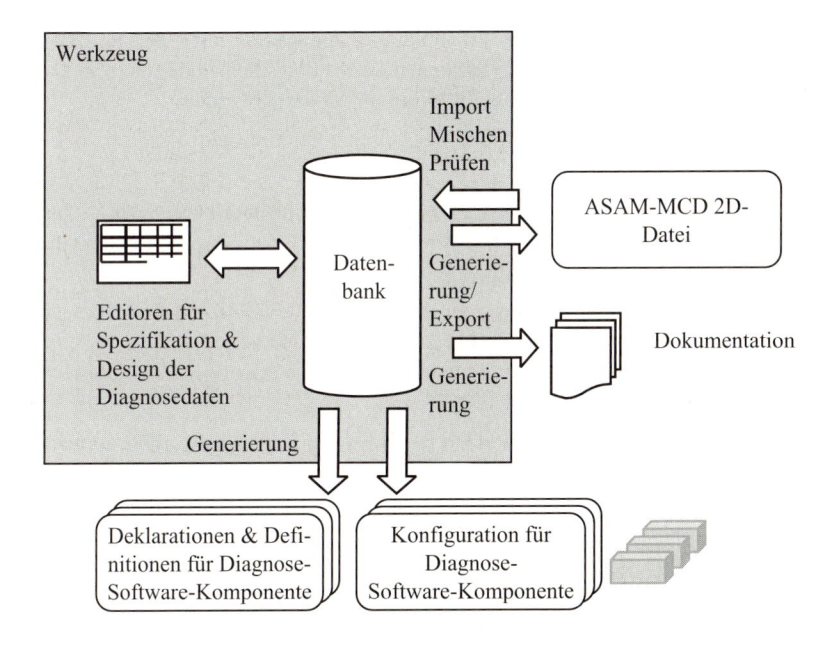

Bild 5-68: Automatisierte Konfiguration der Diagnoseschicht und Generierung der Diagnosebeschreibung

5.4.4 Design und Implementierung des Datenmodells

In der Produktion und im Service von Fahrzeugen führen länder- und kundenspezifische Ausstattungsoptionen zu einer Vielzahl von Fahrzeugvarianten, die beherrscht werden müssen. Diese Fahrzeugvarianten führen auch zu Software-Varianten für die Steuergeräte.

Verfahren zur Reduzierung der vom Fahrzeughersteller benötigten Steuergeräte-Hardware-Typen in Produktion und Service sind zur Beherrschung der Variantenvielfalt notwendig. Verfahren, die durch eine Variantenbildung des Datenstandes möglich sind, werden in diesem Abschnitt dargestellt.

- Bei Verfahren, die in der Produktion eingesetzt werden, stellen die Anforderungen an die zeitliche Dauer zum Einstellen einer Programm- oder Datenstandsvariante eines Steuergeräts eine wichtige Randbedingung dar. Die maximal zulässige Zeitdauer wird durch die Taktzeit der Produktion vorgegeben. Das Verfahren kann vor oder nach dem Einbau des Steuergeräts ins Fahrzeug eingesetzt werden.

- Bei Verfahren, die im Service verwendet werden, verlangt die weltweite Ersatzteillogistik nach einer möglichst geringen Anzahl verschiedener Steuergeräte-Hardware-Typen. Programm- und Datenvarianten können wesentlich kostengünstiger weltweit verteilt werden als Hardware-Komponenten. Eine weitere Anforderung ist, dass ein Ausbau des Steuergeräts aus dem Fahrzeug im Service zu hohen Kosten führt. Deshalb ist ein Konzept zum Einstellen, Ändern oder Laden von Programm- und Datenvarianten vorteilhaft, bei dem ein Steuergeräteaustausch oder -ausbau nicht notwendig ist.

- Auch die Fahrzeugbenutzer, etwa der Fahrer oder die weiteren Insassen, möchten selbst zunehmend ein persönliches Profil für viele Software-Funktionen über eine Benutzerschnittstelle vorgeben und abspeichern. Dazu gehören beispielsweise Einstellungen von Sitz-, Lenkrad- und Spiegelposition, sowie Einstellungen der Radiosender, der Heizung und Klimaanlage. Diese personenbezogenen Parameter können beispielsweise über fahrerspezifische Kennungen, die im Schlüssel abgelegt werden, verwaltet werden.

Alle diese Anforderungen müssen beim Design und der Implementierung von Daten berücksichtigt werden.

In den Abschnitten 5.4.4.2 und 5.4.4.3 werden zwei verschiedene technische Verfahren zur Einstellung von Datenvarianten ausführlicher dargestellt:

- die Einstellung durch Flash-Programmierung und
- die Einstellung über Konfigurationsparameter.

5.4.4.1 Festlegung des Speichersegments

Neben der Art der Darstellung im Prozessor muss für jedes Datum festgelegt werden, in welchem Speichersegment des Mikrocontrollers es abgelegt werden soll.

Es muss also definiert werden, ob eine Größe im flüchtigen Schreib-/Lesespeicher – beispielsweise im RAM –, im nichtflüchtigen Lesespeicher – etwa im ROM, PROM, EPROM oder Flash –, oder in einem nichtflüchtigen Schreib-/Lesespeicher – wie dem EEPROM oder dem batteriegepufferten RAM – gespeichert werden soll.

5.4 Design und Implementierung von Software-Funktionen

5.4.4.2 Einstellung von Datenvarianten durch Flash-Programmierung

Dieses Verfahren kann bei Steuergeräten mit Flash-Technologie eingesetzt werden. Hierzu kann der komplette Flash-Bereich – mit dem Programm- und dem variantenspezifischen Datenstand – oder nur ein Teilbereich des Flash-Speichers – etwa nur der Datenstand – beispielsweise am Ende der Fahrzeugproduktion programmiert werden. Davon ist die Bezeichnung Bandendeprogrammierung (engl. End of Line Programming) abgeleitet.

Dieses Verfahren wird zunehmend auch für Software-Updates für Fahrzeuge im Service eingesetzt. Im Service erfolgt die Programmierung zunehmend über die zentrale Diagnoseschnittstelle des Fahrzeugs, so dass das Steuergerät dazu nicht aus dem Fahrzeug ausgebaut werden muss. Auf das Verfahren zur Flash-Programmierung im Service wird in Abschnitt 6.3 ausführlich eingegangen.

Zur Verkürzung der notwendigen Zeitdauer für die Flash-Programmierung werden Programm- und Datenstand häufig getrennt programmiert. In der Produktion kann dadurch beispielsweise der variantenunabhängige Programmstand bereits bei der Steuergeräteherstellung programmiert werden und nur der fahrzeugspezifische, variantenabhängige Datenstand wird am Ende der Fahrzeugproduktion programmiert.

Am Beispiel einer Kennlinie ist in Bild 5-69 das Variantenmanagement durch Flash-Programmierung dargestellt.

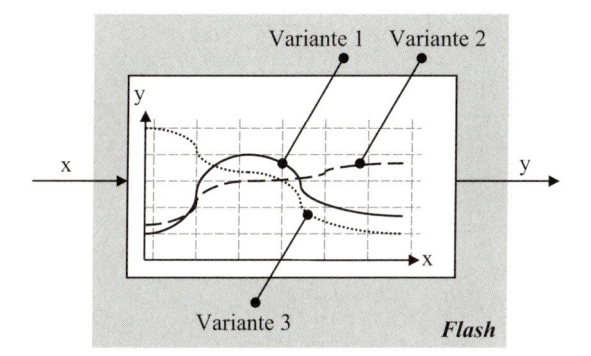

Bild 5-69: Datenstandsprogrammierung am Beispiel einer Kennlinie

5.4.4.3 Einstellung von Datenvarianten durch Konfigurationsparameter

Eine zweite Lösung ist die parallele Ablage unterschiedlicher Datenvarianten im nichtflüchtigen Festwertspeicher des Steuergeräts. Durch eine Parametrierung am Bandende wird nur eine der Datenvarianten über einen dafür vorgesehenen Software-Schalter oder Software-Parameter ausgewählt. Dieser Software-Parameter wird beispielsweise im EEPROM abgelegt. Da dadurch aus mehreren möglichen Versionen von Datenständen eine Konfiguration nach Bild 3-12 erst am Bandeende festgelegt wird, wird dieses Verfahren auch als Bandendekonfiguration (engl. End of Line Configuration) bezeichnet.

Alternativ kann diese Konfiguration auch erst beim Starten des Fahrzeugs festgelegt werden. In diesem Fall werden mit dem beschriebenen Verfahren in einem Steuergerät die Konfigurationsinformationen für alle Steuergeräte des Fahrzeugs zentral abgelegt. Dieses Steuergerät sendet diese Information – beispielsweise nach Einschalten der Zündung – über eine Nachricht an alle betroffenen Teilnehmer im Netzwerk, die daraufhin die entsprechende Konfiguration auswählen.

Auch dieses Verfahren wird für die Software-Konfiguration für Fahrzeuge im Feld über die zentrale Fahrzeugdiagnoseschnittstelle verwendet. Es eignet sich auch zur Parametrierung von Funktionen durch den Benutzer selbst.

Bild 5-70 zeigt das Konfigurationsmanagement durch Software-Parameter am Beispiel einer Kennlinie. Auch Kombinationen der verschiedenen Verfahren sind denkbar.

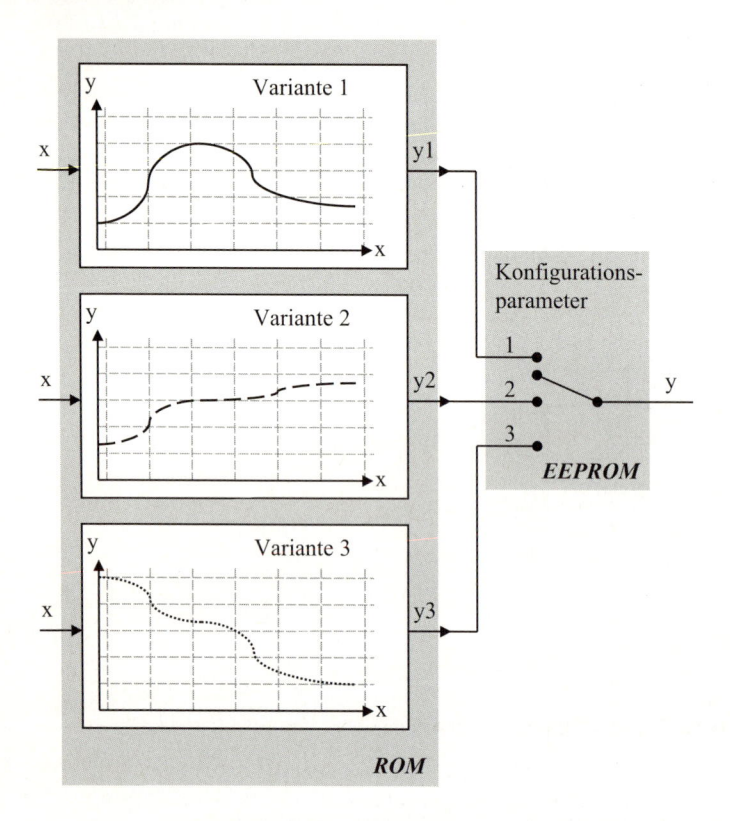

Bild 5-70: Datenstandsparametrierung am Beispiel einer Kennlinie

5.4.4.4 Generierung von Datenstrukturen und Beschreibungsdateien

Durch die zentrale Verwaltung und die automatisierte Generierung von Datenstrukturen und Beschreibungsdateien für die Mess- und Kalibrierdaten kann ein weiterer Entwicklungsschritt automatisiert werden (Bild 5-71).

In einer Datenbank werden die Mess- und Kalibrierdaten eines Mikrocontrollers zentral abgelegt. Dabei werden die physikalische Spezifikation, die Design- und Implementierungsentscheidungen für alle Daten, sowie die Festlegung der Abbildungsvorschrift, etwa durch Umrechnungsformeln, zusammen verwaltet. Aus der Datenbank können dann einerseits Datenstrukturen für eine Entwicklungsumgebung, beispielsweise in der Sprache C, generiert werden. Andererseits stehen nach Einlesen der Adressinformation auch alle Informationen zur Verfügung, um eine Beschreibungsdatei im Format ASAM-MCD 2MC zu erzeugen, die von Mess-, Kalibrier- und Diagnosewerkzeugen verwendet wird. Dadurch kann die Konsistenz zwischen Datenbeschreibung für Mess- und Kalibrierwerkzeuge und der Implementierung der Daten gewährleistet werden.

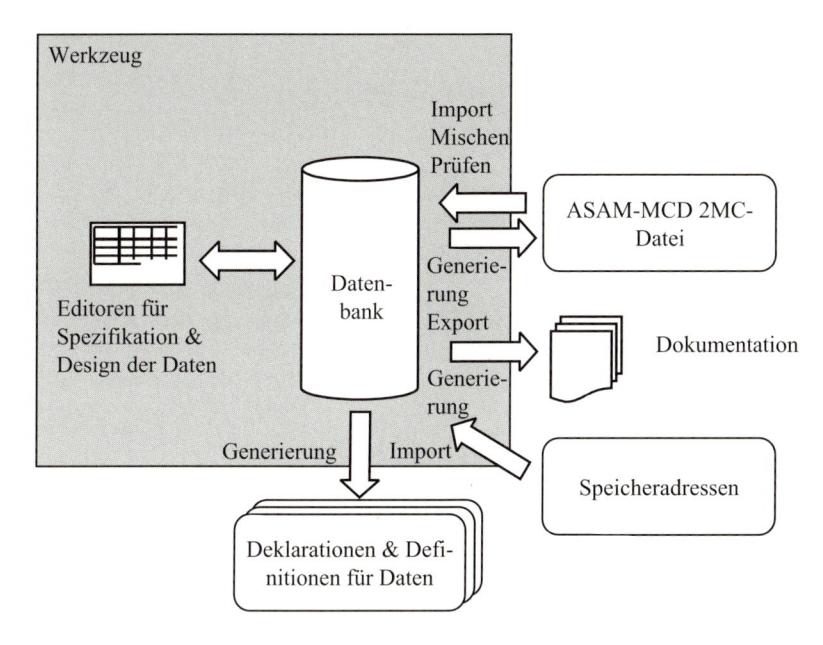

Bild 5-71: Automatisierte Generierung von Datenstrukturen und der Datenbeschreibung [89]

5.4.5 Design und Implementierung des Verhaltensmodells

Die Konsistenz zwischen Spezifikation, Dokumentation und der vollständigen Implementierung von Software-Komponenten kann durch den Einsatz von Codegenerierungswerkzeugen gewährleistet werden (Bild 5-72).

Die modellbasierte Spezifikation, die auch für die Simulation oder das Rapid-Prototyping verwendet wird, wird als Basis für die automatisierte Codegenerierung genutzt. Dazu müssen für die auf der physikalischen Ebene spezifizierten Daten und für die Algorithmen die notwendigen Designentscheidungen getroffen werden. Für die Daten sind die Festlegungen, wie in Bild 5-71 dargestellt, notwendig. Für die Algorithmen, ist die Festlegung der Darstellungsform für Argumente und Rückgabewerte, sowie die Zuordnung zu den Speichersegmenten des Steuergeräts erforderlich. Bei Implementierung in Integerarithmetik müssen weitere Festlegungen, etwa bezüglich der Strategie zur Behandlung von Rundungsfehlern, Unterläufen und Überläufen wie in Abschnitt 5.4.2 dargestellt, getroffen werden. Diese Definitionen werden durch ein Designwerkzeug unterstützt.

Mit diesen Informationen ist die automatisierte Generierung von vollständigen Software-Komponenten, z. B. in Quellcode, möglich, die dann in einer konventionellen Software-Entwicklungsumgebung weiterverwendet und zu einem Programm- und Datenstand des Mikrocontrollers integriert werden können. Diese Vorgehensweise wird daher auch als „Methode zusätzlicher Programmierer" bezeichnet (Bild 5-72).

Kann zusätzlich auch die Software-Architektur beschrieben werden und können die Komponenten der Plattform-Software integriert und konfiguriert werden, so ist mit Integration eines Compiler Tool Sets für den jeweiligen Mikrocontroller auch die vollständige Generierung eines Programm- und Datenstandes möglich (Bild 5-72). Diese Vorgehensweise wird deshalb als „Methode Integrationsplattform" bezeichnet.

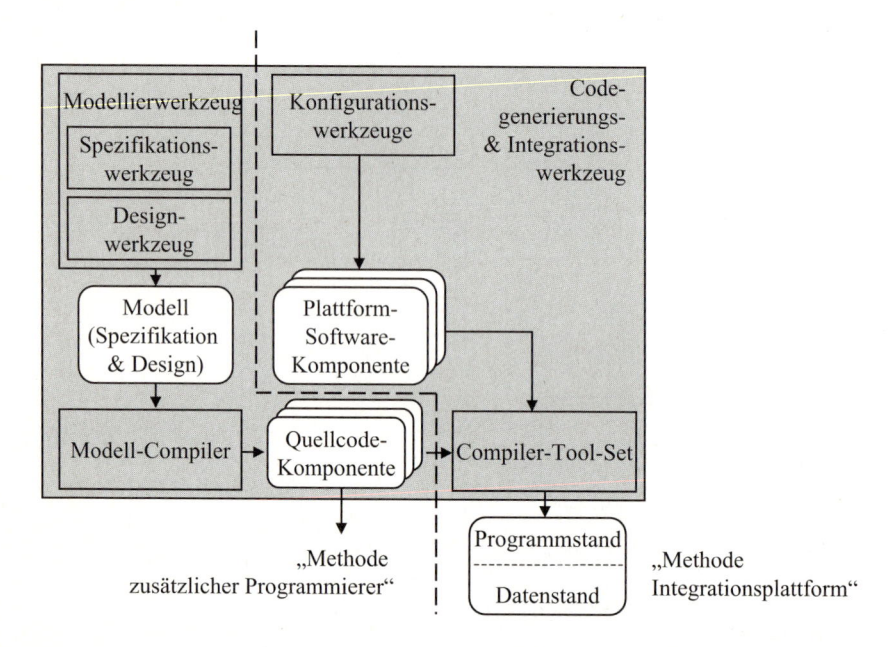

Bild 5-72: Automatisierte Generierung von Software-Komponenten und des Programm- und Datenstands [74]

Beispiel: Design und Implementierung der Klasse „Integrator"

Die in Bild 5-27 spezifizierte Klasse „Integrator" soll implementiert werden. Dazu werden die folgenden Designentscheidungen für die Daten getroffen:

5.4 Design und Implementierung von Software-Funktionen

Bezeichnung X	Darstellung	Formel $X_{impl}(X_{phys}) = K_1 \cdot X_{phys}$	Wertebereich auf der physikalischen Ebene X_{impl}	Wertebereich auf der Implementierungsebene X_{phys}
E/compute()	uint8	$K_1 = 1$	true/false	1/0
in/compute()	uint16	$K_1 = 256$	0 ... 100	0 ... 25 600
K/compute()	uint16	$K_1 = 256$	0 ... 255.996	0 ... 65 535
MN/compute()	uint32	$K_1 = 256$	0 ... 16 777 215.99	0 ... 4 294 967 295
MX/compute()	uint32	$K_1 = 256$	0 ... 16 777 215.99	0 ... 4 294 967 295
return/out()	uint16	$K_1 = 256$	0 ... 255.996	0 ... 65 535
I/init()	uint8	$K_1 = 1$	true/false	1/0
IV/init()	uint16	$K_1 = 256$	0 ... 100	0 ... 25 600
memory	uint32	$K_1 = 256$	0 ... 16 777 215.99	0 ... 4 294 967 295
dT	uint16	$K_1 = 1024$	0 ... 63.999	0 ... 65 535

Bild 5-73: Designentscheidungen für die Daten und Schnittstellen der Klasse „Integrator"

Eine mögliche Implementierung in der Sprache C der Methode „compute()" in Festpunktarithmetik ist in Bild 5-74 dargestellt. Für die Algorithmen werden dabei zusätzliche Designentscheidungen berücksichtigt, etwa in Bezug auf die Behandlung von Über- und Unterlaufsituationen.

```
/* Statische Variablen */
extern uint32 memory;
extern uint16 dT;

/* Methode compute() */
void compute (uint16 in, uint16 K, uint32 MN, uint32 MX, uint8 E)
{
  uint32 t1uint32, t2uint32, t3uint32;
  if E {
    /* Überlaufbehandlung 15 Bits */
    t1uint32 = MX >> 1;
    /* min=0, max=2147483647, impl=128phys */
    t2uint32 = ((  (uint32) (in >> 5)
              *(  ( (uint32) K * dT) >> 10)
              ) >> 4)
            + (memory >> 1);
    /* min=0, max=2357192447, impl=128phys+0 */
    t3uint32 = (uint32)((t2uint32<t1uint32)?t2uint32:t1uint32)<<1;
    /* min=0, max=4294967294, impl=256phys+0 */
    memory = (t3uint32 > MN) ? t3uint32 : MN;
    /* min=0, max=4294967295, impl=256phys+0 */
  }
}
```

Bild 5-74: Implementierung der Methode „compute()" der Klasse „Integrator" als Funktion in der Sprache C

5.5 Integration und Test von Software-Funktionen

In diesem Abschnitt werden Verifikations- und Validationsmethoden behandelt, die in der Integrations- und Testphase für Software-Funktionen eingesetzt werden. Wegen der unternehmensübergreifenden Integrations- und Testschritte spielen Verfahren, bei denen nicht vorhandene reale Komponenten durch Modellierung und Simulation virtuell nachgebildet werden, eine wichtige Rolle in der Fahrzeugentwicklung.

Der Aufbau dieses Abschnitts orientiert sich an den folgenden Integrations- und Testumgebungen:

- Simulationsumgebungen
- Laborfahrzeuge und Prüfstände
- Experimentier-, Prototyp- und Serienfahrzeuge

Die Synchronisation der verschiedenen Verifikations- und Validationsschritte zwischen allen Entwicklungspartnern und Entwicklungsumgebungen, etwa die Abstimmung der Komponentenmodelle und Testfälle, muss bereits bei der Projektplanung berücksichtigt werden.

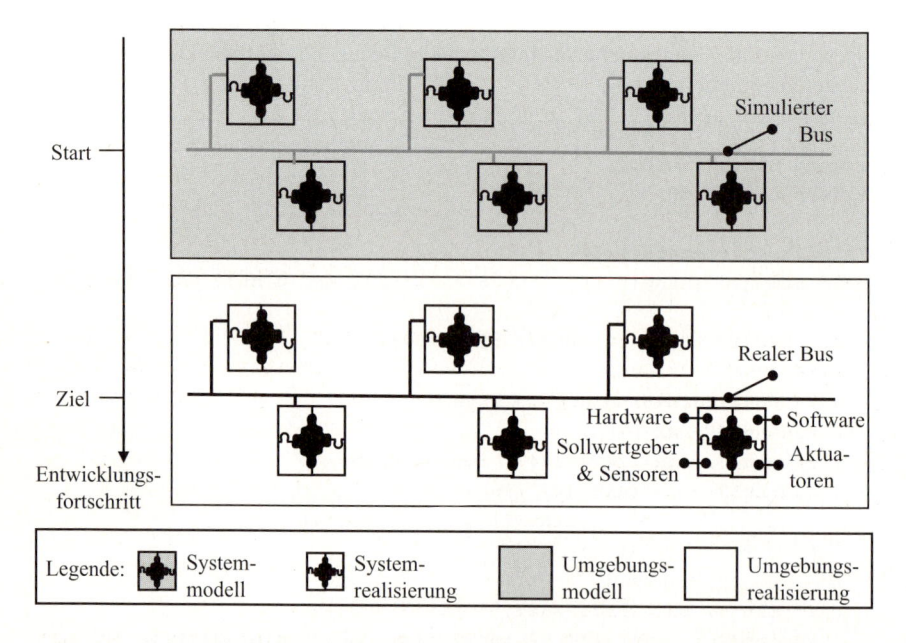

Bild 5-75: Ausgangs- und Zielsituation für die Integration und den Test von Software und Systemen

Einige Validationsverfahren, wie Rapid-Prototyping für spezifizierte Software-Funktionen, die bereits in der Spezifikationsphase eingesetzt werden können, wurden in Abschnitt 5.3 behandelt. Diese Verfahren können mit den in diesem Abschnitt beschriebenen Verfahren kombiniert werden. Hier stehen Verfahren im Vordergrund, mit denen implementierte Software-Funktionen frühzeitig in einer teilweise virtuellen, teilweise realen Umgebung verifiziert und

5.5 Integration und Test von Software-Funktionen

validiert werden können. Dabei werden verschiedene typische Zwischenschritte herausgegriffen. Ausgangs- und Zielsituation sind in Bild 5-75 dargestellt.

Ein Überblick über die verschiedenen Zwischenschritte bei der Integration zeigt Bild 5-76. Die Modelle der logischen Systemarchitektur können als Grundlage für die Nachbildung nicht vorhandener Systemkomponenten dienen. Anhand beispielhaft ausgewählter Ausschnitte aus Bild 5-76 werden in den folgenden Abschnitten verbreitete Integrations-, Verifikations- und Validationsmethoden dargestellt.

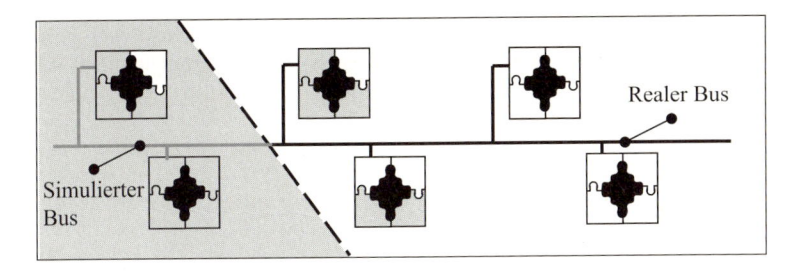

Bild 5-76: Zwischenschritte bei der Integration und beim Test von Software und Systemen

Der frühestmögliche Validationsschritt ist die Simulation des Modells einer Steuerungs- und Regelungsfunktion zusammen mit einem Modell des zu steuernden oder zu regelnden Systems. Im Simulationsmodell können die Komponenten Sollwertgeber, Steuerung/Regler oder Überwachung, Aktuatoren, Strecke und Sensoren nachgebildet werden. Für viele Fahrzeugfunktionen interessieren bei der Simulation auch der Einfluss des Fahrers und der Umwelt auf das Systemverhalten. Fahrer und Umwelt können dazu als weitere Komponenten berücksichtigt werden, wie in Bild 5-44 dargestellt.

Da alle Komponenten durch virtuelle Modelle repräsentiert werden, werden keine Echtzeitanforderungen an geeignete Modellbildungs- oder Simulationsverfahren gestellt. An dieser Stelle soll nicht weiter auf die Modellbildung für Fahrzeugkomponenten eingegangen werden. Eine ausführliche Darstellung findet sich z. B. in [35].

5.5.1 Software-in-the-Loop-Simulationen

Werden realisierte Software-Komponenten in einer simulierten Umgebung ausgeführt, so wird diese Vorgehensweise auch als **Software-in-the-Loop-Simulation**, kurz SIL-Simulation, bezeichnet.

Mit Blick auf eine Regelungsfunktion ist diese Bezeichnung schlüssig. Eine Software-Funktion, durch die beispielsweise eine Regelungsfunktion in der Anwendungs-Software realisiert wird, kann als eine Komponente im Regelkreis (engl. Loop) modelliert und ausgeführt werden, wie in Bild 5-77 beispielhaft dargestellt.

Diese Vorgehensweise ist jedoch auch für eine ganze Reihe weiterer Anwendungsfälle vorteilhaft, wo kein Regelkreis besteht. Sollen etwa Software-Komponenten, durch die Steuerungs- oder Überwachungsfunktionen realisiert werden, oder Software-Komponenten der Plattform-Software, etwa die Kommunikationsschicht, auf diese Art und Weise verifiziert und validiert werden, so ist die Bezeichnung SIL-Simulation dafür nicht sehr aussagekräftig.

Gegenüber Bild 5-44 ändert sich in diesem Fall der Aufbau des Simulationsmodells nicht wesentlich. Jedoch müssen die Modellkomponenten viel konkreter festgelegt werden. So muss die Modellbildung für das Steuergerät so weit konkretisiert werden, dass die Analog-Digital-Wandlung und die Digital-Analog-Wandlung der Signale, sowie das „Echtzeitverhalten" möglichst genau berücksichtigt werden. Erst dann können, wie in Bild 5-77 dargestellt, realisierte Software-Komponenten in diese Simulationsumgebung integriert und ausgeführt werden. Die implementierte Software-Komponente als Prüfling wird dann in einer virtuellen Umgebung auf einer Entwicklungs- und Simulationsplattform, z. B. auf einem PC, ausgeführt. Echtzeitanforderungen an die Ausführung der Simulation werden dabei nicht gestellt.

Mit Software-in-the-Loop-Simulationen können eine ganze Reihe dynamischer Software-Tests frühzeitig ohne reales Steuergerät durchgeführt werden, beispielsweise Komponententests mit Code-Abdeckungsanalysen (engl. Code Coverage Analysis).

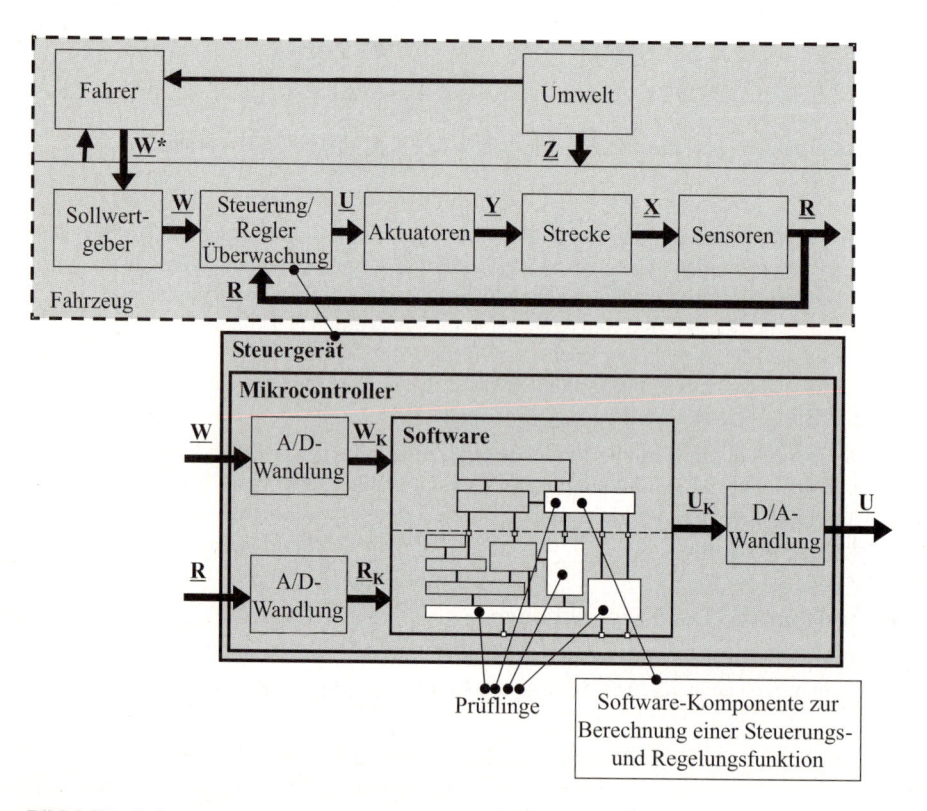

Bild 5-77: Software-in-the-Loop-Simulation

5.5.2 Laborfahrzeuge und Prüfstände

Eine ganze Klasse von Methoden und Werkzeugen, die zur Verifikation und Validation eingesetzt werden, sobald Hardware und Software eines Steuergeräts zur Verfügung stehen, werden unter den Bezeichnungen Laborfahrzeuge und Prüfstände zusammengefasst. Ziel kann dabei, wie in Bild 5-78 dargestellt, der Betrieb eines realen Steuergeräts in einer teilweise virtuellen, teilweise realen Umgebung sein. Gegenüber den oben dargestellten Simulationsverfahren, müssen deshalb Echtzeitanforderungen bei der Modellbildung und Ausführung der Simulation der Umgebungskomponenten berücksichtigt werden.

Steht die Verifikation und Validation von Regelungsfunktionen im Vordergrund, so kann das Steuergerät, wie in Bild 5-78, als Komponente im Regelkreis betrachtet werden. Aus diesem Grund wird diese Vorgehensweise häufig auch als Hardware-in-the-Loop-Simulation, kurz HIL-Simulation, bezeichnet. Ähnlich wie die SIL-Simulation ist diese Vorgehensweise jedoch nicht auf Regelungsfunktionen beschränkt, sondern kann für eine ganze Reihe weiterer Anwendungsgebiete eingesetzt werden, von denen nachfolgend einige beispielhaft herausgegriffen werden. In diesem Buch werden diese verschiedenen Verfahren unter der Bezeichnung Laborfahrzeuge zusammengefasst.

Mit Blick auf die Software eines Steuergeräts stehen verschiedene Aspekte im Vordergrund, beispielsweise die Verifikation und Validation des Echtzeitverhaltens, des On-Board- und Off-Board-Kommunikationsverhaltens im Netzwerk oder auch die Überprüfung der Steuerungs-/Regelungs- und Überwachungsfunktionen.

5.5.2.1 Prüfumgebung für ein Steuergerät

Das Laborfahrzeug kann als ein Software- und Hardware-Prüfstand für ein Steuergerät verwendet werden (Bild 5-78). Statische und dynamische Vorgänge der Umgebung des Steuergeräts werden in Echtzeit simuliert.

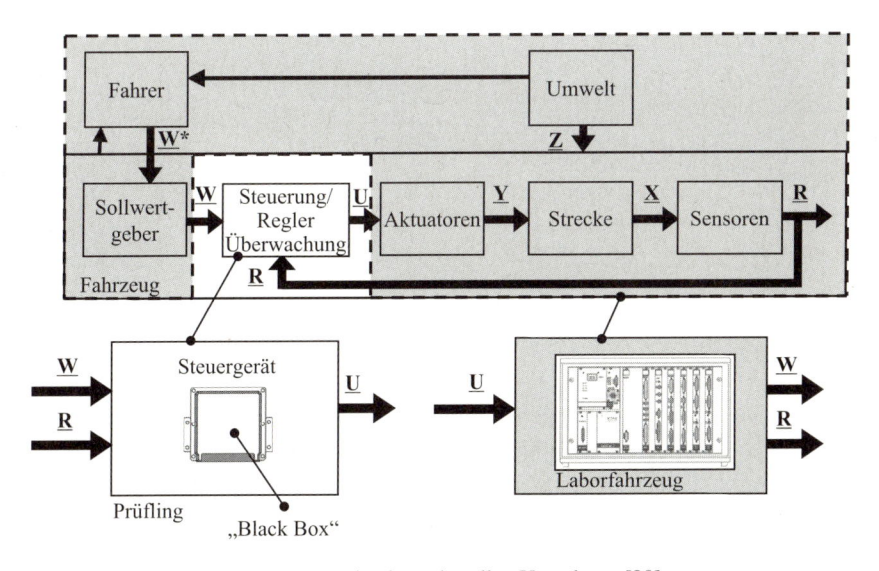

Bild 5-78: Betrieb des Steuergeräts in einer virtuellen Umgebung [90]

Die Eingangssignale des Steuergeräts werden durch ein Umgebungsmodell nachgebildet und das Steuergerät damit stimuliert. Eingänge des Steuergeräts sind, wie in Bild 5-78 dargestellt, die Signalvektoren **W** und **R**. Der Ausgangssignalvektor **U** wird als Eingangsgröße für die Simulation der Umgebung im Laborfahrzeug verwendet.

Den prinzipiellen Aufbau des Laborfahrzeugs LabCar [90] zeigt Bild 5-79. Das Umgebungsmodell wird übersetzt und auf einem Echtzeitrechnersystem ausgeführt. Dort erfolgt neben der Ausführung der Modelle die Ausgabe der Signalvektoren **W** und **R** des Steuergeräts, sowie die Erfassung des Signalvektors **U**. Über einen Bedienrechner können die Experimente interaktiv vom Benutzer oder automatisiert gesteuert werden. Modelländerungen an den Umgebungskomponenten werden durch Modellierwerkzeuge unterstützt.

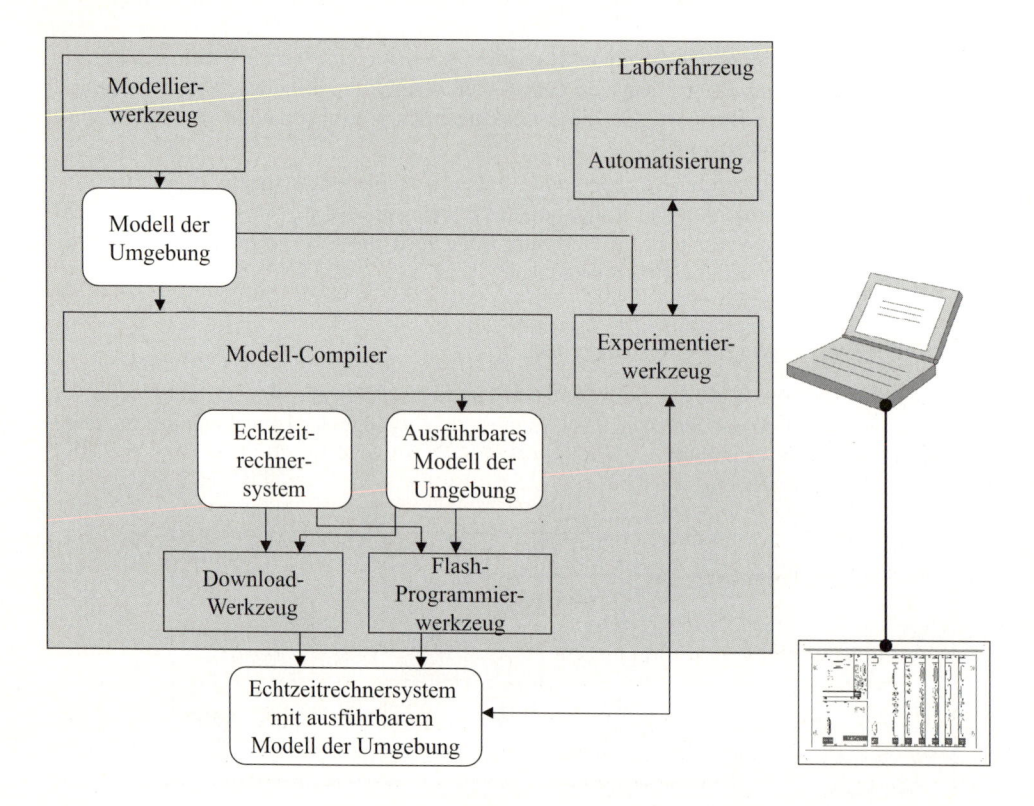

Bild 5-79: Aufbau des Laborfahrzeugs LabCar [90]

Beispiel: Prüfumgebung für die Steuerungs- und Regelungsfunktionen eines Steuergeräts

Eine typische Anwendung ist die Prüfung des dynamischen Verhaltens der Steuerungs- und Regelungsfunktionen eines Steuergeräts. Dies schließt neben den Software-Funktionen in der Anwendungs-Software auch die Signalverarbeitung in der Plattform-Software, sowie in der Hardware des Steuergeräts ein.

5.5 Integration und Test von Software-Funktionen

Die beliebige Vorgabe der Eingangssignale des Steuergeräts ermöglicht große Freiheitsgrade bei der Durchführung von Experimenten:

- Die Vorgabe der Umgebungsbedingungen für das Steuergerät, beispielsweise Temperatur, Luftdruck oder Luftfeuchtigkeit über die beliebige Stimulation der Eingangssignale ermöglicht die einfache Prüfung der Software-Funktionen unter extremen Bedingungen.
- Extreme Fahrsituationen können damit ohne Gefährdung von Testfahrern oder Prototypenfahrzeugen nachgestellt werden.
- Alterungs- und Ausfallsituationen an Sollwertgebern, Sensoren, Aktuatoren oder Kabelverbindungen können beliebig vorgegeben werden. Damit können etwa adaptive Regelungsfunktionen durch Vorgabe von Alterungseffekten bei Signalen getestet werden.
- Überwachungsfunktionen können durch Vorgabe unplausibler Signale systematisch geprüft werden.
- Bauteiletoleranzen beispielsweise in Sollwertgebern, Sensoren und Aktuatoren können beliebig vorgegeben werden und ihre Auswirkungen auf die Robustheit von Steuerungs- und Regelungsfunktionen können überprüft werden.
- Gegenüber Tests an Prüfständen oder im Fahrzeug können die Betriebspunkte ohne Einschränkungen beliebig vorgegeben werden, beispielsweise bei einem Motor im vollständigen Drehzahl-Last-Bereich.

Alle Prüfungen sind reproduzierbar und können automatisiert ausgeführt werden. Weitere Hardware-Komponenten, Aggregate oder Fahrzeuge sind dazu nicht notwendig.

Bei einem Aufbau des Laborfahrzeugs wie in Bild 5-78 wird das Steuergerät als „Black Box" betrachtet. Das funktionale Verhalten des Steuergeräts kann nur anhand seiner Ein- und Ausgangssignale bewertet werden. Für einfache Steuergerätefunktionen reicht diese Vorgehensweise zwar aus, zur Prüfung komplexerer Funktionen ist aber die Integration eines Messverfahrens für steuergeräteinterne Zwischengrößen erforderlich.

5.5.2.2 Inbetriebnahme und Prüfumgebung für Steuergerät, Sollwertgeber, Sensoren und Aktuatoren

Das im letzten Abschnitt dargestellte Verfahren kann auch auf die Prüfung der Sollwertgeber, Sensoren und Aktuatoren eines Steuergeräts ausgeweitet werden. Dazu werden die realen Sollwertgeber, Sensoren und Aktuatoren in den „Regelkreis" eingebaut und gleichfalls als Prüflinge betrachtet (Bild 5-80).

Die Modellbildung im Laborfahrzeug beschränkt sich dann auf Modelle der Strecke, des Fahrers und der Umwelt. Modelle für die Sollwertgeber, Sensoren und Aktuatoren sind nicht mehr notwendig. Das Laborfahrzeug muss in diesem Fall die Ausgangsgrößen $\underline{W}^*$ und $\underline{X}$, sowie die Eingangsgrößen $\underline{Y}$ unterstützen und der Hardware-Aufbau entsprechend angepasst werden.

Auch Kombinationen zwischen simulierten und realen Aktuator- und Sensorkomponenten sind möglich.

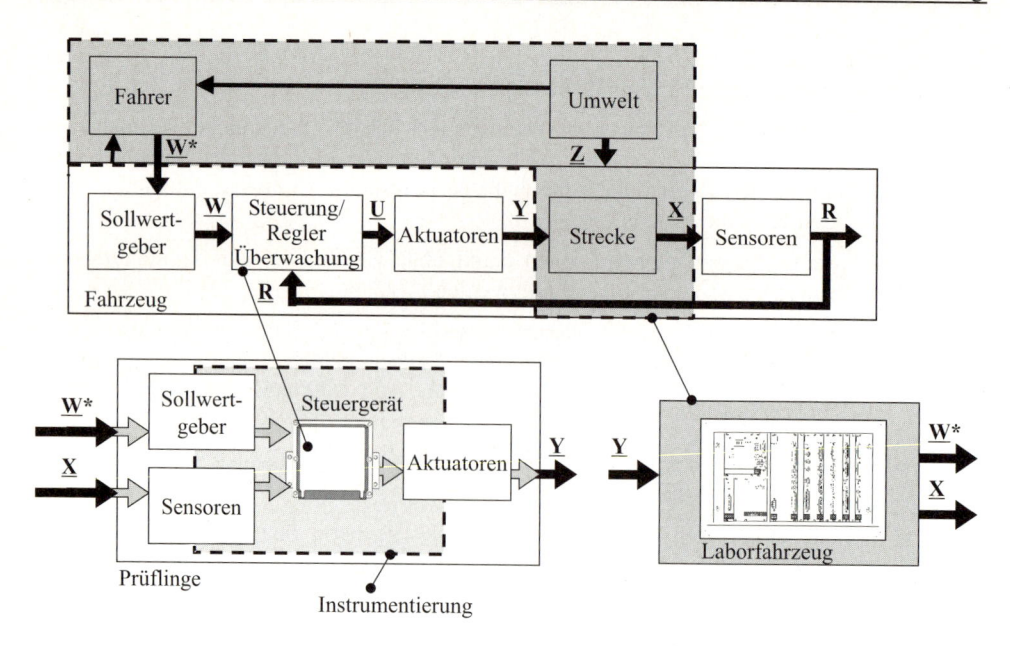

Bild 5-80: Betrieb von Steuergerät, Sollwertgebern, Sensoren und Aktuatoren in virtueller Umgebung [90]

Beispiel: Prüfumgebung für Steuerungs-/Regelungs- und Überwachungssysteme

Gegenüber dem vorigen Beispiel können mit diesem Aufbau komplette elektronische Steuerungs-/Regelungs- und Überwachungssysteme geprüft werden. Zur Prüfung der Sollwertgeber, Aktuatoren und Sensoren ist die Messung von verschiedensten Signalen in diesen Komponenten notwendig. Diese Signale werden meist durch eine zusätzliche Sensorik – die so genannte **Instrumentierung** – zum Beispiel an den Sensoren und Aktuatoren eines Fahrzeugsystems aufgenommen. Ebenso wird die Erfassung steuergeräteinterner Zwischengrößen als Instrumentierung des Steuergeräts bezeichnet.

Dazu kann eine Instrumentierung dieser Komponenten und des Steuergeräts mit einem Mess-, Kalibrier- und Diagnosesystem in das Laborfahrzeug integriert werden. Der Zugriff auf das Steuergerät kann über verschiedene Off-Board-Schnittstellen erfolgen, etwa über die Off-Board-Diagnoseschnittstelle.

Die darstellbaren Testfälle gehen an einigen Stellen über die Testsituationen des letzten Beispiels hinaus. Jedoch bestehen an anderen Stellen gegenüber der obigen Situation auch Einschränkungen, etwa bezüglich der Vorgabe von Alterungseffekten in Sensoren oder der Vorgabe von Extrem- und Fehlersituationen.

5.5.2.3 Inbetriebnahme und Prüfumgebung für ein Steuergerätenetzwerk

Sind die zu prüfenden Funktionen durch ein verteiltes und vernetztes System realisiert, dann ist die Erweiterung des Verfahrens auf die Prüfung mehrerer Steuergeräte erforderlich. Die Instrumentierung muss auf mehrere Steuergeräte erweitert werden (Bild 5-81).

5.5 Integration und Test von Software-Funktionen

Häufig werden die Tests in Stufen durchgeführt. So können z. B. zunächst die Kommunikation zwischen den Steuergeräten über den Bus und die relevanten Komponenten der Plattform-Software geprüft werden. Erst in einem weiteren Schritt werden die Komponenten der Anwendungs-Software getestet (Bild 5-66).

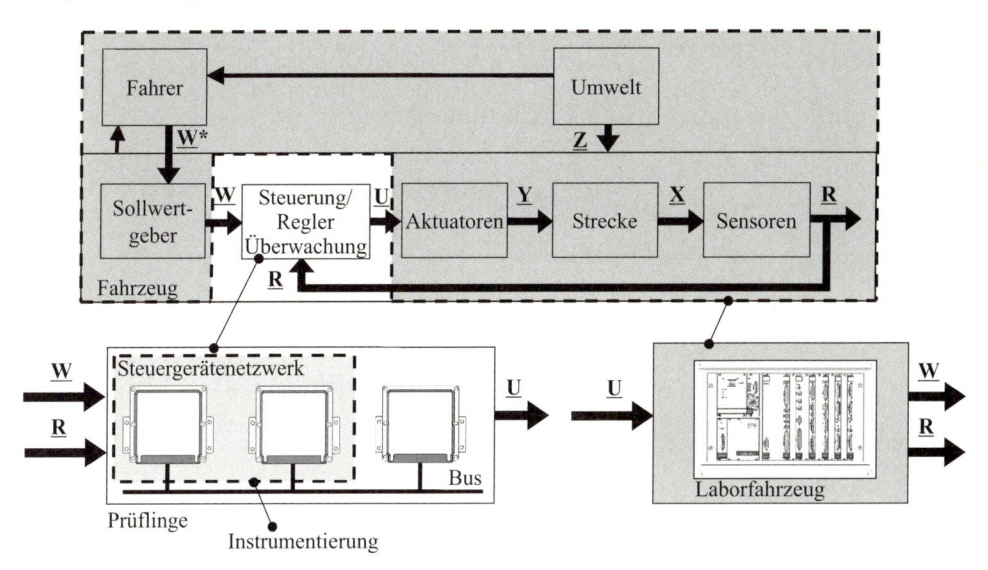

Bild 5-81: Betrieb von mehreren Steuergeräten in virtueller Umgebung [90]

In beiden Fällen können nicht vorhandene Steuergeräte durch simulierte Steuergeräte ersetzt werden, die dann Komponenten des Umgebungsmodells sind, das auf dem Echtzeitrechnersystem ausgeführt wird. Das Echtzeitrechnersystem benötigt dazu eine Schnittstelle zum Kommunikationssystem, dem Bus.
Die virtuelle Nachbildung des Kommunikationsverhaltens von Steuergeräten und die Kopplung zu einem realisierten Teilsystem des Netzwerks zur Prüfung der Kommunikation im Steuergerätenetzwerk wird auch als Restbussimulation bezeichnet [91]. Ein Anwendungsbeispiel ist in Bild 5-82 dargestellt.

5.5.2.4 Prüfstand

Der Übergang von Laborfahrzeugen zu Prüfständen ist fließend. Reichen elektrische Signale zum Betrieb der Aktuatoren nicht aus, beispielsweise bei elektrohydraulischen Aktuatoren, dann wird eine dafür geeignete Testumgebung im allgemeinen als Hydraulikprüfstand bezeichnet.
Gegenüber Laborfahrzeugen werden also weitere, reale Komponenten des Gesamtsystems, beispielsweise der Strecke wie in Bild 5-83 dargestellt, als Prüfling in die Prüfumgebung integriert. Auch die reale Vorgabe von Zustandsgrößen der Umwelt, beispielsweise der Umgebungstemperatur in Kälte- oder Wärmeprüfständen, ist möglich. Ähnliches gilt für die Vorgabe von Sollwerten durch einen realen Fahrer, beispielsweise in Rollenprüfständen.
Nicht vorhandene reale Komponenten werden virtuell nachgebildet, etwa durch ein Fahrer- oder Umweltmodell, die ein dynamisches Belastungsprofil vorgeben. Diese virtuellen Kompo-

nenten können durchgängig bei Laborfahrzeugen und Prüfständen verwendet werden. Zur Nachbildung wird ein Echtzeitrechnersystem, beispielsweise ein Laborfahrzeug, in den Prüfstand integriert (Bild 5-83).

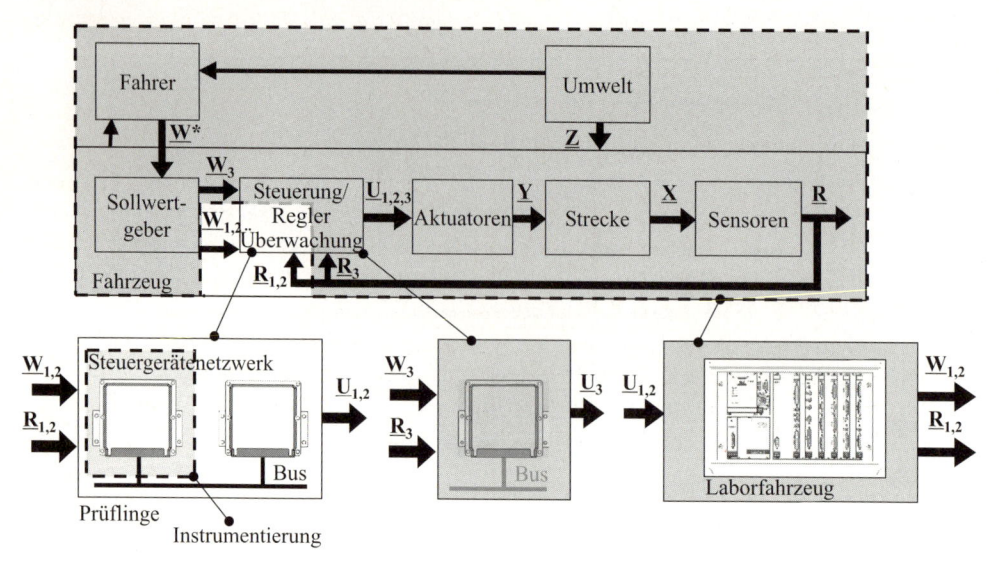

Bild 5-82: Betrieb von realen und virtuellen Steuergeräten in virtueller Umgebung [90, 91]

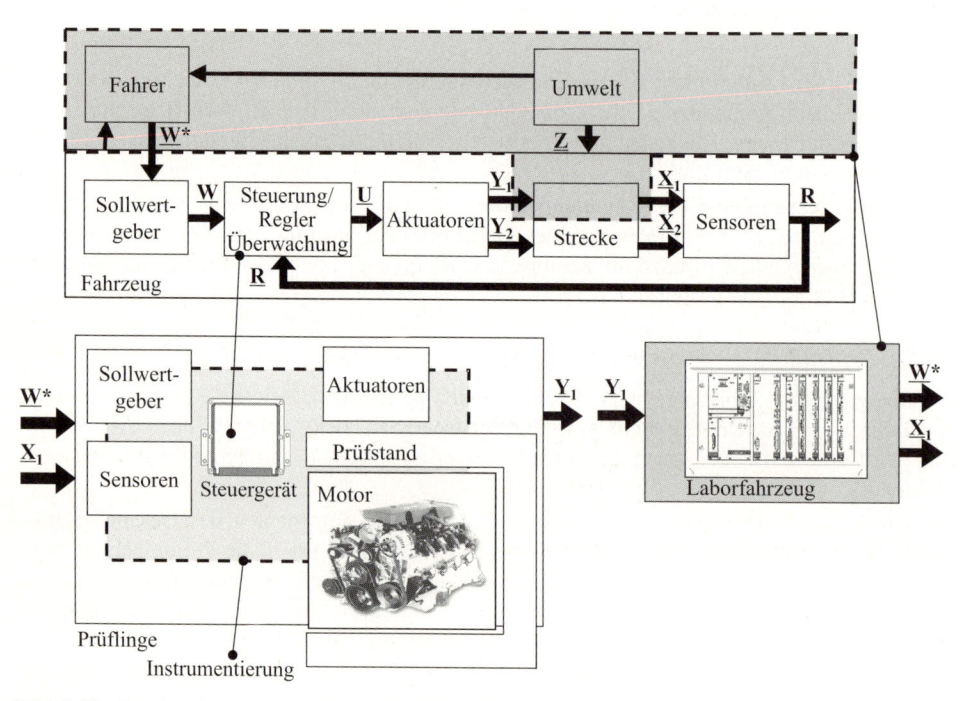

Bild 5-83: Betrieb eines Steuergeräts am Prüfstand

5.5 Integration und Test von Software-Funktionen

Beispiel: Motorprüfstand

In dem in Bild 5-83 dargestellten Motorprüfstand werden Steuergerät, Aktuatoren, Sollwertgeber, Sensoren und Motor als Prüflinge betrachtet. Die übrigen Fahrzeugkomponenten, Umweltbedingungen und Fahrprofile werden teilweise real und teilweise virtuell nachgebildet. Die Instrumentierung schließt jetzt auch den Motor ein.

5.5.3 Experimental-, Prototypen- und Serienfahrzeuge

Die Integration, Verifikation und Validation elektronischer Systeme im realen Fahrzeug erfordert eine Instrumentierung der beteiligten Systemkomponenten des Fahrzeugs. Die Instrumentierung wird dabei auch häufig auf die Umwelt und den Fahrer ausgedehnt. Neben einem Mess- und Diagnosesystem ist dazu häufig auch ein Kalibriersystem für die Abstimmung steuergeräteinterner Parameter, wie in Bild 5-84 dargestellt, notwendig.

Mess-, Kalibrier- und Diagnosesysteme müssen für die Integration von Funktionen, die auf verschiedene Steuergeräte verteilt sind, geeignet sein. Dazu müssen sie u. a. die gleichzeitige Instrumentierung und Kalibrierung mehrerer Steuergeräte unterstützen. Mess- und Kalibriersysteme werden in Kapitel 5.6 ausführlich behandelt.

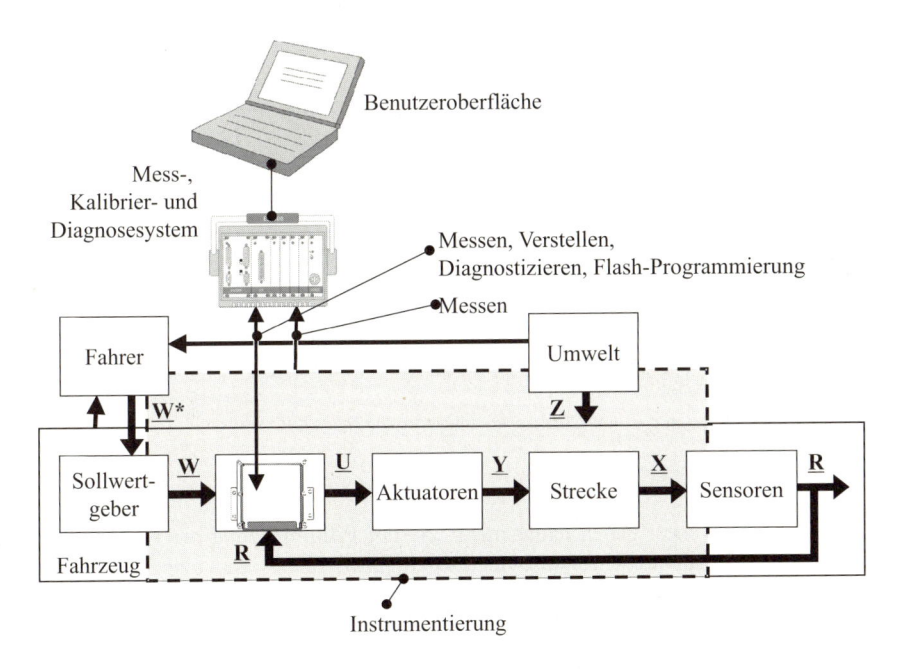

Bild 5-84: Instrumentierung im Experimentalfahrzeug [86]

Ein solches Mess-, Kalibrier- und Diagnosesystem kann auch mit einem Rapid-Prototyping-System, wie in Bild 5-47 dargestellt, kombiniert werden.

Beim Übergang vom Prototyp- zum Serienfahrzeug ändert sich mit dem Wechsel vom Entwicklungs- zum Seriensteuergerät in vielen Fällen die für die Instrumentierung zur Verfügung stehende Off-Board-Schnittstelle des Steuergeräts. Im Gegensatz zum Prototypfahrzeug steht beim Serienfahrzeug meist nur noch der Steuergerätezugang über die zentrale Off-Board-Diagnoseschnittstelle des Fahrzeugs oder die Off-Board-Diagnoseschnittstelle des Steuergeräts zur Verfügung, teilweise noch ein Zugang zu den Kommunikationssystemen.

Für die Messfunktionalität ist dieser Übergang meist mit einer Abnahme der Übertragungsleistung der Off-Board-Schnittstelle verbunden, für die Kalibrierfunktionalität mit einer Einschränkung der verstellbaren Parameter und einer Änderung der Arbeitsweise.

5.5.4 Design und Automatisierung von Experimenten

Die Definition von Testfällen sollte bereits frühzeitig beim Entwurf berücksichtigt werden. Der Aufbau der Experimente kann sich an verschiedenen Kriterien orientieren – etwa an den Fahrzeugfunktionen, an den Komponenten eines Fahrzeugsystems oder an den Fahrsituationen.

Beispiele für **funktionsorientiertes Testen** von Software-Funktionen sind Testfälle für

- Steuerungs- und Regelungsfunktionen
- Überwachungs- und Diagnosefunktionen

Beispiele für **system- und komponentenorientiertes Testen** sind Testfälle für Software-Komponenten wie

- Echtzeitbetriebssystem
- Kommunikationsschicht und Netzwerkmanagement
- Diagnoseschicht

Beispiele für **situationsorientiertes Testen** von Software-Komponenten sind eine Aufteilung in

- Normalfälle
- Extremfälle
- Fehlerfälle

Die Automatisierung von Testaufgaben hängt mehr von der Prüfumgebung als vom Testfall ab. Sie erfordert eine formale Beschreibung der Experimente. Die Automatisierung ist am Laborfahrzeug oder Prüfstand einfacher möglich als im Fahrzeug.

Die Automatisierung von Tests bietet enormes Potential zur Kostenreduzierung. Im Rahmen dieses Buches wird jedoch nicht näher auf den Entwurf und die Automatisierung von Experimenten eingegangen. Für den Entwurf von Experimenten (engl. Design of Experiments) wird auf die Literatur, wie [30, 31], verwiesen.

5.6 Kalibrierung von Software-Funktionen

Die unterschiedlichen Einsatzmöglichkeiten von Mess- und Kalibriersystemen an Laborfahrzeugen, an Prüfständen bis hin zum Einsatz im Fahrzeug wurden bereits in Abschnitt 5.5 skizziert. In diesem Abschnitt wird die Arbeitsweise von Mess- und Kalibriersystemen dargestellt.

Ein Mess- und Kalibriersystem besteht aus einem Mess- und Kalibrierwerkzeug, einem oder mehreren Steuergeräten mit jeweils einem oder mehreren Mikrocontrollern mit geeigneten Off-Board-Schnittstellen und einer Zusatzmesstechnik, die auch Instrumentierung genannt wird.

Alle mit der Instrumentierung erfassten Signale müssen im Messwerkzeug einheitlich dargestellt werden. Dies betrifft sowohl den Wertebereich als auch den Zeitbereich der erfassten Messsignale. Für die erfassten diskreten Signale des Mikrocontrollerprogramms bedeutet dies, dass eine Umrechnung von der Implementierungsdarstellung in die physikalische Darstellung im Messwerkzeug erforderlich ist.

Änderungen der Parameterwerte, etwa der Werte von Kennlinien und Kennfeldern, müssen im Werkzeug durch Editoren auf Implementierungsebene und – wie die Darstellung von Messsignalen – auf physikalischer Ebene unterstützt werden.. Bild 5-85 zeigt beispielhaft die physikalische Sicht und die Implementierungssicht auf eine Kennlinie KL und ein gemessenes Signal S.

Eine konsequente Unterscheidung zwischen Arbeitsschritten, die vom Mikrocontroller im Steuergerät, also on-board durchgeführt werden, und Arbeitsschritten, die durch das Mess- und Kalibrierwerkzeug, also off-board ausgeführt werden, ist sehr hilfreich (Bild 5-85).

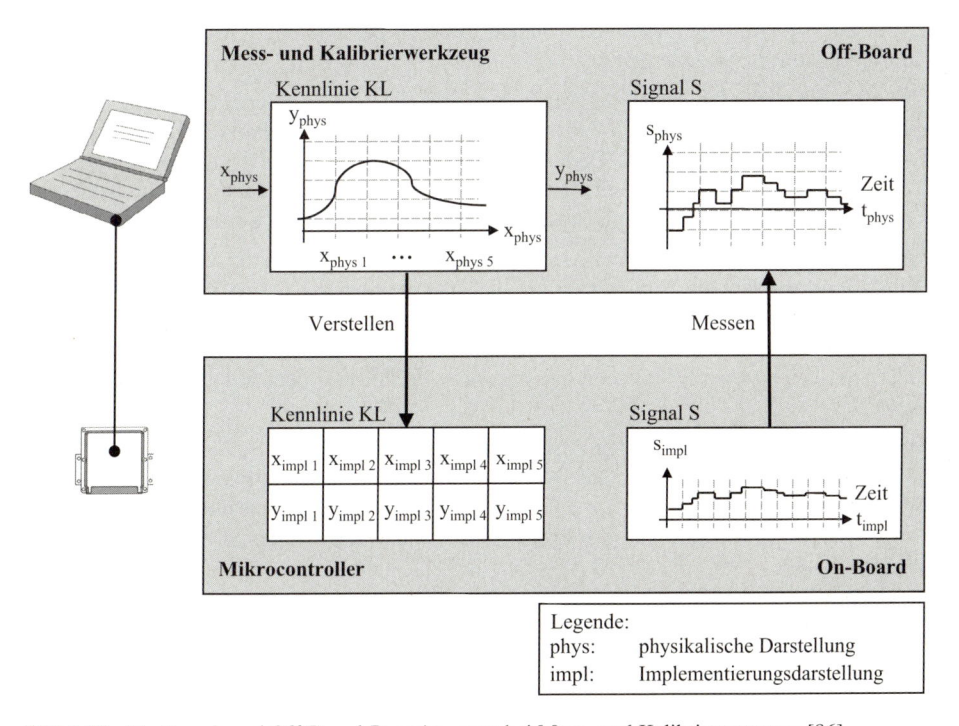

Bild 5-85: On-Board- und Off-Board-Berechnungen bei Mess- und Kalibriersystemen [86]

Ziel dieser Entwicklungsphase ist die Erstellung oder die Anpassung des Datenstandes, also der Parameterwerte, die in Form von Kennwerten, Kennlinien und Kennfeldern im Speicher des Mikrocontrollers abgelegt werden und mit denen das Programm des Mikrocontrollers arbeitet.

Zur Kalibrierung von Software-Funktionen die durch verteilte und vernetzte Systeme realisiert werden, müssen Mess- und Kalibriersysteme ein Netzwerk von Mikrocontrollern und Steuergeräten unterstützen. In den folgenden Abschnitten wird vereinfachend nur ein Mikrocontroller und ein Steuergerät betrachtet.

Ausgangspunkt ist die Bereitstellung eines Steuergerätes, also eines Hardware- und Software-Standes. Der Software-Stand besteht aus einem Programmstand und einem initialen Datenstand für jeden Mikrocontroller des Steuergeräts. Das Mess- und Kalibriersystem benötigt zusätzlich eine Beschreibung des Software-Standes, die etwa in Form einer zusätzlichen Datei im Format ASAM-MCD2 vorliegt. Neben Informationen zur Umrechnung zwischen physikalischer und Implementierungsebene für alle Mess-, Kalibrier- und Diagnosedaten sind darin auch Informationen zur Schnittstelle zwischen Werkzeug und Mikrocontroller abgelegt.

Ziel dieses oft aufwändigen Entwicklungsschritts ist die Anpassung des Datenstands. Dabei stehen verschiedene Aspekte im Vordergrund. Beispiele sind die Anpassung an verschiedene Betriebspunkte, der Langzeitbetrieb von Systemen – um Alterungseffekte durch Parameter und Algorithmen kompensieren zu können –, Flottenversuche – um Fertigungstoleranzen von Bauteilen beurteilen zu können – oder die Kalibrierung von Varianten.

5.6.1 Arbeitsweisen bei der Offline- und Online-Kalibrierung

Bei der Arbeitsweise mit Kalibriersystemen kann generell zwischen der Offline- und der Online-Kalibrierung unterschieden werden.

Bei der Offline-Kalibrierung wird die Ausführung der Steuerungs-/Regelungs- und Überwachungsfunktionen, des so genannten Fahrprogramms, während der Änderung oder Verstellung der Parameterwerte unterbrochen. Dadurch führt die Offline-Kalibrierung zu vielen Einschränkungen. Insbesondere beim Einsatz an Prüfständen und bei Versuchen im Fahrzeug muss dazu immer auch der Prüfstands- oder Fahrversuch unterbrochen werden.

Hier ist deshalb ein Verfahren sinnvoll, das die Online-Kalibrierung unterstützt. Bei der Online-Kalibrierung können die Parameterwerte verstellt werden, während das Fahrprogramm durch den Mikrocontroller ausgeführt wird. Das bedeutet, dass die Verstellung der Parameterwerte bei gleichzeitiger Ausführung der Steuerungs-/Regelungs- und Überwachungsfunktionen und damit beispielsweise während des regulären Prüfstands- oder Fahrzeugbetriebs möglich ist.

Die Online-Kalibrierung stellt höhere Ansprüche an die Stabilität der Steuerungs-/Regelungs- und Überwachungsfunktionen, da das Mikrocontrollerprogramm während des Verstellvorgangs durch das Werkzeug auch für eventuell auftretende Ausnahmesituationen, wie beispielsweise kurzzeitig nicht monoton steigende Stützstellenverteilungen bei Kennlinien, robust ausgelegt sein muss.

Die Online-Kalibrierung ist für langwierige Abstimmaufgaben der Parameter von Funktionen mit eher geringer Dynamik, beispielsweise zur Abstimmung von Motorsteuerungsfunktionen am Motorprüfstand, geeignet.

5.6 Kalibrierung von Software-Funktionen

Bei der Kalibrierung der Parameter von Steuerungs- und Regelungsfunktionen mit hoher Dynamik oder hoher Sicherheitsrelevanz werden Parameter zwar nicht während der aktiven Ausführung der Steuerungs- und Regelungsfunktionen verstellt, dennoch kann auch hier durch die Online-Kalibrierung die Unterbrechung des Fahrprogramms vermieden werden.

Ein Beispiel ist die Abstimmung von ABS-Funktionen in Bremsmanövern. Hier wird zwar nicht während des eigentlichen ABS-Reglereingriffs verstellt. Dennoch kann die Zeitspanne zwischen zwei Fahrversuchen durch die Online-Kalibrierung reduziert werden.

Beispielhaft sind zwei mögliche Arbeitsweisen bei der Offline- und Online-Kalibrierung in Bild 5-86 einander gegenüber gestellt.

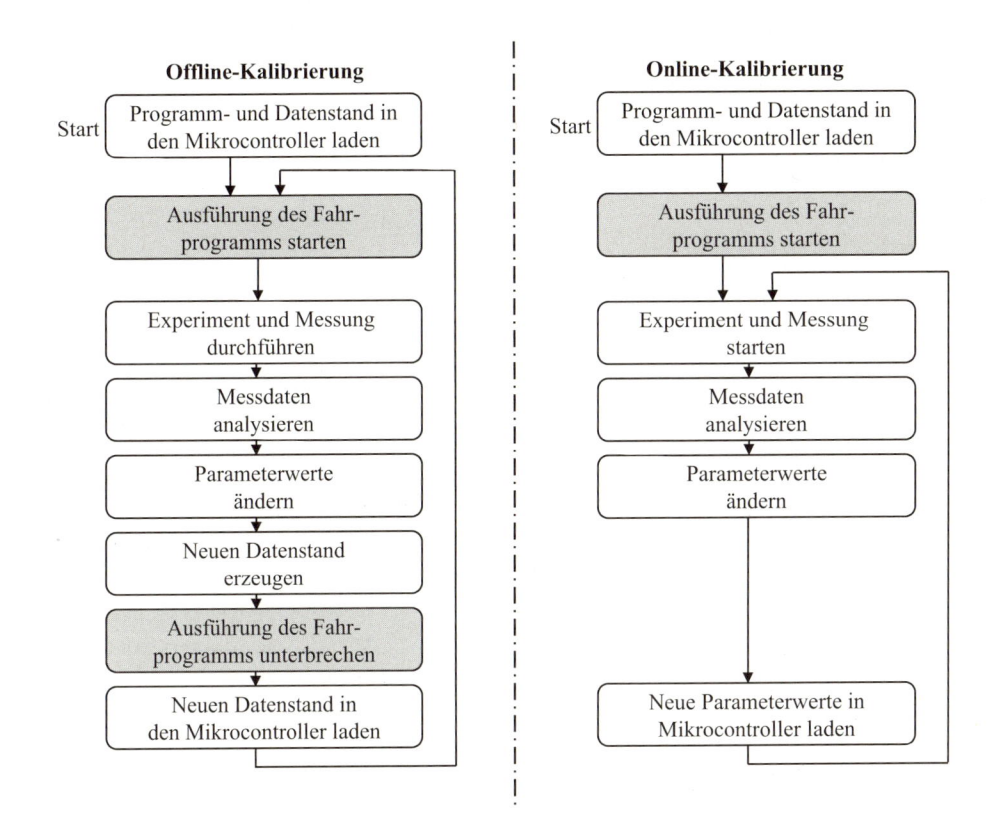

Bild 5-86: Unterschiedliche Arbeitsweisen bei Offline- und Online-Kalibrierung

Die Anforderungen an Online- und Offline-Kalibriersysteme sind also unterschiedlich. So kommen Offline-Kalibriersysteme mit den Funktionen Messen, Off-Board-Verstellen von Parametern und Laden von Programm- und Datenstand, beispielsweise durch Flash-Programmierung, in den Mikrocontroller aus. Für Online-Kalibriersysteme sind zusätzliche Funktionen notwendig, die das Ändern von Parametern ohne Unterbrechung des Fahrprogramms ermöglichen. Die folgenden Abschnitte orientieren sich an den notwendigen Funktionen für die Offline- und Online-Kalibrierung.

5.6.2 Software-Update durch Flash-Programmierung

Zur Inbetriebnahme des Steuergeräts müssen zunächst der Programm- und Datenstand in den Programm- und Datenspeicher des Mikrocontrollers geladen werden. Entwicklungssteuergeräte werden in der Regel mit Flash-Speicher ausgerüstet, so dass ein Software-Update für den Programm- und Datenstand durch Flash-Programmierung erfolgen kann (Bild 5-87).

Wie in Bild 4-23 dargestellt, wird für das Software-Update durch Flash-Programmierung immer ein eigener Betriebszustand der Software festgelegt, in dem die Ausführung der für den normalen Fahrzeugbetrieb notwendigen Steuerungs-/Regelungs- und Überwachungsfunktionen unterbrochen wird. Der Übergang in den Betriebszustand „Software-Update" wird vom Flash-Programmierwerkzeug angestoßen und darf nur unter bestimmten Bedingungen erfolgen. Beispielsweise wäre eine solche Bedingung bei Motorsteuergeräten die Erkennung des Motorstillstands, also Motordrehzahl = 0.

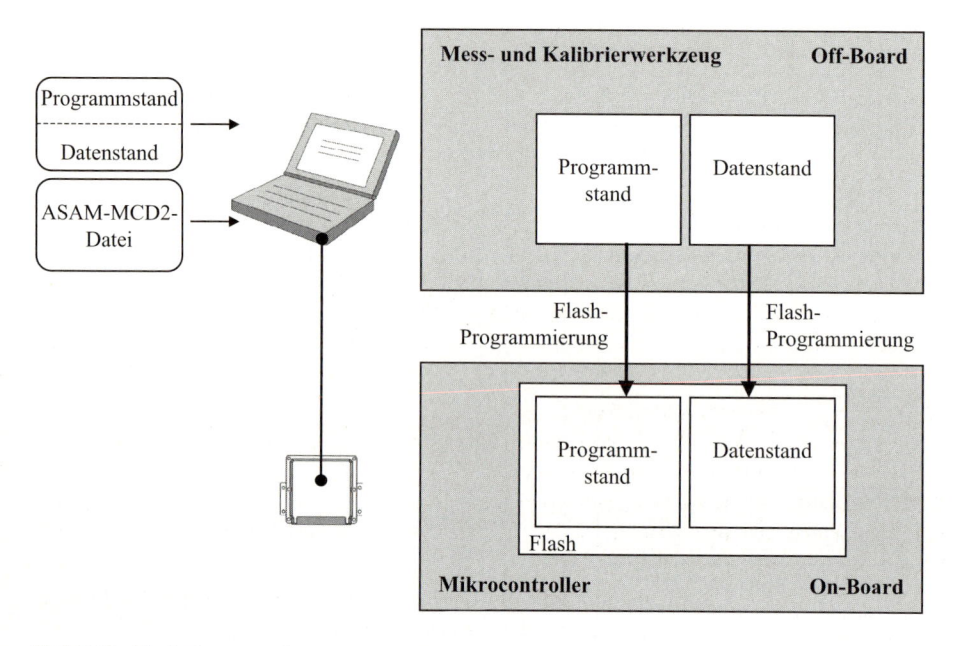

Bild 5-87: Flash-Programmierung von Programm- und Datenstand

Im Betriebszustand „Software-Update" werden dann sowohl der Programmstand als auch der initiale Datenstand in den Flash-Speicher des Mikrocontrollers übertragen. Anschließend wird – wiederum angestoßen vom Flash-Programmierwerkzeug – der Betriebszustand „Software-Update" vom Mikrocontroller wieder verlassen und es erfolgt der Übergang in den Betriebszustand „Normalbetrieb", wo die Steuerungs-/Regelungs- und Überwachungsfunktionen des Fahrprogramms ausgeführt werden. Der Ablauf beim Software-Update durch Flash-Programmierung wird in Kapitel 6.3 behandelt.

Mit den aktuell eingesetzten Flash-Technologien können nur ganze Speicherbereiche, sogenannte Flash-Segmente, entweder gelöscht oder neu programmiert werden. Das bedeutet, dass der Datenstand in anderen Flash-Segmenten als der Programmstand abgelegt werden muss, wenn Programm- und Datenstand getrennt programmiert werden sollen. Bei der Flash-Programmierung muss deshalb speicherorientiert gearbeitet werden. Einzelne geänderte Parameter können mit der derzeitigen Flash-Technologie nicht ins Flash programmiert werden.

5.6.3 Synchrones Messen von Signalen des Mikrocontrollers und der Instrumentierung

Die Auswirkungen von Parameteränderungen werden in der Regel anhand von Messungen beurteilt. Ziel ist, das Zusammenwirken aller Komponenten eines Fahrzeugsystems bei der Ausführung einer bestimmten Fahrzeugfunktion anhand verschiedenster Messsignale zu beobachten. Ein Beispiel für eine solche experimentelle Prüfung der Funktionen des Motorsteuergerätes ist etwa die Prüfung des Verhaltens der Lambdaregelung bei einem Kaltstart. Dieses Experiment kann an einem Kälteprüfstand oder auf einer Kaltlanderprobung im Fahrzeug durchgeführt werden.

Ohne eine Instrumentierung aller an der Funktion beteiligten Fahrzeugkomponenten durch eine geeignete Messtechnik und die synchrone Erfassung und Aufzeichnung von Messdaten im Mikrocontroller und den instrumentierten Komponenten ist eine derartige Beurteilung der Funktion meist nicht möglich.

Das Mess- und Kalibriersystem muss dazu die Erfassung von sich ändernden Signalen im Mikrocontroller während der Ausführung des Programms – also die Messung von Größen, die im RAM des Mikrocontrollers abgelegt sind – synchron mit der Erfassung von zusätzlichen Signalen der Instrumentierung in der Umgebung des Steuergeräts durch eine geeignete Messtechnik unterstützen (Bild 5-84). Dies kann auch die Erfassung von Signalen des Fahrers oder der Umwelt einschließen.

Diese zusätzlichen Signale werden häufig an den Sensoren und Aktuatoren der Fahrzeugfunktion aufgenommen. In vielen Fällen interessieren auch die aktuellen Umgebungsbedingungen – wie Luftdruck oder Lufttemperatur – oder weitere Signale – wie Drehmomente, Drücke, Temperaturen oder Abgaswerte – an verschiedenen Messstellen im Fahrzeug. Auch der für eine Funktion relevante Datenverkehr im Kommunikationsnetzwerk des Fahrzeugs soll in vielen Fällen synchronisiert aufgezeichnet werden.

Sinnvollerweise wird für die Instrumentierung deshalb eine höhere Leistungsklasse als für die Fahrzeugsensoren verlangt. Für die Messtechnik stellt die zeitliche Synchronisation der verschiedenen Erfassungsraten von Signalen des Mikrocontrollers mit der Messwerterfassung der örtlich verteilten, dezentralen Instrumentierung besondere Anforderungen dar, etwa bezüglich der Vergabe von Zeitstempeln und der Synchronisation einer systemweiten Uhrzeit (Bild 2-53).

5.6.4 Auslesen und Auswerten von On-Board-Diagnosedaten

Neben den Parametern von Steuerungs- und Regelungsfunktionen müssen auch die Parameter von Überwachungs- und On-Board-Diagnosefunktionen, beispielsweise Schwellwerte für Plausibilitätsprüfungen, eingestellt werden.

Für die experimentelle Überprüfung der Funktionsfähigkeit des On-Board-Diagnosesystems ist neben der beschriebenen Messtechnik auch das Auslesen und Auswerten der Diagnosedaten aus dem Fehlerspeicher des Mikrocontrollers erforderlich. Vor einem Experiment sollte der Fehlerspeicher auch gelöscht werden können. Das bedeutet, während der Kalibrierung ist bereits die Grundfunktionalität eines Off-Board-Diagnosesystems erforderlich (Bild 2-64).

Die erforderlichen Beschreibungsinformationen für die Klartextdarstellung der Fehlerspeicherinhalte und die Umrechnung von Signalen in die physikalische Darstellung durch das Mess- und Kalibrierwerkzeug sind Bestandteil der Beschreibungsdatei im Format ASAM-MCD 2. Auf den Aufbau von Off-Board-Diagnosewerkzeugen wird in Kapitel 6 etwas näher eingegangen.

5.6.5 Offline-Verstellen von Parametern

Mit den Informationen der Beschreibungsdatei können im Kalibrierwerkzeug die Werte der Parameter des Datenstands, also die Werte von Kennwerten, Kennlinien oder Kennfeldern, auf physikalischer Ebene dargestellt werden. Parameteränderungen können durch grafische oder tabellarische Editoren des Kalibrierwerkzeugs komfortabel unterstützt werden.

Der Datenstand im Flash-Speicher des Mikrocontrollers wird in den folgenden Abschnitten als Referenzstand oder auch Referenzseite des Mikrocontrollers bezeichnet, entsprechend der Datenstand im Kalibrierwerkzeug als Referenzseite des Werkzeugs (Bild 5-88). Zum Verstellen von Parametern wird im Werkzeug eine Kopie der Referenzseite angelegt, die so genannte Arbeitsseite. Der Datenstand der Arbeitsseite kann verändert werden, während die Referenzseite unveränderbar ist.

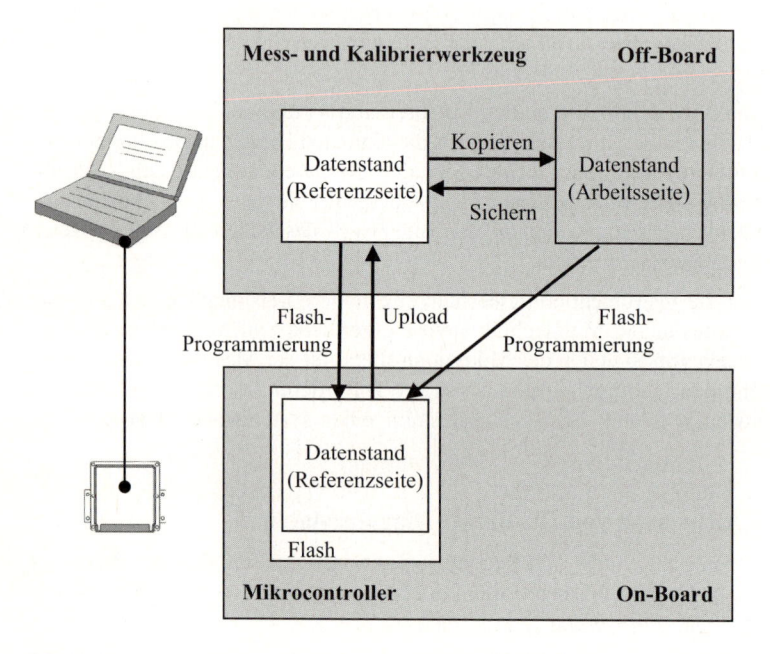

Bild 5-88: Offline-Verstellen von Parametern des Datenstands

5.6 Kalibrierung von Software-Funktionen 297

Die Änderungen der Arbeitsseite können auf die Referenzseite des Werkzeugs gesichert werden. Die Referenzseite stellt somit eine Vergleichsbasis zu den weiteren Änderungen auf der Arbeitsseite dar.

Alternativ stellt die Referenzseite nach einem Laden der aktuellen Werte aus dem Mikrocontroller (engl. Upload) ein Abbild des aktuellen Zustandes im Steuergerät dar.

Erst bei erneuter Flash-Programmierung wird die Arbeits- oder die Referenzseite des Werkzeugs ins Flash des Mikrocontrollers geladen. Dazu muss wieder der Betriebszustand des Mikrocontrollers gewechselt und die Ausführung des Fahrprogramms unterbrochen werden.

5.6.6 Online-Verstellen von Parametern

Soll die Verstellung von Parametern auch online möglich sein, dann muss dazu das Konzept der Arbeits- und Referenzseite auf den Mikrocontroller ausgedehnt werden.

Dies erfolgt dadurch, dass für die Online-Kalibrierung die zu kalibrierenden Daten vom ROM- oder Flash-Bereich in einen vom Programm nicht verwendeten, freien RAM-Bereich kopiert werden, in dem die Arbeitsseite liegt (Bild 5-89). Mikrocontroller und Kalibrierwerkzeug arbeiten synchronisiert mit den Kalibrierdaten in diesem RAM-Bereich, der auch Kalibrier-RAM (engl. Calibration RAM, kurz **CAL-RAM**) genannt wird (Bild 5-1, Bild 5-89).

Während auf der Referenzseite des Mikrocontrollers – im Flash – speicherorientiert und mit Unterbrechung der Ausführung des Fahrprogramms verstellt werden muss, kann auf der Arbeitsseite des Mikrocontrollers – im CAL-RAM – parameterorientiert und während der Ausführung des Fahrprogramms durch das Kalibrierwerkzeug verstellt werden.

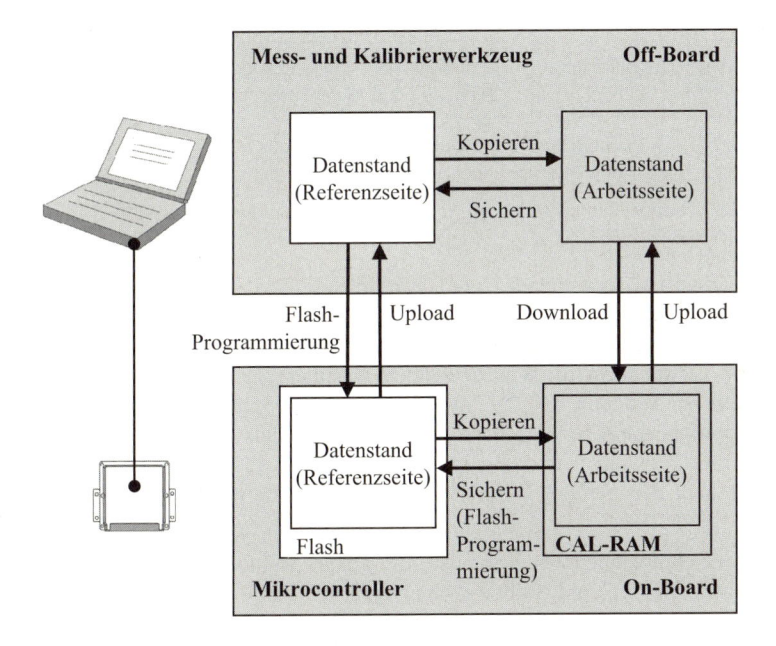

Bild 5-89: Online-Verstellen von Parametern des Datenstands mit dem Werkzeug INCA [86]

Die Software des Mikrocontrollers muss dazu im Fahrprogramm auf die Arbeitsseite zugreifen, was durch Modifikationen in der Software oder Hardware des Mikrocontrollers erfolgen kann. Verschiedene Verfahren dafür werden im nächsten Abschnitt dargestellt.

5.6.7 Klassifizierung der Off-Board-Schnittstellen für das Online-Verstellen

Auf den CAL-RAM-Bereich kann das Kalibrierwerkzeug über verschiedene Schnittstellen des Mikrocontrollers zugreifen. Grundsätzlich kann unterschieden werden, ob CAL-RAM im Mikrocontroller vorhanden oder nicht vorhanden ist und ob ein Werkzeug über den parallelen Bus des Mikrocontrollers oder über eine serielle Schnittstelle des Mikrocontrollers auf das CAL-RAM zugreift (Bild 5-90).

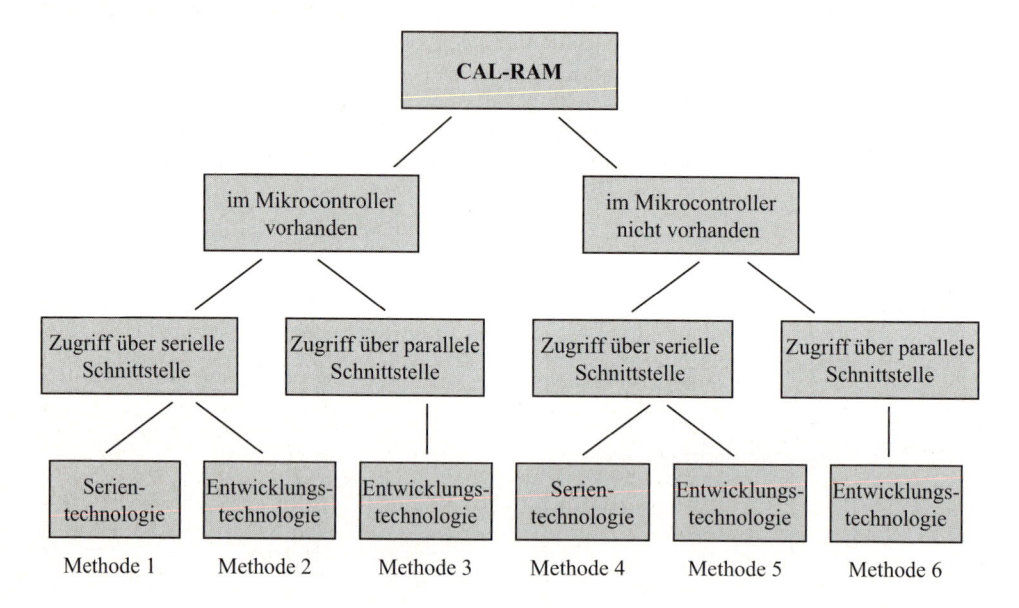

Bild 5-90: Klassifizierung der Schnittstellen zwischen Mikrocontroller und Werkzeugen

Bei den seriellen Schnittstellen ist ein weiteres Unterscheidungsmerkmal zu berücksichtigen. Es kann eine serielle Schnittstellentechnologie gewählt werden, die auch im Seriensteuergerät eingesetzt wird und dort beispielsweise für die Off-Board-Diagnosekommunikation oder die On-Board-Kommunikation verwendet wird. Weit verbreitete Beispiele für eine solche Serientechnologie sind die K-Leitung [5] oder CAN [2]. Alternativ kann eine Schnittstelle verwendet werden, die nur in der Entwicklungsphase vorhanden ist und dort beispielsweise für Download und Debugging der Software verwendet wird. Beispiele sind NEXUS [92] oder JTAG [93]. Dagegen werden Zugriffe über den parallelen Bus des Mikrocontrollers nur in der Entwicklungsphase eingesetzt.

Für die Klassifizierung der Schnittstellen erhält man so die in Bild 5-90 dargestellte Gesamtsicht. Alle in der Praxis auftretenden Schnittstellen können einer der dargestellten Methoden 1 bis 6 zugeordnet werden, die in den folgenden Abschnitten anhand vereinfachter Blockdiagramme kurz vorgestellt und bewertet werden.

5.6 Kalibrierung von Software-Funktionen 299

Die Blockdiagramme sind beispielsweise dahingehend vereinfacht, dass nur zwischen im Mikrocontroller vorhandenem CAL-RAM und nicht im Mikrocontroller vorhandenem, also zusätzlichem CAL-RAM unterschieden wird. Dabei wird vernachlässigt, ob das CAL-RAM – sofern beide Varianten beim eingesetzten Mikrocontroller technisch möglich sind – durch internes oder externes RAM realisiert wird. Auch die Art der Realisierung – etwa durch eine Erweiterung des Steuergeräts oder durch eine Erweiterung des Mikrocontrollers in der Entwicklungsphase – wird vernachlässigt.

5.6.7.1 Serielle, seriennahe Schnittstelle mit internem CAL-RAM (Methode 1)

Die Methode 1 – also die Verwendung einer seriellen Schnittstelle, die auch im Seriensteuergerät eingesetzt wird – bietet in Verbindung mit internem CAL-RAM die Vorteile, dass auf Steuergeräteseite fast keine Hardware-Änderungen gegenüber dem Seriensteuergerät notwendig sind und die Technologie für den Einsatz im Fahrzeug geeignet ist (Bild 5-91). Das CAL-RAM wird im Seriensteuergerät nicht mehr benötigt. Aus Kostengründen können in Entwicklungssteuergeräten Entwicklungsmuster der Mikrocontroller mit zusätzlichem CAL-RAM verwendet werden. Ist dies nicht möglich, führt dieses CAL-RAM unter Umständen zu zusätzlichen Hardware-Kosten im Seriensteuergerät.

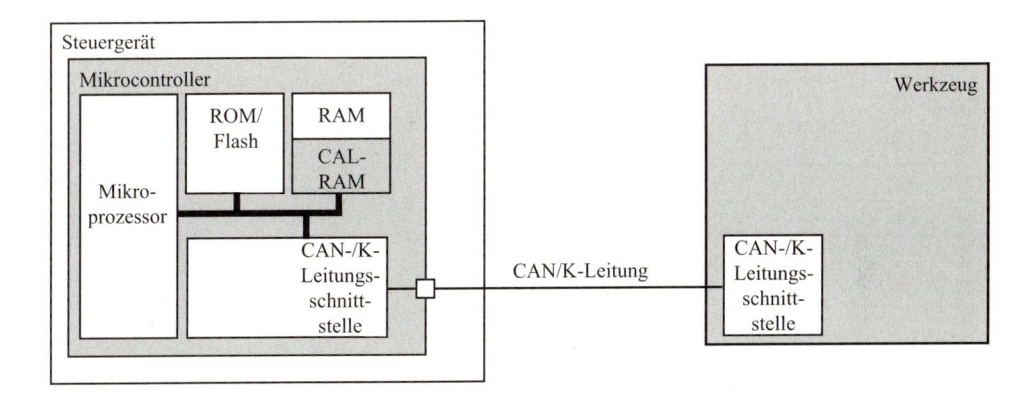

Bild 5-91: Serielle, seriennahe Schnittstelle mit internem CAL-RAM (Methode 1)

Die Übertragungsleistung der Serienschnittstelle ist aus Kostengründen begrenzt und erfüllt nicht immer die hohen Anforderungen, die an die Messtechnik in der Entwicklungsphase gestellt werden. Häufig werden die K-Leitung [5], die auch für die Off-Board-Diagnosekommunikation verwendet wird, oder die CAN-Schnittstelle, die für die On-Board-Kommunikation und zunehmend auch für die Off-Board-Diagnosekommunikation eingesetzt wird, dafür verwendet.

Wird die Schnittstelle parallel auch für die On-Board-Kommunikation eingesetzt, wie beispielsweise CAN, so ist sie oft schon zu einem hohen Grad ausgelastet. In vielen Fällen wird deshalb eine separate, zweite CAN-Schnittstelle ausschließlich für die Off-Board-Kommunikation mit dem Entwicklungswerkzeug genutzt, so dass die On-Board-Kommunikation dadurch nicht zusätzlich belastet wird.

In beiden Fällen wird jedoch der Mikrocontroller dadurch belastet, dass die Kommunikation zwischen Mikrocontroller und Werkzeug durch Software-Komponenten realisiert wird, die zusätzliche Ressourcen, also Laufzeit und Speicher, belegen.

Für die Online-Kalibrierung ergeben sich in vielen Fällen Einschränkungen durch die begrenzte Größe des CAL-RAM-Bereichs. Die Anzahl der Kennwerte, Kennlinien und Kennfelder, die gemeinsam kalibriert werden können, wird dadurch begrenzt. Dieses Problem kann zwar durch eine dynamische Verwaltung und Zuteilung des CAL-RAM-Bereichs entschärft werden, das CAL-RAM-Management belegt aber wie die Off-Board-Kommunikation in jedem Fall zusätzliche Ressourcen des Mikrocontrollers. Methoden zum CAL-RAM-Management werden in Abschnitt 5.6.8 behandelt.

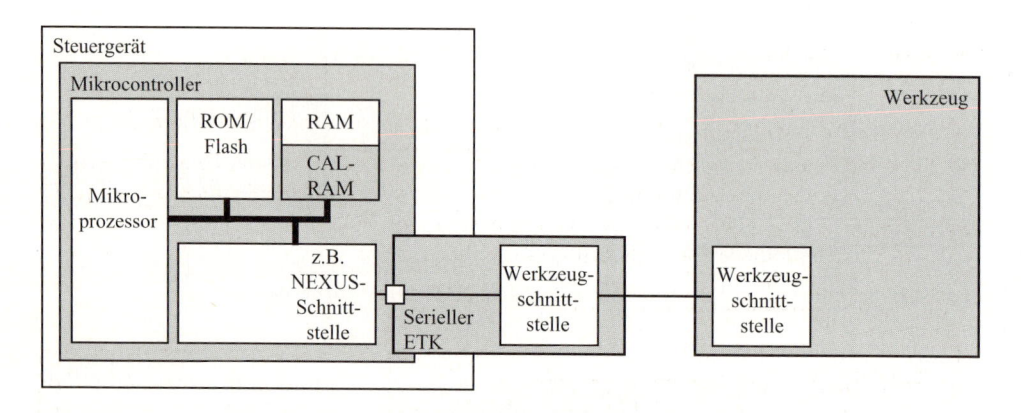

5.6.7.2 Serielle Entwicklungsschnittstelle mit internem CAL-RAM (Methode 2)

Auch die Methode 2 – also die Verwendung einer seriellen Entwicklungsschnittstelle in Verbindung mit internem CAL-RAM – bietet den Vorteil, dass auf Steuergeräteseite nur geringe Hardware-Änderungen gegenüber dem Seriensteuergerät notwendig sind. Die Entwicklungsschnittstellen, wie NEXUS [92] oder JTAG [93], sind jedoch zum Teil für andere Einsatzfelder – etwa für Debugging – spezifiziert. Andere Entwicklungsschnittstellen sind spezifisch für den Mikrocontroller ausgeprägt. Meistens erfüllen diese nicht alle Anforderungen für den Einsatz im Fahrzeug unter rauen Bedingungen. Eine Wandlung auf eine für den Fahrzeugeinsatz ausgelegte Schnittstelle muss deshalb direkt im Steuergerät durchgeführt werden. Eine Lösung nach diesem Prinzip unter Verwendung eines so genannten seriellen ETKs [94] ist in Bild 5-92 dargestellt.

Bild 5-92: Serielle Entwicklungsschnittstelle mit internem CAL-RAM (Methode 2)

Die Übertragungsleistung der Entwicklungsschnittstellen ist meist wesentlich höher als die der Serienschnittstellen und erfüllt die höheren Anforderungen an die Messtechnik in der Entwicklungsphase.

Ist die Kommunikation zwischen Mikrocontroller und Werkzeug bei Verwendung einer solchen Entwicklungsschnittstelle durch Hardware realisiert, dann sind dafür keine Erweiterungen oder Änderungen in der Software des Mikrocontrollers notwendig. Entsprechend geringer ist in vielen Fällen auch der Einfluss dieses Verfahrens auf die Laufzeit.

5.6 Kalibrierung von Software-Funktionen

Wie bei der Methode 1, ergeben sich jedoch weiterhin für die Online-Kalibrierung in vielen Fällen Einschränkungen durch die Begrenzung der Größe des CAL-RAM-Bereichs und der Mikrocontroller wird weiterhin durch das CAL-RAM-Management belastet.

5.6.7.3 Parallele Entwicklungsschnittstelle mit internem CAL-RAM (Methode 3)

Alternativ kann auch, sofern möglich, eine parallele Entwicklungsschnittstelle nach Methode 3 verwendet werden, wie in Bild 5-93 dargestellt. Die Leistungsmerkmale sind ähnlich zu der Methode 2, jedoch sind die Hardware-Modifikationen im Steuergerät wesentlich umfangreicher als bei einem Zugriff über eine serielle Schnittstelle. In der Praxis hat diese Methode daher eine geringe Bedeutung.

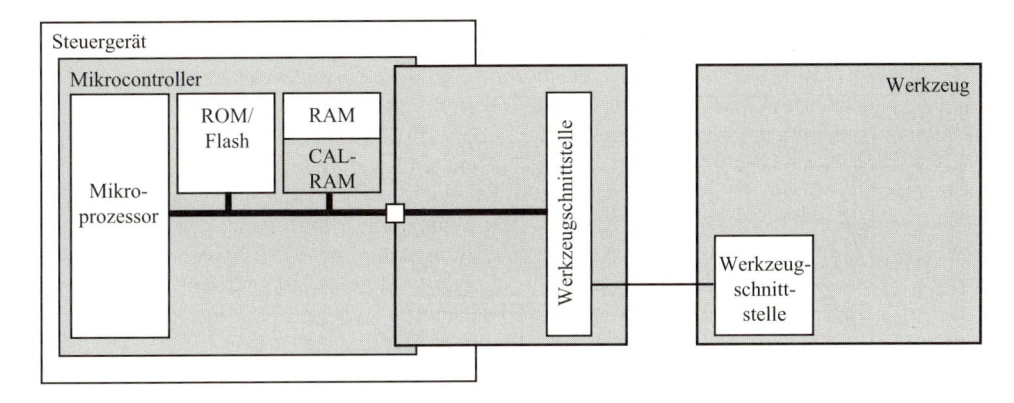

Bild 5-93: Parallele Entwicklungsschnittstelle mit internem CAL-RAM (Methode 3)

5.6.7.4 Serielle, seriennahe Schnittstelle mit zusätzlichem CAL-RAM (Methode 4)

Die Einschränkungen in der Online-Kalibrierung durch die Begrenzung der Größe des internen CAL-RAMs können durch den Einbau von zusätzlichem CAL-RAM in Entwicklungssteuergeräten oder die Verwendung von Entwicklungsmustern des Mikrocontrollers mit zusätzlichem CAL-RAM nach Methode 4 aufgehoben werden.

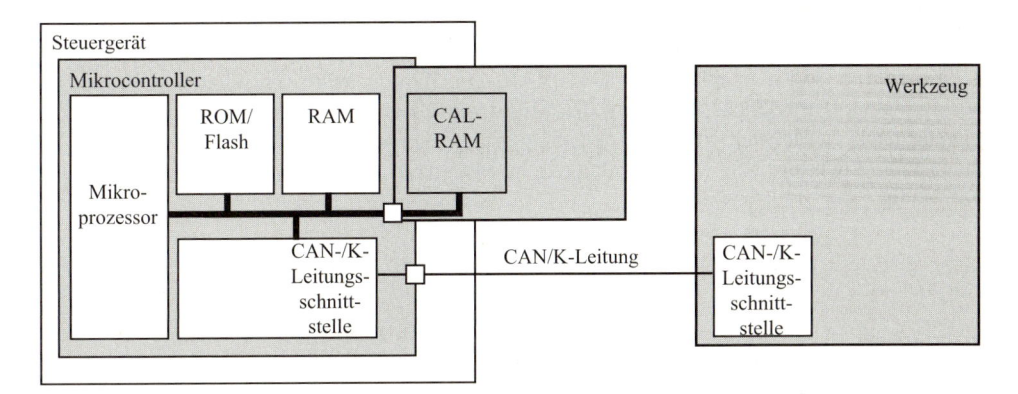

Bild 5-94: Serielle, seriennahe Schnittstelle mit zusätzlichem CAL-RAM (Methode 4)

Bei Verwendung einer seriennahen Schnittstelle, wie in Bild 5-94, bestehen natürlich die genannten Einschränkungen in Bezug auf Übertragungsleistung und Mikrocontrollerbelastung weiterhin.

5.6.7.5 Serielle Entwicklungsschnittstelle mit zusätzlichem CAL-RAM (Methode 5)

Die Einschränkungen bzgl. Übertragungsleistung und Mikrocontrollerbelastung können wieder durch die Verwendung einer seriellen Entwicklungsschnittstelle nach Methode 5 umgangen werden. Eine solche Lösung unter Verwendung eines seriellen ETKs [94] und zusätzlichem CAL-RAM ist in Bild 5-95 dargestellt. Die Modifikationen in der Steuergeräte-Hardware sind bei diesem Verfahren aber recht umfangreich, da sowohl zusätzliches CAL-RAM als auch eine Schnittstellenwandlung notwendig sind.

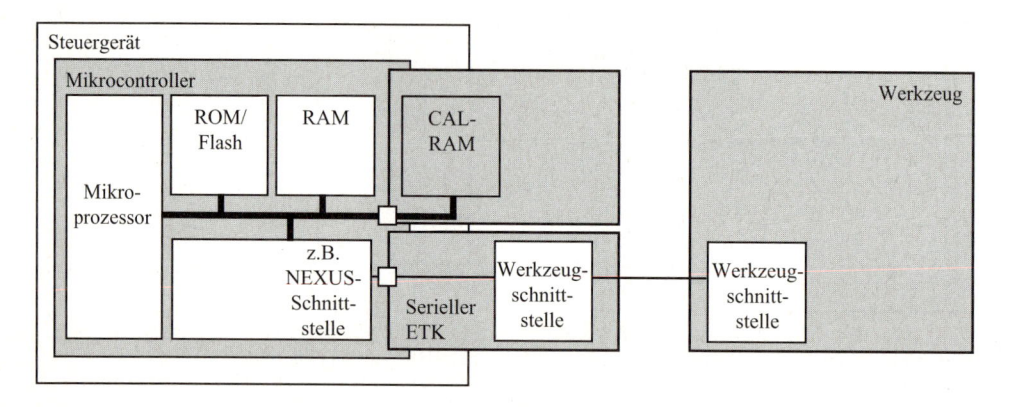

Bild 5-95: Serielle Entwicklungsschnittstelle mit zusätzlichem CAL-RAM (Methode 5)

5.6.7.6 Parallele Entwicklungsschnittstelle mit zusätzlichem CAL-RAM (Methode 6)

Methode 6 – also die Verwendung einer parallelen Entwicklungsschnittstelle mit zusätzlichem CAL-RAM – bietet die Vorteile, dass hohe Übertragungsleistung, Online-Zugriff auf alle Kalibrierdaten, sowie unabhängiger CAL-RAM-Zugriff von Mikrocontroller und Werkzeug bei geringer bis moderater Belastung des Mikrocontrollers kombiniert werden können. Eine Lösung nach dieser Methode mit einem so genannten parallelem ETK [95] ist in Bild 5-96 dargestellt. Auch hier sind relativ umfangreiche Modifikationen in der Steuergeräte-Hardware notwendig.

5.6 Kalibrierung von Software-Funktionen

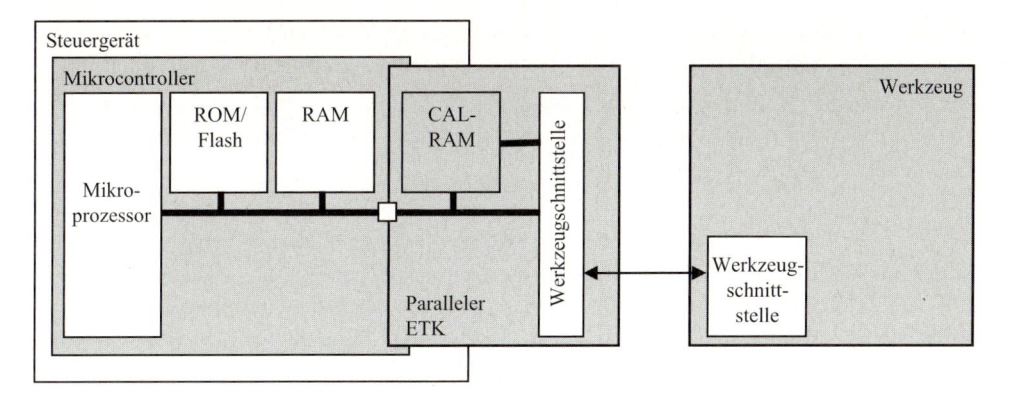

Bild 5-96: Parallele Entwicklungsschnittstelle mit zusätzlichem CAL-RAM (Methode 6)

5.6.7.7 Protokolle für die Kommunikation zwischen Kalibrierwerkzeugen und Mikrocontrollern

Für die Kommunikation zwischen Kalibrierwerkzeugen und Mikrocontrollern wurden verschiedene Protokolle standardisiert. Ein Überblick ist in Tabelle 5-3 dargestellt.

Tabelle 5-3: Standardisierung der Kommunikation zwischen Werkzeug und Mikrocontroller

Schnittstelle	Parallele Schnittstelle	Serielle Schnittstelle	
Physical Layer	Abhängig vom Mikrocontroller	CAN [2]	K-Leitung [5]
Protokoll		• ASAM-MCD 1a: CCP/XCP [18] • ISO: Diagnostics on CAN [25]	• ISO: KWP 2000 [24]

5.6.8 Management des CAL-RAM

Unabhängig von der gewählten Methode arbeitet der Mikrocontroller nach der Initialisierung zunächst mit den Parametern der Referenzseite. So ist ein Betrieb auch ohne angeschlossenes Kalibrierwerkzeug möglich. Die Arbeitsseite wird bei der Initialisierung mit den Daten der Referenzseite überschrieben. Danach kann wahlweise mit den Parametern auf der Referenzseite oder auf der Arbeitsseite gearbeitet werden. Dazu ist die Umschaltung des Fahrprogramms von der Arbeits- auf die Referenzseite und umgekehrt erforderlich. Sie kann durch Software- oder Hardware-Modifikationen des Mikrocontrollers realisiert werden. Bei einigen Mikrocontrollern wird dies vollständig durch die Hardware unterstützt. Diese Umschaltung wird vom Kalibrierwerkzeug gesteuert.

Ein Überwachungskonzept auf der Mikrocontrollerseite kann so aufgebaut werden, dass bei unplausiblem Verhalten von Funktionen des Fahrprogramms nach Parameteränderungen auf der Arbeitsseite – beispielsweise bei eintretender und erkannter Instabilität von Regelungsfunktionen – automatisch in den Betriebszustand „Notlauf" gewechselt wird.

Der Benutzer des Kalibrierwerkzeugs kann durch Umschalten auf die Referenzseite das System bei unplausiblem Verhalten nach Parameteränderungen auf der Arbeitsseite schnell wieder in einen funktionsfähigen Zustand bringen.

5.6.8.1 CAL-RAM-Management bei ausreichenden Speicherressourcen

Ist der zur Verfügung stehende CAL-RAM-Bereich ausreichend groß – d. h. mindestens so groß wie der gesamte Datenstand Speicherplatz im Flash des Mikrocontrollers benötigt –, so beschränkt sich der Aufwand für das CAL-RAM-Management auf der Seite des Mikrocontrollers im wesentlichen auf das Kopieren der gesamten Referenzseite auf die Arbeitsseite, auf das „Sichern" der Arbeitsseite auf die Referenzseite durch Flash-Programmierung und auf das Umschalten zwischen diesen beiden Seiten (Bild 5-97).

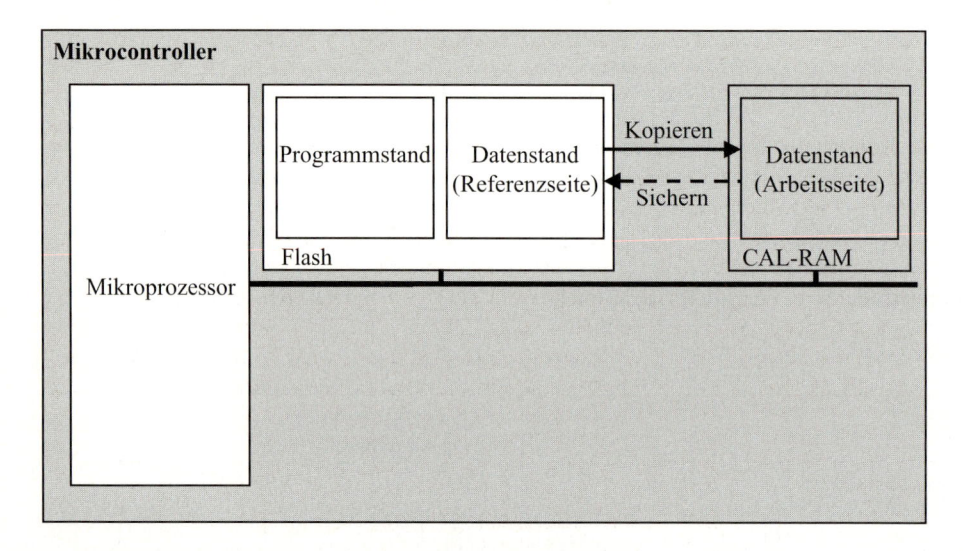

Bild 5-97: CAL-RAM-Management bei ausreichenden Speicherressourcen

5.6.8.2 CAL-RAM-Management bei eingeschränkten Speicherressourcen

Ist dagegen die Größe des CAL-RAM-Bereichs eingeschränkt, so dass nicht der gesamte Datenstand ins CAL-RAM kopiert werden kann, dann muss das CAL-RAM-Management im Mikrocontroller und im Kalibrierwerkzeug um Funktionen zur Verwaltung eines Ausschnitts des Datenstands, also einer Teilmenge der Parameter, erweitert werden (Bild 5-98).

Nur für diese Teilmenge der Parameter sind dann die Funktionen Kopieren, „Sichern" durch Flash-Programmierung und Umschalten, und damit auch das Online-Verstellen möglich.

Die Festlegung des Datenstandsausschnitts kann speicherorientiert oder parameterorientiert erfolgen. Bei der speicherorientierten Festlegung eines Ausschnitts können die Parameter eines zusammenhängenden Flash-Speicherbereichs, wie in Bild 5-98 dargestellt, ins CAL-RAM kopiert und verstellt werden.

5.6 Kalibrierung von Software-Funktionen

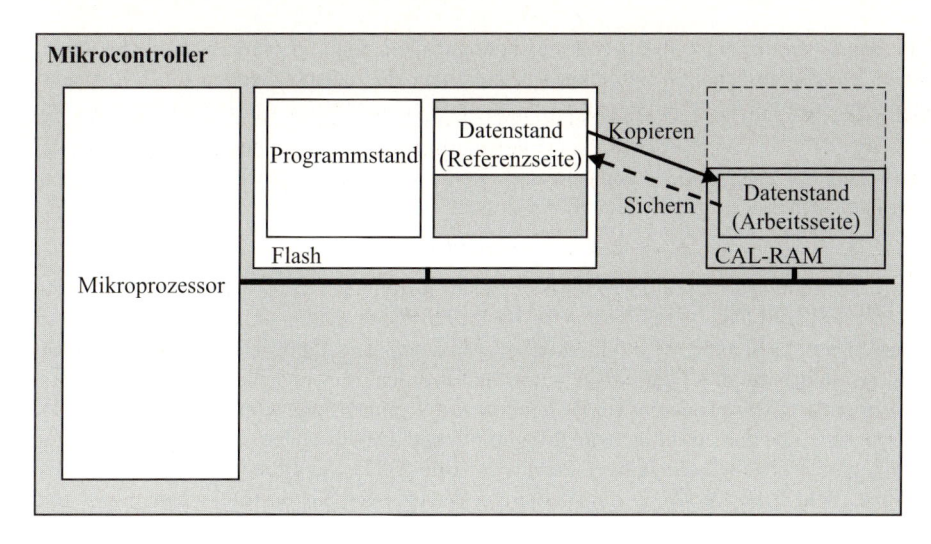

Bild 5-98: CAL-RAM-Management bei eingeschränkten Speicherressourcen

Die parameterorientierte Festlegung eines Ausschnitts ist komfortabler, da damit flexibler gearbeitet werden kann. Die Referenzseite ist dabei kein zusammenhängender Flash-Speicherbereich mehr, sondern ergibt sich, wie in Bild 5-99 dargestellt, aus den Speicherbereichen der ausgewählten Parameter. Die Auswahl einer Parameterteilmenge kann im Kalibrierwerkzeug erfolgen und über eine Zeigertabelle auf den Mikrocontroller abgebildet werden. Das Mikrocontrollerprogramm greift dann nicht mehr direkt auf die Parameter der Referenzseite zu – in Bild 5-99 mit ① markiert –, sondern indirekt über die Zeigertabelle – in Bild 5-99 mit ② markiert. Vom Kalibrierwerkzeug kann bei dem dargestellten Verfahren zwischen dem Parameterzugriff auf die Referenzseite – über ③ – und auf die Arbeitsseite – über ④ – umgeschaltet werden.

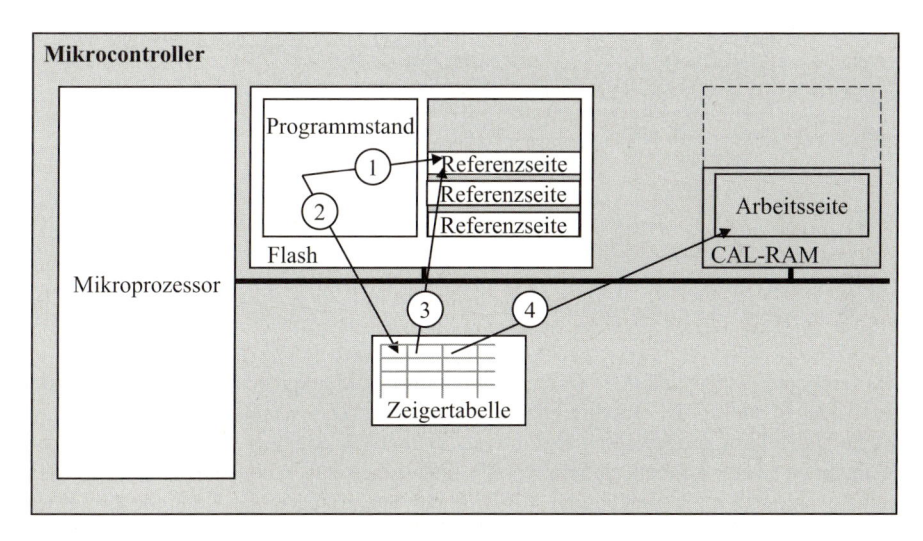

Bild 5-99: Zeigertabelle zur Verwaltung von Parameterteilmengen [86]

Wird die Zeigertabelle selbst im Flash des Mikrocontrollers abgelegt, dann ist bei jeder Änderung des Parameterausschnitts die Neuprogrammierung des entsprechenden Flash-Segments notwendig und die Parameterteilmenge ist während der Ausführung des Fahrprogramms statisch.

Alternativ kann die Zeigertabelle auch im CAL-RAM des Mikrocontrollers abgelegt werden. Sie kann dann dynamisch auch während der Ausführung des Fahrprogramms verändert werden.

5.6.9 Management der Parameter und Datenstände

Neben den bisher dargestellten Grundfunktionen von Mess- und Kalibriersystemen müssen auf der Werkzeugseite weitere Funktionen unterstützt werden. Beispiele sind Funktionen zum parameterorientierten Exportieren, Importieren und Zusammenführen (engl. Merge) von Datenständen, zum Zusammenführen von Programm- und Datenständen, zur Auswertung von Messdaten, zum Verstellen abhängiger Parameter (Bild 5-57), zur Berechnung von virtuellen Messgrößen (Bild 5-58), sowie Schnittstellen zu Werkzeugen für das Dokumentations- und Konfigurationsmanagement.

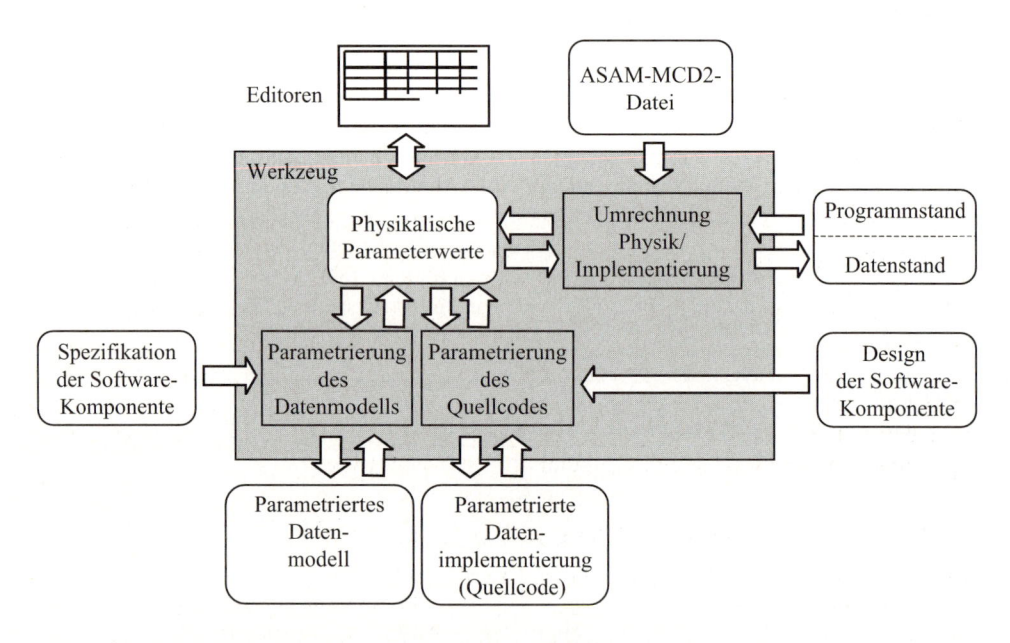

Bild 5-100: Management der Parameterwerte und Datenstände

Bild 5-100 zeigt einen Überblick über die Funktionen für das Management der Parameterwerte und Datenstände. Mit Hilfe der Beschreibungsdatei kann der Datenstand im Werkzeug in die physikalische Darstellung umgerechnet und in einer Datenbank abgelegt werden. Diese physikalischen Parameterwerte können editiert werden und stehen zur Weiterverwendung in verschiedenen Anwendungen zur Verfügung. Mit Hilfe der Spezifikation des Datenmodells einer Software-Komponente kann damit das Datenmodell der Software-Komponente parametriert werden; mit Hilfe des Designs des Datenmodells einer Software-Komponente kann auch die

Software-Komponente in Quellcode parametriert werden. Auch die umgekehrten Vorgehensweisen sind möglich.

5.6.9.1 Parametrierung der binären Programm-/Datenstandsdatei

Es wird schließlich ein finaler Datenstand erzeugt und eine Parametrierung der Binärdatei durchgeführt. Programm- und Datenstand werden in dem für Produktion und Service notwendigen Binärdateiformat weitergegeben.

Diese Vorgehensweise hat den Vorteil, dass die notwendige Funktionalität komplett durch das Kalibriersystem bereitgestellt werden kann und dort zum Standardumfang gehört. Die Kalibrierung kann auch über Unternehmensgrenzen hinweg aufgeteilt werden. Der Programm- und Datenstandsaustausch ist dabei nur in der Richtung vom Lieferant zum Fahrzeughersteller notwendig.

Der Umgang mit Binärformaten schränkt jedoch die Verwaltung der Datensätze auf physikalischer Ebene und die einfache, projektübergreifende Verwendung ein. Außerdem können Optimierungen, die den Programmstand betreffen, nach der Kalibrierung nicht mehr durchgeführt werden. Die eventuell für das Kalibrierverfahren notwendigen Anpassungen der Software-Strukturen sind zumindest teilweise im Serienstand vorhanden.

5.6.9.2 Parametrierung des Modells oder des Quellcodes und Optimierung

Diese Nachteile können mit einer Vorgehensweise umgangen werden, bei welcher der ermittelte Datenstand vom Kalibriersystem exportiert und mit Hilfe von Informationen zum Datenmodell zur Parametrierung auf der Quellcode- oder Modellebene verwendet wird.

Anschließend können umfangreiche Optimierungsmaßnahmen durchgeführt werden. Diese können von einer bezüglich Laufzeit- oder Speicherplatzanforderungen optimierten Ablage, über die Anpassung der Stützstellenanzahl bis hin zur Optimierung von Quantisierung, Wertebereich oder Speichersegment von Kennlinien und Kennfeldern reichen. Das optimierte Modell oder der optimierte Quellcode wird anschließend mit eventuell angepassten Optionen des Compilers neu übersetzt und nach Durchführung der entsprechenden Qualitätsprüfungen an Produktion und Service ausgeliefert. Da danach Parameteränderungen nicht mehr oder nur noch eingeschränkt möglich sind, ist dieser Optimierungsschritt erst kurz vor der Übergabe des Programm- und Datenstands an Produktion und Service möglich.

5.6.10 Design und Automatisierung von Experimenten

Über eine Automatisierungsschnittstelle, wie ASAM-MCD 3 [18], können vielfältige Funktionen von einem übergeordneten Automatisierungssystem gesteuert werden. Damit ist sowohl die Automatisierung von Offline-Aufgaben – beispielsweise die Auswertung von aufgezeichneten Messdaten –, aber auch die Automatisierung von Online-Aufgaben – wie die Durchführung langwieriger Abstimmaufgaben am Laborfahrzeug oder Prüfstand, wie in Abschnitt 5.5.4 dargestellt – möglich [29, 30, 31].

Viele Aufgabengebiete, etwa die Automatisierung der Messdatenanalyse oder die Bestimmung optimierter Parameterwerte, sind Gegenstand aktueller Forschungs- und Entwicklungsanstrengungen.

Trotz der hohen Bedeutung kann in diesem Buch nicht weiter auf dieses umfangreiche Themengebiet eingegangen werden.

6 Methoden und Werkzeuge in Produktion und Service

Produktions- und Service-Werkzeuge unterstützen neben den klassischen Off-Board-Diagnosefunktionen, wie in Abschnitt 2.6.6 dargestellt, vielfach auch Funktionen zur Software-Parametrierung und zum Software-Update.

Im Vergleich zur Entwicklung müssen – insbesondere im Service – einige zusätzliche Anforderungen erfüllt werden. Dazu gehören beispielsweise Maßnahmen zum Manipulationsschutz und zur Datensicherheit, um aus Haftungsgründen unbefugten Zugriff auf Funktionen wie Software-Parametrierung und Software-Update zu verhindern.

Aus Kostengründen müssen im Service möglichst alle Funktionen der Werkzeuge ohne Ausbau des Seriensteuergeräts aus dem Fahrzeug möglich sein. Dies wird vielfach so gelöst, dass die Kommunikation zwischen Service-Werkzeugen und den Seriensteuergeräten im Fahrzeug einheitlich über die so genannte Off-Board-Diagnoseschnittstelle des Fahrzeugs erfolgt, wie in Bild 2-67 dargestellt. Eine weitere Randbedingung ist beim Software-Update im Service die Gewährleistung einer hohen Verfügbarkeit, so dass auch nach Fehlern oder Abbrüchen ein Ausbau des Steuergeräts nicht notwendig wird.

Standards für Kommunikationsprotokolle zwischen Werkzeugen und Steuergeräten – wie „Keyword Protocol 2000" [24] oder „Diagnostics on CAN" [25] – und Standards für eine einheitliche Datenbasis für die Werkzeuge – wie ASAM-MCD [18] – lösen zunehmend spezifische Lösungen ab. Einen Überblick über den Aufbau eines Off-Board-Diagnosesystems nach ASAM-MCD [18] zeigt Bild 6-1. Ziel dieses Standards ist eine einheitliche Software-Architektur für Mess-, Kalibrier- und Diagnosewerkzeuge in Entwicklung, Produktion und Service.

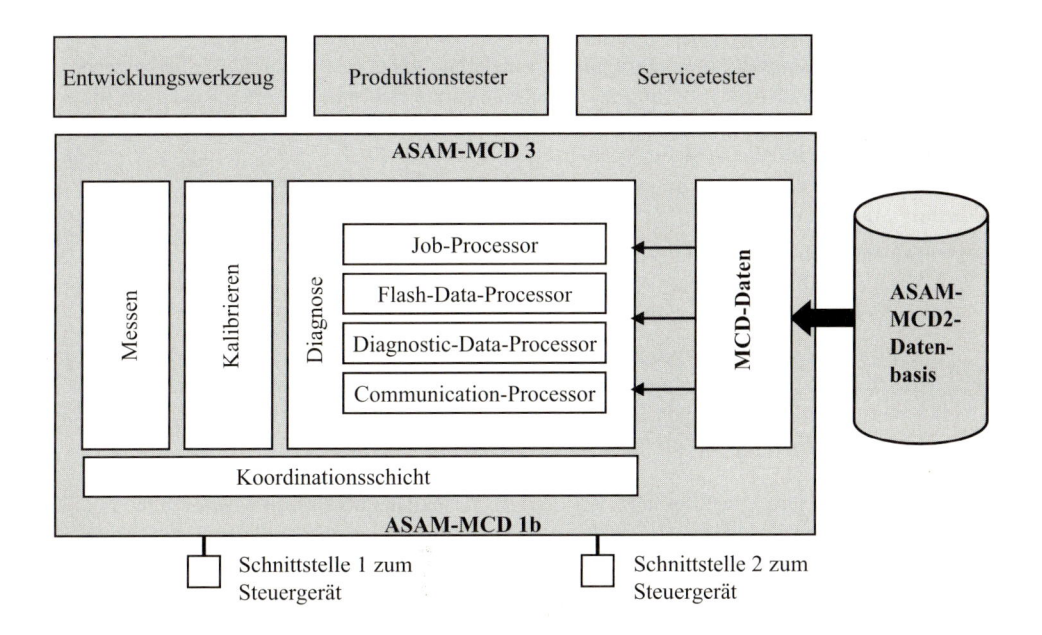

Bild 6-1: Aufbau eines Diagnosesystems nach ASAM-MCD [18]

6.1 Off-Board-Diagnose

Neben Grundfunktionen beispielsweise zum Auslesen der Hardware- und Software-Kennungen eines Steuergeräts stellen Off-Board-Diagnosesysteme, wie in Abschnitt 2.6.6 dargestellt,

- Funktionen zur Sollwertgeber- und Sensordiagnose
- Funktionen zur Aktuatordiagnose und
- Funktionen zum Auslesen und Löschen des Fehlerspeichers

zur Verfügung.

Im Vergleich zu den On-Board-Diagnosefunktionen sind bei der Off-Board-Diagnose die Hardware-Ressourcen nicht in demselben Maße begrenzt, so dass hier auch umfangreiche, laufzeit- und speicherintensive Algorithmen zur Fehlersuche realisiert werden können. Auf die verschiedenen Diagnosemethoden soll an dieser Stelle nicht weiter eingegangen werden. Hierzu wird auf die weiterführende Literatur, z.B. [55], verwiesen.

Beim Software-Entwurf für einen Mikrocontroller ist zu unterscheiden, ob eine Off-Board-Diagnosefunktion ausgeführt werden darf während das Fahrprogramm vom Steuergerät ausgeführt wird oder nicht (Bild 2-64, Bild 4-23).

Beispiel: Sensordiagnose bei aktivem Fahrprogramm

Häufig wird die Sensordiagnose unterstützt durch eine Erfassung der Sensorsignale, also der Eingangsgrößen im Mikrocontroller, und die Online-Übertragung der Messwerte zum Off-Board-Diagnosesystem. Diese Funktion kann durch den Diagnosetester im Mikrocontroller aktiviert werden, während das normale Fahrprogramm abgearbeitet wird.

Am Diagnosetester kann häufig eine zusätzliche Diagnose-Messtechnik, die so genannte Diagnose-Instrumentierung zur synchronisierten Aufnahme weiterer externer Signale, angeschlossen werden. Für die Sensordiagnose steht dann ein Messtechnikaufbau ähnlich wie in Bild 5-84 zur Verfügung.

Beispiel: Aktuatordiagnose bei nicht aktivem Fahrprogramm

Dagegen wird die Aktuatordiagnose häufig dadurch unterstützt, dass die Vorgabe von Sollwerten für die Aktuatoren, also die Vorgabe von Ausgangsgrößen des Mikrocontrollers, direkt durch das Off-Board-Diagnosesystem erfolgen kann.

Dazu müssen zumindest diejenigen Funktionen des Fahrprogramms, die die Sollwerte im Normalbetrieb berechnen, deaktiviert werden. Dies kann zum Beispiel durch den Übergang in einen eigenen Betriebszustand für die Aktuatordiagnose erfolgen, der vom Diagnosetester angestoßen wird (Bild 4-23).

Wie bei der Kalibrierung erfolgt auch bei der Off-Board-Diagnose beim Messen bzw. bei der Vorgabe mikrocontrollerinterner Signale die Umrechnung von der Implementierungsdarstellung in die physikalische Darstellung bzw. umgekehrt im Werkzeug.

6.2 Parametrierung von Software-Funktionen

Die Situation in Produktion und Service ist durch eine hohe Variantenvielfalt der Fahrzeuge gekennzeichnet. Die Gründe dafür sind vielfältig. Einerseits kann jeder Kunde aus einer Vielzahl von Ausstattungsumfängen seine individuelle Fahrzeugausstattung festlegen. Andererseits führen unterschiedliche Vorschriften und Anforderungen in den verschiedenen Absatzländern zu einer länderspezifischen Ausstattung. Ein weiterer Einflussfaktor ergibt sich durch die Möglichkeit, dass verschiedene Fahrer eines Fahrzeugs ihre persönlichen Einstellungen – etwa Sitz- und Spiegelpositionen, Radio- oder Klimaeinstellungen – wiederherstellbar im Fahrzeug ablegen können. Diese fahrerspezifischen Varianten werden auch als Personalisierung bezeichnet [96].

Kunden- und länderspezifische Ausstattung, sowie die Personalisierung führen zu Varianten der Fahrzeuge und der Fahrzeugfunktionen und damit auch zu Varianten der Software-Funktionen.

In der Produktion und im Service können diese Varianten über dafür vorgesehene Konfigurationsparameter der Software gesteuert werden. Dadurch ist es möglich, die Anzahl der zu handhabenden Hardware-Varianten bei elektronischen Systemen drastisch zu reduzieren.

Daraus folgt die Möglichkeit, eine möglichst universell einsetzbare Hardware zu entwerfen und die Auswahl der Software-Variante erst spät in der Fahrzeug-Produktion – beispielsweise kurz vor dem Einbau des Steuergeräts ins Fahrzeug – oder sogar erst in der Servicewerkstatt – etwa bei einem bereits ins Fahrzeug eingebauten Steuergerät – durch ein geeignetes Parametrierungsverfahren vorzunehmen.

Für die Personalisierung besteht die Notwendigkeit, benutzerspezifische Software-Parameter einzustellen, abzulegen, auszuwählen und zu aktivieren. Dies kann entweder beim Besuch der Servicewerkstatt – durch eine Funktion des Servicetesters – oder sogar durch den Nutzer selbst erfolgen – etwa durch eine Funktion des Bediensystems.

Um fehlerhafte und unzulässige Einstellungen bei der Parametrierung zu vermeiden, muss diese Software-Parametrierung frühzeitig beim Entwurf der Software-Architektur berücksichtigt werden.

Dabei bietet eine Betrachtung dieser Aufgabe auf der Ebene der logischen Systemarchitektur des Fahrzeugs – wie in Bild 6-2 dargestellt – Vorteile gegenüber einer Sicht auf die technische Systemarchitektur.

Beispiel: Umschaltung der Anzeigeeinheit für Temperaturen zwischen Grad Celsius und Fahrenheit

Anhand der Parametriermöglichkeit für die Maßeinheit der Temperaturanzeige kann dies anschaulich dargestellt werden. Bei allen Funktionen zur Temperaturanzeige soll über einen einzigen Software-Parameter eingestellt werden können, ob die Anzeige in Grad Celsius oder in Grad Fahrenheit erfolgt. Betroffen davon sind beispielsweise die Funktionen zur Anzeige der Motor-, der Innenraum- und der Außentemperatur. Auf der Steuergeräteseite wirkt sich eine Umschaltung dieses Anzeigeparameters etwa auf das Kombiinstrument, auf das Heizungs- und Klimaanlagensteuergerät und auf das zentrale Bedien- und Anzeigesystem (engl. Man Machine Interface, MMI) aus (Bild 6-2). Da Temperaturen in verschiedenen Anzeigegeräten angezeigt werden, so zum Beispiel die Motortemperatur im Kombiinstrument und im MMI, würde eine Parametriermöglichkeit für jedes einzelne Steuergerät unterschiedliche Einstellungen erlauben. Bei einer Parametriermöglichkeit auf der Funktionsebene kann dies verhindert werden.

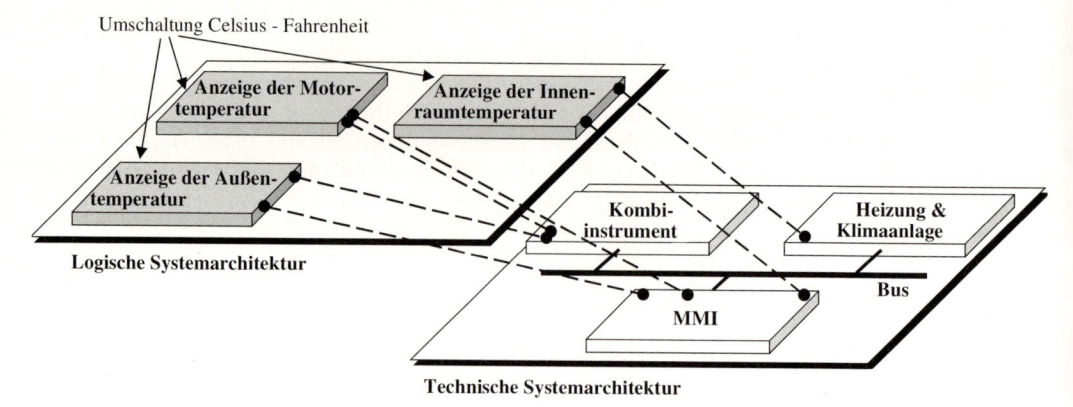

Bild 6-2: Funktionen und Steuergeräte, die für Temperaturanzeigen relevant sind [96]

Bei der technischen Realisierung sind, wie in Kapitel 5.4.4 dargestellt, verschiedene Möglichkeiten zu unterscheiden. Die Software-Parameter können im Flash – wie in Bild 5-69 dargestellt – oder z. B. im EEPROM des Mikrocontrollers – wie in Bild 5-70 dargestellt – abgelegt werden. In beiden Fällen kann die Änderung der Software-Parameter durch eine Funktion des Produktions- und Servicewerkzeugs vorgenommen werden.

Im Gegensatz zur Kalibrierung (s. Abschnitt 5.6), wo möglichst der gesamte Datenstand angepasst werden soll, sind von der Parametrierung von Software-Funktionen in Produktion und Service nur ausgewählte Software-Parameter betroffen, die auch im Seriensteuergerät in einem programmierbaren Speicherbereich, z.B. im EEPROM oder Flash, abgelegt werden.

Eine Möglichkeit, diese Parameter offline – also während einer Unterbrechung des Fahrprogramms – einzustellen, ist in der Regel ausreichend. Dies kann zum Beispiel durch den Übergang in einen eigenen Betriebszustand für die Software-Parametrierung erfolgen, der vom Parametrierwerkzeug angestoßen wird (Bild 4-23). Die Vorgehensweise bei der Parametrierung ist also ähnlich zur Offline-Kalibrierung ausgewählter Parameter.

6.3 Software-Update durch Flash-Programmierung

Der Einsatz von Flash als Speichertechnologie für Programm- und Datenstand nimmt auch in Seriensteuergeräten zu. Dies ermöglicht Software-Updates für Steuergeräte im Feld durch Neuprogrammierung des Flash-Speichers etwa über die zentrale Off-Board-Diagnoseschnittstelle des Fahrzeugs. Damit ist ein Software-Update ohne Ausbau des Steuergerätes aus dem Fahrzeug möglich, was zu erheblichen Kosteneinsparungen gegenüber einem Steuergeräteaustausch führt.

Nach einigen technischen Randbedingungen der Flash-Programmierung wird in diesem Abschnitt ein prinzipiell möglicher Ablauf für die Flash-Programmierung über die Off-Board-Diagnoseschnittstelle dargestellt. Mögliche Erweiterungen, etwa zur Erhöhung der Geschwindigkeit der Flash-Programmierung, werden dabei zum Teil vernachlässigt.

6.3 Software-Update durch Flash-Programmierung 313

6.3.1 Löschen und Programmieren von Flash-Speichern

Wie bereits in den Abschnitten 2.3 und 5.6 angesprochen, können mit den derzeit eingesetzten Flash-Technologien nur ganze Flash-Bereiche gelöscht oder neu programmiert werden. Die kleinste, physikalisch zusammen gehörende, geschlossen lösch- oder programmierbare Speichereinheit des Flash wird Segment genannt. Bei der Flash-Programmierung sind deshalb die Schritte Löschen und Programmieren von Flash-Segmenten zu unterscheiden.

Des Weiteren muss beachtet werden, dass aus technischen Gründen nicht gleichzeitig aus einem Flash-Segment ein Programm ausgeführt werden kann, während ein anderes Flash-Segment des gleichen Bausteins neu programmiert wird. Die Programmteile zur Steuerung des Programmierablaufs für einen Flash-Baustein müssen deshalb – zumindest temporär während der eigentlichen Flash-Programmierung – in einen anderen Speicherbaustein – beispielsweise in einem anderen Flash-Baustein oder einen freien RAM-Bereich des Mikrocontrollers – ausgelagert werden.

Außer diesen Randbedingungen werden in den folgenden Abschnitten weitere mikrocontroller- oder speicherspezifische Detailunterschiede nicht betrachtet.

6.3.2 Flash-Programmierung über die Off-Board-Diagnoseschnittstelle

Wegen der begrenzten Übertragungsleistung der Off-Board-Diagnoseschnittstelle kommt es bei großen Flash-Speichern zu recht langen Flash-Programmierzeiten. Deshalb besteht in der Produktion und im Service häufig die Anforderung, die Flash-Programmierzeiten zu verkürzen, was z. B. durch die Verringerung der neu zu programmierenden Flash-Segmente möglich ist. Dies kann durch die funktionsorientierte Flash-Programmierung oder durch die getrennte Flash-Programmierung für Programm- und Datenstand erreicht werden. Daher wird häufig der Programmstand bereits bei der Steuergeräteproduktion programmiert, während der Datenstand später fahrzeugspezifisch am Ende der Fahrzeugproduktion programmiert wird. Für die Software-Entwicklung bedeutet dies, dass verschiedene Software-Funktionen, sowie Programm- und Datenstand in verschiedenen Flash-Segmenten abgelegt werden müssen.

Alle Programmteile des Mikrocontrollers, die für die Kommunikation zwischen Mikrocontroller und Flash-Programmierwerkzeug über die Off-Board-Diagnoseschnittstelle während der Flash-Programmierung erforderlich sind, müssen zusammen mit den Flash-Programmierroutinen, dem Flash-Loader (Bild 1-22), im ROM oder in einem dritten Flash-Segment abgelegt werden. In den folgenden Abschnitten wird der im ROM abgelegte Basisumfang als **Start-Up-Block** und der im Flash abgelegte Basisumfang als **Boot-Block** bezeichnet. In Bild 6-3 ist die Organisation des gesamten Programms in diese vier Teile dargestellt. Start-Up- und Boot-Block zusammenstellen die für die Flash-Programmierung über die Off-Board-Diagnoseschnittstelle notwendige Software-Funktionalität des Mikrocontrollers zur Verfügung.

Die Aufteilung in Start-Up- und Boot-Block ist aus verschiedenen Gründen sinnvoll. So kann der Boot-Block selbst, falls er im Flash abgelegt wird, neu programmiert werden. Darauf wird in Abschnitt 6.3.5 eingegangen. Außerdem kann im Boot-Block der aktuelle Status der Flash-Programmierung unverlierbar abgespeichert werden, so dass beispielsweise nach einem Abbruch ein Wiederaufsetzen möglich ist. Die unveränderbare Basisfunktionalität des Start-Up-Blocks kann dagegen im kostengünstigeren ROM abgelegt werden.

Das Fahrprogramm, als Teil des Programm- und Datenstands, hingegen wird in einem anderen Speichersegment abgelegt. In den folgenden Abschnitten wird zwischen den folgenden Programmteilen unterschieden:

- Start-Up-Block
- Boot-Block
- Programmstand
- Datenstand.

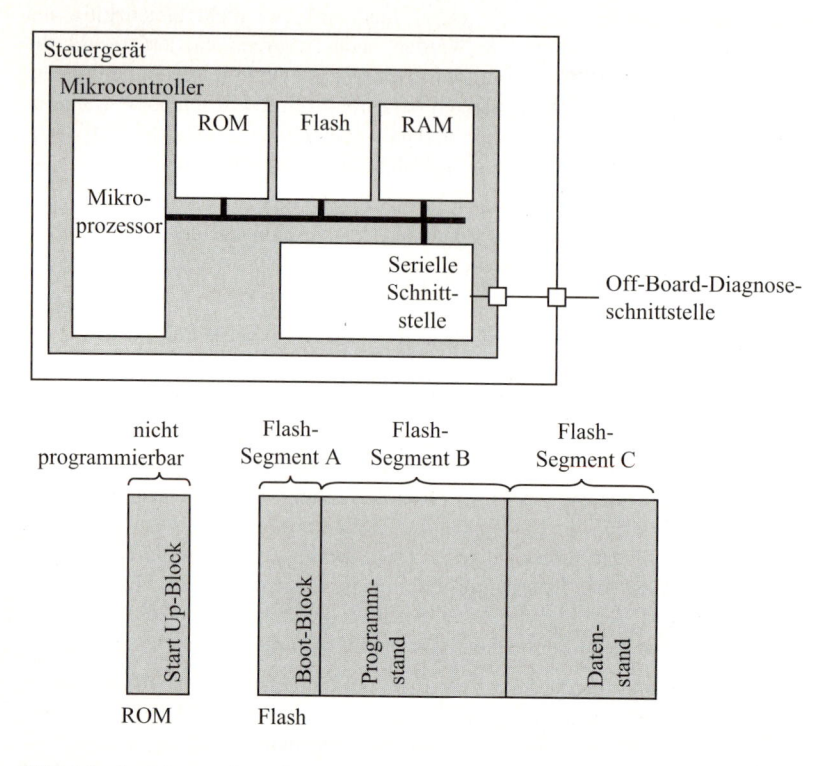

Bild 6-3: Speicherzuteilung für Start Up-Block, Boot-Block, Programm- und Datenstand

6.3.3 Sicherheitsanforderungen

Der Übergang des Mikrocontrollers in den Betriebszustand „Software-Update" wird vom Flash-Programmierwerkzeug angestoßen.

Neben den bereits in Kapitel 5.6 angesprochenen Plausibilitätsprüfungen – etwa bei Motorsteuergeräten die Prüfung auf Motorstillstand –, die vor Beenden des Fahrprogramms und dem Übergang in den Betriebszustand „Software-Update" durchgeführt werden müssen, sind beim Einsatz in der Produktion und im Service weitere Sicherheitsmaßnahmen erforderlich. Aus Haftungsgründen muss eine nicht autorisierte Flash-Programmierung oder eine Flash-Programmierung mit manipuliertem Programm- oder Datenstand möglichst verhindert, auf jeden Fall aber erkannt und nachgewiesen werden können.

6.3 Software-Update durch Flash-Programmierung

Daher wird der Flash-Programmierzugriff in der Regel über zwei unterschiedliche Verschlüsselungsverfahren abgesichert: die Authentisierung und die Signaturprüfung. Der Ablauf der Kommunikation zwischen Flash-Programmierwerkzeug und Mikrocontroller ist in Bild 6-4 dargestellt:

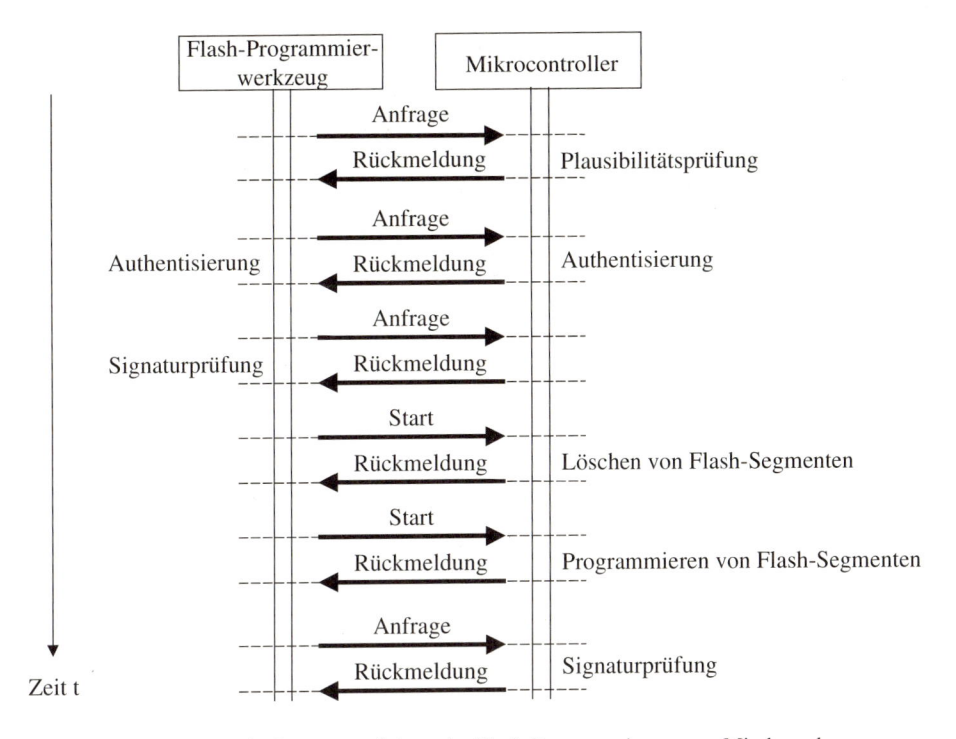

Bild 6-4: Sicherheitsmaßnahmen zum Schutz der Flash-Programmierung vor Missbrauch

- **Authentisierung**

  Nach der Plausibilitätsprüfung wird die Prüfung der eigentlichen Zugriffsberechtigung durchgeführt. Dieser Schritt wird Authentisierung genannt. Dabei wird anhand eines digitalen Schlüssels überprüft, ob der Anwender des Flash-Programmierwerkzeugs überhaupt zum Software-Update berechtigt ist.

- **Signaturprüfung für den neu zu programmierenden Programm- oder Datenstand**

  In einem weiteren Prüfungsschritt wird die Datenkonsistenz des neu zu programmierenden Programm- oder Datenstands überprüft. Dieser Schritt wird auch Signaturprüfung genannt. Hierbei wird vom Flash-Programmierwerkzeug anhand eines weiteren digitalen Schlüssels überprüft, ob der neu zu programmierende Programm- oder Datenstand zur Steuergeräte-Hardware passt und ob der neu zu programmierende Programm- oder Datenstand seit der Auslieferung durch den Fahrzeughersteller an das Werk oder die Servicewerkstatt unzulässig manipuliert wurde.

- **Löschen und Programmieren von Flash-Segmenten**

  Erst nach erfolgreichem Abschluss beider Prüfungen wird das eigentliche Löschen und Programmieren der entsprechenden Flash-Segmente durch den Boot-Block freigegeben.

- **Signaturprüfung für den neu programmierten Programm- und Datenstand**

  Nach der Flash-Programmierung wird die Signatur vom Mikrocontroller auf Basis des tatsächlich ins Flash programmierten Programm- und Datenstands berechnet, um Fehler während der Programmierung erkennen zu können. Nach erfolgreicher Signaturprüfung wird diese berechnete Signatur selbst im Flash abgelegt. Dazu werden besondere Speicherstrukturen, die so genannte Programmstands- und Datenstands-Logistik, als Teil des Programm- und des Datenstands im Flash abgelegt (Bild 6-5). Nur nach erfolgreicher Signaturprüfung gibt der Boot-Block die Aktivierung des neuen Fahrprogramms frei.

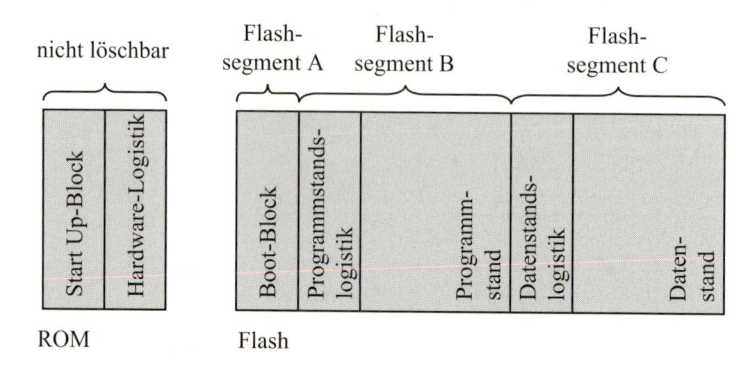

Bild 6-5: Hardware-, Programmstands- und Datenstandslogistik für Berechnung, Ablage und Prüfung der Signatur

Auf die möglichen Verschlüsselungsverfahren soll an dieser Stelle nicht weiter eingegangen werden. Dazu wird auf die weiterführende Literatur, z.B. [97], verwiesen.

6.3.4 Verfügbarkeitsanforderungen

Da die Flash-Programmierung über die Off-Board-Diagnoseschnittstelle trotz der angesprochenen Optimierungsmaßnahmen eine verhältnismäßig lange Zeitspanne in Anspruch nehmen kann, ist mit Abbrüchen des Programmierablaufs durch Störungen jederzeit zu rechnen. Derartige Störungen sind etwa der Ausfall der Spannungsversorgung des Fahrzeugs oder des Flash-Programmierwerkzeugs, unzulässige Reaktionen anderer Steuergeräte im Netzwerk, Unterbrechungen der Kommunikationsverbindung zwischen Steuergerät und Flash-Programmierwerkzeug oder Bedienfehler. Auch fehlgeschlagene Authentisierungen und Signaturprüfungen führen zum Abbruch der Flash-Programmierung.

Für den Entwurf des Ablaufs der Flash-Programmierung steht deshalb die Verfügbarkeit dieser Funktion unter allen denkbaren Umständen an erster Stelle. Diese Anforderung kann beispielsweise dadurch erfüllt werden, dass nach einem Abbruch in allen Situationen jederzeit ein Neustart des Programmierablaufs möglich ist. Ein geeignete Vorgehensweise wird im folgenden Beispiel dargestellt.

6.3 Software-Update durch Flash-Programmierung

Beispiel: Ablauf der Flash-Programmierung für Programm- und Datenstand

Bild 6-6 zeigt einen möglichen Ablauf für die Flash-Programmierung des in Bild 6-5 dargestellten Programm- und Datenstands.

Nach erfolgreichem Abschluss der Flash-Programmierung wird über einen Reset vom Flash-Programmierwerkzeug der Übergang des Mikrocontrollers in den normalen Betriebszustand angestoßen.

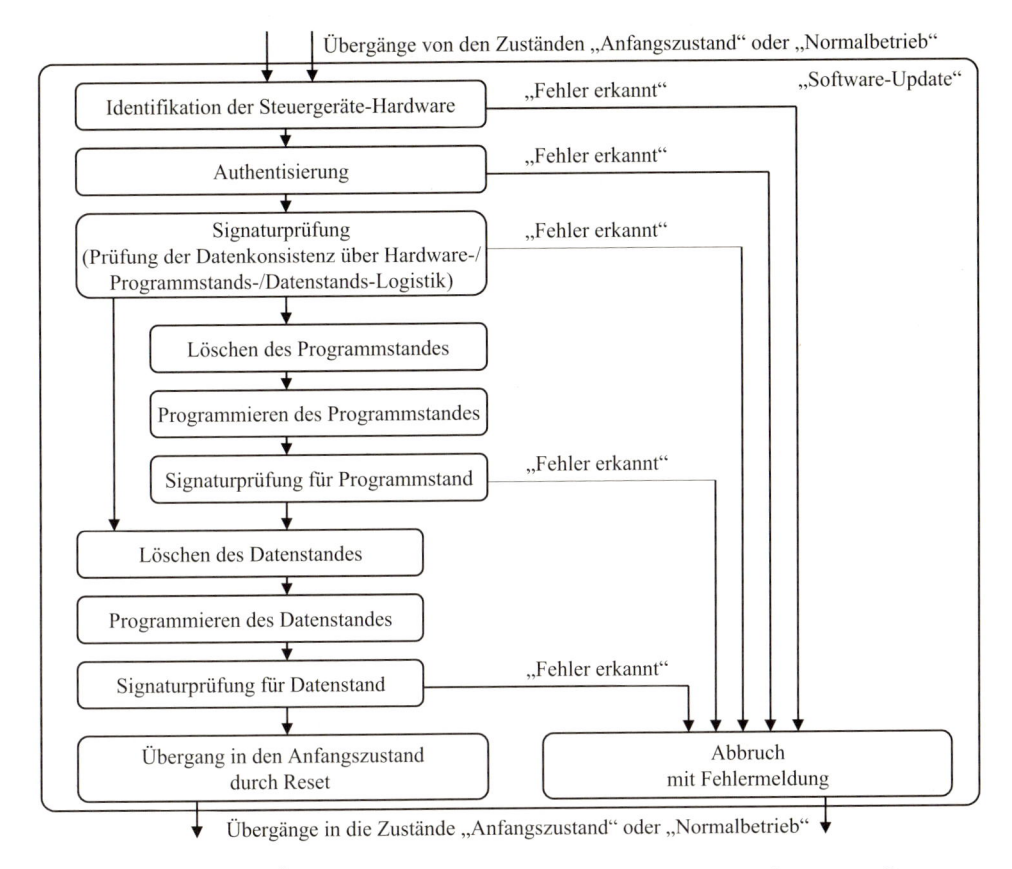

Bild 6-6: Zustände und Übergänge des Boot-Blocks bei der Flash-Programmierung von Programm- und Datenstand

Die notwendige Auslagerung des Boot-Blocks in einen anderen Speicherbaustein während der eigentlichen Flash-Programmierung wurde bisher vernachlässigt. Darauf und auf die Flash-Programmierung des Boot-Blocks selbst wird im folgenden Abschnitt eingegangen.

6.3.5 Auslagerung und Flash-Programmierung des Boot-Blocks

Abschließend soll ein Verfahren zur Flash-Programmierung des Boot-Blocks ausführlich dargestellt werden, wobei die bereits angesprochenen Randbedingungen der eingesetzten Flash-Technologie und die Verfügbarkeitsanforderungen berücksichtigt werden.

Zunächst muss der aktive Boot-Block während der Flash-Programmierung in einen anderen Speicherbaustein des Mikrocontrollers ausgelagert werden, d. h. der Boot-Block muss relocatierbar sein. Dies kann beispielsweise durch Kopieren des Boot-Blocks in einen während der Flash-Programmierung freien RAM-Bereich erfolgen. Anschließend wird dann der Boot-Block aus dem RAM ausgeführt.

Auch nach fehlgeschlagener Flash-Programmierung des Boot-Blocks muss ein Neustart des Programmierablaufs möglich sein. Zur Erhaltung der Verfügbarkeit ist nach einem Abbruch ein fehlerfreier Boot-Block ausreichend. Diese Anforderung kann durch „Retten" und „Wiederherstellen" des Boot-Blocks erfolgen.

Beispiel: Ablauf der Flash-Programmierung für den Boot-Block

Diese Anforderungen können mit einem Ablauf, wie in Bild 6-7 dargestellt, erfüllt werden. Dabei wird zwischen altem und neuem Boot-Block unterschieden.

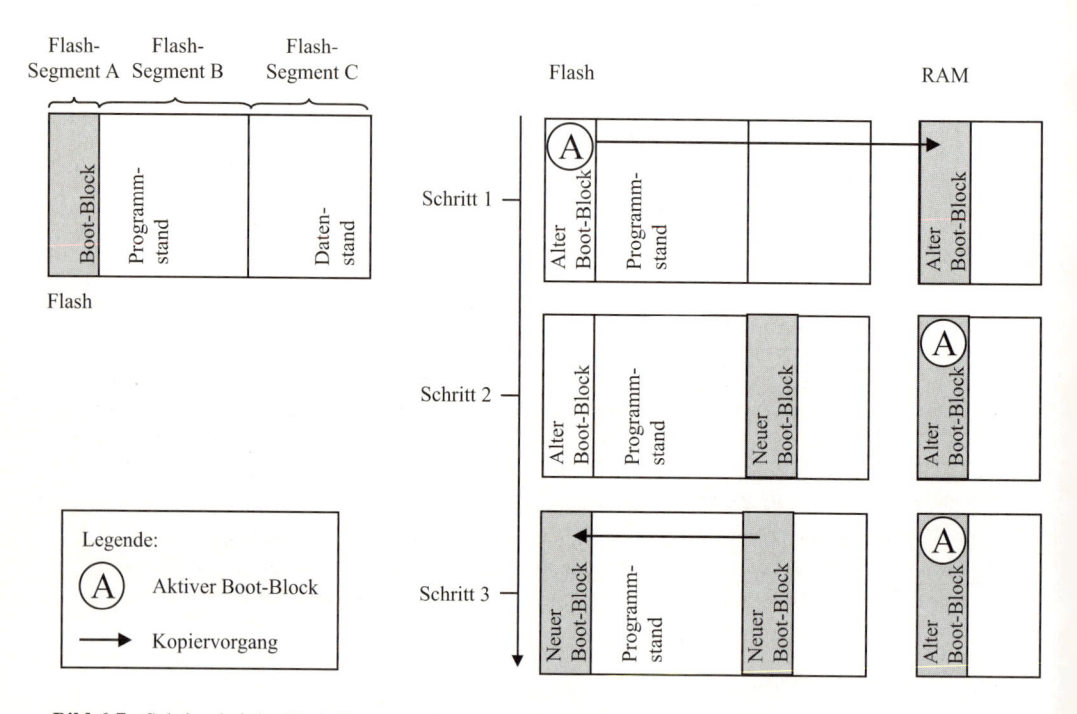

Bild 6-7: Schritte bei der Flash-Programmierung des Boot-Blocks

Das Verfahren unterscheidet drei wesentliche Schritte:

- Schritt 1: Kopieren des alten Boot-Blocks in einen freien RAM-Bereich
- Schritt 2.1: Aktivierung des alten Boot-Blocks im RAM und Deaktivierung des alten Boot-Blocks im Flash
- Schritt 2.2: Zwischenablage des neuen Boot-Blocks in Flash-Segment C

Dieser Schritt umfasst die Zustände Löschen des Flash-Segments C, Programmieren des neuen Boot-Blocks in Flash-Segment C und Signaturprüfung für den neuen Boot-Block in Flash-Segment C.

Nach einem Abbruch während dieser Operationen kann mit dem gültigen, alten Boot-Block in Flash-Segment A die Flash-Programmierung erneut gestartet werden.

- Schritt 3: Programmieren des neuen Boot-Blocks durch Kopieren von Flash-Segment C nach Flash-Segment A

    Dieser Schritt umfasst die Zustände Löschen des Flash-Segments A, Programmieren des neuen Boot-Blocks in Flash-Segment A durch Kopieren des Flash-Segments C nach A und Signaturprüfung für den neuen Boot-Block in Flash-Segment A.

    Nach einem Abbruch während dieser Operationen kann mit dem gültigen, neuen Boot-Block in Flash-Segment C die Flash-Programmierung erneut gestartet werden.

Der jeweils gültige Boot-Block im Flash muss markiert werden. Diese Gültigkeitsmarkierung selbst muss unverlierbar im Flash abgelegt werden, so dass mit dieser Information ein Wiederaufsetzen möglich ist.

Anschließend erfolgt die Aktivierung des neuen Boot-Blocks in Flash-Segment A und die Deaktivierung des Boot-Blocks im RAM. Danach muss die Flash-Programmierung für den Datenstand, wie in Bild 6-6 beschrieben, erfolgen.

6.4 Inbetriebnahme und Prüfung elektronischer Systeme

Am Ende des Produktionsprozesses kommt das neue Fahrzeug gewissermaßen zum ersten Mal in die Werkstatt. Dabei erfolgt die erstmalige Inbetriebnahme und Prüfung der elektronischen Systeme des komplett aufgebauten Fahrzeugs einschließlich aller Off-Board-Schnittstellen. Ähnliche Situationen ergeben sich nach dem Austausch von einzelnen elektronischen Komponenten des Fahrzeugs im Service.

Alle dafür eingesetzten Methoden und Werkzeuge verwenden die in den Kapiteln 6.1 bis 6.3 dargestellten Funktionen als Basis. Anwendungsbeispiele dafür sind die Konfiguration von ersetzten elektronischen Komponenten für ein spezifisches Fahrzeug oder die Flash-Programmierung von Testprogrammen in der Steuergeräteproduktion.

7 Zusammenfassung und Ausblick

Elektronische Systeme und Software sind ein unverzichtbarer Bestandteil vieler Funktionen moderner Fahrzeuge geworden. Der Anteil der Fahrzeugfunktionen, die durch Software unterstützt werden, wird nach allen Voraussagen auch weiterhin wachsen.

Für die Realisierung von Fahrzeugfunktionen durch elektronische Systeme und Software sind Grundkenntnisse verschiedener Fachgebiete notwendig. Die Einführung einer einheitlichen Gesamtsicht auf die Elektronik des Fahrzeugs, sowie die Grundlagen von steuerungs- und regelungstechnischen Systemen, von Echtzeitsystemen, von verteilten und vernetzten Systemen, von zuverlässigen und sicherheitsrelevanten Systemen waren deshalb Schwerpunkte der Kapitel 1 und 2.

Die Elektronik- und auch die Software-Entwicklung müssen als Fachdisziplinen innerhalb der Systementwicklung betrachtet werden. Das für die Hardware-Komponenten eines Fahrzeugs ausgeprägte Funktions-, System- und Komponentenverständnis muss deshalb auf die Software ausgedehnt werden. Zudem erfolgt die Entwicklung von Fahrzeugfunktionen verteilt über mehrer Abteilungen und Unternehmen. Dies führt zu einer arbeitsteiligen Entwicklung von Software, wobei verschiedene Entwicklungspartner einen Anteil in Form von Software-Komponenten, wie etwa ein Echtzeitbetriebssystem, liefern.

Für die System- und Software-Entwicklung ist deshalb ein durchgängiger Prozess notwendig, der von der Analyse der Benutzeranforderungen über Spezifikation, Design, Implementierung, Integration und Kalibrierung bis zum Akzeptanztest alle Entwicklungsschritte berücksichtigt. Desweiteren muss der komplette Lebenszyklus des Fahrzeugs beachtet werden. So müssen z. B. Überwachungs- und Diagnosefunktionen, die im Service erforderlich sind, bereits frühzeitig einbezogen werden.

Standards, wie OSEK, ASAM und ISO, bieten eine Basis für die Definition einer hardwareunabhängigen Schnittstelle zwischen Anwendungs- und Plattform-Software. Dadurch wird die bisherige „feste" Bindung zwischen Hardware und Software zunehmend aufgelöst.

Die Entwicklung und langfristige Wartung von elektronischen Systemen und Software im Fahrzeug kann durch die in Kapitel 3 und 4 dargestellten Prozesse unterstützt werden.

Die modellbasierte Spezifikation von elektronischen Systemen, von Software-Funktionen und der Umgebung erleichtert das Verständnis und bietet zudem in allen Entwicklungsphasen viele Vorteile.

Die Funktionsmodelle können für die Bewertung unterschiedlicher technischer Realisierungsalternativen in der Analyse- und Spezifikationsphase verwendet werden und bilden die Grundlage für Simulations- und Rapid-Prototyping-Methoden. Die Funktionsmodelle können zudem mit Werkzeugen zur Codegenerierung auf Software-Komponenten für Seriensteuergeräte abgebildet werden.

In der Integrations- und Testphase sind die Funktions- und Umgebungsmodelle die Basis für Laborfahrzeuge und Prüfstände. Dadurch können auch die besonderen Anforderungen der unternehmensübergreifenden Integrations- und Testaufgaben berücksichtigt werden.

In der Produktion und im Service ermöglichen die Funktionsmodelle die Realisierung leistungsfähiger Verfahren zur Diagnose, zur Parametrierung und zum Software-Update.

Durch die Simulation, die Automatisierung von Entwicklungsaufgaben und die Verlagerung von Entwicklungsschritten vom Fahrzeug an den Prüfstand und ins Labor sind Qualitäts- und Kostenoptimierungen bei gleichzeitiger Reduzierung des Entwicklungsrisikos möglich. Gegenüber dem Fahrversuch werden dadurch auch größere Freiheitsgrade und eine höhere Reproduzierbarkeit der Tests erreicht.

Jedoch beantwortet eine Simulation nur die Fragen, die zuvor auch so gestellt waren. Dagegen beantwortet der Fahrversuch auch Fragen, die im Vorfeld nicht gestellt waren. Er bleibt daher auch in Zukunft unverzichtbar. Die Validation von Fahrzeugfunktionen kann letztendlich nur durch den Akzeptanztest im Fahrzeug erfolgen. Der Fahrversuch stellt besondere Anforderungen an die Werkzeuge – wie die Unterstützung einer fahrzeugtauglichen Off-Board-Schnittstelle zu den Steuergeräten, eine mobile Messtechnik für den Einsatz unter rauen Umgebungsbedingungen und eine fahrzeugtaugliche Bedienung und Visualisierung.

Methoden und Werkzeuge zur Unterstützung des Kernprozesses in der Entwicklung, sowie der Produktions- und Serviceprozesse wurden in Kapitel 5 und 6 behandelt.

Die Entwicklung von übergreifend wirkenden Fahrzeugfunktionen, die nicht mehr einem Subsystem zugeordnet werden können, nimmt stark zu. So ermöglicht beispielsweise die Vernetzung von Fahrzeug und Umwelt durch drahtlose Übertragungssysteme die Realisierung vieler neuer Funktionen. Das Spektrum reicht hier von der Pre-Crash-Erkennung bis zu prädiktiven Diagnosefunktionen. Der Begriff der Vernetzung muss deshalb weiter gefasst werden. Neben den Systemen des Fahrzeugs, müssen auch die Systeme der Umwelt einbezogen werden. Dies stellt hohe Anforderungen an geeignete Analyse-, Spezifikations- und Integrationsmethoden für die entstehenden verteilten und vernetzten Systeme.

Die Entwicklung von Fahrzeugfunktionen ist wegen dieser zahlreichen Anforderungen und Wechselwirkungen eine Aufgabe von hohem Schwierigkeitsgrad. Die Komplexität muss durch den Einsatz von möglichst wenigen und möglichst einfachen Entwurfsmustern reduziert werden. Diese Vorgehensweise muss durch durchgängige Prozesse, Methoden, Werkzeuge und Standards für den kompletten Lebenszyklus eines Fahrzeugs unterstützt werden. Für deren Weiterentwicklung ist die weitere, enge Zusammenarbeit zwischen Fahrzeugherstellern, Zulieferern und Werkzeugherstellern erforderlich.

Vor diesem Hintergrund bietet Automotive Software Engineering auch in Zukunft zahlreiche faszinierende Herausforderungen.

Literaturverzeichnis

[1] Robert Bosch GmbH (Hrsg.): Konventionelle und elektronische Bremssysteme. Robert Bosch GmbH, Stuttgart, 2002.

[2] ISO International Organization for Standardization: ISO 11898: Austausch digitaler Informationen; Controller Area Network (CAN) für schnellen Datenaustausch, 1994.

[3] A. Lapp, P. Torre Flores, J. Schirmer, D. Kraft, Robert Bosch GmbH, Stuttgart, W. Hermsen, ASSET GmbH, Stuttgart, T. Bertram, J. Petersen, Gerhard-Mercator-Universität, Duisburg: Software-Entwicklung für Steuergeräte im Systemverbund – Von der CARTRONIC-Domänenstruktur zum Steuergerätecode. 10. Internationaler Kongress. In: „Elektronik im Kraftfahrzeug", Baden-Baden, 27.-28. September 2001.

[4] Robert Bosch GmbH (Hrsg.): Kraftfahrtechnisches Taschenbuch. 24. Auflage, Vieweg-Verlag, 2002.

[5] ISO International Organization for Standardization: ISO 9141: Straßenfahrzeuge; Diagnosesysteme; Anforderungen für den Austausch digitaler Informationen. 1992.

[6] Robert Bosch GmbH (Hrsg.): Motormanagement ME-Motronic. Robert Bosch GmbH, Stuttgart, 1999.

[7] Robert Bosch GmbH (Hrsg.): Otto-Motormanagement: Grundlagen und Komponenten. Robert Bosch GmbH, Stuttgart, 2002.

[8] Robert Bosch GmbH (Hrsg.): Elektronische Dieselregelung EDC. Robert Bosch GmbH, Stuttgart, 2001.

[9] Hans-Georg Frischkorn, Herbert Negele, Johannes Meisenzahl, BMW Group, München: The Need for Systems Engineering. An Automotive Project Perspective. Key Note at the 2nd European Systems Engineering Conference (EuSEC 2000), München, 13. September 2000.

[10] M. Fuchs, F. Lersch, D. Pollehn, BMW Group, München: Neues Rollenverständnis für die Entwicklung verteilter Systemverbunde in der Karosserie- und Sicherheitselektronik. 10. Internationaler Kongress „Elektronik im Kraftfahrzeug", Baden-Baden, 27.-28. September 2001.

[11] Andreas Eppinger, Werner Dieterle, Klaus Georg Bürger: Mechatronik – Mit ganzheitlichem Ansatz zu erhöhter Funktionalität und Kundennutzen. In: ATZ/MTZ Automotive Electronics, Ausgabe September 2001, Seite 10-18.

[12] Richard Stevens, Peter Brook, Ken Jackson, Stuart Arnold: Systems Engineering. Coping with Complexity. Prentice Hall, 1998.

[13] IBM International Technical Support Organization: Redbook 'Business Process Reengineering and Beyond', 28. September 2001. http://www.ibm.com/support

[14] CMMI Capability Maturity Model Integration. http://www.sei.cmu.edu/cmmi

[15] ISO/IEC International Organization for Standardization/International Electrotechnical Commission: ISO/IEC 15504-1: Information technology - Software process assessment - Concepts and introductory guide. 1998.

[16] V-Modell – Entwicklungsstandard für IT-Systeme des Bundes. Vorgehensmodell Kurzbeschreibung. 1997. http://www.v-modell.iabg.de/vm97.htm

[17] OSEK Open systems and the corresponding interfaces for automotive electronics. http://www.osek-vdx.org

[18] ASAM Association for Standardisation of Automation- and Measuring Systems http://www.asam.de

[19] DIN Deutsches Institut für Normung e.V.: DIN 19250: Grundlegende Sicherheitsbetrachtungen für MSR-Schutzeinrichtungen, 1989.

[20] IEC International Electrotechnical Commission: IEC 61508 – Functional Safety of Electrical/Electronic/Programmable Electronic Safety-Related Systems. 1998.

[21] Bundesgesetzblatt: Verordnung über die Inkraftsetzung der ECE-Regelung Nr. 79 über einheitliche Bedingungen für die Genehmigung der Fahrzeuge hinsichtlich der Lenkanlage (Verordnung zur ECE-Regelung Nr. 79). Teil 2, 1995.

[22] Daimler Chrysler AG: Übereinkommen über die Annahme einheitlicher technischer Vorschriften für Radfahrzeuge, Ausrüstungsgegenstände und Teile, die in Radfahrzeuge(n) eingebaut und/oder verwendet werden können, und die Bedingungen für die gegenseitige Anerkennung von Genehmigungen, die nach diesen Vorschriften erteilt wurden. ECE-Regelung Nr. 13: Einheitliche Vorschriften für die Genehmigung von Fahrzeugen der Klassen M, N und O hinsichtlich der Bremsen. Ausgabe 2000-08-31.

[23] Michael Eckrich, Werner Baumgartner, BMW Group, München: By Wire überlagert Mechanik. In: Automobilentwicklung, Ausgabe September 2001, Seite 24 -25.

[24] ISO International Organization for Standardization: ISO 14230 – Road Vehicles – Diagnostic Systems – Keyword Protocol 2000. 1999.

[25] ISO International Organization for Standardization: ISO 15765 – Road Vehicles – Diagnostic Systems – Diagnostics on CAN. 2000.

[26] Torsten Bertram, Peter Opgen-Rhein: Modellbildung und Simulation mechatronischer Systeme – Virtueller Fahrversuch als Schlüsseltechnologie der Zukunft. In: ATZ/MTZ Automotive Electronics, Ausgabe September 2001, Seite 20-26.

[27] Dipl.-Ing. K. Lange, Volkswagen AG, Wolfsburg, Dr. J. Bortolazzi, DaimlerChrysler AG, Stuttgart, Dipl.-Ing. P. Brangs, BMW AG, München, Dr. D. Marx, Porsche AG, Weissach, Dipl.-Ing. G. Wagner, Audi AG, Ingolstadt: Herstellerinitiative Software. 10. Internationaler Kongress „Elektronik im Kraftfahrzeug", Baden-Baden, 27.-28. September 2001.

[28] Meinhard Erben, Joachim Fetzer, Helmut Schelling: Software-Komponenten – Ein neuer Trend in der Automobilelektronik. In: ATZ/MTZ Automotive Electronics, Ausgabe September 2001, Seite 74-78.

[29] Kurt Gschweitl, Horst Pfluegl, Tiziana Fortuna, Rainer Leithgoeb: Steigerung der Effizienz in der modellbasierten Motorenapplikation durch die neue CAMEO-Online-DoE-Toolbox. In: ATZ Automobiltechnische Zeitschrift, Ausgabe Juli/August 2001, Seite 636- 643.

[30] Ranjit K. Roy: Design of Experiments Using the Taguchi Approach. Steps to Product and Process Improvement. John Wiley & Sons, Inc., 2001.

[31] Douglas Montgomery: Design and Analysis of Experiments. John Wiley & Sons, Inc., 2000.

[32] DIN Deutsches Institut für Normung e.V.: DIN 19226-1 – Leittechnik; Regelungstechnik und Steuerungstechnik. Allgemeine Grundbegriffe. Februar 1994.

[33] Otto Föllinger: Regelungstechnik. Einführung in die Methoden und ihre Anwendung. Hüthig Verlag, 1994.

[34] Heinz Unbehauen: Regelungstechnik. Band 1 - 3, Vieweg Verlag, 2000.

[35] Uwe Kiencke, Lars Nielsen: Automotive Control Systems. For Engine, Driveline, and Vehicle. Springer Verlag, 2000.

[36] Robert Mayr: Regelungsstrategien für die automatische Fahrzeugführung. Längs- und Querregelung, Spurwechsel- und Überholmanöver. Springer Verlag, 2001.

[37] Uwe Kiencke: Signale und Systeme. R. Oldenbourg Verlag, München, Wien, 1998.

[38] Uwe Kiencke: Ereignisdiskrete Systeme. Modellierung und Steuerung verteilter Systeme, R. Oldenbourg Verlag, München, Wien, 1997.

[39] Robert Bosch GmbH (Hrsg.): Mikroelektronik im Kraftfahrzeug. Robert Bosch GmbH, Stuttgart, 2001.

[40] Robert Bosch GmbH (Hrsg.): Sensoren im Kraftfahrzeug. Robert Bosch GmbH, Stuttgart, 2001.

[41] Robert Bosch GmbH (Hrsg.): Autoelektrik / Autoelektronik, Systeme und Komponenten. 4. Auflage, Vieweg Verlag, 2002.

[42] Jane W. S. Liu: Real-Time Systems. Prentice Hall, 2000.

[43] H. Wettstein: Architektur von Betriebssystemen. 3. Auflage, Carl Hanser Verlag, München, 1987.

[44] ITU International Telecommunication Union: Message Sequence Charts. ITU-T Recommendation Z. 120, Genf, 1994.

[45] Hermann Kopetz: Real-Time Systems. Design Principles for Distributed Embedded Applications. Kluwer Academic Publishers, 2002.

[46] Konrad Etschberger: Controller-Area-Network. Grundlagen, Protokolle, Bausteine, Anwendungen. Hanser Verlag, 2002.

[47] ISO International Organization for Standardization: ISO 11519: Straßenfahrzeuge – Serielle Datenübertragung mit niedriger Übertragungsrate. 1994

[48] FlexRay. www.flexray.com

[49] TTP Time Triggered Protocol. www.tttech.com

[50] ISO International Organization for Standardization: ISO 11898-4: Time Triggered CAN. 2002.

[51] ISO/IEC International Organization for Standardization/International Electrotechnical Commission: ISO/IEC 7498: Informationstechnik – Kommunikation Offener Systeme – Basis-Referenzmodell, 1994.

[52] ISO/IEC International Organization for Standardization/International Electrotechnical Commission: ISO/IEC 10731: Informationstechnik – Kommunikation offener Systeme – Basis-Referenzmodell – Konventionen für Definition von OSI-Diensten, 1995.

[53] Nancy G. Leveson: Safeware. System Safety and Computers. A Guide to Preventing Accidents and Losses Caused by Technology. Addison-Wesley, 1995.

[54] W. A. Halang, R. Konakovsky: Sicherheitsgerichtete Echtzeitsysteme. R. Oldenbourg Verlag, München, Wien, 1999.

[55] Rolf Isermann (Hrsg.): Überwachung und Fehlerdiagnose. Moderne Methoden und ihre Anwendungen bei technischen Systemen. VDI-Verlag, 1994.

[56] Alessandro Birolini: Reliability Engineering. Theory and Practice. Springer Verlag, 1999.

[57] Alessandro Birolini: Zuverlässigkeit von Geräten und Systemen. Springer Verlag, 1997.

[58] Wolfgang Ehrenberger: Software-Verifikation: Verfahren für den Zuverlässigkeitsnachweis von Software. Hanser-Verlag, 2002.

[59] EPA Environmental Protection Agency: Control of Air Pollution From Motor Vehicles and New Motor Vehicles; Modification of Federal On-Board Diagnostic Regulations for Light-Duty Vehicles and Light-Duty Trucks; Extension of Acceptance of California OBD II Requirements. December 1998.

[60] Shu Lin, Daniel J. Costello: Error Control Coding. Prentice Hall. 1982.

[61] Neil Storey: Safety-Critical Computer Systems, Prentice Hall. 1996.

[62] DIN Deutsches Institut für Normung e.V.: DIN 25448 – Ausfalleffektanalyse (Fehler-Möglichkeits- und Einfluss-Analyse). Mai 1990.

[63] Automobiltechnische Zeitschrift (ATZ)/Motortechnische Zeitschrift (MTZ): ATZ/MTZ Extra. Der neue BMW 7er. November 2001.

[64] Byteflight. www.byteflight.de

[65] MOST Media Orientated System Transport. www.mostcooperation.com

[66] LIN Local Interconnect Network. www.lin-subbus.de

[67] Bluetooth. www.bluetooth.com

[68] Manfred Broy: Informatik. Eine grundlegende Einführung. Band 1 und 2, Springer Verlag, 1998.

[69] J. Boy, C. Dudek, S. Kuschel: Projektmanagement. Grundlagen, Methoden und Techniken, Zusammenhänge. Gabal Verlag, Offenbach, 1998.

[70] Automobiltechnische Zeitschrift (ATZ)/Motortechnische Zeitschrift (MTZ): ATZ/MTZ Extra. Die neue Mercedes-Benz E-Klasse. Mai 2002.

[71] MISRA The Motor Industry Software Reliability Association: Development Guidelines for Vehicle based Software, 1994. http://www.misra.org.uk

[72] INCOSE International Council on Systems Engineering. http://www.incose.org

[73] Helmut Balzert: Lehrbuch der Software-Technik, 2. Auflage, Spektrum Verlag, 2000.

[74] ETAS GmbH: ASCET-SD V4.2 User's Guide. ETAS GmbH, Stuttgart, 2002.

[75] B. Selic, G. Gullekson, P. T. Ward: Real-Time Object-Oriented Modeling. John Wiley & Sons, Inc., 1994.

[76] Josef Stoer: Numerische Mathematik 1, 8. Auflage, Springer-Verlag, 1999.

[77] N. Wirth: Grundlagen und Techniken des Compilerbaus. Addison-Wesley, Bonn, Paris, 1996.

[78] MSR Manufacturer Supplier Relationship. Working Groups MEGMA and MEDOC. http://www.msr-wg.de

[79] Richard van Basshuysen, Fred Schäfer (Hrsg.): Handbuch Verbrennungsmotor. Grundlagen, Komponenten, Systeme, Perspektiven. 1. Auflage, Vieweg-Verlag, 2002.

Literaturverzeichnis

[80] B. Pauli, A. Meyna: Zuverlässigkeitsprognosen für elektronische Steuergeräte im Kraftfahrzeug. Internationaler Kongress „Elektronik im Kraftfahrzeug", Baden-Baden, 12. September 1996.

[81] A. Beer, M. Schmidt: Funktionale Sicherheit sicherheitsrelevanter Systeme im Kraftfahrzeug. Internationaler Kongress „Elektronik im Kraftfahrzeug", Baden-Baden, 5. Oktober 2000.

[82] UML Unified Modeling Language. www.uml.org

[83] D. Harel: Statecharts. A Visual Formalism for Complex Systems. Science of Computer Programming. In: Elsevier Science Publishers, North Holland, Volume 8, 1987.

[84] B. W. Kernighan, D. M. Ritchie: Programmieren in C. Zweite Ausgabe. ANSI C, Carl Hanser Verlag, München, 1990.

[85] ETAS GmbH: ERCOS^{EK} V4.2 User's Guide. ETAS GmbH, Stuttgart, 2002.

[86] ETAS GmbH: INCA V4.0 User's Guide. ETAS GmbH, Stuttgart, 2002.

[87] T. Grams: Denkfallen und Programmierfehler. Springer-Verlag, 1990.

[88] MISRA The Motor Industry Software Reliability Association: Guidelines for the Use of the C Language in Vehicle based Software, 1998. http://www.misra.org.uk

[89] ETAS GmbH: Data Declaration System V2.3 User's Guide. ETAS GmbH, Stuttgart, 2001.

[90] ETAS GmbH: LabCar Developer V1.3 User's Guide. ETAS GmbH, Stuttgart, 2002.

[91] T. Kühner, V. Seefried, M. Litschel, H. Schelling, Stuttgart: Realisierung virtueller Fahrzeugfunktionen für vernetzte Systeme auf Basis standardisierter Software-Bausteine. 7. Internationaler Kongress „Elektronik im Kraftfahrzeug", Baden-Baden, 12. September 1996.

[92] IEEE Institute of Electrical and Electronics Engineers: NEXUS. www.ieee-isto.org/Nexus5001

[93] IEEE Institute of Electrical and Electronics Engineers: JTAG IEEE 1149.1 www.ieee.org

[94] ETAS GmbH: ETK S2.0 Emulator Probe for Serial Debug Interfaces Data Sheet. ETAS GmbH, Stuttgart, 2002.

[95] ETAS GmbH: ETK 7.1 16-Bit Emulator Probe Data Sheet. ETAS GmbH, Stuttgart, 2001.

[96] F. Gumpinger, F.-M. Huber, O. Siefermann, München: BMW Car & Key Memory: Der Kunde bekommt sein individuelles Fahrzeug. 8. Internationaler Kongress „Elektronik im Kraftfahrzeug", Baden-Baden, 10. Oktober 1998.

[97] S. Singh: Geheime Botschaften. Die Kunst der Verschlüsselung von der Antike bis in die Zeiten des Internet. Deutscher Taschenbuch Verlag, München, 2001.

Sachwortverzeichnis

A
A/D-Wandler 44
Ablageschema 252
Abnahmetest 185
Abtastglied 44
Abtastsignal 43
Action 231
Adresse 55
Adressierung, explizite 57
–, implizite 57
Änderungsmanagement 121
Aggregation 220
Aggregationsbeziehung 119
Akkumulator 56
– -Architektur 56
Aktion 227, 231
Aktivierungsrate 63
Aktivierungszeitpunkt 62
Aktuator, intelligenter 47
Aktuatordiagnosefunktion 110
Akzeptanztest 141, 190
Algorithmus 262
Analog-Digital-Wandler 44
Anforderungsklasse 100, 138
Anforderungsmanagement 136
Applikationssteuergerät 164
Approximationsfehler 177
Arbeitsseite 296
Arbeitszeit, ausfallfreie 94
–, mittlere ausfallfreie 97
Arbitrierungsphase 91
Artefakt 134, 149
ASAM-MCD 2-Generierung 182
Assemblercode 180
Attribute 69, 220
Auflösung 265
Ausfall 93
Ausfallratenanalyse 211
Ausfallverhalten 94
Ausfallwahrscheinlichkeit 95
Ausfallzeit, mittlere 97
Ausführungsmodell, reaktives 171
Ausführungsrate 63
Ausführungszeit 63
Ausgabeeinheit, Ein- und 49
Ausgangsgröße 39
Ausnahmebehandlung 205, 259
Außenansicht 119
Authentisierung 315

Availability 93

B
Basiszustand 234
Baumstruktur 124
Bedingung 227, 230
Befehlssatz 55, 57
Benutzeranforderung 136
–, akzeptierte 138
–, Analyse der 151
Benutzergruppe 136
Benutzerschnittstelle 47
Beschreibungsdatei 164, 179
Betriebshemmung 104
Betriebszustand 166
Binärdarstellung 255
Blockdiagramm 224
Blockschaltbild 38
Boot-Block 313
–, Flash-Programmierung des 317
Bussystem 49
Buszugriff 81
–, gesteuerter 91
–, ungesteuerter 91
Buszugriffskonflikt 90
Buszugriffsverfahren 90
Bypass 241
– -Freischnitt 241
– -Kommunikation 241
– -Schnittstelle 241

C
Calibration RAM 297
CAL-RAM 297
– -Management 304
CAN 298
Cause Effect Analysis 104
Class 220
Client-Server-Modell 82
Compiler 180
Condition 230
CRC-Summe 103
CSMA/CA-Strategie 91
CSMA/CD-Strategie 91
CSMA/Collision-Avoidance-Strategie 91
CSMA/Collision-Detection-Strategie 91
Cyclic-Redundancy-Check-Summe 103

D

D/A-Wandlung 44
Datenbereich, globaler 74
Datenfluss 169
Dateninformation 162
Datenmodell 224
–, Spezifikation des 168
Datenschnittstelle 162
Datenspeicher 49, 53
Datenstand 53, 306
Datenstands-Logistik 316
Deadline, absolute 63
–, relative 63
– -Monitoring 202
– -Zeitpunkt 62
Defect 93
Dekomposition 119
Destructive-Instruction-Set-Architektur 57
Diagnose 92
– -Instrumentierung 310
Diagnosesystem 108
Diagnosetester 82, 112
Diagnostic Trouble Code 111
Digital-Analog-Wandlung 44
Direct-Memory-I/O-Access 60
Disjunktion 227
Dispatcher 71
– -Table 70
– -Runde 70
Diversität 102
DTC 111

E

Echtzeitanforderung 62 f.
Echtzeitbetriebssystem 71
Echtzeitmodell 236
–, Spezifikation des 171
Echtzeitsystem 60
–, Spezifikation des 200
Echtzeit-Task, harte 63
–, weiche 63
EEPROM 52
Entry-Aktion 231
Entscheidungstabelle 227
EPROM 52
Ereignis 55, 233
–, periodisches und aperiodisches 48
Error Hooks 206
Event Message 89
Execution Time 63
Exit-Aktion 231
Experimentiersystem 237
Experimentierwerkzeug 237
Exponent 256

Extrapolation 252
Extremfall 290

F

Fahrprogramm 166, 292
Fail-Operational-System 104
Fail-Reduced-System 104
Fail-Safe-System 104
Failure 93
Failure Mode and Effects Analysis 104
Fault 93
Fault Tree Analysis 104
Fehler 93
Fehlerbaumanalyse 104
Fehlerbehandlungsmaßnahme 103
Fehlerbehandlungsroutine 206
Fehlerdiagnoseverfahren 102
Fehlererkennung, modellbasierte 112
Fehlerfall 290
Fehlerfortpflanzung 262
Fehlerlampe 111
Fehlerreaktion 103
Fehlerspeicher 52, 111
Fehlerspeichermanager 111
Fehlersymptom 111
Festkennlinie 254
Festpunktarithmetik 267
Festpunktdarstellung 256
Flash 52
Flash-Programmierung 185, 294, 313
Flash-Segment 295
FMEA 104
FTA 104
Fullpass 243
Funktion, arithmetische 224
–, sicherheitsrelevante 215
–, Boolesche 227
Funktionsmodell 41

G

Gateway 84
Gefahr 99
Gleitpunktarithmetik 269
Gleitpunktdarstellung 256
Global Time 92
Grenzrisiko 99
Gruppenkennlinie 254

H

Halteglied 44
Hamming-Code 103
Hardware-Abstraction-Layer 60
– -Interrupt-System 56
Hazard 99

Sachwortverzeichnis

Hazard Analysis 99
Hierarchiebildung 119
Hierarchiezustand 234
Hysterese 46

I

Innenansicht 119
Instance 220
Instrumentierung 286, 289
Integration 119, 280
Integrationstest 141
Integrationsverfahren 177
Interaktion 72
Interpolation 252, 254
Interrupt 55
– -Driven-I/O 59
– -Leitung 59
– -Service-Routine 56
– -Sperre 75
Inter-Task-Kommunikation 77
Isolated-I/O 59
Iteration 170

J

JTAG 298

K

Kalibrier-RAM 297
Kalibrierung 190
Kennfelder 252
Kennlinien 252
Kernprozess 145
Key Process Areas 121
Klasse 220
K-Leitung 298
Kommunikationsbeziehung, logische 81
Kommunikationsmatrix 86
Kommunikationssystem 81
Kommunikationsverbindung, 103
–, technische 81
Komponententest 141
Komponentenverantwortung 133
Komposition 119
Konfiguration 124, 125
Konfigurationsmanagement 122
Konjunktion 227
Kontrollfluss 169
Kooperation 74

L

Laborfahrzeug 280
Laufzeit 70
Laufzeitoptimierung 248
Laufzeit-Overhead 70

Lebenszyklus 122
Lieferantenmanagement 133
Line-of-Visibility-Diagramm 134
Linientopologie 85
Linker 180
LOV-Diagramm 134

M

Malfunction 94
– Indicator Light 111
Mantisse 257
Maschinenbefehl 180
Maschinencode 180
Maschinenzahlen 257
Master 91
– -Slave-Architektur 91
Memory-Mapped-I/O 59
Message-Mechanismus 77
Messen, synchrones 295
Messgröße, berechnete 250
Methode 150
Mikrocontroller 48
Mikroprozessor 48
MIL 111
Mnemonic 180
Model-in-the-Loop-Simulation 239
Modellbildung 37
Modell-Compiler 237
Modellierung, objektbasierte 220
Modul 222
Modularisierung 119
MSR-MEDOC 183
MTTF 97
MTTR 97
Multi-Master-Architektur 91
Multiple-Access-Strategie 91

N

Nachricht 85
Nachrichtenadressierung, 86
Nachrichtenrahmen 85
Negation 227
Netzknoten 81
Netzstruktur 124
Netzwerkmanagement 89
Netzwerktopologie 84
NEXUS 298
Non-Destructive-Instruction-Set-Architektur 57
Notabschaltung 104
Not-Aus 104
Notlauf 104
Nutzdaten 85

O

OBD-Anforderungen 98
Objekte 220
Off-Board-Berechnung 250
– -Diagnose 310
– -Diagnosefunktion 108
– -Diagnosekommunikation 112
– -Diagnoseschnittstelle 309
– -Schnittstelle 164, 194
offline 70
Offline-Berechnung, Online- und 249
– -Kalibrierung 194
Offset 265
On-Board-Diagnose 98
– -Diagnosedaten, Auswerten von 295
– -Diagnosefunktion 108
– -Schnittstelle 163
online 70
Online-Kalibrierung 194
Open-Systems-Interconnection-Modell 86
Operand 55
Operandenadresse 57
Operandenspeicher 56
Operation, atomare 75
OSI-Modell 86

P

Parameter, abhängige 250
– Management der 306
– Online-Verstellen von 297
– Offline-Verstellen von 296
Parametersatz 41, 53
Parity-Check 103
Partitionierung 119
Pin 58
Polled-I/O 59
Priorität 232
Producer-Consumer-Modell 82
Programmstand 180
Programmcode 53
Programmed-I/O 59
Programmiersprache 235
Programmspeicher 53
Programmstand 53
Projektmanagement 127
Prototyp, evolutionärer 245
–, horizontaler 240
–, vertikaler 240
Prototyping, zielsystemidentisches 244
Prozess 64, 149
Prozessor, Zuteilung des 66
Prozessschritt 134, 149
Prüfstand 280

Public Methods 220

Q

Qualitätssicherung 141
Qualitätsziel 127
Quantisierungsfehler 44
Quellcode 180
Queued Messages 89

R

RAM 51
Rapid-Prototyping 237, 239
Redundanz 103
Referenz 124
Referenzseite 296
Referenzwertüberprüfung 102
Regelabweichung 40
Regelstreckenmodell 37
Regelung 38
Regelungsalgorithmus 40
Regelungsfunktion 40
Regelungsmodell 37
Register 53
Register-Register-Architektur 57
Reglerparameter 40
Reliability 93
Response-Zeit 63
Restbussimulation 287
Ring, logischer 90
Ringtopologie 85
Risiko 99, 132
Risikograf 100
ROM/PROM 52
Rückführgröße, Mess- oder 39
Rundung 258
Rundungsfehler 177
–, relativer 259

S

Safe State 104
Safety 93
– Integrity Level 100
Schaden 98
Schaltfunktion 227
Scheduler 71
Schichtenmodell 165
– mit linearer Ordnung 165
– mit strikter Ordnung 165
Schiebeoperation 260
Schnittstellenmodell 163
Schutz 99
Security Measures 105
Selbstähnlichkeit 119
Sensor 47

Sensordiagnosefunktion 109
Sequenz 170
Serienfahrzeug 280
Seriensteuergerät 164
Shift Operation 260
Sicherheit 92, 93, 99
Sicherheitslogik 104
Signal, wertdiskretes 44
–, zeit- und wertdiskretes 45
–, zeit- und wertkontinuierliches 43
–, zeitdiskretes, wertkontinuierliches 43
Signaturprüfung 315
SIL-Simulation 281
Simulation 237
Skalierbarkeit 123
Software-Anforderung 155
Software-Funktion, Kalibrierung von 291
–, Parametrierung von 311
–, Spezifikation von 198, 218
–, Test von 280
Software-Interrupt-System 59
Software-in-the-Loop-Simulation 281
Software-Komponente, Design und
    Implementierung der 173
–, Integration der 179
–, Test der 178
–, Spezifikation der 162
Software-Prototyp 239
Software-Update 294
Sollgröße 39
Speicher, interner und externer 50
– -Register-Architektur 56
– Speicher-Speicher-Architektur 56
Speichertechnologie 50
Start-Up-Block 313
Startzustand 231
State-Aktion 231
– -Message 89
Static-Aktion 231
Stellgröße 39
Sterntopologie 84
Steuergröße 39
Steuerinformation 162
Steuerschnittstelle 162
Steuerstreckenmodell 37
Steuerung 38
Steuerungsmodell 37
Störgröße 39
Störung 94
Strategie, ereignisgesteuert 70
–, zeitgesteuert 70
Stützstellensuche 253
Subsystem 119
Synchronisation 72

System 118
–, diskretes 42
–, eingebettetes 47
–, vernetztes 78
Systemarchitektur 154
–, logische 16 f., 22
–, technische 22, 154
Systemebene 119
Systemgrenze 118
Systemschnittstelle 118
Systemtest 141
Systemumgebung 118
Systemzustand 118

T

Taktgenerator 49
Task 60
–, Basis-Zustandsmodell für 65
–, echt nebenläufige 79
–, erweitertes Zustandsmodell für 65
–, quasi nebenläufige 73
–, Zustandsmodell für 64, 66
Taskumschaltung 62
Taskzustand 61
TDMA-Strategie 91
Teilnehmerüberwachung 89
Testen, funktionsorientiertes 290
–, situationsorientiertes 290
–, system- und komponentenorientiertes 290
Time-Division-Multiple-Access-Strategie 91
Token 89
Transistion Action 231
Transition 230

U

Übergang 230
Übergangsaktion 231
Überlauf 260
Übertragungsfunktion 40
Übertragungsverhalten 39
Überwachung 92, 101
Überwachungskonzept 215
Überwachungsrechner 106
Umgebungskomponente 239
Umgebungsmodell 41
Unfall 99
Unqueued Message 88
Unterlauf 260
Unterlaufbehandlung, Über- oder 258
Unterstützungsprozess 117
Ursachen-Wirkungs-Analyse 104

V

Variante 123
Verfügbarkeit 93
–, mittlere 98
Verhaltensmodell 169, 224
Versatz 265
Version 124

W

Warteschlange 88
WCET 71
WCRT 201
Wegwerfprototyp 245
Weiterentwicklung 121
Werkzeug 151
Wirkungsanalyse 104
Worst Case Response Time 201
–, Execution-Time 71
Wortlänge 50

Z

Zeitbasis, globale 92
Zugriffsverfahren, ereignis- und zeitgesteuertes 92
Zustand 230
–, sicherer 104
Zustandsaktion 231
Zustandsautomat 45, 230
–, flacher 230
–, hierarchischer 234
Zuteilbarkeit 205
Zuteilbarkeitsanalyse 202
Zuteilung, nichtpräemptive 69
–, präemptive 68
Zuteilungsdiagramm 61
Zuteilungsstrategie 66
Zuteilungstabelle 70
Zuverlässigkeit 92, 93
Zuverlässigkeitsblockdiagramm 212
Zuverlässigkeitsfunktion 211